草种质资源保护利用系列丛书

草种质资源抗性鉴定评价报告
——耐盐篇

（2007—2016 年）

全国畜牧总站　主编

中国农业出版社

北　京

编　委　会

前　言

土壤盐渍化是影响世界农业生产最主要的非生物胁迫之一。据统计，我国有各类盐渍土地近 1 亿 hm²，主要分布在西北、华北及东北地区，严重制约着我国北方草原利用、农业生产和生态环境建设。如何合理开发与利用盐碱地已成为缓解粮食短缺、提高牧草供应能力的最具潜力、最行之有效的措施。草种质资源是生物多样性的重要组成部分，蕴藏着丰富的耐盐基因，是牧草育种和作物改良的重要遗传资源。鉴定评价草种质资源是利用牧草或改良作物遗传性状的前提。1997 年国家启动牧草种质资源保护项目，全国畜牧总站组织全国 10 个协作组开展草种质资源的抗性鉴定评价工作，并于 2009 年编印了《草种质资源抗性评价鉴定报告（2001—2006）》，收录耐盐性鉴定评价报告 35 篇，评价材料 743份，对促进耐盐性牧草新品种培育起了重要作用。

为进一步加强草种质耐盐性鉴定评价工作，本书对 2007—2016 年开展的草种质耐盐性鉴定评价工作进行梳理并编制成册。全书共收录耐盐性鉴定报告 43 篇，涉及 1355 份种质材料的耐盐性鉴定评价。其中，豆科牧草 20 篇报告 591 份材料，禾本科牧草 23 篇报告764 份材料。本书草种质耐盐性鉴定评价方法参考全国畜牧总站印发的《牧草耐盐性鉴定方法（试行）》或其他公开报道的鉴定评价方法执行，具有一定的权威性和规范性，可供相关科研工作者或牧草生产者借鉴。

本书在编写过程中，难免会有不妥或疏漏，敬请读者批评指正。

前　　言

目　录

第一部分　禾　本　科

无芒雀麦耐盐性研究

陈　静　王　瑜　袁庆华

（中国农业科学院北京畜牧兽医研究所）

摘要：为加强耐盐性种质资源的研究，试验选用 30 份不同生境下的无芒雀麦作为材料，对它们在 0.3%、0.5%、0.7%、0.9% NaCl 处理下的发芽势、发芽率、根芽长等进行测定，经隶属函数法进行耐盐性综合评价，选出耐盐性较高、较低和耐盐性适中的 3 份种质材料进行抗逆性指标的测定。试验结果表明，盐胁迫下无芒雀麦种质材料的发芽率、发芽势、活力指数及根芽比等指标随着盐浓度的升高呈降低趋势。各材料间耐盐性存在显著差异，其中耐盐性强的材料西布里霍茨其抗逆性指标随着盐浓度的升高 MDA 和 Pro 呈显著的上升趋势，细胞膜透性基本不变，可溶性糖含量显著上升后下降；而耐盐性差的材料乌苏 1 号无芒雀麦其 MDA 和 Pro 表现略有上升趋势，细胞膜透性先下降后上升，可溶性糖含量基本不变。

关键词：无芒雀麦；芽期；耐盐性；形态指标；生理指标；综合评价

近年来土壤盐渍化程度加剧，我国有盐碱地 $2.666 \times 10^7 \text{hm}^2$，土壤盐渍化使草地退化、生态环境恶化、农业减产并使农产品品质降低[1]，这给农业生产带来极大危害。无芒雀麦（*Bromus inermis* Leyss.）属禾本科雀麦属多年生优良牧草，为各类家畜所喜食，在轻度盐碱土生长良好，是广大农牧民广为种植的牧草品种之一，可用来青饲、调制干草和放牧，被誉为"禾草饲料之王"[2]。本试验针对 30 份无芒雀麦材料的耐盐性进行了初步研究，为无芒雀麦耐盐育种及开发利用提供了相关依据。

1　材料与方法

1.1　试验材料

30 份无芒雀麦材料（表 1），由中国农业科学院北京畜牧兽医研究所野生种质资源库提供。

表 1　试验材料及来源

编号	材料编号	中文名	来源地
B1	92-17	奥木斯克	美国华盛顿州立大学西部地区植物引种站
B2	中-143	无芒雀麦	吉林省公主岭市
B3	92-19	潘赞斯克	美国华盛顿州立大学西部地区植物引种站
B4	中-075	无芒雀麦	甘肃碌曲草原站
B5	92-28	卡莫斯	美国华盛顿州立大学西部地区植物引种站
B6	92-30	克拉斯谱达尔斯克	美国华盛顿州立大学西部地区植物引种站
B7	2844	乌苏 1 号无芒雀麦	新疆乌苏市草原站
B8	92-36	谢斯特罗雷斯克	美国华盛顿州立大学西部地区植物引种站
B9	92-29	莫萨斯克	美国华盛顿州立大学西部地区植物引种站
B10	中-382	无芒雀麦	新疆伊犁昭苏加曼台
B11	中-381	无芒雀麦	新疆塔城托里

（续）

编号	材料编号	中文名	来源地
B12	中-380	无芒雀麦	新疆阿尔泰北屯阿克西
B13	92-43	维-5	美国华盛顿州立大学西部地区植物引种站
B14	92-41	巴夫洛木斯克	美国华盛顿州立大学西部地区植物引种站
B15	中-712	无芒雀麦	山西沁源县
B16	中-612	无芒雀麦	新疆伊犁新源那拉
B17	中-600	无芒雀麦	新疆塔城北山
B18	中-567	无芒雀麦	甘肃灵台县
B19	中-383	无芒雀麦	青海祁边地区
B20	92-39	库布斯克	美国华盛顿州立大学西部地区植物引种站
B21	86-311	比康	美国俄勒冈州
B22	92-44	西布里霍茨	美国华盛顿州立大学西部地区植物引种站
B23	92-24	莫斯特尼	美国华盛顿州立大学西部地区植物引种站
B24	中-076	无芒雀麦	甘肃民乐县
B25	77-31	卡尔顿	加拿大
B26	92-54	卡赞罗维斯克	美国华盛顿州立大学西部地区植物引种站
B27	中-413	无芒雀麦	新疆阿勒泰市尔津哈纳斯白
B28	中-379	无芒雀麦	新疆塔城北山铁力克堤
B29	92-47	克拉斯诺达尔斯克	美国华盛顿州立大学西部地区植物引种站
B30	92-48	帕尔默	美国华盛顿州立大学西部地区植物引种站

1.2 试验方法

1.2.1 试验处理

本试验选择颗粒饱满，大小均匀且无病虫害的种子进行发芽实验。首先，将NaCl（纯度>99.5%）用蒸馏水分别配成0、0.3%、0.5%、0.7%和0.9%浓度的盐溶液备用；其次，用0.1%的$HgCl_2$溶液消毒2~3min，后用无菌蒸馏水冲洗3次；再次，选用直径为10cm的培养皿，皿内放相应尺寸的海绵，其上覆一层滤纸（保水作用），将每皿中分别加入上述不同浓度的NaCl溶液，并使海绵及滤纸饱和。每皿中点50粒种子，每个种质每个浓度梯度做3个重复[3,4]；最后，将所有材料放入生长箱内培养（培养皿倾斜放置，使根向下生长），生长箱内温度25℃、湿度75%，每天用称重法补充蒸发的水分。

1.2.2 形态指标的测定

于发芽后的第4天和第9天，分别统计各处理材料的种子发芽数。根据第4天的种子发芽数计算发芽势和相对发芽势，根据第9天的种子发芽数（在第9天时再没有种子发芽）计算发芽率和相对发芽率，其计算公式为：

发芽势（GV）＝第4天的发芽种子数/供试种子数×100%；

相对发芽势（RGV）＝各个处理的发芽势/对照的发芽势×100%；

发芽率（GP）＝第9天的发芽种子数/供试种子总数×100%；

相对发芽率（RGP）＝处理的发芽率/对照的发芽率×100%；

发芽指数（GI）＝$\sum (Gt/Dt)$，Gt为t时间内的发芽数，Dt为相应的发芽天数；

活力指数（VI）＝$GI \times S$（S表示生物量，S取胚芽长）。

于发芽后的第9天，每皿随机选取10粒种子，用游标卡尺测量种子胚根及胚芽的长度，并计算各种子胚根与胚芽的比值。计算公式为：胚根胚芽比＝胚根长度/胚芽长度。

1.2.3 生理指标的测定

细胞膜透性变化的测定：参照汤章成[5]的方法，测定组织外渗液的电导率变化。

游离脯氨酸（Pro）含量的测定：参照汤章成[5]的方法，采用茚三酮法，测定其反应产物在 520nm 波长处的吸收值。

丙二醛（MDA）含量的测定：参照汤章成[5]的方法，采用硫代巴比妥酸法，分别测定反应产物在 450nm、532nm、600nm 处的消光度。根据下式可算得反应混合液中 MDA 的含量。

$$C = 6.45(D_{532} - D_{600}) - 0.56D_{450}$$

式中：C——反应混合液中 MDA 的浓度（$\mu mol/L$）；

D_{450}——450nm 波长下的消光度值；

D_{532}——532nm 波长下的消光度值；

D_{600}——600nm 波长下的消光度值。

可溶性糖含量的测定：参照赵世杰、李德全的方法，采用硫代巴比妥酸法，由测定丙二醛含量时反应产物在 450nm 处的消光度值，根据下式即可得到可溶性糖的含量：

$$C = 11.71D_{450}$$

式中：C——反应混合液中可溶性糖的浓度（mmol/L）；

D_{450}——450nm 波长下的消光度值。

1.3 数据处理

试验数据通过 Excel 和 SAS（statistics analysis system）统计分析软件处理。采用模糊数学中的隶属函数算法，对 30 份无芒雀麦材料的各项耐盐指标的隶属值进行累加计算，求出平均值，做相应比较以评定实验材料的耐盐特性。

1.3.1 计算方法

求出各指标的隶属函数值，如果某一指标与耐盐性呈正相关，则：

$$X(u) = (X - X_{min})/(X_{max} - X_{min})$$

如果某一指标与耐盐性呈负相关，则：

$$X(u) = 1 - (X - X_{min})/(X_{max} - X_{min})$$

式中：X——各种质某一指标的测定值；

X_{min}——所有种质某一指标测定值中的最小值；

X_{max}——该指标中的最大值。

把每个种质各耐盐性指标的隶属函数值进行累加并计算其平均值（Δ）。

1.3.2 权重的确定

采用标准差系数法，用公式（1）计算标准差系数 V_j，归一化后得到公式（2）各指标的权重系数 W_j。

$$V_j = \frac{\sqrt{\sum_{i=1}^{n}(X_{ij} - \overline{X}_j)^2}}{\overline{X}_j} \tag{1}$$

$$W_j = \frac{V_j}{\sum_{j=1}^{m} V_j} \tag{2}$$

1.3.3 综合评价值的计算

用公式（3）计算各材料的综合评价值。

$$D = \sum_{j=1}^{n} [\mu(x_j) \cdot W_j] \quad (j = 1, 2, \cdots, n) \tag{3}$$

式中：D——各材料在盐胁迫下用隶属函数法求得的耐盐性综合评价值[6]。

2 结果与分析

2.1 形态指标

2.1.1 盐胁迫对 30 份无芒雀麦相对发芽率和相对发芽指数的影响

在胁迫环境中种子萌发期间耐盐性的研究中，相对发芽率和相对发芽指数是衡量其耐盐性的重要指标。由表 2 可以看出，随着盐浓度增加无芒雀麦材料的相对发芽率和相对发芽指数呈现明显的下降趋势，不同材料间种子相对发芽率和相对发芽指数存在显著差异（$P<0.05$）。

在低盐浓度下（盐浓度为 0.3% 和 0.5% 时），不同材料的相对发芽率差异显著。在 0.3% 盐浓度时，有 16 份材料相对发芽率在 96% 以上，有 10 份材料相对发芽率在 70%～96%，只有 4 份材料低于70%；而在 0.5% 盐浓度时，这一结果分别为 9 份、16 份和 5 份。

相对发芽指数是衡量种子在盐胁迫下不同天数的发芽情况的重要指标，从表 2 中可以看出，随着盐浓度增加，无芒雀麦材料的相对发芽指数呈现明显的下降趋势，各材料下降的幅度差异较大，在低盐浓度下（0.3%）有 19 份材料相对发芽指数较高，均在 70% 以上，说明这些种质材料对于低浓度的盐胁迫不敏感，但由低盐浓度（0.3%）到高盐浓度（0.9%）时，这些材料相对发芽指数大部分下降了60% 左右，说明这些材料对盐浓度的增加更加敏感。

表 2 盐胁迫下无芒雀麦材料的相对发芽率和相对发芽指数

编号	相对发芽率（%）					相对发芽指数（%）			
	CK	0.3%	0.5%	0.7%	0.9%	0.3%	0.5%	0.7%	0.9%
B1	100	119.67ᵃ	109.84ᵃᵇᶜ	80.33ᵃᵇ	43.44ᵇᶜᵈᵉᶠᵍ	89.95ᵃ	75.46ᵃᵇᶜ	40.82ᵃᵇᶜᵈ	21.76ᵇᶜᵈ
B2	100	114.29ᵃ	57.14ᵇᶜᵈ	85.71ᵃᵇ	64.29ᵇᶜᵈ	63.84ᵃᵇᶜ	26.86ᶜᵈᵉᶠ	43.19ᵃᵇᶜᵈ	20.25ᵇᶜᵈ
B3	100	95.97ᵃᵇ	93.96ᵃᵇᶜ	83.89ᵃᵇ	40.27ᵇᶜᵈᵉᶠᵍʰ	81.88ᵃᵇ	66.53ᵃᵇᶜ	36.92ᵃᵇᶜᵈᵉ	15.96ᵇᶜᵈ
B4	100	66.67ᶜᵈ	33.33ᵈᵉ	0ᵈ	11.11ᵉᶠᵍʰ	76.45ᶜᵈ	11.40ᵉᶠ	0ᵉ	6.5ᵇᶜᵈ
B5	100	86.67ᵃᵇ	77.78ᵃᵇᶜ	52.59ᵇᶜ	20ᵉᶠᵍʰ	45.17ᵃᵇᶜᵈ	43.63ᵇᶜᵈᵉᶠ	23.9ᵈᵉ	6.1ᶜᵈ
B6	100	98.54ᵃᵇ	92.7ᵃᵇᶜ	75.91ᵃᵇᶜ	48.91ᵇᶜᵈᵉᶠᵍ	95.71ᵃ	53.64ᵃᵇᶜᵈᵉ	42.46ᵃᵇᶜᵈ	21.33ᵇᶜᵈ
B7	100	62.5ᵇᶜ	64.29ᶜᵈ	87.5ᵃᵇ	55.36ᵇᶜᵈᵉᶠ	29.1ᵇᶜᵈ	34.09ᶜᵈᵉᶠ	40.74ᵃᵇᶜᵈ	29.83ᵃᵇᶜᵈ
B8	100	98.62ᵃᵇ	95.17ᵃᵇᶜ	71.03ᵃᵇᶜ	31.72ᵈᵉᶠᵍʰ	69.24ᵃᵇ	54.04ᵃᵇᶜᵈ	29.42ᵃᵇᶜᵈᵉ	13.52ᵇᶜᵈ
B9	100	93.15ᵃᵇ	90.41ᵃᵇᶜ	83.56ᵃᵇ	34.25ᶜᵈᵉᶠᵍʰ	52.8ᵃᵇᶜᵈ	48.38ᵇᶜᵈᵉ	39.98ᵃᵇᶜᵈ	12ᵇᶜᵈ
B10	100	101.69ᵃᵇ	91.53ᵃᵇᶜ	79.66ᵃᵇ	28.81ᵈᵉᶠᵍʰ	85.07ᵃᵇ	51.63ᵃᵇᶜᵈᵉ	34.93ᵃᵇᶜᵈᵉ	10.6ᵇᶜᵈ
B11	100	233.33ᵈ	100ᵉ	250ᵈ	200ʰ	218.69ᵃᵇ	56.06ᵈᵉᶠ	106.14ᵃᵇᶜᵈ	83.78ᵃᵇᶜ
B12	100	88.24ᵃᵇ	70.59ᵇᶜ	88.24ᵃᵇ	29.41ᶜᵈᵉᶠᵍʰ	65.04ᵃᵇᶜ	41.55ᵃᵇᶜᵈ	36.46ᵃᵇᶜᵈ	10.26ᵇᶜᵈ
B13	100	102.68ᵃᵇ	103.57ᵃᵇᶜ	111.61ᵃ	42.86ᵇᶜᵈᵉᶠᵍ	99.6ᵃ	89.09ᵃᵇ	62.67ᵃᵇᶜᵈ	23.12ᵇᶜᵈ
B14	100	96.53ᵃᵇ	84.03ᵃᵇᶜ	81.25ᵃᵇ	57.64ᵇᶜᵈᵉ	78.36ᵃᵇ	54.85ᵃᵇᶜᵈ	39.2ᵃᵇᶜᵈ	21.7ᵇᶜᵈ
B15	100	105.05ᵃᵇ	96.97ᵃᵇᶜ	78.79ᵃᵇᶜ	45.45ᵇᶜᵈᵉᶠᵍ	86.33ᵃᵇ	59.27ᵃᵇᶜᵈ	42.22ᵃᵇᶜᵈ	18.57ᵇᶜᵈ
B16	100	83.78ᵃᵇ	77.03ᵇᶜ	44.59ᵇᶜᵈ	13.51ᶠᵍʰ	82.57ᵃᵇᶜ	44.41ᶜᵈᵉ	19.41ᶜᵈᵉ	4.98ᶜᵈ
B17	100	88.64ᵃᵇ	122.73ᵃ	97.73ᵃᵇ	106.82ᵃ	77.67ᵃᵇ	91.93ᵃ	57.57ᵃᵇᶜᵈ	54.72ᵃ
B18	100	104.04ᵃᵇ	92.93ᵃᵇᶜ	108.08ᵃᵇ	75.76ᵃᵇ	67.38ᵃᵇ	58.7ᵃᵇᶜᵈ	63.64ᵃ	37.81ᵃᵇ
B19	100	115.15ᵃᵇ	124.24ᵃ	42.42ᵇᶜ	69.7ᵃᵇᶜ	85.72ᵃᵇ	76.7ᵃᵇ	19.1ᵇᶜᵈᵉ	29.54ᵃᵇᶜ
B20	100	90.51ᵃᵇ	83.21ᵃᵇᶜ	30.66ᶜᵈ	10.22ᵍʰ	57.31ᵃᵇᶜ	50.19ᵃᵇᶜᵈᵉ	11.48ᵈᵉ	4.19ᶜᵈ
B21	100	102.99ᵃᵇ	100.75ᵃᵇᶜ	94.78ᵃᵇ	29.1ᵈᵉᶠᵍʰ	81.62ᵃᵇ	69.93ᵃᵇᶜ	47.48ᵃᵇᶜᵈ	10.1ᵇᶜᵈ
B22	100	103.91ᵃᵇ	93.75ᵃᵇᶜ	84.38ᵃᵇ	27.34ᵉᶠᵍʰ	99.86ᵃ	68.09ᵃᵇᶜᵈ	50.93ᵃᵇᶜ	9.6ᵇᶜᵈ

（续）

编号	相对发芽率（%）					相对发芽指数（%）			
	CK	0.3%	0.5%	0.7%	0.9%	0.3%	0.5%	0.7%	0.9%
B23	100	98.64ab	90.48abc	53.74bc	29.93defgh	67.61abc	51.67abcde	23.19bcde	11.68bcd
B24	0	0d	0e	0d	0h	0d	0f	0e	0d
B25	100	109.77ab	100.75abc	61.65abc	17.29efgh	89.34abcd	75.94cdef	33.44cde	11.05cd
B26	0	0d	0e	0d	0h	0d	0f	0e	0d
B27	100	109.65a	97.37abc	83.33ab	21.05efgh	96.21a	64.15abc	46.2abcd	9.8bcd
B28	100	93.5ab	81.3abc	82.11ab	43.09bcdefg	70.25ab	43.14bcdef	38.35abcd	19.11bcd
B29	100	94.12ab	89.71abc	85.29b	21.32efgh	87.39ab	59.44abcd	42.18abcd	11.58bcd
B30	100	95.68ab	74.1bc	76.26abc	50.36bcdefg	82.1ab	46.16bcde	43.29abcd	23.82bcd

注：同列中标有相同字母的表示差异不显著，标有不同字母的表示差异显著（$P<0.05$）。

2.1.2　盐胁迫对 30 份无芒雀麦相对发芽势和相对活力指数的影响

由表 3 可知，各材料间相对发芽势存在显著差异（$P<0.05$），盐浓度较低时（0.3%），7 份材料相对发芽势低于 20%，而 B6 相对发芽势高达 91.11%；当盐浓度达到 0.7% 时，供试所有材料的相对发芽势均在 50% 以下，当盐浓度达 0.9% 时，只有 7 份材料相对发芽势高于 0。

相对活力指数总趋势是随盐浓度升高而下降，30 份无芒雀麦材料在 0.3% 盐浓度下的活力指数明显高于 0.7% 盐浓度下的活力指数，但不同材料的相对活力指数差异显著。

表 3　盐胁迫下无芒雀麦材料的相对发芽势和相对活力指数

编号	相对发芽势（%）					相对活力指数（%）			
	CK	0.3%	0.5%	0.7%	0.9%	0.3%	0.5%	0.7%	0.9%
B1	100	59.18abcd	42.86abcd	4.08b	0a	96.31a	60.18abcd	26.25abcde	7.39ab
B2	100	16.67cd	8.33cd	0b	0a	46.38bcdef	10.64jkl	16.79bcdefg	5.06cde
B3	100	67.19abcd	40.63abcd	6.25b	0a	82.32ab	45.58cdefg	16.58bcdefg	5.15cde
B4	100	100d	0d	0b	0a	58.38ef	6.25l	0g	2.83de
B5	100	18.42cd	18.42cd	2.63b	0a	28.63cdef	32.82efghij	10.47defg	1.07de
B6	100	91.11ab	15.56dcd	11.11b	0a	98.16a	37.87ijkl	29.08abcd	7.44cde
B7	100	0d	0d	0b	0a	21.07def	25.94efgh	20.61abcdefg	7.4cde
B8	100	38.18abcd	18.18dbcd	0b	3.64a	65.37abcd	38.64efgh	12.72cdefg	4.52cde
B9	100	18.92cd	10.81cd	10.81ab	0a	48.82abcde	39.15fghijk	24.67abcde	3.71de
B10	100	71.05abcd	15.79dcd	2.63b	0a	78.72abc	28.42efghij	14.62bcdefg	2.15de
B11	100	200bcd	0d	0b	0a	179.5abcde	29.41kl	63.46abcde	18.44cde
B12	100	50abcd	33.33abc	0b	0a	49.1abcde	35.69bcde	14.03bcdefg	8.81bcde
B13	100	100a	76.92ab	23.08ab	7.69a	94.87ab	69.41ab	29.12abcd	8.54bcde
B14	100	61.21abcd	27.59bcd	3.45b	0.86a	67.72abcd	39.06efgh	18.17abcdefg	7.41cde
B15	100	69.05abcd	23.81bcd	9.52b	2.38a	89.09ab	35.81efghi	24.28abcdef	3.97de
B16	100	83.33abcd	16.67d	0b	0a	86.26abcd	29.11hijk	6.6efg	1.49de
B17	100	75abc	75a	25a	12.5	66.23abcd	71.35a	25.91abcd	21.92a
B18	100	29.41bcd	23.53bcd	17.65ab	0a	71.03abc	40.91efgh	33.35abcd	14.58abc
B19	100	55.56abcd	33.33abc	0b	0a	77.17abc	60.91abc	5.16efg	13.84abc
B20	100	34.62bcd	23.08bcd	0b	0a	55.35abcde	33.39efghi	3.79fg	0.96de

（续）

编号	相对发芽势（%）					相对活力指数（%）			
	CK	0.3%	0.5%	0.7%	0.9%	0.3%	0.5%	0.7%	0.9%
B21	100	62.5[abcd]	41.67[abcd]	10.42[ab]	0[a]	92.58[ab]	59.89[abcd]	35.08[ab]	3.41[de]
B22	100	95.28[ab]	43.4[abcd]	17.92[ab]	0[a]	92.32[ab]	53.9[bcde]	38.41[a]	2.69[de]
B23	100	35.71[bcd]	16.67[cd]	1.19[b]	0[a]	57.24[abcde]	40.91[efgh]	10.31[defg]	4.08[de]
B24	0	0[d]	0[d]	0[b]	0[a]	0[f]	0[l]	0[g]	0[e]
B25	0	0[d]	0[d]	0[b]	0[a]	116.97[abcde]	88.03[defgh]	32.02[bcdefg]	5.2[de]
B26	0	0[d]	0[d]	0[b]	0[a]	0[f]	0[l]	0[g]	0[e]
B27	100	82.35[abc]	29.41[abcd]	9[b]	0[a]	80.09[ab]	36.1[efgh]	19.68[abcdefg]	14.36[bcde]
B28	100	50[abcd]	8.33[d]	2.08[b]	0[a]	54.63[abcde]	27.77[ghijk]	17.28[bcdefg]	6.16[cde]
B29	100	80.6[abc]	28.36[abcd]	1.49[b]	1.49[a]	81.02[ab]	48.31[bcdef]	19.48[abcdefg]	3.43[de]
B30	100	65.38[abcd]	15.38[cd]	6.41[b]	1.28[a]	71.67[abc]	29.24[fghij]	25.65[abcde]	11.48[bcd]

注：同列中标有相同字母的表示差异不显著，标有不同字母的表示差异显著（$P<0.05$）。

2.1.3 盐胁迫对 30 份无芒雀麦材料胚根胚芽比的影响

盐胁迫对种子胚根、胚芽的生长具有抑制作用，但对二者的抑制效应不同。如表 4 所示，不同材料的胚根胚芽比随着盐浓度的升高有着不同程度的变化，其中大部分材料随盐浓度的增加呈下降趋势。材料 B6 的比值先升高后降低、再升高后降低；B13 的比值则先升高后降低。说明不同材料对盐胁迫的敏感度不同。比值降低可能是因为种子胚根吸收水分受到抑制，影响了根尖的伸长生长，而升高的材料可能是低浓度的盐溶液促进了根的伸长。高盐浓度胁迫下，胚根胚芽比值又有升高，是因为胚根和胚芽的生长受到了不同程度的抑制。而比值开始升高时的盐浓度并不相同，是因为不同材料对盐浓度胁迫的抵抗力不同。上升程度越大表明种子的抗逆性越强。以 0.7% 盐浓度为参考，各材料胚根胚芽比的变化量幅度较大，说明每个材料对盐胁迫的耐受性不同。

表 4 盐胁迫下无芒雀麦 30 份材料胚根胚芽比及变化量

编号	胚根胚芽比（%）					变化量
	CK（A）	0.3%	0.5%	0.7%（B）	0.9%	(A−B)/A×100
B1	67.39	55.37	23.56	37.53	14.31	44.3
B2	86.27	67.75	33.33	32.39	10.3	62.45
B3	78.56	64.75	24.69	27.07	27.82	65.54
B4	117.11	60.21	60.29	0	33.33	100
B5	107.39	40.26	45.51	22	21.1	79.51
B6	52.46	65.78	36.36	41.48	10.4	20.92
B7	45.83	76.03	44.00	53.62	28.92	16.99
B8	83.62	58.34	28.55	22.88	25.41	72.64
B9	92.72	64.61	51.77	28.51	37.71	69.25
B10	84.5	64.83	23.09	31.56	24.23	62.65
B11	95.55	55.79	30.36	32.75	13.24	65.73
B12	126.97	87.91	80.05	54.43	45.87	69.66
B13	60.2	77.64	31.21	23.55	25.04	60.88
B14	89.09	59.56	18.88	17.18	19.27	80.72
B15	74.78	60.71	39.16	54.33	16.03	27.34

（续）

| 编号 | 胚根胚芽比（%） | | | | | 变化量 |
	CK（A）	0.3%	0.5%	0.7%（B）	0.9%	（A－B）/A×100
B16	89	42.53	24.27	19.61	20	77.96
B17	97.32	66.99	32.91	10.36	18.34	89.48
B18	71.24	63.73	33.30	23.62	17.25	66.85
B19	103.03	50.28	57.55	23.92	47.29	76.78
B20	85.9	76.91	52.15	18.94	10.37	77.95
B21	91.4	45.66	37.28	36.68	20.15	59.86
B22	98.81	65.62	30.06	54.98	15.91	44.36
B23	81.5	42.44	41.08	17.37	35.03	78.69
B24	0	0	0	0	0	0
B25	161.12	86.12	47.03	44.78	14.56	72.21
B26	0	0	0	0	0	0
B27	67.46	62.21	34.58	22.21	22.25	67.08
B28	64.6	45.96	17.77	18.02	13.67	72.1
B29	79.67	47.56	27.51	22.52	14.18	71.73
B30	73.64	50.06	27.44	18.99	16.13	74.21

2.1.4 盐胁迫下30份无芒雀麦材料的耐盐性综合评价

用隶属函数、权重分析法，在0.7%盐浓度下通过对几项重要指标的综合评价及分析，将30份无芒雀麦材料耐盐性进行排序，从表5中显然可以看出，芽期耐盐性最强的材料是B11，而耐盐性最差的材料是B4、B24、B26，其他材料的耐盐性介于二者之间。耐盐性较强的材料可以作为无芒雀麦耐盐性育种的新材料。

表5 在0.7%盐浓度下30份无芒雀麦材料各项相对指标的综合分析

| 编号 | 隶属函数值 | | | | | 综合评价值 | 排序 |
	发芽势	发芽率	相对发芽指数	相对活力指数	胚根胚芽比		
B1	0.18	0.72	0.38	0.41	0.68	0.04	14
B2	0.00	0.77	0.41	0.26	0.59	0.04	13
B3	0.27	0.75	0.35	0.26	0.49	0.01	27
B4	0	0	0	0	0	0	28
B5	0.11	0.47	0.23	0.17	0.4	0.03	21
B6	0.48	0.68	0.4	0.46	0.75	0.07	9
B7	0	0.78	0.38	0.32	1.21	0.09	7
B8	0	0.64	0.28	0.2	0.42	0.03	22
B9	0.47	0.75	0.38	0.39	0.52	0.04	12
B10	0.11	0.71	0.33	0.23	0.57	0.02	26
B11	0	2.24	1	1	0.6	0.58	1
B12	0	0.79	0.34	0.22	0.7	0.05	11
B13	1	1	0.59	0.46	0.43	0.2	2
B14	0.15	0.4	0.37	0.29	0.31	0.03	16
B15	0.41	0.71	0.4	0.38	0.99	0.1	6

（续）

编号	隶属函数值					综合评价值	排序
	发芽势	发芽率	相对发芽指数	相对活力指数	胚根胚芽比		
B16	0	0.73	0.18	0.1	0.36	0.03	15
B17	1.08	0.88	0.54	0.41	0.19	0.19	4
B18	0.76	0.97	0.6	0.53	0.43	0.15	5
B19	0	0.38	0.18	0.08	0.44	0.03	17
B20	0	0.27	0.11	0.06	0.34	0.03	18
B21	0.45	0.85	0.45	0.55	0.67	0.08	8
B22	0.78	0.76	0.48	0.61	1	0.19	3
B23	0.05	0.48	0.22	0.16	0.32	0.03	20
B24	0	0	0	0	0	0	28
B25	0	0.55	0.16	0.25	0.81	0.05	10
B26	0	0	0	0	0	0	28
B27	0.38	1	0.44	0.31	0.4	0.03	19
B28	0.09	0.74	0.36	0.27	0.33	0.03	24
B29	0.06	0.76	0.4	0.31	0.41	0.03	23
B30	0.28	0.68	0.41	0.4	0.35	0.03	25

2.2 生理指标

通过对 30 份无芒雀麦种质材料耐盐性的综合排名，选取耐盐性较好的材料 B22（西布里霍茨）、耐盐性较差的材料 B7（乌苏 1 号无芒雀麦）和中等耐盐材料 B12（无芒雀麦）进行盐胁迫，对芽内丙二醛（MDA）、游离脯氨酸（Pro）和可溶性糖含量及细胞膜透性进行测定，得到以下试验结果。

2.2.1 盐胁迫下无芒雀麦相对丙二醛含量的变化

丙二醛（MDA）作为膜质过氧化作用的产物，其含量多少可代表膜质受损伤程度的大小。3 份材料的相对 MDA 的含量如图 1 所示，各材料在各处理浓度下的相对 MDA 含量变化不同。材料 B12 相对丙二醛的含量随盐浓度的升高先上升后下降，在盐浓度为 0.5％时达到峰值；材料 B7 相对丙二醛的含量随盐浓度升高变化不大，但呈上升趋势；材料 B22 较其他材料的相对丙二醛含量随盐浓度升高逐渐升高，耐盐性相对较强。

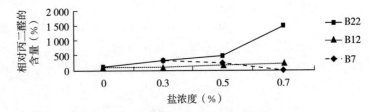

图 1 盐胁迫下不同材料相对丙二醛含量变化

2.2.2 盐胁迫下无芒雀麦相对脯氨酸含量的变化

脯氨酸是水溶性最大的氨基酸，因此它的大量累积有助于细胞或组织持水，防止脱水，可显著增加细胞的保水力。在盐胁迫下，植物体内的脯氨酸含量会迅速增加，达到原始含量的几十倍到几百倍。由图 2 可以看出，两份材料的相对脯氨酸含量均随盐浓度的增加而增大，但是当盐胁迫程度过高时，脯氨酸含量降低。其中，材料 B7 增加的幅度较 B22 更大，说明其耐盐性较低。

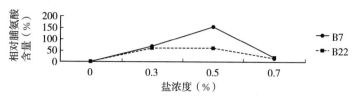

图 2　盐胁迫下不同材料相对脯氨酸含量变化

2.2.3　盐胁迫下无芒雀麦相对细胞膜透性的变化

植物的细胞膜是控制无机离子、小分子物质等进出细胞的屏障,当植物受到环境胁迫时(如旱害、盐害等),细胞膜会最先受到伤害,细胞膜的通透性增大,细胞内的小分子物质、无机离子等大量外渗,最后导致整个细胞活性降低,代谢失调。

在相同条件下,细胞膜透性表示细胞膜受伤害的程度,细胞膜透性增加的越多,细胞膜受伤害越重,植株的耐盐性越差。本试验根据综合评价值选取 B7、B12、B22 这 3 份材料,分别测定其组织外渗液的电导率变化。由图 3 可见,供试材料 B22 的相对电导率随盐浓度的增大呈上升趋势,材料 B7 和 B12 的相对电导率均随盐浓度的增大先下降后上升,但峰值均低于材料 B22 的峰值,由此说明材料 B22 的耐盐性较强,而材料 B7 的耐盐性较弱。

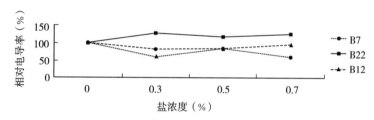

图 3　盐胁迫下不同材料相对细胞膜透性含量变化

2.2.4　盐胁迫下无芒雀麦相对可溶性糖含量的变化

植物遭受干旱、高温、低温、盐害等逆境胁迫时,可溶性糖会增加,因此其含量多少可代表膜质受损伤的程度。

3 份材料的相对可溶性糖含量如图 4 所示,由图可知,3 份材料的可溶性糖含量均随盐胁迫程度加大而先升高后降低。其中,材料 B12 的可溶性糖含量在盐浓度为 0.3％时达到峰值,在盐浓度为 0.5％时降到最低;而材料 B7 和 B22 的可溶性糖含量在盐浓度为 0.5％时达到峰值,在盐浓度为 0.7％时降到最低。

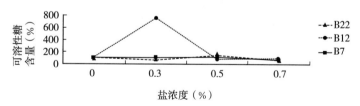

图 4　盐胁迫下不同材料相对可溶性糖含量变化

3　结论

研究盐协迫对种子萌发的影响,大致可归结为两类:渗透效应(盐分降低了溶液渗透势)和离子效应(盐离子对种子萌发的影响)。

(1)随着盐浓度增大,供试无芒雀麦材料的发芽势、发芽率、相对发芽指数和相对活力指数受到明显影响,呈现不同程度的降低,其中 0.7％的 NaCl 溶液处理下的相对发芽率、相对发芽势、相对发芽指数、相对活力指数和胚根胚芽比值各项指标可用作种子耐盐性的重要鉴定指标，因为这些指标可以真实地反映出种子的发芽速度、发芽整齐度以及幼苗的健壮趋势。而不同材料因其生境不同，各材料的对照值差异很大，为了能够科学地确定材料间耐盐性的差异，选取这几项指标的相对值更为合理。

（2）供试 30 份无芒雀麦材料在 0.3％NaCl 浓度胁迫下 16 份材料相对发芽率在 96％以上，有 10 份材料相对发芽率在 70％～96％，只有 4 份材料低于 70％。

（3）依据综合分析得到种子萌发期耐盐性的强弱，可以将这 30 份材料作如下分类：耐盐性强种质为 B11、B13、B22、B17、B18、B15，其综合评价值均大于 0.1；耐盐性适中种质为 B7、B21、B6、B25，其综合评价值均大于 0.05；其余种质耐盐性较差。将种子的生境和分类进行相关性分析，发现种子芽期耐盐性与其生境并无明显的相关性。

（4）MDA 是植物细胞膜脂过氧化的一个重要指标之一，它能与细胞内各种成分发生反应，引起各种酶和膜结构的严重损伤。当 MDA 大量增加时，表明体内细胞受到了较严重的破坏。3 种无芒雀麦材料在盐胁迫下，都受到了不同程度上的伤害，其叶片 MDA 含量较对照明显上升，并且基本随着胁迫浓度的增加和胁迫时间的延长而增大。虽然在盐胁迫下 MDA 含量在后期呈现下降趋势，但是在一定程度上仍高于对照水平，说明盐胁迫下，3 种无芒雀麦材料受到了不同程度的伤害。

（5）可溶性糖和脯氨酸也是无芒雀麦进行渗透调节的重要物质，无芒雀麦主要通过细胞内渗透调节物质浓度增加，从而降低原生质的渗透势，有利于细胞从外界的介质中继续吸水，以维持其正常代谢活动。游离脯氨酸、可溶性糖含量升高，主要是为了降低植物细胞的渗透性，保证正常吸水。在合成上述有机渗透调节物质时，需要大量的能耗，因此抑制了无芒雀麦植株特别是地上部分的生长。地上部分生长受到抑制，降低了蒸腾作用，减少离子向地上部分运输，从而降低盐胁迫引起的离子毒害的程度。同时，根系的相对生长加快，可以扩大根系的分布范围，既可以从更广的范围内吸收水分，又可以避开盐渍环境的伤害。

（6）从材料 B7、B12 和 B22 的生理活性比较可以看出，耐盐性强的种子的抗逆性远高于耐盐性弱的种子，细胞膜透性也较低，由此可得耐盐性强的种子有了一种适应机制使其对盐胁迫产生了一定抗性，深层次的机理还需进一步研究。

参 考 文 献

[1] 肖笃志. 垂穗披碱草生物—生态学特性的研究 [J]. 中国草原，1984 (4)：40 - 50.
[2] 曾光华. 西宁市郊区土壤及肥力调查 [J]. 青海畜牧兽医学院学报，1994，11 (1)：29 - 34.
[3] 贾文庆，刘会超，何莉，等. 盐分胁迫下白三叶种子的发芽特性研究 [J]. 草业科学，2007，24 (9)：55 - 57.
[4] 沈禹颖. 盐胁迫对牧草种子萌发及其恢复的影响 [J]. 草业学报，1999，8 (3)：54 - 60.
[5] 汤章城. 现代植物生理学实验指南 [M]. 北京：科学出版社，2004.
[6] 王启基，张松林. 天然垂穗披碱草种群生长节律及生态适应性的研究 [J]. 中国草地，1990 (1)：18 - 25.

雀麦属牧草苗期耐盐评价鉴定

高洪文[1] 王 赞[1] 孙桂枝[1] 张 耿[1] 吴欣明[2] 李 源[1] 阳 曦[1]

（1. 中国农业科学院畜牧研究所 2. 山西省农业科学院畜牧兽医研究所）

摘要： 对 11 份引自俄罗斯的野生雀麦属材料，在 0.3％、0.4％、0.5％浓度盐胁迫下进行温室苗期耐盐性试验，通过存活率、总生物量、叶片伤害率、株高的测定和分析，采用打分法对其耐盐性进行综合评价。结果表明：供试 11 份雀麦属牧草在 0.3% 浓度盐胁迫下存活率为 90%~100%，0.4% 浓度盐胁迫下存活率为 76.7%~96.7%，大于 90% 的有 9 份，0.5% 浓度盐胁迫下存活率为 67.0%~96.7%，大于 90% 的有 7 份；根据存活率、总生物量、叶片伤害率、株高 4 个指标耐盐总得分，鉴定出雀麦苗期耐盐性顺序如下：C255>C503>C322>C188>C136>C371>C96>C46>C241>C18>C34。

关键字：雀麦；NaCl 胁迫；幼苗期；打分法

据统计全世界有 9.55 亿 hm² 的盐碱地，我国有盐碱地 2 666 万 hm²，土壤盐渍化使草地退化、生态环境恶化、农业减产并使农产品品质降低[1]。牧草的耐盐能力就是植物对盐渍生境的适应能力，即抵抗盐离子胁迫和抵抗渗透胁迫的能力。耐盐性强的牧草在同样的盐分胁迫条件下可以获得多而稳定的产量，且不必增加生产投入。

雀麦属（Bromus L.）植物耐寒性强，在轻度盐碱土生长良好，营养价值高，是重要的优良栽培牧草，适宜青饲、刈制干草、青贮和放牧[2]。本研究旨在对引自俄罗斯的 11 份雀麦属种质资源采用不同盐浓度处理进行苗期耐盐鉴定，筛选出耐盐性较强的种质资源，为雀麦耐盐性育种和资源开发利用提供科学依据。

1 材料与方法

1.1 试验地点

苗期盆栽试验在山西省太原市国家农业科技园区温室内进行，生理生化指标的测定在山西省农业科学院设施农业生态实验室完成。

1.2 试验材料

试验材料为 11 份自俄罗斯引进野生雀麦属牧草资源（表1）。

表 1 试验材料及来源

材料编号	中文名	拉丁文名	引进地区
C18	无芒雀麦	Bromus inermis Leyss	俄罗斯
C34	无芒雀麦	Bromus inermis Leyss	俄罗斯
C46	无芒雀麦	Bromus inermis Leyss	俄罗斯
C96	无芒雀麦	Bromus inermis Leyss	俄罗斯
C136	无芒雀麦	Bromus inermis Leyss	俄罗斯
C188	无芒雀麦	Bromus inermis Leyss	俄罗斯
C241	无芒雀麦	Bromus inermis Leyss	俄罗斯
C255	无芒雀麦	Bromus inermis Leyss	俄罗斯
C322	无芒雀麦	Bromus inermis Leyss	俄罗斯
C371	无芒雀麦	Bromus inermis Leyss	俄罗斯
C503	无芒雀麦	Bromus inermis Leyss	俄罗斯

1.3 试验方法

1.3.1 材料幼苗的培育

取大田土壤，去掉石块、杂质、捣碎过筛。然后采取随机取样法，抽取少量土壤用于以后的盐分测定，土壤盐分组成及含量见表2。将过筛后的土壤装入无孔的塑料花盆中（盆高12.5cm，底径12cm，口径15.5cm），根据土壤含水量换算成干土重，每盆装入干土1.5kg。

表2 试验土壤盐分组成

组分	CO_3^{2-} (cmol/kg)	HCO_3^- (cmol/kg)	Cl^- (cmol/kg)	SO_4^{2-} (cmol/kg)	K^+ (cmol/kg)	Na^+ (cmol/kg)	Ca^{2+} (cmol/kg)	Mg^{2+} (cmol/kg)	全盐量 (g/kg)
含量	0	0.46	0.44	12.04	2.59	6.52	3.02	0.8	1.57

将参试材料种子根据发芽率选择20～30粒均匀地播撒在已装好土的花盆，放置于温室中进行培育，根据土壤水分蒸发量计算浇水时间及浇水量，每日观察记录，待出苗后间苗，在幼苗长到三叶之前定苗，每盆保留生长、分布均匀的10棵苗。

1.3.2 盐处理

在幼苗生长到三至四叶期时加盐处理。按每盆土壤干重的0.3％、0.4％、0.5％计算好所需加入的化学纯NaCl量，溶解到一定量的自来水中配制盐溶液，每个处理设3次重复。对照处理加入等量的自来水。盐处理后及时补充蒸发的水分，使盆中土壤含水量维持在70％左右。盐处理18d后取样测定生理生化指标，25d后测定生物学指标，30d结束试验。

1.3.3 指标测定

株高：用直尺测定每株幼苗的垂直高度，每盆测定3株，共测定3盆，以9个株高平均值作为株高。

存活率：观察每盆中存活植株的数目，记为存活苗数，根据材料叶心是否枯黄判断植株死亡与否。

$$存活率 = \frac{盐处理后存活苗数}{原幼苗总数} \times 100\%$$

总生物量：盐处理后30d，用剪刀齐土壤表面剪取植株地上部分，用自来水洗净后，105℃杀青（0.5h），85℃下烘干（12h）至恒重，记取干重（精确到0.01g），3盆材料地上生物量干重的平均值作为地上生物量干重。测定完地上生物量后，将花盆中的土壤用纱布过滤冲洗，收集地下生物量，挑出杂质，105℃杀青（0.5h），85℃下烘干（12h）至恒重，记取干重（精确到0.01g），3盆材料地下生物量干重的平均值作为地下生物量干重。

$$总生物量 = 地上生物量 + 地下生物量$$

细胞膜伤害率：取幼苗叶片0.2g，采用电导法[3]测定细胞膜伤害率。

$$细胞膜伤害率 = \frac{R_1}{R_2} \times 100\%$$

1.4 数据处理

采用SAS 8.0进行方差分析。

1.5 苗期综合评价方法

综合评价采用打分法，根据雀麦各个指标变化率的大小打分，打分标准为把每一种标准的最大变化率与最小变化率之间的差值均分为10个等级，每一等级为1分。在各种指标中均以盐伤害最轻的材料得分最高，即10分；盐伤害最重的材料得分最低，即1分。依此类推，最后把各个指标的得分进行相加得到雀麦苗期的耐盐性总分。根据雀麦苗期的耐盐性总分可得到雀麦耐盐性排序。

2 结果与分析

2.1 盐胁迫对雀麦存活率的影响

由表3可知，随着盐胁迫增强，雀麦存活率呈现下降趋势。0.4％浓度处理下存活率显著低于对照

（$P<0.05$），0.5％浓度处理下存活率极显著低于对照（$P<0.01$），低浓度0.4％处理下雀麦存活率与对照差异达显著（$P<0.05$），但未达极显著（$P>0.01$）。根据耐盐得分可知，材料C371、C96、C255耐盐得分较少，最不耐盐，材料C46、C136、C188、C34、C322、C503得分最高，耐盐性最强，其他材料耐盐性居于中间。

表3 不同盐浓度下雀麦幼苗存活率

材料编号	CK (A)	0.3％	0.4％	0.5％ (B)	变化率 $[(A-B)/A\times100]$	耐盐得分
C371	1.000	1.000	0.967	0.670	33.00	1
C96	1.000	0.933	0.767	0.733	26.70	3
C255	1.000	0.900	0.833	0.833	16.70	6
C241	1.000	1.000	0.933	0.899	10.10	8
C18	1.000	0.967	0.933	0.900	10.00	8
C46	1.000	1.000	0.967	0.933	6.70	9
C136	1.000	1.000	0.967	0.933	6.70	9
C188	1.000	1.000	0.933	0.933	6.70	9
C34	1.000	1.000	0.967	0.967	3.33	10
C322	1.000	0.967	0.967	0.967	3.33	10
C503	1.000	1.000	0.967	0.967	3.33	10
平均值	1.000Aa	0.978ABa	0.927BCab	0.885Cb		

注：同行中具有不同字母表示差异显著（大写字母表示，$P<0.05$）或极显著（小写字母表示，$P<0.01$）。

2.2 盐胁迫对雀麦总生物量的影响

由表4可知，盐胁迫下雀麦植株生物量呈现随着盐浓度增加而减少的趋势。方差分析表明：盐处理下雀麦总生物量极显著低于对照（$P<0.01$），不同处理之间生物量差异不显著（$P>0.05$）。根据耐盐得分可知，材料C18、C188、C241、C322耐盐性较差，材料C255、C371耐盐性较强，其他材料耐盐性居于中间。

表4 不同盐浓度下雀麦幼苗总生物量

材料编号	CK（g）(A)	0.3％（g）	0.4％（g）	0.5％（g）(B)	变化率 $(A-B)/A\times100$	耐盐得分
C18	3.7345	2.6350	1.2700	0.9715	74.0	1
C188	4.1985	2.1095	2.4690	1.4005	66.6	2
C241	3.2890	2.0880	1.5735	1.1170	66.0	2
C322	4.5370	2.3755	2.3515	1.5880	65.0	2
C46	4.4220	2.4020	1.8825	1.7660	60.1	3
C34	3.1605	1.6990	1.5020	1.3510	57.3	3
C96	3.0750	1.6390	2.0385	1.5115	50.8	5
C503	2.4895	1.0110	1.4405	1.2345	50.4	5
C136	2.4445	1.9165	1.2575	1.3860	43.3	6
C255	2.8085	2.0345	1.3990	2.2310	20.6	10
C371	3.4415	2.2925	2.2985	2.8875	16.1	10
平均值	3.4182Aa	2.0184Bb	1.7711Bb	1.5859Bb		

注：同行中具有不同字母表示差异显著（大写字母表示，$P<0.05$）或极显著（小写字母表示，$P<0.01$）。

2.3 盐胁迫对雀麦细胞膜伤害率的影响

由表5可知，盐胁迫下细胞膜透性增加，叶片伤害率随着盐浓度增加而增加，盐处理下雀麦叶片伤害率极显著高于对照（$P<0.01$），不同处理之间伤害率差异达到极显著（$P<0.01$）。根据耐盐得分可知，材料C34耐盐性最差，材料C255、C503、C322耐盐性最强，其他材料耐盐性居于中间。

表5 不同盐浓度下11份雀麦种质的幼苗伤害率

材料编号	CK (A)	0.3%	0.4%	0.5% (B)	变化率 $[(B-A)/A×100]$	耐盐得分
C34	0.241	0.253	0.333	0.433	79.67	1
C46	0.265	0.310	0.387	0.416	56.98	5
C371	0.247	0.282	0.350	0.382	54.66	6
C241	0.259	0.281	0.389	0.396	52.90	6
C96	0.255	0.290	0.350	0.382	49.80	7
C136	0.321	0.339	0.415	0.469	46.11	8
C18	0.258	0.299	0.355	0.370	43.41	8
C188	0.287	0.339	0.382	0.410	42.86	9
C255	0.255	0.282	0.330	0.352	38.04	10
C503	0.350	0.371	0.454	0.475	35.71	10
C322	0.322	0.358	0.379	0.431	33.85	10
平均值	0.278Dd	0.309Cc	0.375Bb	0.411Aa		

注：同行中具有不同字母表示差异显著（大写字母表示，$P<0.05$）或极显著（小写字母表示，$P<0.01$）。

2.4 盐胁迫对雀麦株高的影响

由表6可知，盐胁迫下雀麦生长受到明显抑制，幼苗株高极显著低于对照（$P<0.01$），不同处理之间差异不显著（$P>0.05$），根据耐盐性得分可知，材料C18、C136耐盐性最差，材料C255、C322、C188耐盐性较强，其他耐盐性居于中间。

表6 不同盐浓度下11份雀麦种质的幼苗株高

材料编号	CK(cm) (A)	0.3% (cm)	0.4% (cm)	0.5% (cm) (B)	变化率 $[(A-B)/A×100]$	耐盐得分
C18	23.422	20.500	16.722	16.611	29.08	1
C136	14.444	12.456	11.611	10.456	27.62	1
C46	25.667	22.722	19.444	18.889	26.41	2
C241	24.000	20.844	18.956	17.956	25.19	2
C34	21.689	18.522	17.111	16.333	24.69	3
C96	23.389	22.333	20.556	18.600	20.48	5
C371	24.522	22.278	21.478	20.111	17.99	6
C503	21.356	20.944	18.589	17.667	17.27	6
C255	21.833	20.722	19.256	18.778	13.99	8
C322	22.889	21.889	20.722	20.167	11.89	9
C188	25.056	23.889	22.992	22.800	9.00	10
平均值	22.570Aa	20.645Bb	18.858Bcb	18.033Cb		

注：同行中具有不同字母表示差异显著（大写字母表示，$P<0.05$）或极显著（小写字母表示，$P<0.01$）。

2.5 雀麦属材料苗期耐盐性综合评价

将雀麦存活率、总生物量、叶片伤害率、株高的耐盐得分相加得到耐盐总得分（表7），可得雀麦耐盐性排序：C255＞C503＞C322＞C188＞C136＞C371＞C96＞C46＞C241＞C18＞C34。

表7 雀麦属牧草材料苗期耐盐性综合评价

材料编号	不同指标耐盐得分				耐盐总得分
	存活率	生物量	伤害率	株高	
C34	10	3	1	3	17
C18	8	1	8	1	18
C241	8	2	6	2	18
C46	9	3	5	2	19
C96	3	5	7	5	20
C371	1	10	6	6	23
C136	9	6	8	1	24
C188	9	2	9	10	30
C322	10	2	10	9	31
C503	10	5	10	6	31
C255	6	10	10	8	34

3 结论

（1）随着盐浓度增大，供试雀麦属种质材料的株高、存活率、总生物量受到明显影响，呈现不同程度的降低；叶片伤害率逐渐升高。

（2）供试11份雀麦属牧草在0.3%浓度盐胁迫下存活率为90%～100%，0.4%浓度盐胁迫下存活率为76.7%～96.7%，大于90%的有9份，0.5%浓度盐胁迫下存活率为67.0%～96.7%，大于90%的有7份。

（3）根据耐盐总得分可知，材料C255、C503、C322耐盐性较强，材料C34、C18、C241、C46耐盐性较差，其余材料耐盐性居于中间。

参 考 文 献

[1] 董晓霞，赵树慧．苇状羊茅盐胁迫下生理效应的研究［J］．草业科学，1998，15（5）：10-14.
[2] 甘肃农业大学．牧草及饲料作物育种学［M］．北京：农业出版社，1988.
[3] 李合生．植物生理生化实验原理和技术［M］．北京：高等教育出版社，2002：149-164.

多花黑麦草苗期耐盐性评价

张文洁 程云辉 许能祥

（江苏省农业科学院畜牧研究所）

摘要： 采用苗期盆栽法，测定23份多花黑麦草种质材料在不同盐浓度梯度（0、

0.2％、0.4％）胁迫下幼苗的株高、分蘖数、存活率、地上干重、地下干重5个农艺性状。结果表明：株高、分蘖数、存活率、地上干重、地下干重随盐浓度的升高显著降低（$P<0.05$），在盐浓度0.4％胁迫下有5份材料幼苗死亡。试验表明：JS2014-46、JS2014-43、JS2014-53、JS2014-97的耐盐性较强；材料JS2014-40、JS2014-60、JS2014-52、JS2014-54、JS2014-55、JS2014-57、JS2014-58的耐盐性较差，其他12份材料的耐盐性中等。

关键词：多花黑麦草；耐盐性

土壤盐碱化是影响全球农业生产和生态环境的严重问题[1]，加之不断增长的人口增加了对土地的需求量，有关盐碱地对植物生长和生理生化影响的研究文献大量涌现[2-4]。真正用于实际栽培和生产的牧草种质很少，多花黑麦草（*Lolium multiflorum* Lam.）是一种再生性较强的优质牧草，具有很好的抗逆性，分布广泛，种质资源丰富。国内登记的多花黑麦草种质很少，培育新的种质需要花费很多时间和精力，而引进国外耐盐且饲草品质优良的多花黑麦草种质可以节省大量的时间和精力。通过对引进多花黑麦草不同种质的耐盐性评价，为盐碱地和滩涂的利用改良提供了丰富的生物资源。本研究采用人工模拟不同盐浓度胁迫处理的方法，对23个引进多花黑麦草种质的苗期耐盐性进行了综合评价，为盐碱地初步筛选和利用牧草种质资源提供了依据。

1　材料与方法

1.1　试验材料

试验材料为23份来自日本的多花黑麦草种子（表1）。苗期耐盐试验于2017年2月在江苏省农业科学院温室大棚内进行。

表1　试验材料及来源

编号	种质	拉丁名	来源
JS2014-22	Wase王	*Lolium multiflorum* Lam.	日本
JS2014-34	PI239784	*Lolium multiflorum* Lam.	日本
JS2014-37	PI239794	*Lolium multiflorum* Lam.	日本
JS2014-40	PI196336	*Lolium multiflorum* Lam.	日本
JS2014-43	PI239741	*Lolium multiflorum* Lam.	日本
JS2014-46	PI239754	*Lolium multiflorum* Lam.	日本
JS2014-50	PI239758	*Lolium multiflorum* Lam.	日本
JS2014-51	PI239760	*Lolium multiflorum* Lam.	日本
JS2014-52	PI239761	*Lolium multiflorum* Lam.	日本
JS2014-53	PI239762	*Lolium multiflorum* Lam.	日本
JS2014-54	PI239767	*Lolium multiflorum* Lam.	日本
JS2014-55	PI239768	*Lolium multiflorum* Lam.	日本
JS2014-56	PI239769	*Lolium multiflorum* Lam.	日本
JS2014-57	PI239770	*Lolium multiflorum* Lam.	日本
JS2014-58	PI239771	*Lolium multiflorum* Lam.	日本

(续)

编号	种质	拉丁名	来源
JS2014-60	PI239774	*Lolium multiflorum* Lam.	日本
JS2014-61	PI239776	*Lolium multiflorum* Lam.	日本
JS2014-62	PI239777	*Lolium multiflorum* Lam.	日本
JS2014-63	PI239778	*Lolium multiflorum* Lam.	日本
JS2014-67	PI204087	*Lolium multiflorum* Lam.	日本
JS2014-69	PI239738	*Lolium multiflorum* Lam.	日本
JS2014-97	品系17	*Lolium multiflorum* Lam.	日本
JS2014-101	品系21	*Lolium multiflorum* Lam.	日本

1.2 试验方法

本次耐盐试验采用沙培的方式，将5kg细沙装入无孔的塑料桶中，每个材料的一个处理装6盆，其中3盆为试验重复，另外3盆用于测定生理指标。

将参试的材料种子经人工粒选后均匀地播撒在已装好土的塑料桶中，每日观察，浇水，待苗长到3～4cm高时间苗，苗长到两叶之前定苗，每盆保留生长、分布均匀的15棵苗，待苗生长到1个月左右，到三至四叶期加盐处理，按每盆土壤干重的0、0.2%、0.4%计算好所需加入化学纯NaCl的量，溶解到一定的自来水中，使盐处理后的土壤含水量为最大含水量的70%，设置3次重复。沙子含盐量极低，可忽略不计。盐处理后及时补充蒸发水分，使土壤含水量维持不变。

1.3 耐盐处理的指标测定

1.3.1 株高

在加盐后20d，用直尺测定每棵苗从土壤层到最长叶叶尖的长度，以每盆10棵苗的平均值作为株高。

1.3.2 分蘖数

在加盐后20d，数每盆中每棵苗的分蘖数。以每盆10棵苗的平均值作为分蘖数。

1.3.3 存活苗数

在加盐后25d，观察每盆中的存活植株的数目，记作存活苗数，根据叶心是否枯黄判断植株死亡与否。

1.3.4 地上干重

在加盐后20d，用剪刀沿土层取植株地上部，在105℃杀青，75℃烘至恒重，称重，然后取平均值。

1.3.5 地下干重

在加盐后20d，把沙子倒出，取所有的根，带回实验室清洗干净后，在105℃杀青，75℃烘至恒重，称重，然后取平均值。

1.4 数据处理

利用Excel、SAS软件对数据进行处理，进行相关性分析和方差分析。

2 结果与分析

2.1 盐胁迫对多花黑麦草种质材料相对株高的影响

为了消除各材料本身的差异，均采用相对值作为衡量耐盐性状指标。由表2可知，在不同盐浓度处理下 23 份多花黑麦草的株高呈现相同的趋势，即随着盐浓度的升高相对株高呈现降低的趋势，其中参试的 23 份材料在 0.2％盐浓度处理下的相对株高显著高于 0.4％盐浓度处理下的相对株高（$P<$ 0.05）。

不同材料对不同盐浓度胁迫的反应不同，在 0.2％浓度的盐胁迫下材料 JS2014 - 60 的株高显著高于对照，材料 JS2014 - 46、JS2014 - 54、JS2014 - 55、JS2014 - 56、JS2014 - 58、JS2014 - 67、JS2014 - 97 的株高较对照下降幅度较小，其他材料的株高较对照显著降低（$P<0.05$）。在 0.4％浓度的盐胁迫下材料 JS2014 - 52、JS2014 - 54、JS2014 - 55、JS2014 - 57、JS2014 - 58 已经全部死亡，说明该浓度是这 5 份材料的耐盐致死浓度；材料 JS2014 - 34、JS2014 - 37、JS2014 - 50、JS2014 - 56、JS2014 - 60、JS2014 - 62、JS2014 - 63、JS2014 - 69、JS2014 - 97 的相对株高降到了 50％以下，说明该浓度是这 9 份材料的耐盐极限浓度；其他 10 份材料的相对株高与 0.2％下的相对株高相比也显著降低，但相对株高均在 50％以上，说明耐盐性较强。

表 2　不同盐浓度处理下的幼苗相对株高（％）

编号	盐处理			编号	盐处理		
	CK	0.2％	0.4％		CK	0.2％	0.4％
JS2014 - 22	100.00^a	78.43^b	62.30^c	JS2014 - 56	100.00^a	90.88^{ab}	44.72^c
JS2014 - 34	100.00^a	81.74^b	20.10^c	JS2014 - 57	100.00^a	80.64^b	0.00^c
JS2014 - 37	100.00^a	83.50^b	38.73^c	JS2014 - 58	100.00^a	91.10^{ab}	0.00^c
JS2014 - 40	100.00^a	80.13^b	58.95^c	JS2014 - 60	100.00^b	110.01^a	15.7^c
JS2014 - 43	100.00^a	79.40^b	65.75^c	JS2014 - 61	100.00^a	84.37^b	68.70^c
JS2014 - 46	100.00^a	90.93^{ab}	58.21^c	JS2014 - 62	100.00^a	76.84^b	37.13^c
JS2014 - 50	100.00^a	71.05^b	44.40^c	JS2014 - 63	100.00^a	79.34^b	48.13^c
JS2014 - 51	100.00^a	75.32^b	53.36^c	JS2014 - 67	100.00^a	90.04^{ab}	62.36^c
JS2014 - 52	100.00^a	80.52^b	0.00^c	JS2014 - 69	100.00^a	73.46^b	45.63^c
JS2014 - 53	100.00^a	77.25^b	58.44^c	JS2014 - 97	100.00^a	98.85^a	49.42^c
JS2014 - 54	100.00^a	91.50^{ab}	0.00^c	JS2014 - 101	100.00^a	75.16^b	53.49^c
JS2014 - 55	100.00^a	90.29^{ab}	0.00^c				

注：同一行小写字母不同表示差异显著（$P<0.05$），后同。

2.2　盐胁迫对多花黑麦草种质材料相对分蘖数的影响

盐处理显著影响多花黑麦草的分蘖，由表 3 可知，随着盐浓度的增加，23 份材料的分蘖数均呈现降低的趋势（$P<0.05$）。不同盐处理下，多花黑麦草的反应不同，在 0.2％盐浓度胁迫下，材料 JS2014 - 37、JS2014 - 46、JS2014 - 53、JS2014 - 56、JS2014 - 61、JS2014 - 63 的分蘖数高于对照，说明该浓度的盐处理能够促进这 6 个品种分蘖，材料 JS2014 - 22、JS2014 - 43、JS2014 - 54、JS2014 - 58、JS2014 - 60、JS2014 - 101 的分蘖数和对照一样，说明该盐浓度对这 6 份材料分蘖没有影响；其他 11 份材料的相对分蘖数显著降低（$P<0.05$）。在 0.4％盐浓度处理下，材料 JS2014 - 46、JS2014 - 53、JS2014 - 67 的相对分蘖数均在 80％以上，说明这 3 份材料的耐盐性较强，材料 JS2014 - 37、JS2014 - 40、JS2014 - 60、JS2014 - 52、JS2014 - 54、JS2014 - 55、JS2014 - 57、JS2014 - 58 的相对分蘖数已经降到了 50％以下，其中 JS2014 - 52、JS2014 - 54、JS2014 - 55、JS2014 - 57、JS2014 - 58 这 5 份材料已经死亡，耐盐性较差。

表 3 不同盐浓度处理下幼苗的相对分蘖数（%）

编号	盐处理			编号	盐处理		
	CK	0.2%	0.4%		CK	0.2%	0.4%
JS2014 - 22	100ᵃ	100ᵃ	66ᵇ	JS2014 - 56	100ᵇ	106ᵃ	63ᵃ
JS2014 - 34	100ᵃ	76ᵇ	68ᶜ	JS2014 - 57	100ᵃ	94ᵇ	0ᶜ
JS2014 - 37	100ᵇ	113ᵃ	21ᶜ	JS2014 - 58	100ᵃ	100ᵃ	0ᵇ
JS2014 - 40	100ᵃ	89ᵇ	49ᶜ	JS2014 - 60	100ᵃ	100ᵃ	33ᵇ
JS2014 - 43	100ᵃ	100ᵃ	73ᵇ	JS2014 - 61	100ᵇ	107ᵃ	67ᶜ
JS2014 - 46	100ᵃᵇ	106ᵃ	93ᵇ	JS2014 - 62	100ᵃ	76ᵇ	71ᵇ
JS2014 - 50	100ᵃ	76ᵇ	57ᶜ	JS2014 - 63	100ᵇ	118ᵃ	59ᶜ
JS2014 - 51	100ᵃ	83ᵇ	51ᶜ	JS2014 - 67	100ᵃ	87ᵇ	83ᵇ
JS2014 - 52	100ᵃ	81ᵇ	0ᶜ	JS2014 - 69	100ᵃ	89ᵇ	63ᶜ
JS2014 - 53	100ᵇ	106ᵃ	93ᵇ	JS2014 - 97	100ᵃ	95ᵇ	58ᶜ
JS2014 - 54	100ᵃ	100ᵃ	0ᵇ	JS2014 - 101	100ᵃ	100ᵃ	56ᵇ
JS2014 - 55	100ᵃ	79ᵇ	0ᶜ				

2.3 盐胁迫对多花黑麦草种质材料存活率的影响

由表 4 可知，盐处理显著影响多花黑麦草幼苗的存活率，随着盐浓度升高，23 份多花黑麦草的存活率均显著下降（$P<0.05$）。低浓度对多花黑麦草的存活率影响不大，在 0.2% 浓度下 23 份多花黑麦草的相对存活率均在 90% 以上，大部分都是 100%；在 0.4% 浓度下材料的存活率显著下降，但不同的材料对盐处理的反应不同，其中 JS2014 - 50、JS2014 - 53、JS2014 - 67、JS2014 - 97 这 4 份材料的存活率较高，相对存活率均在 50% 以上，其次是材料 JS2014 - 37、JS2014 - 43 存活率均为 47%，其他材料的存活率均较低，其中 JS2014 - 52、JS2014 - 54、JS2014 - 55、JS2014 - 57、JS2014 - 58 已经全部死亡。

表 4 不同盐浓度处理下幼苗的存活率（%）

编号	盐处理			编号	盐处理		
	CK	0.2%	0.4%		CK	0.2%	0.4%
JS2014 - 22	100	100	17	JS2014 - 56	100	100	13
JS2014 - 34	100	97	14	JS2014 - 57	100	90	0
JS2014 - 37	100	100	47	JS2014 - 58	100	100	0
JS2014 - 40	100	100	40	JS2014 - 60	100	100	7
JS2014 - 43	100	100	47	JS2014 - 61	100	100	17
JS2014 - 46	100	100	40	JS2014 - 62	100	100	13
JS2014 - 50	100	100	53	JS2014 - 63	100	97	17
JS2014 - 51	100	100	17	JS2014 - 67	100	100	63
JS2014 - 52	100	100	0	JS2014 - 69	100	100	23
JS2014 - 53	100	100	53	JS2014 - 97	100	100	50
JS2014 - 54	100	100	0	JS2014 - 101	100	100	40
JS2014 - 55	100	97	0				

2.4 盐胁迫对多花黑麦草种质材料地上干重和地下干重的影响

盐胁迫显著影响植物地上部分的生长，供试 23 份材料的地上干重均随着盐浓度的增加呈现降低的趋势，但不同盐浓度处理下，不同材料的反应不同。由表 5 可知，在盐浓度为 0.2% 条件下，材料 JS2014-53、JS2014-56 的地上相对干重较对照高，说明该浓度处理促进了这 2 份材料的生长；JS2014-46、JS2014-58、JS2014-61、JS2014-97 这 4 份供试材料的地上相对干重较对照没有显著的变化，说明该盐浓度不影响这几个种质生长；其他供试材料在该盐浓度处理下，地上相对干重显著下降（$P<0.05$）。在盐浓度为 0.4% 条件下，23 份供试材料的地上相对干重均显著下降，但不同种质下降的幅度不同，在盐浓度胁迫下，供试材料 JS2014-46、JS2014-53、JS2014-67 的地上相对干重均在 50% 以上，说明这 3 份材料的耐盐性较强；供试材料 JS2014-22、JS2014-40、JS2014-56、JS2014-61、JS2014-97、JS2014-101 等 6 份材料的地上相对干重在 30%～50%，耐盐性中等；其他供试材料的地上相对干重均降到了 30% 以下，耐盐性较差。

表 5　多花黑麦草在不同盐浓度处理下幼苗地上相对干重（%）

编号	盐处理			编号	盐处理		
	CK	0.2%	0.4%		CK	0.2%	0.4%
JS2014-22	100.00[a]	72.64[b]	47.69[c]	JS2014-56	100.00[a]	102.73[a]	38.87[b]
JS2014-34	100.00[a]	76.94[b]	17.29[c]	JS2014-57	100.00[a]	64.49[b]	0.00[c]
JS2014-37	100.00[a]	68.53[b]	6.82[c]	JS2014-58	100.00[a]	94.32[a]	0.00[b]
JS2014-40	100.00[a]	74.47[b]	41.03[c]	JS2014-60	100.00[a]	76.88[b]	14.71[c]
JS2014-43	100.00[a]	85.41[b]	23.75[c]	JS2014-61	100.00[a]	93.00[b]	35.33[b]
JS2014-46	100.00[a]	97.24[a]	53.57[b]	JS2014-62	100.00[a]	80.23[b]	17.19[c]
JS2014-50	100.00[a]	51.77[b]	18.43[c]	JS2014-63	100.00[a]	64.04[b]	5.11[c]
JS2014-51	100.00[a]	74.64[b]	5.98[c]	JS2014-67	100.00[a]	74.51[b]	54.55[c]
JS2014-52	100.00[a]	62.57[b]	0.00[c]	JS2014-69	100.00[a]	72.41[b]	29.09[c]
JS2014-53	100.00[a]	109.89[a]	57.81[b]	JS2014-97	100.00[a]	92.74[a]	35.27[c]
JS2014-54	100.00[a]	82.93[b]	0.00[c]	JS2014-101	100.00[a]	86.90[b]	31.88[c]
JS2014-55	100.00[a]	85.21[b]	0.00[c]				

植物地下部分是最先受到盐胁迫的部位，是反映盐胁迫最有效的指标。由表 6 可知，在盐处理下，23 份供试材料的地下相对干重在盐浓度处理下快速下降，除供试材料 JS2014-37、JS2014-43、JS2014-53 外降幅较小，其他材料的地下相对干重均降到了 50% 以下。

表 6　不同盐浓度处理下幼苗的地下相对干重（%）

编号	盐处理			编号	盐处理		
	CK	0.2%	0.4%		CK	0.2%	0.4%
JS2014-22	100.00	20.13	13.84	JS2014-51	100.00	47.66	15.53
JS2014-34	100.00	22.59	12.59	JS2014-52	100.00	27.44	0.00
JS2014-37	100.00	90.31	0.00	JS2014-53	100.00	93.07	10.40
JS2014-40	100.00	35.91	18.94	JS2014-54	100.00	38.75	0.00
JS2014-43	100.00	70.47	11.88	JS2014-55	100.00	27.06	0.00
JS2014-46	100.00	31.03	16.63	JS2014-56	100.00	52.79	15.75
JS2014-50	100.00	13.80	7.44	JS2014-57	100.00	36.62	19.72

（续）

编号	盐处理			编号	盐处理		
	CK	0.2%	0.4%		CK	0.2%	0.4%
JS2014-58	100.00	31.37	0.00	JS2014-67	100.00	22.14	12.15
JS2014-60	100.00	42.50	0.00	JS2014-69	100.00	13.12	5.14
JS2014-61	100.00	22.55	0.85	JS2014-97	100.00	35.05	12.33
JS2014-62	100.00	15.95	12.91	JS2014-101	100.00	33.78	15.56
JS2014-63	100.00	11.75	1.91				

3　讨论

植物的耐盐性不仅在种属间存在着差异，同一种属植物的不同种群甚至不同个体间都存在着显著差异。因此在牧草资源耐盐性鉴定时，应使用多个指标进行综合评价。本研究从株高、分蘖数、存活率、地上干重、地下干重等几个植物学性状方面进行系统分析，结果表明在盐胁迫条件下，23 份供试材料的株高、分蘖数、存活率、地上干重、地下干重随着盐浓度的增加均呈现显著降低的趋势（$P < 0.05$）。当盐浓度为 0.2% 时，幼苗的相对株高和相对存活率受影响不大，说明在一定盐浓度范围内多花黑麦草具有抵抗盐害的机制，但植物的生物量，特别是地下相对干重降幅较显著，这说明盐处理对根系的影响比对地上部分的影响大，这与王晓栋[5-7]的研究结果是一致的。当盐浓度为 0.4% 时，多花黑麦草的生长明显受到抑制，其株高、分蘖数、地上干重、地下干重开始显著下降。植物的存活率是鉴定植物耐盐性的重要指标，在本试验中当盐浓度为 0.4% 时抑制多花黑麦草的生长，部分材料甚至不能存活。多花黑麦草生长受抑制可能是由于在盐胁迫下植株吸收不到足够的水分和矿质营养，造成代谢活动减弱的原因[8]。

4　结论

不同盐胁迫浓度对多花黑麦草种质材料的株高、分蘖数、地上干重、地下干重有显著影响（$P < 0.05$），不同材料对盐胁迫的耐受能力差异较大，随着盐浓度升高，多花黑麦草种质材料的株高、分蘖数、地上干重、地下干重呈下降趋势。

在 0.4% 盐处理下，部分材料开始死亡，低盐浓度对幼苗的存活率没有影响，说明多花黑麦草是耐盐性较强的植物。随着盐浓度的升高，多花黑麦草种质材料的分蘖数呈下降趋势，但不同材料对盐的敏感性不同，材料 JS2014-52、JS2014-54、JS2014-55、JS2014-57、JS2014-58 已经全部死亡。

综合分析 23 份多花黑麦草种质材料的耐盐性，JS2014-46、JS2014-43、JS2014-53、JS2014-97的耐盐性较强；材料 JS2014-40、JS2014-60、JS2014-52、JS2014-54、JS2014-55、JS2014-57、JS2014-58 的耐盐性较差，其他 12 份材料的耐盐性中等。

参 考 文 献

[1] 戴高兴，彭克勤，皮灿辉．钙对植物耐盐性的影响 [J]．中国农学通报，2003，19（3）：97-101.

[2] ADELE M，MARIA R P，MARIA S. Effects of Salinity on Growth，Carbohydrate Metabolism and Nutritive Properties of Kikuyu Grass（Pennisetum clandestinum Hochst）[J]. Plant Science，2003，164：1103-1110.

[3] SONALI S，ARUN L M. Insight Into the Salt Tolerance Factors of a Wild Halophytic Rice，Porteresia coarctata：A Physiological and Proteomic Approach [J]. Planta，2009，229：911-929.

[4] 刘一明，程凤枝，王齐，等. 四种暖季型草坪植物的盐胁迫反应及其耐盐阈值 [J]. 草业学报，2009，18（3）：192-199.

[5] 王晓栋，石凤翎. 17 份红豆草种质材料种子萌发期耐盐性研究 [J]. 种子，2008，27（7）：38-41.

[6] 杨劲松. 作物对不同盐胁迫和调控条件的响应特征与抗盐性调控研究 [D]. 南京：南京农业大学，2006：82-91.

[7] 芦翔，汪强，赵惠萍，等. 盐胁迫对不同燕麦品种子萌发和出苗影响的研究 [J]. 草业科学，2009，26（7）：77-81.

[8] 贾新平，邓衍明，孙晓波，等. 盐胁迫对海滨雀稗生长和生理特性的影响 [J]. 草业学报，2015，24（12）：204-212.

多花黑麦草不同种质资源芽期耐盐性及盐对酶活性影响的研究

李青静　王　瑜　袁庆华

（中国农业科学院北京畜牧兽医研究所）

摘要： 通过对 28 份来自不同地区的多花黑麦草不同种质材料在 0、0.3%、0.6%、0.9%、1.3% 盐浓度胁迫下的相对发芽率、相对发芽势、活力指数及胚根胚芽比等指标的综合评价，筛选出耐盐性较强的材料 3 份，分别是来自日本的 84-824、江苏的 2604 和加拿大的 86-30；耐盐性较差的材料 3 份，有来自日本的 79-172、苏联的 91-7 和日本的 84-714；其他为中等耐盐材料。同时对耐盐材料和敏盐材料进行了酶活性及游离脯氨酸含量测定，结果显示不同材料间 POD 和 SOD 活性的变化差异显著，随着盐浓度升高 POD 和 SOD 活性呈上升趋势，在各盐浓度胁迫下，耐盐材料芽内 POD 和 SOD 的活性均低于敏盐材料，游离脯氨酸的含量也与材料的耐盐性呈负相关，敏盐材料的游离脯氨酸含量反而高于耐盐材料。

关键词： 耐盐性；多花黑麦草；相对发芽率；盐胁迫；酶活性

现阶段土壤盐渍化问题已经成为困扰农业生产的一大难题。据记载，世界陆地面积的 6%，世界耕地面积的 20%，接近 50% 的灌溉土地被高盐害所影响[1]。据 FAO 估计，世界范围内，每年由于盐害造成土地生产力丧失的面积达 250 万～500 万 hm²[2]。就我国而言，盐渍土面积约 9 913 万 hm²，而且盐碱化和次生盐渍化每年都在不断加重[3]。在 1 亿 hm² 耕地中有 667 万 hm² 盐碱化土壤，另有 3 460 万 hm² 盐碱荒地[4]。我国人口剧增及工业高速发展，可耕地面积急剧下降；同时，不合理灌溉又造成了大量良田次生盐渍化。因此，开发和利用大面积盐渍化土地，利用耐盐植物资源发展盐渍地生态农业十分必要。盐碱环境是植物生长的主要限制因子之一，植物在不同生长阶段的耐盐碱性不同，种子萌发期往往是对盐碱胁迫十分敏感的时期[5]。

植物耐盐性是一个非常复杂的反应过程，涉及组织器官结构、生理生化反应等诸多方面的因素，盐胁迫下，植物体内会积累较多的活性氧，这些活性氧若不能及时清除就会造成氧化胁迫[6]。过氧化物酶（POD）、超氧化物歧化酶（SOD）、过氧化氢酶（CAT）等内源活性氧清除剂，能在逆境胁迫过程中清除植物体内过量的活性氧，抑制膜质中不饱和脂肪酸过氧化作用产物丙二醛（MDA）的积累，维持细胞膜的稳定性[6-7]。

因此，本试验采取人工模拟不同浓度盐胁迫处理的方法，对来自国内外不同地区、不同生境的 28 份多花黑麦草不同种质材料进行芽期耐盐性评价，探讨其对不同浓度 NaCl 溶液胁迫的耐受性，根据其耐盐性状划分出耐盐、中度耐盐和敏盐材料，并针对所筛选出的材料，测定不同盐浓度胁迫对超氧化物歧化酶（SOD）和多酚氧化酶（PPO）的活性的影响，以及对游离脯氨酸的含量的影响，旨在对多花黑麦草的耐盐性进行早期鉴定，为筛选具有较高耐盐性的牧草提供科学依据，为开发利用盐碱地奠定理论基础。

1　材料和方法

1.1　试验材料

试验所用 28 份多花黑麦草不同种质由中国农业科学院北京畜牧兽医研究所牧草资源室提供（表1）。

表 1　试验材料及来源

种质编号	原库编号	种名	学名	材料来源	原产地	采种时间
1	79 - 172	多花黑麦草	*Lolium multi florum* Lam.	北京	日本	2006 年
2	83 - 217	多花黑麦草	*Lolium multi florum* Lam.	北京	加拿大	2006 年
3	84 - 824	多花黑麦草	*Lolium multi florum* Lam.	北京	日本	2006 年
4	92 - 141	多花黑麦草	*Lolium multi florum* Lam.	中畜所	乌拉圭	2005 年
5	81 - 41	多花黑麦草	*Lolium multi florum* Lam.	北京	荷兰	2007 年
6	75 - 18	多花黑麦草	*Lolium multi florum* Lam.	北京	新西兰	2006 年
7	85 - 24	多花黑麦草	*Lolium multi florum* Lam.	新西兰	新西兰	2003 年
8	86 - 309	多花黑麦草	*Lolium multi florum* Lam.	北京	美国	2007 年
9	81 - 13	多花黑麦草	*Lolium multi florum* Lam.	北京	日本	2007 年
10	84 - 728	多花黑麦草	*Lolium multi florum* Lam.	北京	加拿大	2006 年
11	79 - 174	多花黑麦草	*Lolium multi florum* Lam.	北京	日本	2006 年
12	92 - 147	多花黑麦草	*Lolium multi florum* Lam.	中畜所	新西兰	2005 年
13	75 - 19	多花黑麦草	*Lolium multi florum* Lam.	中畜所	新西兰	2005 年
14	85 - 42	多花黑麦草	*Lolium multi florum* Lam.	日本	日本	2005 年
15	2604	多花黑麦草	*Lolium multi florum* Lam.	江苏	中国	2003 年
16	92 - 149	多花黑麦草	*Lolium multi florum* Lam.	北京	荷兰	2007 年
17	中畜- 421	多花黑麦草	*Lolium multi florum* Lam.	云南	云南	2003 年
18	84 - 811	多花黑麦草	*Lolium multi florum* Lam.	北京	澳大利亚	2007 年
19	80 - 55	多花黑麦草	*Lolium multi florum* Lam.	中畜所	美国	2005 年
20	93 - 55	多花黑麦草	*Lolium multi florum* Lam.	北京	澳大利亚	2006 年
21	79 - 166	多花黑麦草	*Lolium multi florum* Lam.	北京	日本	2006 年
22	86 - 30	多花黑麦草	*Lolium multi florum* Lam.	北京	加拿大	2006 年
23	83 - 106	多花黑麦草	*Lolium multi florum* Lam.	荷兰	荷兰	2005 年
24	2005 - 6	多花黑麦草	*Lolium multi florum* Lam.	北京	美国	2005 年
25	2683	多花黑麦草	*Lolium multi florum* Lam.	江苏	中国	2006 年
26	86 - 69	多花黑麦草	*Lolium multi florum* Lam.	美国	美国	2006 年
27	91 - 7	多花黑麦草	*Lolium multi florum* Lam.	北京	苏联	2006 年
28	84 - 714	多花黑麦草	*Lolium multi florum* Lam.	北京	日本	2006 年

1.2　试验方法

试验共设 5 个盐梯度处理，即将 NaCl（纯度＞99.5％）用蒸馏水分别配成 0、0.3％、0.6％、0.9％、1.3％这 5 种浓度的盐溶液备用。

将参加试验的种子经粒选，0.1％ HgCl₂ 消毒 2min，无菌蒸馏水冲洗 3 次，放置在铺有 1 层灭菌滤纸和海绵的培养皿中，每皿均匀摆放 50 粒种子，分别加入不同浓度梯度的 NaCl 溶液 100mL，每个处理设 3 个重复，置于 25℃ 恒温培养箱，黑暗条件下发芽 9d。

1.3 形态指标的测定

加盐后第 4 天开始每天观察，统计各处理材料种子发芽数，在发芽后的第 9 天，用游标卡尺测定种子的胚根和胚芽的长度。根据第 4 天的种子发芽数计算发芽势和相对发芽势，根据第 9 天的种子发芽数计算发芽率和相对发芽率，各指标的计算公式如下：

发芽率（GP）＝发芽终期（第 9 天）的全部正常发芽粒数/供试种子数×100％；

发芽势（GV）＝发芽初期（第 4 天）的正常发芽粒数/供试种子数×100％；

相对发芽率（RGP）＝各种处理的发芽率/对照的发芽率；

相对发芽势（RGV）＝各种处理的发芽势/对照的发芽势；

发芽指数（GI）$= \sum (Gt/Dt)$，Gt 为 t 时间内的发芽数，Dt 为相应的发芽天数；

活力指数＝发芽指数×胚芽长。

1.4 生理指标

1.4.1 叶片游离脯氨酸含量的测定

采用磺基水杨酸法测定[8]叶片中游离脯氨酸的含量。

游离脯氨酸提取：取 0.05g 多花黑麦草叶片，用 3％磺基水杨酸溶液研磨提取，磺基水杨酸的最终体积为 5mL，匀浆液转入玻璃离心管中，在沸水浴中提取 10min。冷却后以 3 000r/min 离心 10min，取上清液待测。

含量测定：取标准溶液各 2mL，加入 3％磺基水杨酸 2mL，冰乙酸 2mL 和 2.5％茚三酮溶液 4mL，置沸水浴中显色 60min。冷却后，加入 4mL 甲苯萃取红色物质，静置后，取甲苯相测定 520nm 波长处的吸收值。

1.4.2 超氧化物歧化酶（SOD）活性测定

采用 Health 的氮蓝四唑（NBT）法测定超氧化物歧化酶（SOD）活性。

酶液的提取：称取不同盐浓度处理的幼芽各 0.3g，放入 5mL 的离心管中后，将离心管投入液氮中，1min 后将其取出，加入少量液氮后在离心管中进行充分研磨，加入 3mL 1/15M 磷酸缓冲液（pH 为 7.8），放入离心机中离心（10 000r/min，20min）。取上清液，放入 5mL 的离心管中，剩余物用缓冲液冲洗后，再次离心（10 000r/min，5min），取上清液，如此重复 3 次，直到酶粗提液补足 3mL。将酶液放入 4℃ 冰箱中保存备用。

超氧化物歧化酶（SOD）活性测定：采用 Health 的氮蓝四唑（NBT）法测定 SOD 含量。取含有甲硫氨酸、氮蓝四唑、核黄素和 EDTA 的 pH 为 7.8 的磷酸缓冲液 3mL 作为反应液，将其移入玻璃瓶中，在暗光下加入 1mL 的酶液（1/15M 磷酸缓冲液制备的酶粗提液，稀释 50 倍），在 30℃ 下用 4 000lx 的光照射 30min，于 560nm 下测透光度。以抑制 NBT 光还原的 50％作为一个酶活单位（U）。

1.4.3 多酚氧化酶（PPO）的活性测定

采用儿茶酚法测定多酚氧化酶（PPO）的活性。

酶液的提取：同超氧化物歧化酶（SOD）活性测定中酶液的提取方法。

多酚氧化酶（PPO）活性测定：取 5mL 的玻璃试管 4 支，分别在 3 支玻璃管中加入 1/15M 磷酸缓冲液（pH 为 6.8）1.5mL、0.02mol 邻苯二酚（儿茶酚）1.5mL、1.0mL 的酶（稀释 20 倍），并混合均匀。另一支试管中加入 3mL 1/15M 磷酸缓冲液作为吸光度。将 4 支试管均放入 40℃ 的水浴锅中保温 30min，取出后于 525nm 下测吸光度。

2 结果与分析

2.1 盐胁迫对多花黑麦草种质材料种子相对发芽率和相对发芽势的影响

2.1.1 相对发芽势

从表2可以看出，随着盐浓度增加，所有参试材料种子发芽势均显著下降，在盐浓度为0.9%、1.3%下，各种材料种子发芽势存在显著差异（$P<0.05$）。在0.3%的盐浓度下，6号、9号、10号、15号、18号、22号6份材料的相对发芽势均处于很高的水平，都超过了对照的发芽势。这说明此浓度可以促进这6份材料种子的发芽。在0.6%的盐浓度下，只有5号、6号、9号、10号、11号、13号、14号、16号、18号这9份材料种子的相对发芽势超过50%，其他19份材料的发芽势均处于较低的水平。说明中盐浓度下不同材料种子的发芽势并不理想。在0.9%的盐浓度下，仅5号、10号、11号、13号、14号、15号这6份材料的发芽势超过20%。说明在此盐浓度下，大大抑制了各材料的发芽趋势。在1.3%的盐浓度下，1号、2号、3号、6号、7号、8号、9号、13号、16号、17号、19号、20号、21号、22号、23号、25号、26号、27号、28号19份材料的发芽势均为0。说明高盐浓度极大地抑制了种子的发芽趋势。而28号材料在此浓度的发芽势一直为0，说明这份材料的发芽能力太弱，不适合在盐碱地种植。

表 2 多花黑麦草种质材料在不同盐浓度下的相对发芽率和相对发芽势

种质编号	0.3%		0.6%		0.9%		1.3%	
	相对发芽势	相对发芽率	相对发芽势	相对发芽率	相对发芽势	相对发芽率	相对发芽势	相对发芽率
1	0.77bc	0.96ab	0.30defgh	0.96ab	0.02e	0.34fg	0.00b	0.09gh
2	0.87bc	0.98ab	0.43cdefgh	0.91abcde	0.11de	0.66cde	0.00b	0.18fgh
3	0.78bc	1.06ab	0.30defgh	0.98ab	0.02e	0.64cde	0.00b	0.17fgh
4	0.85bc	0.95ab	0.44cdefgh	0.90abcde	0.14cde	0.81abc	0.01b	0.31cdefg
5	0.96bc	0.99ab	0.79abcd	1.01a	0.20cde	0.97ab	0.01b	0.48bc
6	1.04bc	0.95ab	0.62abcdefg	0.97ab	0.09e	0.83abc	0.00b	0.24defgh
7	0.43bc	0.93ab	0.48bcdefg	0.83bcdef	0.04e	0.36fg	0.00b	0.16fgh
8	0.59bc	0.96ab	0.14gh	0.91abcde	0.02e	0.78abc	0.00b	0.18efgh
9	1.04bc	1.04ab	0.69abcdef	1.01a	0.16cde	0.97ab	0.00b	0.49bc1
10	1.16b	1.10a	1.03a	1.04a	0.33bcd	0.77abcd	0.02b	0.23defgh
11	0.75bc	0.97ab	0.76abcd	0.93abc	0.35bc	0.66cde	0.03ab	0.11gh
12	0.65bc	0.99ab	0.19bcdefg	0.99ab	0.04e	0.84abc	0.08b	0.23defgh
13	0.94bc	0.97ab	0.85fgh	0.96ab	0.75e	0.81abc	0.00b	0.42bcde
14	0.86bc	0.99ab	0.66abcdef	0.98ab	0.50b	0.81abc	0.09a	0.40cdef
15	1.00bc	1.01ab	0.32bcdefg	0.98ab	0.22cde	1.04a	0.03ab	0.84a
16	0.52bc	1.04ab	0.57bcdefg	1.03a	0.08e	1.01a	0.00b	0.65ab
17	0.75bc	0.98ab	0.31defgh	0.96ab	0.06e	0.79abc	0.00b	0.19efgh
18	1.33b	1.04ab	0.92ab	1.04a	0.18cde	0.98ab	0.02b	0.39cdef
19	0.89bc	0.99ab	0.20fgh	0.94ab	0.00e	0.49ef	0.00b	0.06f1
20	0.72bc	0.98ab	0.32defgh	0.92abcde	0.03e	0.78abcd	0.00b	0.45bcd
21	0.68bc	0.87b	0.25efgh	0.76cdef	0.11e	0.94ab	0.00b	0.11gh

（续）

种质编号	0.3%		0.6%		0.9%		1.3%	
	相对发芽势	相对发芽率	相对发芽势	相对发芽率	相对发芽势	相对发芽率	相对发芽势	相对发芽率
22	1.52^a	1.06^{ab}	0.42^{abcde}	1.06^a	0.03^e	0.98^{ab}	0.00^b	0.45^{bcd}
23	0.70^{bc}	1.02^{ab}	0.20^{fgh}	0.99^{ab}	0.03^e	0.75^{bcd}	0.00^b	0.38^{cdef}
24	0.77^{bc}	0.99^{ab}	0.15^{gh}	0.93^{abcd}	0.05^e	0.64^{cde}	0.02^b	0.21^{efgh}
25	0.66^{bc}	0.96^{ab}	0.32^{defgh}	0.76^{ef}	0.11^e	0.49^{ef}	0.00^b	0.19^{efgh}
26	0.52^{bc}	0.94^{ab}	0.30^{defgh}	0.77^{cdef}	0.04^e	0.52^{def}	0.00^b	0.20^{efgh}
27	0.87^{bc}	0.98^{ab}	0.23^{efgh}	0.76^{def}	0.00^e	0.31^{fg}	0.00^b	0.02^h
28	0.00^c	0.81^b	0.00^h	0.67^f	0.00^e	0.21^g	0.00^b	0.09^{gh}

注：表中每行不同小写字母表示差异达显著水平（$P<0.05$）。

2.1.2　相对发芽率

从表 2 可以看出，各种材料种子的相对发芽率随盐浓度的升高而降低。经方差分析，在盐浓度为 0.3%、0.6%、1.3% 下，差异性显著（$P<0.05$）。在 0.3% 的盐浓度在下，3 号、9 号、10 号、15 号、16 号、18 号、22 号、23 号材料的相对发芽率都较对照盐浓度下高，说明低盐浓度可以促进种子发芽；28 号材料的相对发芽率最低，说明其在低盐浓度胁迫下比较敏感，其他材料表现不是很敏感。在 0.6% 盐浓度下，5 号、9 号、10 号、16 号、18 号、22 号材料的相对发芽率都较对照盐浓度下高，说明 5 号材料的适宜发芽盐浓度是 0.6%，而 3 号、23 号材料的适宜发芽盐浓度是 0.3%，9 号、10 号、16 号、18 号、22 号材料的适宜发芽浓度是在 0.3%～0.6%。在 0.9% 盐浓度下 15 号、16 号材料仍具有很高的相对发芽率，说明这 2 份材料的耐盐性较高；1 号、7 号、19 号、25 号、27 号、28 号材料的相对发芽率均低于 50%，说明此浓度对其发芽有一抑制作用。28 号材料仍具有最低相对发芽率。在 1.3% 盐浓度下，只有 15 号、16 号材料的相对发芽率超过 50%，说明其他材料在此浓度下受到了强烈抑制，此浓度不适合达大多数材料种子的发芽。总体来看，在盐浓度为 0.9% 时相对发芽势的下降趋势最为明显。因此，0.9% 的 Nacl 溶液是多数多花黑麦草种质材料耐盐的关键浓度。

2.2　种子萌发耐盐浓度的确定

以相对发芽率为自变量，盐浓度为因变量，进行回归分析，可以得到两者之间的线性回归方程（表 3）。设定相对发芽率 75%、50% 和 10% 所对应的溶液浓度分别为适宜值、临界值（半致死浓度）和极限值（致死浓度），根据所建立的回归方程计算出各材料的这 3 项盐浓度指标。从表 3 可以看出，多花黑麦草种质材料的相对发芽率和不同的盐浓度处理之间存在着显著的负相关。盐浓度对发芽的适宜值、临界值和极限值在不同材料间有较大的差异，其中 15 号材料的适宜盐浓度范围、临界盐浓度和极限盐浓度均较高，因此具有较好的耐盐性；而 27 号、28 号等材料的耐盐能力相对较差，即使在较低的盐浓度水平，也难达到 75% 的相对发芽率。

表 3　多花黑麦草种质材料种子相对发芽率与盐浓度的回归分析及耐盐度预测

种质编号	回归方程	R^2	盐浓度（%）		
			适宜	半致死	致死
1	$y=-0.325x+1.4018$	0.89	≤0.20	0.28	0.40
2	$y=-0.2672x+1.352$	0.89	≤0.23	0.32	0.47
3	$y=-0.3032x+1.4718$	0.92	≤0.24	0.32	0.45
4	$y=-0.2014x+1.2465$	0.79	≤0.25	0.37	0.57

（续）

种质编号	回归方程	R^2	盐浓度（%）		
			适宜	半致死	致死
5	$y=-0.1546x+1.2482$	0.62	≤0.32	0.48	0.74
6	$y=-0.2286x+1.3197$	0.73	≤0.25	0.36	0.53
7	$y=-0.2756x+1.2593$	0.94	≤0.18	0.28	0.42
8	$y=-0.2466x+1.324$	0.79	≤0.23	0.33	0.50
9	$y=-0.1708x+1.3066$	0.71	≤0.33	0.47	0.71
10	$y=-0.288x+1.5038$	0.87	≤0.26	0.35	0.49
11	$y=-0.2863x+1.3836$	0.86	≤0.22	0.31	0.45
12	$y=-0.2433x+1.3723$	0.76	≤0.26	0.36	0.52
13	$y=-0.1782x+1.2347$	0.81	≤0.27	0.41	0.64
14	$y=-0.1942x+1.2792$	0.83	≤0.27	0.40	0.61
15	$y=-0.0455x+1.0784$	0.43	≤0.72	1.27	2.15
16	$y=-0.1187x+1.2266$	0.66	≤0.40	0.61	0.95
17	$y=-0.2516x+1.3589$	0.78	≤0.24	0.34	0.50
18	$y=-0.1985x+1.3598$	0.67	≤0.31	0.43	0.63
19	$y=-0.3257x+1.4321$	0.92	≤0.21	0.29	0.41
20	$y=-0.1732x+1.2138$	0.89	≤0.27	0.41	0.64
21	$y=-0.2084x+1.1916$	0.50	≤0.21	0.33	0.52
22	$y=-0.1929x+1.3714$	0.71	≤0.32	0.45	0.66
23	$y=-0.2151x+1.3214$	0.94	≤0.27	0.38	0.57
24	$y=-0.2622x+1.3444$	0.91	≤0.23	0.32	0.47
25	$y=-0.2607x+1.25$	0.99	≤0.19	0.29	0.44
26	$y=-0.2465x+1.2237$	0.98	≤0.19	0.29	0.46
27	$y=-0.3344x+1.3511$	0.98	≤0.18	0.25	0.37
28	$y=-0.2638x+1.1034$	0.94	≤0.13	0.23	0.38

注：y 代表不同的盐浓度，x 代表材料的相对发芽率，R2 为决定系数。

2.3 盐胁迫对多花黑麦草种质材料胚根胚芽比的影响

从表4中可以看出，这28份多花黑麦草种质材料种子的胚根胚芽比随盐浓度增加呈下降趋势。与对照相比，在0.9%和1.3%这2个低浓度下胚根胚芽比必有所下降，说明在这2个浓度下胚根比胚芽生长的慢；从各种质材料胚根胚芽比的变化可知，多花黑麦草种质材料间的胚根胚芽比有显著的差异，各材料对盐胁迫的敏感程度不同。胚根胚芽比越大，说明其适应盐胁迫的能力越强，耐盐性越强，反之则耐盐性越弱。

综合来看，盐胁迫对多花黑麦草种质材料的胚根和胚芽的生长有抑制作用，随着盐浓度增加，盐分对胚根和胚芽的生长产生抑制作用，且盐分对胚根的抑制作用大于对胚芽的抑制。

表 4　多花黑麦草种质材料在不同盐浓度下的胚根胚芽比

种质编号	CK	0.3％	0.6％	0.9％	1.3％
1	0.84	0.55	0.22	0.11	0.27
2	0.83	0.56	0.34	0.15	0.18
3	0.83	0.66	0.31	0.18	0.17
4	0.57	0.55	0.21	0.06	0.11
5	0.69	0.5	0.15	0.1	0.11
6	0.8	0.47	0.24	0.18	0.17
7	0.91	0.13	0.03	0.07	0.13
8	0.63	0.56	0.15	0.35	0.16
9	0.63	0.5	0.4	0.18	0.18
10	0.6	0.6	0.4	0.54	0.41
11	0.91	0.72	0.33	0.32	0.09
12	0.74	0.47	0.22	0.14	0.38
13	0.71	0.7	0.26	0.19	0.15
14	0.86	0.66	0.2	0.05	0.1
15	0.47	0.6	0.4	0.48	0.49
16	0.73	0.45	0.55	0.43	0.46
17	0.74	0.5	0.17	0.26	0.54
18	0.72	0.59	0.43	0.39	0.2
19	0.57	0.42	0.51	0.31	0.33
20	0.52	0.56	0.41	0.38	0.37
21	0.58	0.43	0.58	0.49	0.23
22	0.25	0.48	0.4	0.38	0.14
23	0.58	0.68	0.49	0.31	0.28
24	0.76	0.23	0.04	0.05	0.14
25	0.77	0.5	0.08	0.1	0.19
26	0.88	0.13	0.05	0.06	0.11
27	1.07	0.36	0.06	0.13	0.17
28	1.01	0.26	0.11	0.13	0.16

2.4　多花黑麦草种质材料芽期耐盐性综合评价

　　牧草种质材料的耐盐性是一个较为复杂的性状，鉴定一个材料的耐盐性应采用若干性状的综合评价，由于各个指标作用不同，必须根据各个指标和耐盐性的密切程度进行权重分配，因此将加权平均排序法改进后对种质材料的耐盐性进行排序。首先将表 5 的各项指标用五级评分法换算成相对指标进行定量表示，这样各性状因数值大小和变化幅度的不同而产生的差异即可消除，其换算公式如下：

$$D = \frac{H_n - H_s}{5} \tag{1}$$

$$E = \frac{H - H_s}{D} + 1 \tag{2}$$

　　式中：H_n——各指标测定的最大值；

　　　　　H_s——各指标测定的最小值；

H——各指标测定的任意值；

D——得分极差（每得1分之差）；

E——应得分。

表5 耐盐指标的敏感指数

种质编号	0.9%盐浓度相对发芽率	0.9%盐浓度相对发芽势	0.9%盐浓度相对发芽指数	0.9%盐浓度相对活力指数	0.9%盐浓度相对胚根胚芽比
1	0.34	0.02	0.15	0.03	0.13
2	0.66	0.11	0.38	0.11	0.18
3	0.64	0.02	0.30	0.08	0.21
4	0.81	0.14	0.47	0.19	0.10
5	0.97	0.20	0.59	0.28	0.15
6	0.83	0.09	0.47	0.23	0.23
7	0.36	0.04	0.19	0.05	0.08
8	0.78	0.02	0.44	0.17	0.55
9	0.97	0.16	0.60	0.32	0.29
10	0.77	0.33	0.54	0.25	0.90
11	0.66	0.35	0.47	0.27	0.35
12	0.84	0.04	0.62	0.19	0.19
13	0.81	0.75	0.78	0.23	0.26
14	0.81	0.50	0.70	0.30	0.06
15	1.04	0.22	0.77	0.36	1.03
16	1.01	0.08	0.58	0.26	0.59
17	0.79	0.06	0.41	0.15	0.35
18	0.98	0.18	0.67	0.38	0.54
19	0.49	0.00	0.18	0.04	0.55
20	0.78	0.03	0.42	0.20	0.72
21	0.94	0.11	0.58	0.35	0.84
22	0.98	0.03	0.66	0.38	1.50
23	0.75	0.03	0.45	0.19	0.54
24	0.64	0.05	0.29	0.09	0.07
25	0.49	0.11	0.29	0.08	0.13
26	0.52	0.04	0.29	0.09	0.06
27	0.31	0.00	0.13	0.02	0.12
28	0.21	0.00	0.12	0.02	0.13

先将各指标测定的最大值定为5分，最小值定为1分，求出D值后代入公式（2），再求出任一测定值的应得分（表6）。

根据各指标的变异系数确定各指标参与综合评价的权重系数矩阵。其计算公式为：

$$任一指标权重系数 = \frac{任一指标变异系数}{各指标变异系数之和}$$

表 6　各种质材料在不同耐盐指标下的得分

种质编号	0.9%盐浓度 相对发芽率	0.9%盐浓度 相对发芽势	0.9%盐浓度 相对发芽指数	0.9%盐浓度 相对活力指数	0.9%盐浓度 相对胚根胚芽比
1	1.80	1.15	1.23	1.14	1.26
2	3.75	1.77	2.97	2.25	1.43
3	3.59	1.11	2.36	1.83	1.54
4	4.60	1.95	3.65	3.36	1.14
5	5.60	2.35	4.56	4.61	1.31
6	4.75	1.61	3.65	3.92	1.59
7	1.94	1.29	1.53	1.42	1.07
8	4.44	1.14	3.42	3.08	2.71
9	5.60	2.05	4.64	5.17	1.82
10	4.42	3.22	4.18	4.19	3.90
11	3.71	3.31	3.65	4.47	2.03
12	4.79	1.26	4.79	3.36	1.47
13	4.63	6.00	6.00	3.92	1.70
14	4.62	4.33	5.39	4.89	1.00
15	6.00	2.46	5.92	5.72	4.37
16	5.82	1.51	4.48	4.33	2.84
17	4.51	1.38	3.20	2.81	2.01
18	5.68	2.22	5.17	6.00	2.66
19	2.68	1.00	1.45	1.28	2.69
20	4.42	1.19	3.27	3.50	3.31
21	5.44	1.71	4.48	5.58	3.70
22	5.65	1.22	5.09	6.00	6.00
23	4.25	1.17	3.50	3.36	2.66
24	3.59	1.33	2.29	1.97	1.05
25	2.68	1.71	2.29	1.83	1.25
26	2.87	1.29	2.29	1.97	1.02
27	1.59	1.00	1.08	1.00	1.23
28	1.00	1.00	1.00	1.00	1.26

　　根据以上数据计算，分别得到各项指标的权重系数矩阵为（0.10，0.36，0.12，0.17，0.25），用矩阵 A 表示权重系数矩阵，用 R 表示多花黑麦草种质材料各指标所达到的水平（应得分）的单项鉴评矩阵，然后进行复合运算，获得各材料的综合评价指数，即：$B=A \times R$

$$A=(0.10, 0.36, 0.12, 0.17, 0.25)$$

$$R=\begin{vmatrix} 1.80 & 3.75 & 3.59 & 4.60 & 5.60 & \cdots\cdots & 3.59 & 2.68 & 2.87 & 1.59 & 1.00 \\ 1.15 & 1.77 & 1.11 & 1.95 & 2.35 & \cdots\cdots & 1.33 & 1.71 & 1.29 & 1.00 & 1.00 \\ 1.23 & 2.97 & 2.36 & 3.65 & 4.56 & \cdots\cdots & 2.29 & 2.29 & 2.29 & 1.08 & 1.00 \\ 1.14 & 2.25 & 1.83 & 3.36 & 4.61 & \cdots\cdots & 1.97 & 1.83 & 1.97 & 1.00 & 1.00 \\ 1.26 & 1.43 & 1.54 & 1.14 & 1.31 & \cdots\cdots & 1.05 & 1.25 & 1.02 & 1.23 & 1.26 \end{vmatrix}$$

$B＝A×R＝$（1.25，2.11，1.74，2.46，3.06，2.56，1.35，2.47，3.19，3.79，3.27，2.45，4.43，3.75，4.26，3.11，2.31，3.67，1.69，2.69，3.57，4.14，2.50，1.71，1.78，1.62，1.13，1.07）

根据综合评价值的大小可列出 28 份多花黑麦草种质材料芽期耐盐性的排名（表7）。来自新西兰的 13 号材料和来自江苏的 15 号材料综合评价值最高，在 28 种多花黑麦草种质材料中最优，属于耐盐性最好的芽期材料。来自新西兰的 6 号材料和来自荷兰的 23 号材料属中等耐盐材料，来自苏联的 27 号材料和来自日本的 28 号材料为耐盐性较差的材料，属极不耐盐材料。从以上研究可以看出，多花黑麦草各种质间的耐盐性差异较大。因此，在生产实践中应重视耐盐种质的选育，在盐碱地区种植时应选用耐盐性好的种质材料。

表7 多花黑麦草种质材料芽期耐盐性综合评价

种质	综合评价值	耐盐性排名	种质	综合评价值	耐盐性排名
1	1.25	26	15	4.26	2
2	2.11	19	16	3.11	10
3	1.74	21	17	2.31	18
4	2.46	16	18	3.67	6
5	3.06	11	19	1.69	23
6	2.56	13	20	2.69	12
7	1.35	25	21	3.57	7
8	2.47	15	22	4.14	3
9	3.19	9	23	2.50	14
10	3.79	4	24	1.71	22
11	3.27	8	25	1.78	20
12	2.45	17	26	1.62	24
13	4.43	1	27	1.13	27
14	3.75	5	28	1.07	28

2.5 盐胁迫对芽内游离脯氨酸的含量及超氧化物歧化酶（SOD）和多酚氧化酶（PPO）活性的影响

2.5.1 游离脯氨酸含量的变化

由图 1 可知，在低盐浓度下（0～0.5%）各材料游离脯氨酸的含量基本保持不变，当盐浓度在 0.6% 或以上时各材料游离脯氨酸含量呈上升趋势，其中敏盐材料 28 号游离脯氨酸的含量相对较高，而耐盐材料 13 号游离脯氨酸含量相对较低，当盐浓度达到 1.3% 时游离脯氨酸含量略高于 23 号中等耐盐材料。

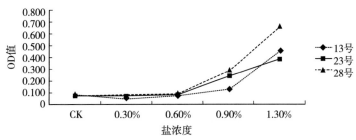

图 1 不同盐浓度下多花黑麦草游离脯氨酸的变化

2.5.2 超氧化物歧化酶（SOD）活性

由图 2 可知，在低盐浓度（0～0.5%）下，3 份供试材料的 SOD 的活性几乎保持在同一水平，且几乎没有变化。随着盐浓度的升高，13 号材料中的 SOD 活性总体处于上升趋势，且上升的趋势最为明显；23 号材料的 SOD 活性只有小幅度的变化；28 号材料总体也处于上升趋势，不过上升的幅度较 13 号材料略低。

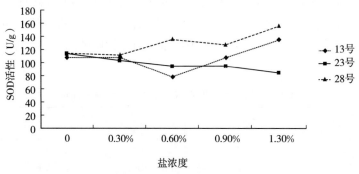

图 2 不同盐浓度下多花黑麦草 SOD 活性的变化

2.5.3 多酚氧化酶（PPO）活性

由图 3 可以看出，3 份供试材料随着盐浓度增加 PPO 活性呈现明显的上升趋势。在低盐浓度下，13 号材料的变化较小，而 23 号和 28 号材料的上升趋势非常明显；中盐浓度下，23 号和 28 号材料的变化相对比较平缓；从图中可以看出，当盐浓度超过 0.6% 以后，各材料 PPO 活性均呈现出明显的上升趋势，且最终 3 份材料的 PPO 活性基本上处于同一水平保持相对不变。

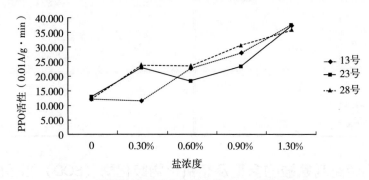

图 3 不同盐浓度下多花黑麦草 PPO 活性的变化

3 讨论

本研究结果表明：盐浓度在 0～0.3%，材料 4 号、5 号、6 号、9 号、10 号、11 号、12 号、13 号、15 号、16 号、18 号、19 号、20 号、22 号、25 号的存活率均在 90% 以上；在盐浓度为 0.6% 时，材料 3 号、4 号、5 号、6 号、10 号、11 号、12 号、13 号、14 号、16 号、17 号、19 号、20 号、21 号、23 号、24 号、25 号的存活率为 80% 以上；在盐浓度大于等于 1.3% 时，材料 5 号、9 号、13 号、15 号、16 号、20 号、22 号的存活率为 40% 以上。可以看出，中盐浓度（0.6%）胁迫下，对供试材料的存活率影响不大。但在高盐浓度下（盐浓度≥1.3%）供试材料的存活率急剧下降，多花黑麦草自身的抗逆机制无法发挥保护作用，导致植株迅速死亡。

牧草种质材料的耐盐性是由多种因素相互作用构成的比较复杂的综合性状，其中每个因素对植物的耐盐性都有影响，如种子的发芽率、发芽势、活力指数、芽的胚根胚芽比等。如果仅用一个单项指标来评价材料的耐盐性，理由不够充分，有可能会导致结果出现偏差。所以，本试验在牧草种子芽期耐盐性评价时，采用了相对发芽率、相对发芽势、相对活力指数、相对发芽指数、相对胚根胚芽比这 5 项指标，这不仅较为准确地说明了各材料种子的耐盐性，还符合耐盐性鉴定指标简单、经济的选择原则。

试验中进行的生理指标的研究在一定程度上说明了这些指标与耐盐性的关系。盐胁迫可引起植物体内游离脯氨酸积累，积累的机制是脯氨酸氧化受抑制和合成被促进（汤章成，1984），但是游离脯氨酸积累与耐盐性的关系目前尚存争议。傅秀云（1986）等人认为耐盐种质游离脯氨酸含量偏高，变化率低，脯氨酸变化率可以作为耐盐性鉴定的生理指标；而 Chandra（1983）认为在有些情况下游离脯氨酸的积累和耐盐性呈正相关，在另一些情况下呈负相关。本试验所得结果与 Chandra 的观点有相同之处，游离脯氨酸的含量与材料的耐盐性呈负相关。因此游离脯氨酸的积累量与牧草耐盐性的关系仍需进一步研究论证。

超氧化物歧化酶（SOD）和多酚氧化酶（PPO）的活性与游离脯氨酸的情况类似，都与耐盐性呈负相关。分析原因，可能与其在芽期的生理机制和耐盐性机制有关。他们之间的关系也有待进一步分析论证。

4 结论

（1）供试的 28 份多花黑麦草的相对发芽率、相对发芽势、相对活力指数、相对发芽指数、相对胚根胚芽比均随盐浓度的升高而降低，各材料间耐盐性存在显著差异，通过对以上 5 项指标的综合评价筛选出耐盐性最强的材料有 75 - 19、2604、86 - 30、84 - 728、85 - 42，耐盐性最差的材料有 86 - 69、85 - 24、79 - 172、91 - 7、84 - 714。

（2）供试的 3 份多花黑麦草芽期 3 个生理指标的测定表明，游离脯氨酸的含量随着盐浓度升高而增大，耐盐材料低于敏盐材料；SOD 活性在低盐浓度下（0.3% 盐浓度）耐盐材料和敏盐材料基本保持不变，而在高盐浓度下敏盐材料高于耐盐材料；PPO 活性在 0.3% 盐浓度下耐盐材料明显低于敏盐材料，当盐浓度增加时，耐盐和敏盐材料酶活性均呈上升趋势，但两者之间无显著差异。

参 考 文 献

[1] FAO. FAO Land and Plant Nutrition Management Service [EB/OL]. (2008 - 4 - 25) [2019 - 4 - 1]. http：//www. fao. org/ag/agl/agll/spush/.

[2] 王小彬. 关注水资源利用与气候变化对土壤盐渍化的重叠影响 [J]. 中国土壤与肥料，2009（2）：80.

[3] 牛东玲，王启基. 盐碱地治理研究进展 [J]. 土壤通报，2002，33（6）：449 - 455.

[4] 贾利霞，张众. NaCl 胁迫对苜蓿种子萌发的影响 [J]. 内蒙古草业，2008，20（1）：40 - 42.

[5] 黄立华，梁正伟. 不同钠盐胁迫对高冰草种子萌发的影响 [J]. 干旱区资源与环境，2007，21（6）：173 - 176.

[6] XUE Y F，LIU Z P. Antioxidant Enzymes and Physioloyical Characteristics in Two Jerusalem Artichoke Cultivars Under Salt Stress [J]. Russian Journal of Plant Physiology，2008，55（6）：776 - 781.

[7] YASAR F，ELLIALTIOGLU S，YILDIZ K. Effect of Salt Stress on Antioxidant Defense Systems，Lipid Peroxidation，and Chlorophyll Content in Green bean [J]. Russion Journal of Plant Physiology，2008，55（6）：782 - 786.

[8] 刘道宏. 植物叶片的衰老 [J]. 植物生理学通讯，1983（2）：14 - 19.

多花黑麦草种子萌发期耐盐性评价与鉴定

程云辉 张文洁 许能祥 董臣飞

（江苏省农业科学院畜牧研究所）

摘要：以 77 份引自日本的多花黑麦草为试验材料，在 0、0.3%、0.6%、0.9%、1.2%、

1.5%这6个盐浓度处理下，对其发芽率进行测定，结果表明，盐胁迫对多花黑麦草的平均发芽率和相对发芽率均有显著影响。随着盐浓度的增加，多花黑麦草发芽率显著下降。对各多花黑麦草种质在1.2%盐浓度下的相对发芽率进行多重比较得出耐盐性最强的有73号、21号材料，耐盐性最弱的是46号、32号、27号材料。

关键词：多花黑麦草；耐盐性；鉴定

多花黑麦草（*Lolium multiflorum* Lam.）为禾本科一年生冷季型牧草，生长迅速，产量高，草质好，为各种家畜所喜食，具有较强的耐湿和耐盐碱能力，抗逆性强。早在20世纪50年代初已在江苏盐城地区沿海滩涂上试种，目前在盐城、南通等滨海盐土上已有大面积种植，是沿海滩涂改良的首选植物[1,2]。鉴于多花黑麦草优良的生长特性和品质以及在生产中的重要性，同时考虑我国具有丰富的沿海滩涂资源，本研究利用日本引进的77份多花黑麦草种质材料采用不同NaCl浓度进行种子萌发期耐盐性鉴定，筛选出耐盐性较强的种质资源，为多花黑麦草耐盐育种和资源开发利用提供科学依据。

1 材料与方法

1.1 试验材料

引自日本的77份多花黑麦草材料，详见表1。

表1 供试材料编号及来源

材料编号	原编号	种质名称	来源地	材料编号	原编号	种质名称	来源地
1	PI239742	多花黑麦草	日本	23	PI239736	多花黑麦草	日本
2	PI239743	多花黑麦草	日本	24	PI239741	多花黑麦草	日本
3	PI239744	多花黑麦草	日本	25	PI239752	多花黑麦草	日本
4	PI239763	多花黑麦草	日本	26	PI239753	多花黑麦草	日本
5	PI239764	多花黑麦草	日本	27	PI239754	多花黑麦草	日本
6	PI239765	多花黑麦草	日本	28	PI239755	多花黑麦草	日本
7	PI239766	多花黑麦草	日本	29	PI239756	多花黑麦草	日本
8	PI239782	多花黑麦草	日本	30	PI239757	多花黑麦草	日本
9	PI239783	多花黑麦草	日本	31	PI239758	多花黑麦草	日本
10	PI239784	多花黑麦草	日本	32	PI239759	多花黑麦草	日本
11	PI239792	多花黑麦草	日本	33	PI239760	多花黑麦草	日本
12	PI239793	多花黑麦草	日本	34	PI239761	多花黑麦草	日本
13	PI239794	多花黑麦草	日本	35	PI239762	多花黑麦草	日本
14	PI239795	多花黑麦草	日本	36	PI239767	多花黑麦草	日本
15	PI250803	多花黑麦草	日本	37	PI239768	多花黑麦草	日本
16	PI107071	多花黑麦草	日本	38	PI239769	多花黑麦草	日本
17	PI196336	多花黑麦草	日本	39	PI239770	多花黑麦草	日本
18	PI202676	多花黑麦草	日本	40	PI239771	多花黑麦草	日本
19	PI204080	多花黑麦草	日本	41	PI239772	多花黑麦草	日本
20	PI204081	多花黑麦草	日本	42	PI239773	多花黑麦草	日本
21	PI239731	多花黑麦草	日本	43	PI239774	多花黑麦草	日本
22	PI239735	多花黑麦草	日本	44	PI239776	多花黑麦草	日本

（续）

材料编号	原编号	种质名称	来源地	材料编号	原编号	种质名称	来源地
45	PI239777	多花黑麦草	日本	62	PI239745	多花黑麦草	日本
46	PI239778	多花黑麦草	日本	63	PI239746	多花黑麦草	日本
47	PI239779	多花黑麦草	日本	64	PI239747	多花黑麦草	日本
48	PI239780	多花黑麦草	日本	65	PI239748	多花黑麦草	日本
49	PI239785	多花黑麦草	日本	66	PI239749	多花黑麦草	日本
50	PI239786	多花黑麦草	日本	67	PI239750	多花黑麦草	日本
51	PI239787	多花黑麦草	日本	68	PI239751	多花黑麦草	日本
52	PI204082	多花黑麦草	日本	69	PI239788	多花黑麦草	日本
53	PI204083	多花黑麦草	日本	70	PI239789	多花黑麦草	日本
54	PI204084	多花黑麦草	日本	71	PI239790	多花黑麦草	日本
55	PI204087	多花黑麦草	日本	72	PI239791	多花黑麦草	日本
56	PI239737	多花黑麦草	日本	73	PI239796	多花黑麦草	日本
57	PI239738	多花黑麦草	日本	74	PI239797	多花黑麦草	日本
58	PI239732	多花黑麦草	日本	75	PI239798	多花黑麦草	日本
59	PI239733	多花黑麦草	日本	76	PI250805	多花黑麦草	日本
60	PI239739	多花黑麦草	日本	77	PI250807	多花黑麦草	日本
61	PI239740	多花黑麦草	日本				

1.2 试验方法

依据《国际种子检验规程》滤纸法1进行。于2012年11—12月，以NaCl盐溶液作为培养液，设置0（CK）、0.3%、0.6%、0.9%、1.2%、1.5%这6个浓度，每皿50粒种子，3次重复，置于光照培养箱中，在变温条件下（18℃、16h和28℃、8h）进行培养。每隔24h用电子天平称量每个培养皿的失水量，用蒸馏水补足，以维持NaCl溶液浓度不变。发芽7d后，计算发芽率和相对发芽率。

相对发芽率：相对发芽率＝处理种子发芽数/对照种子发芽数×100%。

2 结果与分析

2.1 不同种质平均发芽率

各材料种子的发芽率随盐浓度升高而降低。从表2可以看出，在盐浓度为0.3%下，2号、4号、8号等35份材料的发芽率都较对照高，说明低盐浓度有促进种子萌发的趋势；其他材料在该浓度下的发芽率较对照差异不显著，说明该盐浓度胁迫对多花黑麦草不同种质的发芽率影响不显著。在0.6%盐浓度下和在0.3%盐浓度下差不多，其中4号、13号、16号等9份材料的发芽率仍较对照高，说明一定量的盐溶液有利于其发芽；6号、20号、22号、62号等4份材料的发芽率下降明显，比对照降低60%左右，说明盐浓度增加对其有一定的抑制作用；其他材料仍保持较高的发芽率。在0.9%盐浓度下，13号、14号、19号等9份材料的发芽率仍较高，发芽率都在80%以上；1号、5号、6号等28份材料的发芽率明显降低，都低于50%，说明这些材料对盐浓度的增加有较强的敏感性；其他材料发芽率也明显下降，但基本都在50%以上，因此可以将此浓度定为77份多花黑麦草材料的耐盐临界浓度。在1.2%盐浓度下，除21号、73号材料仍保持较高的发芽率以外，其他材料的发芽率都明显降低，其中大部分都降到50%以下，说明该浓度的盐溶液对多花黑麦草胁迫较大。在1.5%盐浓度下，多花黑麦草材料受盐胁迫比较严重，只有6份材料发芽率大于10%，37份材料发芽率为0。

表 2 各材料在不同盐浓度下的平均发芽率（%）

材料编号	0	0.3%	0.6%	0.9%	1.2%	1.5%
1	92	88	72	15	1	0
2	96	98	86	50	11	1
3	94	93	89	66	16	1
4	87	90	93	55	13	5
5	91	90	78	47	9	2
6	99	84	62	39	2	0
7	96	96	90	76	28	5
8	96	100	94	70	29	13
9	97	93	85	71	21	1
10	97	97	96	70	18	5
11	97	97	90	60	23	0
12	97	99	95	44	22	2
13	97	95	98	85	51	5
14	99	96	91	81	54	5
15	96	89	79	70	3	0
16	68	77	69	33	1	0
17	96	97	94	75	35	4
18	91	92	81	35	15	5
19	99	93	91	87	68	25
20	91	80	60	52	15	0
21	95	96	94	92	80	52
22	96	93	57	29	2	0
23	86	94	90	60	28	0
24	93	92	86	68	11	0
25	93	95	88	73	53	1
26	92	89	70	38	2	0
27	87	94	78	44	0	0
28	86	97	86	64	10	0
29	97	97	90	78	10	0
30	88	100	86	43	4	1
31	93	94	83	76	18	3
32	87	89	74	17	0	0
33	95	86	85	44	5	0
34	85	84	69	34	3	0
35	82	83	77	35	8	1
36	96	95	91	74	30	2
37	74	94	86	58	6	0
38	87	92	87	76	22	2
39	93	80	76	20	9	0
40	93	93	85	58	9	0

（续）

材料编号	0	0.3%	0.6%	0.9%	1.2%	1.5%
41	82	89	72	57	12	0
42	99	93	80	73	18	5
43	96	98	91	65	8	0
44	96	96	87	57	1	0
45	84	96	78	30	8	0
46	95	88	83	24	0	0
47	95	94	71	34	2	0
48	90	82	70	27	6	0
49	95	82	76	53	11	0
50	95	97	90	68	25	4
51	96	98	98	85	49	19
52	96	92	88	75	32	10
53	96	96	91	57	29	9
54	97	92	93	75	19	1
55	96	92	96	85	35	0
56	96	98	87	51	11	3
57	94	91	76	42	16	0
58	91	89	76	56	5	1
59	88	88	81	54	20	0
60	89	90	77	54	14	0
61	82	93	93	76	22	2
62	92	100	61	22	1	0
63	88	85	65	20	1	0
64	85	92	83	39	8	0
65	63	86	81	38	5	0
66	85	94	82	55	6	0
67	92	90	83	48	14	1
68	96	95	96	70	14	2
69	98	99	92	62	10	2
70	89	96	83	35	13	2
71	77	89	61	17	3	2
72	97	97	85	36	5	0
73	92	98	94	85	78	38
74	99	96	93	76	42	4
75	96	95	91	85	67	10
76	89	96	89	53	10	1
77	95	95	89	87	40	16

2.2 不同种质相对发芽率

对各种质在 1.2% 盐浓度下的相对发芽率进行统计分析和多重比较，并对各种质的耐盐性进行排名

（表3）。从中可知，73号、21号、75号等8份材料的耐盐性较强；74号、77号、17号等31份材料的耐盐性中等；46号、32号、27号等38份材料的耐盐性较差。

表3 各材料不同盐浓度下的相对发芽率（％）及耐盐性排序

材料编号	0	0.3％	0.6％	0.9％	1.2％	1.5％
73	100	107	102	92	85a	41
21	100	101	99	97	84a	49
75	100	99	95	89	70b	10
19	100	94	92	102	67b	25
25	100	102	95	78	57c	1
14	100	97	92	82	55c	25
72	100	100	123	85	54c	43
13	100	98	101	87	53c	25
51	100	102	102	89	51c	20
74	100	97	94	77	42d	4
77	100	100	94	92	42d	0
17	100	101	98	78	36e	4
55	100	96	100	89	36e	0
23	100	109	105	70	33e	0
36	100	99	95	77	31f	2
8	100	104	98	73	30f	14
53	100	95	100	59	30f	9
7	100	100	94	79	29f	13
61	100	113	113	93	27g	2
50	100	102	95	72	26g	4
52	100	102	95	72	26g	4
38	100	106	100	87	25g	3
11	100	100	93	62	24h	6
12	100	102	98	45	23h	6
59	100	100	92	61	23h	0
9	100	96	88	73	22h	6
54	100	95	96	77	20h	10
10	100	100	99	72	19i	5
31	100	101	89	82	19i	3
42	100	94	81	74	18i	5
3	100	99	95	70	17i	1
57	100	97	81	45	17i	0
18	100	101	89	38	16i	5
20	100	88	66	57	16i	0
60	100	101	87	61	16i	0
4	100	103	107	63	15j	6
41	100	109	88	70	15j	0
67	100	98	90	52	15j	1

（续）

材料编号	0	0.3%	0.6%	0.9%	1.2%	1.5%
68	100	99	100	73	15j	2
70	100	108	93	39	15j	2
24	100	99	92	73	12k	0
28	100	113	100	74	12k	0
49	100	86	80	56	12k	0
2	100	102	90	52	11k	1
56	100	102	91	53	11k	3
76	100	108	100	60	11k	1
5	100	99	86	52	10k	5
29	100	100	93	80	10k	0
35	100	101	94	43	10k	1
39	100	86	82	22	10k	0
40	100	100	91	62	10k	0
45	100	114	93	36	10k	0
69	100	101	94	63	10k	2
64	100	108	98	46	9l	0
37	100	127	116	18	8l	0
43	100	102	95	68	8l	0
48	100	91	78	30	7l	0
65	100	118	111	52	7l	0
66	100	110	96	65	7l	0
30	100	114	98	49	5m	1
33	100	91	89	46	5m	0
58	100	98	84	62	5m	1
71	100	123	85	24	4m	0
34	100	99	81	40	4m	0
15	100	89	78	73	3n	0
22	100	97	59	30	2n	0
6	100	85	63	39	2n	0
26	100	97	76	41	2n	0
47	100	99	75	36	2n	0
1	100	96	78	16	1n	0
16	100	113	101	49	1n	0
44	100	100	91	59	1n	0
62	100	109	66	24	1n	0
63	100	97	74	23	1n	0
27	100	108	90	51	0o	0
32	100	102	85	20	0o	0
46	100	93	87	25	0o	0

注：同列中具有不同小写字母者表示差异显著（$P<0.05$）。

3 结论与讨论

植物抗盐性不仅种属间存在差异，同一种属植物的不同种群甚至不同个体间都存在着显著差异[3]。本试验对77份多花黑麦草材料在不同盐浓度下的发芽率进行鉴定，结果表明不同材料在不同盐浓度处理下的发芽率均存在差异。当盐浓度较低时，盐胁迫对多花黑麦草萌发基本没有抑制作用，其中在盐浓度为0.3%时2号、4号、8号等35份材料的发芽率较对照高，在盐浓度为0.6%时4号、13号、16号等9份材料的发芽率较对照高，这与缑锋利，郝永旺等[4]的研究结果一致。随着盐浓度增加，种质间差异开始变大，盐胁迫对多花黑麦草萌发的影响也随之加剧。在盐浓度为0.9%时，多花黑麦草的发芽率下降较显著，其中部分材料的发芽率降到了50%以下，在盐浓度为1.2%时，37份材料的发芽率降至0。此结论同前人得出的0.9%～1.2%NaCl溶液作为黑麦草种子萌发期耐盐性鉴定浓度一致[4]。

在1.2%盐浓度下，77份多花黑麦草种子萌发对NaCl的耐受性大小顺序为：73号、21号、75号、19号、25号、14号、72号、13号、51号、74号、77号、17号、55号、23号、36号、8号、53号、7号、61号、50号、52号、38号、11号、12号、59号、9号、54号、10号、31号、42号、3号、57号、18号、20号、60号、4号、41号、67号、68号、70号、24号、28号、49号、2号、56号、76号、5号、29号、35号、39号、40号、45号、69号、64号、37号、43号、48号、65号、66号、30号、33号、58号、71号、34号、15号、22号、6号、26号、47号、1号、16号、44号、62号、63号、27号、32号、46号。其中73号、21号材料的耐盐性最强；63号、27号、32号、46号材料的耐盐性最差。

参 考 文 献

[1] 王占升，朱汉，前宣正. 牧草耐盐力及盐碱地引种实验［J］. 中国草地，1995，2：38‐42.
[2] 刘卓，徐安凯，王志锋. 13个苜蓿品种耐盐性的鉴定［J］. 草业科学，2008，25（6）：51‐55.
[3] 李亚，耿蕾，刘建秀. 中国结缕草属植物抗盐性评价［J］. 草地学报，2004，12（1）：8‐11.
[4] 缑锋利，郝永旺. NaCl胁迫下8个多年生黑麦草品种萌发期耐盐性的比较［J］. 甘肃农业大学学报，2012，4（2）：85‐90.

不同多花黑麦草品种萌发期耐盐性评价

许能祥　顾洪如　程云辉　张　霞　丁成龙

（江苏省农业科学院畜牧研究所）

摘要： 采用0、0.4%、0.6%、0.8%、1.0%不同浓度NaCl溶液浸种对24个多花黑麦草（*Lolium multiflourum* Lam.）种质种子进行处理，测定了24个种质材料的发芽率、生长状况、叶片含水量。结果表明，随着盐浓度增加相对发芽率、相对苗长和相对根长，相对生物量、相对叶片含水量呈下降趋势，且在0.4%盐浓度下的各指标值显著高于0.8%和1.0%（$P < 0.05$）。盐胁迫对参试材料相对根长的影响最大，其次是相对苗长，对相对叶片含水量影响最小。盐胁迫下各材料间的相对根长和相对生物量差异较明显。综合评价24个种质材料耐盐性，耐盐材料为LM05、LM07、LM10、LM20和LM23，盐敏感材料为LM03、LM08、LM09和LM16。

关键词： 多花黑麦草；耐盐性；萌发期；相对发芽率

目前全世界盐碱地面积已有 9.5 亿 hm²，而中国各类盐碱地的总面积达 9 913.3 万 hm²，约占世界盐碱地的 10%左右[1]。土壤盐碱化是影响全球农业生产和生态环境的严重问题[2]，加上不断增长的人口增加了对土地的需求量，有关盐碱地对植物生长和生理生化影响的研究文献大量涌现[3-5]，但真正用于实际栽培和生产的牧草种质很少。另一方面伴随着全球气候变化，淡水资源将成为未来世界的最大制约因子，传统农业灌溉所依赖的淡水资源短缺将不可避免，耐重盐植物的培育及规模化生产将是未来农业的发展方向[6]。

目前对植物耐盐的分子机制缺乏透彻了解，在众多已分离鉴定的盐应答基因中，许多仅是盐胁迫的产物，对植物抵抗盐害并没有作用或作用很小，因此从适应盐生环境的盐生植物中直接开发耐盐作物比将耐盐基因导入传统作物的路径更容易获得成功[6]。多花黑麦草（*Lolium multiflourum* Lam.）是一种再生性较强的优质牧草，具有很好的抗逆性，分布广泛，种质资源丰富。由于国内登记的多花黑麦草种质很少，培育新的种质需要花费很多时间和精力，而引进国外耐盐且饲草品质优良的多花黑麦草种质可以节省大量时间和精力。通过对引进多花黑麦草不同种质的耐盐性评价，为盐碱地和滩涂的利用改良提供了丰富的生物资源。当前对植物耐盐性的研究多采用表型指标，且多采用单一指标，不能真实反映植物的耐盐性。因此需要建立一套客观评价牧草耐盐性的方法，对牧草种质资源的耐盐性进行综合评价[7]。本研究采用人工模拟不同盐浓度胁迫处理的方法，对 24 个引进多花黑麦草种质的种子萌发进行了综合评价，为盐碱地初步筛选和利用牧草种质资源提供了依据。

1 材料与方法

1.1 供试材料

供试的材料为江苏省农业科学院畜牧研究所于 2007 年从日本引进的 24 个多花黑麦草种质（表 1）。

表 1　试验材料及来源

材料编号	种质名	育成单位	全生育期（d）
LM01	Ace	雪印种苗株式会社	227
LM02	Hanamiwase	雪印种苗株式会社	205
LM03	Wasehope	Takii 种苗株式会社	215
LM04	Waseaoba	北陆农业试验场	214
LM05	Waseyutaka	山口县农业试验场	215
LM06	Wasefudou	Takii 种苗株式会社	216
LM07	Nagahahikari	北陆农业试验场	221
LM08	Harukaze	千叶研究农场	220
LM09	Tachimusya	千叶研究农场	219
LM10	Doraian	雪印种苗株式会社	214
LM11	Tachimasari	千叶研究农场	215
LM12	Hitachihikari	茨城县畜产试验场	215
LM13	Jaianto	Kaneko 种苗株式会社	215
LM14	Wasehope Ⅲ	Takii 种苗株式会社	215
LM15	Ujikiaoba	北陆农业试验场	208
LM16	Sachiaoba	山口县农业试验场	205
LM17	Ekusento	Kaneko 种苗株式会社	215
LM18	Tachiwase	千叶研究农场	219

（续）

材料编号	种质名	育成单位	全生育期（d）
LM19	Mammoth B	札幌研究农场	224
LM20	Musashi	畜产草地研究所	225
LM21	Akiaoba	茨城县畜产中心	225
LM22	Wase king	林水产省草地试验场	210
LM23	Nioudachi	农林水产省草地试验场	210
LM24	Shiwasuaoba	山口县农业试验场	205

1.2 试验方法

1.2.1 试验处理

用 NaCl（纯度达 99.9％）配成 0.4％、0.6％、0.8％、1.0％ 4 个浓度的盐溶液，每个处理 3 次重复，对照不加 NaCl。在直径 90mm 洗净干燥的培养器内放入适量脱脂棉，上盖一层滤纸，然后每个培养器中加入 30mL 各浓度的盐溶液，再放入 100 粒经消毒处理的种子，置于恒温箱中，在变温条件下 15℃、16h 和 25℃、8h 进行光照培养。每日补充所损失的水分，使各处理的盐浓度维持不变。

1.2.2 测定项目

发芽率：盐胁迫 7d 后测定每个培养器中种子的发芽数，相对发芽率＝盐处理的发芽率/对照处理的发芽率×100％。

苗长（根长）：盐胁迫 7d 后在每个培养器中随机选取 10 个植株测定苗（根）的长度，相对苗（根）长＝盐处理的苗（根）长/对照处理的苗（根）长×100％。

生物量：盐胁迫 7d 后每个培养器中随机选取 50 个植株放入烘箱中，70℃烘至恒重，在干燥器内冷却至室温后称重；相对生物量＝盐处理的生物量/对照处理的生物量×100％。

叶片含水量：盐胁迫 7d 后每个培养器中随机选取 50 个植株的叶片称重，然后放入烘箱中，70℃烘至恒重，在干燥器内冷却至室温后称重，叶片含水量＝烘干前的重量/烘干后的重量×100％；叶片相对含水量＝盐处理的叶片含水量/对照叶片含水量×100％。

1.3 数据处理

采用 Excel 和 SPSS V16.0 软件进行数据分析。

2 结果与分析

2.1 盐胁迫对多花黑麦草种子相对发芽率、相对苗长和相对根长的影响

为了消除各材料本身的差异，均采用相对值作为衡量耐盐性状的指标。从表 2 可以得知，相对发芽率、相对苗长、相对根长随着盐浓度的增加呈下降趋势，其中参试的 24 个材料在 0.4％浓度下的相对发芽率、相对苗长、相对根长显著高于 0.8％和 1.0％（$P<0.05$）。

在 0.4％盐胁迫下，参试材料相对发芽率的变化范围为 76.8％～95.5％，只有 LM03、LM07、LM08、LM09、LM14、LM16、LM19 和 LM24 的相对发芽率低于 90％；而在 1％盐胁迫下，相对发芽率的变化范围为 20.2％～67.1％，其中 LM05、LM07、LM10、LM12、LM13、LM17、LM18、LM20 和 LM23 的相对发芽率高于 60％，受盐害胁迫程度轻。在 0.4％盐胁迫下，参试材料的相对苗长的变化范围为 77.8％～123.5％，其中 LM02、LM04、LM09、LM14、LM16、LM18、LM22、LM24 的相对苗长低于 90％；在 1％盐胁迫下，相对苗长的变化范围为 32.9％～61.9％，其中 LM03、LM07、LM10、LM11、LM12、LM15、LM17、LM19、LM20、LM22、LM23 高于或等于 50％，表明有较强

的耐盐性。相对于相对发芽率和相对苗长，盐胁迫对相对根长的影响更大，在 0.4％盐胁迫下，参试材料的相对根长的变化范围为 61.2％～102.0％，其中 LM03、LM05、LM08、LM11、LM12、LM19、LM20、LM21、LM24 的相对根长高于 90％；在 1.0％盐胁迫下，相对根长的变化范围为 6.0％～41.3％，下降幅度较大，不同材料间差异明显，其中 LM07、LM12、LM13、LM21 和 LM22 的相对根长保持在 25％以上，表现出较强的耐受性。不同种质、不同盐浓度、种质和盐浓度的互作效应分别对相对发芽率、相对苗长和相对根长的影响差异达极显著（$P<0.01$）。

表 2　不同盐浓度对多花黑麦草种质资源萌发期耐盐性状的影响

材料编号	相对发芽率（%）				相对苗长（%）				相对根长（%）			
	0.4%	0.6%	0.8%	1.0%	0.4%	0.6%	0.8%	1.0%	0.4%	0.6%	0.8%	1.0%
LM01	92.9a	86.3b	77.3c	50.0d	108.1a	90.5b	69.3c	42.1d	88.7a	64.8b	37.0c	18.5d
LM02	90.6a	74.8b	59.3c	51.6d	84.0b	92.3a	68.9c	41.8d	76.0b	78.1a	36.2c	16.3d
LM03	76.8a	64.6b	50.9c	25.1d	99.3a	81.1b	64.8c	54.3d	93.5a	42.5b	21.9c	11.9d
LM04	93.0a	88.8b	80.1c	58.4d	84.4a	58.8b	57.8b	44.3c	61.4a	40.6b	15.6c	12.2d
LM05	93.5a	88.5b	78.3c	62.7d	98.9a	96.9b	76.9c	49.2d	90.1a	68.2b	45.4c	17.7d
LM06	93.7a	85.6b	77.1c	58.2d	97.6a	84.6b	66.2c	44.2d	67.2a	61.0b	23.7c	10.1d
LM07	87.9a	82.5b	74.9c	66.4d	115.8a	87.9b	67.8c	61.9d	61.2a	40.9b	21.7d	27.6c
LM08	83.2a	78.3b	52.9c	20.2d	90.1a	77.5b	56.2c	32.9d	100.0a	79.1b	32.4c	18.1d
LM09	81.7a	71.4b	55.9c	36.6d	88.1a	77.2b	64.8c	44.1d	73.4a	44.7b	40.4c	12.1d
LM10	93.9a	86.7b	78.8c	60.9d	110.3a	75.1b	75.0b	50.9c	87.2a	66.7b	32.0c	6.0d
LM11	92.5a	85.6b	78.4c	54.3d	112.2a	88.9b	87.8b	50.7c	96.7a	78.1b	72.4c	19.3d
LM12	94.3a	83.0b	72.1c	60.7d	123.5a	100.6b	74.7c	57.2d	102.0a	102.1a	84.8b	41.3c
LM13	95.5a	89.7b	81.1c	61.3d	96.6a	74.7b	62.5c	48.2d	66.0a	59.1b	53.2c	29.4d
LM14	86.6a	82.5b	57.2c	39.4d	77.8a	66.4b	51.7c	43.0d	86.6a	63.4b	39.1c	13.4d
LM15	93.2a	76.3b	61.3c	34.1d	95.1a	74.4b	62.3c	52.6d	66.9a	51.5b	37.2c	10.9d
LM16	80.8a	69.0b	55.4c	48.4d	82.3a	75.6b	60.0c	49.3d	77.5a	53.9b	35.3c	14.8d
LM17	92.2a	87.8b	78.2c	60.3d	108.0a	85.7b	58.3c	54.6d	68.4a	58.9b	26.9c	13.9d
LM18	93.3a	83.7b	78.2c	63.2d	87.7a	88.8a	61.2b	48.1c	70.2a	66.7b	19.5c	17.4d
LM19	83.3a	79.9b	75.7c	55.4d	98.6a	87.0b	76.6c	53.2d	92.7a	74.6b	40.7c	11.5d
LM20	90.1a	87.3b	81.6c	67.1d	104.5a	91.7b	78.4c	50.3d	98.8a	74.5b	54.1c	15.1d
LM21	94.2a	88.6b	80.1c	57.6d	94.3a	79.4b	65.0c	44.8d	96.4a	77.6b	52.5c	33.2d
LM22	91.9a	89.1b	76.9c	52.6d	89.4a	88.6a	63.1c	60.7d	75.1a	69.9b	26.1c	26.6c
LM23	94.1a	88.1b	83.0c	62.5d	93.2a	89.5b	76.0c	50.0d	73.4a	65.7b	43.1c	23.6d
LM24	86.3a	75.4b	63.3c	40.2d	80.3a	58.6b	49.3c	39.2d	100.1a	74.9b	42.0c	22.8d
差异显著性　种质		**				**				**		
差异显著性　盐浓度		**				**				**		
差异显著性　交互作用		**				**				**		

注：同一行小写字母不同表示差异显著（$P<0.05$），** 表示差异极显著（$P<0.01$）。下表同。

2.2　盐胁迫对多花黑麦草种子相对生物量和叶片相对含水量的影响

从表 3 得知，参试材料的相对生物量和相对叶片含水量呈下降趋势。其中参试的 24 个材料在

0.4%浓度下的相对生物量和相对叶片含水量显著高于 0.8%和 1.0%（P＜0.05）。在 0.4%盐胁迫下，参试材料的相对生物量的变化范围为 49.5%～131.8%，其中 LM03、LM05、LM06、LM07、LM08、LM10、LM11、LM12、LM13、LM17、LM18、LM19、LM20、LM21 和 LM22 的相对生物量高于 100%，在较低盐浓度下的植株的相对生物量较对照有增加；在 1%盐胁迫下，相对生物量的变化范围为 29.3%～85.6%，其中 LM03、LM10、LM11、LM12、LM19、LM22 保持在 80%以上，表现出较好的生长状态。在 0.4%盐胁迫下，参试材料的相对叶片含水量的变化范围为 90.4%～99.9%，在 1%盐胁迫下，相对叶片含水量的变化范围为 70.4%～81.7%。表明盐胁迫对相对叶片含水量的影响较小，不同材料间相对叶片含水量差异不显著，但同一种质不同浓度差异均显著（P＜0.05）。不同种质、不同盐浓度、种质和盐浓度的互作效应分别对相对生物量和叶片相对含水量的影响差异达极显著（P＜0.01）。

表 3　不同盐浓度对多花黑麦草种子相对生物量和叶片相对含水量的影响

材料编号	相对生物量（%）				叶片相对含水量（%）			
	0.4%	0.6%	0.8%	1.0%	0.4%	0.6%	0.8%	1.0%
LM01	94.4b	99.4a	86.1c	79.8d	99.0a	90.2b	85.5c	80.8d
LM02	99.8a	66.8c	72.8b	56.4d	96.7a	90.8b	78.3c	79.2c
LM03	131.8a	117.4b	101.6c	80.7d	94.8a	85.6b	80.1c	70.4d
LM04	76.2a	73.1b	63.4c	62.1c	97.7a	76.8b	72.4c	70.4d
LM05	111.4a	97.6b	91.9c	57.6d	98.0a	88.8b	84.2c	80.0d
LM06	107.7a	105.7b	89.0c	77.3d	98.8a	90.2b	85.2c	81.4d
LM07	110.6a	86.4b	86.0b	69.3c	97.0a	90.2b	84.7c	78.2d
LM08	102.6a	85.5b	86.6b	73.5c	98.7a	89.3b	80.7c	73.6d
LM09	91.7a	83.2b	68.8c	52.4d	96.9a	90.0b	85.3c	80.2d
LM10	108.7a	103.4bb	92.0c	84.1d	97.7a	88.4b	81.3c	78.3d
LM11	100.8a	84.6b	76.7c	83.0b	99.0a	88.5b	80.4c	74.2d
LM12	103.8a	95.1b	91.7c	85.6d	98.4a	84.6b	80.3c	79.0d
LM13	106.8a	101.7b	80.7c	74.9d	96.3a	90.5b	88.7c	81.0d
LM14	49.5a	39.9c	41.0b	29.3d	99.9a	89.3b	85.7c	78.4d
LM15	82.8a	62.1b	63.2b	53.8c	90.4a	88.3b	80.7c	74.2d
LM16	79.9a	62.2b	58.5c	54.8d	97.6a	94.3b	87.2c	76.2d
LM17	118.2a	107.8b	66.5c	34.9d	93.5a	90.0b	83.4c	74.6d
LM18	107.4a	108.0a	96.0b	72.5c	99.4a	91.2b	86.0c	80.3d
LM19	114.0a	101.5b	99.8c	81.2d	98.6a	90.5b	82.3c	77.4d
LM20	104.8a	96.5b	73.2c	63.6d	97.3a	90.1b	85.4c	80.7d
LM21	103.1a	101.1b	86.9c	71.9d	98.2a	90.4b	85.3c	81.7d
LM22	100.6a	97.1b	94.2c	85.0d	95.2a	91.5b	84.1c	76.4d
LM23	85.8a	85.8a	86.8b	75.6b	99.7a	91.6b	85.3c	76.9d
LM24	91.6a	84.2b	68.2c	49.0d	97.8a	91.0b	84.3c	75.6d
差异显著性　种质		**				**		
差异显著性　盐浓度		**				**		
差异显著性　交互作用		**				**		

3 讨论

（1）多花黑麦种子的相对发芽率随着盐浓度的增加呈下降趋势，特别是在盐浓度达 0.8% 以后，大部分种子的相对发芽率急剧下降。沈艳等[8]认为盐浓度在 0.6%～1.2% 时，大部分高羊茅种子的相对发芽率呈迅速下降趋势，且相对发芽率下降速度越快说明种质耐盐性越差。在高盐浓度胁迫下，多花黑麦种子相对发芽率差异性很大，其中在 1.0% 盐浓度胁迫下，LM20 的相对发芽率为 67.1%，而 LM08 只有 20.2%，表明多花黑麦草种质材料的耐盐性有较大差异。因此通过耐盐性评价，获得耐盐性较强的材料可在盐碱地直接种植，可能成为盐碱地的先锋植物，可以为畜牧业的生产发展提供优质的青绿饲料，这是我们研究工作的下一步计划。

（2）在较低盐浓度时，部分种质材料（LM01、LM05、LM06、LM07、LM10、LM12、LM13、LM17 等）的相对根长、相对苗长和相对生物量有所增加，这是因为种子在一定浓度的盐胁迫条件下，无机盐小分子在水溶液中可以解离为相应的离子，渗透进入细胞，降低了细胞水势，控制种子的吸水速度，增加水分的吸收量，从而提高发芽整齐度、出苗速率[9]。随着盐浓度增加，24 个多花黑麦草种子相对发芽率、相对根长、相对苗长、相对生物量等指标呈下降趋势。大部分种质在盐浓度达 0.6% 以后相对根长迅速下降，在盐浓度达 0.8% 以后，相对苗长和相对生物量呈迅速下降，而叶片相对含水量保持平稳下降。盐胁迫对多花黑麦草种子幼苗生长状况的影响大于对萌发的影响，对幼苗根系的影响大于对生物量的影响。这与王晓栋等[10-12]的研究结果是一致的。生物量真实地反映了多花黑麦草在盐胁迫下维持和生产的能力，本研究材料 LM03、LM10、LM11、LM12 等的相对生物量在 1.0% 盐胁迫下仍保持 80% 以上，表明有较强的耐盐性。王宝山等[13-15]认为盐胁迫导致植物生长量减少的原因主要是植物在细胞内主动积累有机化合物和蛋白类保护剂，以其维持高渗透压，保证植物在高盐条件下对水分的吸收，然而过多合成保护剂会使用于细胞生长的碳源减少，抑制植物的生长发育。另一方面，叶片含水量在一定范围内与光合作用成正相关，当叶片含水量不足时，叶片细胞膨压减小，叶片气孔减小或关闭，CO_2 的利用率降低，减少了植物生长的碳源，植株生物量的积累也随之减少。

4 结论

本试验采用不同浓度 NaCl 溶液直接对 24 个多花黑麦草种子浸种处理，测定它们的发芽率、苗长、根长、生物量等。通过这种方法，可以直接观测到多花黑麦草不同品种在不同盐浓度下的萌发与生长状况。24 个多花黑麦草种质材料耐盐性鉴定表明，耐盐材料为 LM05、LM107、LM10、LM20 和 LM23，盐敏感材料为 LM03、LM08、LM09 和 LM16。LM03、LM11、LM22 等耐盐性排名较低，但在高浓度盐胁迫下，其相对生物量仍保持较高水平，可对这些材料进一步研究。

参 考 文 献

[1] 刘小京，刘孟雨.盐生植物利用与区域农业可持续发展 [M].北京：气象出版社，2002：1-9.
[2] 戴高兴，彭克勤，皮灿辉.钙对植物耐盐性的影响 [J].中国农学通报，2003，19（3）：97-101.
[3] ADELE M，MARIA R P，MARIA S. Effects of Salinity on Growth, Carbohydrate Metabolism and Nutritive Properties of Kikuyu Grass (Pennisetum clandestinum Hochst) [J]. Plant Science，2003，164：1103-1110.
[4] SONALI S，ARUN L M. Insight into the Salt Tolerance Factors of A Wild Halophytic Rice, Porteresia Coarctata：A Physiological and Proteomic Approach [J]. Planta，2009，229：911-929.
[5] 刘一明，程凤枝，王齐，等.四种暖季型草坪植物的盐胁迫反应及其耐盐阈值 [J].草业学报，2009，18（3）：192-199.
[6] 林栖凤.耐盐植物研究 [M].北京：科学出版社，2004.
[7] 吐尔逊娜，高辉远，安沙舟，等.8 种牧草耐盐性综合评价 [J].中国草地，1995，1：30-32.

［8］沈艳，兰剑，谢应忠.NaCl对高羊茅萌发的胁迫效应研究［J］.种子，2009，28（12）：44-47.

［9］张才喜，庄天明，谢黎君，等.NaCl胁迫对不同品种番茄种子发芽特性的影响［J］.上海交通大学学报（农业科学版），1998，16（3）：209-212.

［10］王晓栋，石凤翎.17份红豆草种质材料种子萌发期耐盐性研究［J］.种子，2008，27（7）：38-41.

［11］杨劲松.作物对不同盐胁迫和调控条件的响应特征与抗盐性调控研究［D］.南京：南京农业大学，2006：82-91.

［12］芦翔，汪强，赵惠萍，等.盐胁迫对不同燕麦品种种子萌发和出苗影响的研究［J］.草业科学，2009，26（7）：77-81.

［13］王宝山，赵可夫，邹琦.作物耐盐机理研究进展及提高作物抗盐性的对策［J］.植物学通报，1997，14：25-30.

［14］XU Y L. Energy consumption in adaptability to salt stress of plant ［J］. Plant Physiology Communications，1990，26（6）：54-55.

［15］祁淑艳，储诚山.盐生植物盐渍环境的适应及其生态意义［J］.天津农业科学，2005，11（2）：42-45.

30个燕麦种质萌发期耐盐性综合评价

琚泽亮　赵桂琴　刘　欢

（甘肃农业大学草业学院）

摘要： 试验采用培养皿纸上发芽试验研究了不同浓度NaCl（0、0.3%、0.6%、0.9%、1.2%）胁迫对30个燕麦种质材料种子萌发的影响，旨在为燕麦耐盐性研究和进行耐盐燕麦资源的筛选提供理论依据。结果表明：在0~1.2%盐浓度范围内，30个燕麦种质材料的耐盐性之间存在差异，发芽势、发芽率、根长、芽长随盐浓度升高而变化。最后通过五级评分法进行燕麦耐盐性的综合评价筛选出了一批耐盐性较好的种质。其中，青永久382、131-10、83-27等燕麦种质萌发期的耐盐性较好，有望作为优秀耐盐种质加以筛选利用。

关键词： 燕麦；基因型；耐盐性

燕麦（*Avena sativa* L.）是一种优良的粮、饲兼用麦类作物，广布于欧洲、亚洲、非洲的温带地区。我国燕麦主要分布于东北、华北和西北的高寒地区，其中以内蒙古、河北、甘肃、山西种植面积最大，新疆、青海、陕西次之，云南、贵州、西藏和四川山区也有少量种植[1]。近年来，随着人工草地的建立，燕麦开始在牧区大量种植，发展很快，已成为高寒山区枯草季节的重要饲料来源。燕麦籽粒中含有较丰富的蛋白质、脂肪，且粗纤维含量高，是各类家畜特别是马、牛、羊的良好精料，具有良好的饲用价值。另外，燕麦还具有抗逆性强、适应性广、食用价值高等优点，同时具有耐盐吸盐的特性[2,3]。深入了解燕麦的耐盐性机理，在盐碱地推广种植燕麦，不仅可以提高土地利用率，改善消费者的膳食结构，而且对盐碱地的改良具有重大意义。

全球盐碱地面积约9.54亿hm²，其中中国9 913万hm²[4]。我国北方干旱半干旱地区，由于降水不足、淋溶作用弱、地下水的蒸发和蒸腾作用强烈或降水给土壤带入盐分[5]，使土壤发生盐渍化或次生盐渍化。随着我国人地矛盾日益凸显，盐碱地及次生盐碱地不断增加，我国的粮食安全和生态环境已经受到了严重威胁。因此，合理开发与利用盐碱地，已成为缓解粮食短缺最具潜力的、行之有效的措施，而对耐盐作物种质材料的筛选与利用也成为其中的关键环节[6]。但是，前人对燕麦耐盐性的研究主要集中在盐碱胁迫下叶绿体超微结构、生理指标、干物质积累、水势、光合特性等方面，而对于盐胁迫下燕麦种子的萌发及不同种质材料之间的差异研究较少。种质的筛选是燕麦耐盐种质选育的前提条件，本研究通过室内培养皿纸上发芽法，通过分析不同盐浓度处理对30个燕麦种质材料（系）种子萌发及幼苗生长的影响，确定其耐盐浓度范围及指标，为耐盐植物的早期鉴定提供理论基础，进而为燕麦生产、抗盐育种以及改造盐碱地的研究提供理论参考。

1 材料与方法

1.1 试验材料以及试验环境的概况

试验材料均来自甘肃农业大学草业学院（表1）。燕麦萌发期耐盐试验于2013年10—12月在甘肃农业大学草业学院实验室内进行。试验期间室内平均温度为（20±5）℃。

表1 试验材料及其来源

种质代号	种名	拉丁名	入库编号	种质名	种质代号	种名	拉丁名	入库编号	种质名
1	皮燕麦	*Avena sativa* L.	GS598	青18	16	皮燕麦	*Avena sativa* L.	GS632	青永久164
2	皮燕麦	*Avena sativa* L.	GS127	青58	17	皮燕麦	*Avena sativa* L.	GS1877	4442-7
3	皮燕麦	*Avena sativa* L.	GS686	青355	18	皮燕麦	*Avena sativa* L.	GS1881	141
4	皮燕麦	*Avena sativa* L.	GS1893	131-10	19	皮燕麦	*Avena sativa* L.	GS118	331
5	皮燕麦	*Avena sativa* L.	GS651	青177	20	皮燕麦	*Avena sativa* L.	GS1885	7-47
6	皮燕麦	*Avena sativa* L.	GS1899	AC-Rigdon	21	皮燕麦	*Avena sativa* L.	GS1886	7-43
7	皮燕麦	*Avena sativa* L.	GS1854	美国白燕麦	22	皮燕麦	*Avena sativa* L.	GS1889	83-27
8	皮燕麦	*Avena sativa* L.	GS1856	原63	23	裸燕麦	*Avena nuda* L.	GS1822	品4号
9	皮燕麦	*Avena sativa* L.	GS1857	格鲁	24	裸燕麦	*Avena nuda* L.	GS1895	LY03-07
10	皮燕麦	*Avena sativa* L.	GS1858	少维也脱	25	裸燕麦	*Avena nuda* L.	GS1897	73-1
11	皮燕麦	*Avena sativa* L.	GS1863	原20	26	裸燕麦	*Avena nuda* L.	GS1850	73-7
12	皮燕麦	*Avena sativa* L.	GS1864	2039	27	裸燕麦	*Avena nuda* L.	GS1905	保罗
13	皮燕麦	*Avena sativa* L.	GS1868	新西兰	28	裸燕麦	*Avena nuda* L.	GS1874	内燕4号
14	皮燕麦	*Avena sativa* L.	GS1871	H3582	29	裸燕麦	*Avena nuda* L.	GS1875	蒙燕8637
15	皮燕麦	*Avena sativa* L.	GS681	青永久382	30	裸燕麦	*Avena nuda* L.	GS1883	8707

1.2 试验方法

试验设5个盐浓度处理，分别为0（即对照）、0.3%、0.6%、0.9%、1.2%。选用口径为120mm的培养皿，内铺2层滤纸做发芽床，每皿加入5mL盐溶液，放入50个籽粒大小和饱满度一致的燕麦种子，每处理3次重复。盐处理后每天及时补充蒸发的水分，使各处理盐浓度维持不变。规定时间内测定各项指标。发芽势和发芽率按种子检验规程规定天数计。并用相对值（处理占对照的百分比）比较种质材料间各指标的差异。

1.3 耐盐性指标的测定

发芽势：在加盐后第5天，观测每皿正常发芽种子数占供试种子数的百分率，作为该皿的发芽势。计算出各处理3个重复发芽势的平均值，即为该处理的发芽势。

相对发芽势＝盐处理植株的发芽势/对照植株的发芽势×100%

发芽率：在加盐后第10天，观测各每皿正常发芽种子数占供试种子数的百分率，作为该皿的发芽率。计算出各处理3个重复发芽率的平均值，即为该处理的发芽率。

相对发芽率＝盐处理植株的发芽率/对照植株的发芽率×100%

根长：在加盐后第10天，各处理培养皿中随机选10株幼苗用直尺测定每株苗从种子胚到最长根尖的长度，计算出各处理3个重复根长的平均值，即为各处理幼苗的根长。

相对根长＝盐处理植株的根长/对照植株的根长×100％

芽长：在加盐后第 10 天，各处理培养皿中随机选 10 株幼苗用直尺测定每棵苗从种子胚到最长叶叶尖的长度，计算出各处理 3 个重复芽长的平均值，即为各处理幼苗的芽长。

相对芽长＝盐处理植株的芽长/对照植株的芽长×100％

1.4 数据处理方法

利用 Excel 和 SPSS17 软件对所有数据进行方差分析。

2 结果与分析

2.1 不同浓度 NaCl 对燕麦相对发芽势的影响

种子发芽势可以表明种子在发芽初期的发芽力，用来测试种子的发芽速度和整齐度，其数值越大，发芽势越强，是检测种子质量的重要指标之一。不同浓度 NaCl 溶液处理下各燕麦种质材料的相对发芽势之间存在差异。随着盐浓度增加，多数种质材料的发芽势呈下降趋势，这表明盐胁迫对多数种质材料的发芽势有抑制作用，仅有少数种质材料在 0.3％浓度下，发芽势较高。在各浓度下 8707、73‐1 的发芽势都较高，为高发芽势种质材料；而青 18、AC‐Rigdon、格鲁等在各浓度下发芽势较低，为低发芽势种质材料。种质材料原 20、保罗在各浓度下的发芽势差异较大，表现出较差的耐盐性；青永久 382、8707 在各浓度下发芽势变化较小，表现出较好的耐盐性。表 2 可以看出，在 0.3％盐浓度水平下，燕麦种质材料的相对发芽势变化范围为 63.55％～115.52％，部分燕麦种质材料的相对发芽势增大，说明低盐浓度对部分燕麦萌发期发芽势有一定的促进作用，随盐浓度增加相对发芽势不断减小，说明高盐浓度对燕麦萌发期发芽势有很大抑制作用。在 0.6％、0.9％和 1.2％盐浓度水平下，燕麦种质材料的相对发芽势变化范围为 53.13％～109.91％、34.93％～97.30％和 21.88％～81.81％，说明不同材料对盐胁迫的耐受能力差异很大。

表 2 不同浓度 NaCl 对燕麦相对发芽势（％）的影响

种质代号	0.30％	0.60％	0.90％	1.20％	种质代号	0.30％	0.60％	0.90％	1.20％
1	115.52	86.19	79.31	77.58	18	100.00	86.44	75.42	60.16
2	91.35	64.20	49.39	46.91	19	94.84	81.44	63.91	63.91
3	82.69	75.97	61.55	67.32	20	63.55	59.82	51.41	32.71
4	86.84	93.86	70.17	64.91	21	97.79	95.60	91.20	78.01
5	94.93	91.30	69.57	43.48	22	113.87	109.91	82.18	67.33
6	74.60	71.43	34.93	25.40	23	101.02	85.86	87.88	73.74
7	86.02	79.02	49.65	39.16	24	84.95	79.56	53.76	38.71
8	93.26	87.65	86.52	66.29	25	92.74	72.58	70.97	66.13
9	92.11	75.00	73.67	60.53	26	89.58	85.42	87.50	62.50
10	85.72	72.73	68.83	48.06	27	66.41	54.96	45.80	25.96
11	97.92	79.17	56.25	21.88	28	78.51	70.25	65.29	52.89
12	69.80	53.13	45.83	44.80	29	91.84	88.78	83.68	71.44
13	104.53	100.00	94.31	81.81	30	102.70	97.30	97.30	77.47
14	73.34	59.16	51.66	34.16	平均值	90.13	79.78	69.58	54.95
15	100.00	94.80	93.75	77.08	标准差	12.93	14.01	16.86	18.00
16	76.53	78.57	70.41	33.68	*CV*	0.14	0.18	0.24	0.33
17	101.00	63.37	75.26	44.56					

注：*CV* 表示变异系数，下同。

2.2 不同浓度 NaCl 对燕麦相对发芽率的影响

种子发芽率指种子发芽试验末期处理 10d 后正常发芽的种子数占供试种子数的百分数，是检测种子质量的重要指标之一，农业生产上常常依此来计算用种量。播种育苗过程中最基本的问题是种子发芽状况，种子在发芽阶段的耐盐状况一定程度上反映了该植物的耐盐程度[7]。相对发芽率可以更直观地描述不同浓度与对照之间的发芽状况。盐胁迫下，不同燕麦种质材料的发芽率对盐胁迫的耐受能力不同，且差异很大，结果与发芽势结果基本一致。由表 3 可知，各燕麦种质材料的相对发芽率在一定范围内随盐含量升高而降低，只有个别种质材料在 0.3% 浓度下，发芽率较高，这表明盐胁迫对多数种质材料的发芽率有抑制作用。在 0.3%、0.6%、0.9%、1.2% 这 4 个 NaCl 溶液中，30 个种质材料的相对平均发芽率分别为 95.15%、86.38%、78.20%、64.85%，说明 1.2%NaCl 溶液对燕麦发芽有较明显的抑制作用。在 0.3%、0.6%、0.9%、1.2%NaCl 溶液处理下，供试燕麦种质材料发芽率变异系数分别为 0.09、0.14、0.18、0.26，在 0.3%NaCl 和 0.6%NaCl 浓度下，发芽率变异系数较小，这表明低浓度的盐溶液可以促进燕麦种子的发芽，试验结果与前人[8-9]在研究苜蓿、黄芪时的结果一致。而在 1.2% 盐胁迫下，发芽率变异系数最大，因此用 1.2% 的 NaCl 溶液处理燕麦种子，其发芽率可作为不同种质材料种子萌发期耐盐性鉴定指标之一。

表 3　不同浓度 NaCl 对燕麦相对发芽率（%）的影响

种质代号	0.30%	0.60%	0.90%	1.20%	种质代号	0.30%	0.60%	0.90%	1.20%
1	107.44	80.17	68.59	61.15	18	92.71	88.33	81.76	80.29
2	89.19	78.38	59.46	57.66	19	106.41	94.50	88.99	82.57
3	96.27	80.60	82.84	70.89	20	88.34	66.66	61.66	45.84
4	101.47	102.93	100.00	96.32	21	94.92	88.13	83.04	74.58
5	87.96	82.69	66.09	40.00	22	101.73	104.32	82.76	75.87
6	92.80	75.68	57.66	36.93	23	106.31	90.09	84.69	71.18
7	95.27	94.59	93.24	91.21	24	93.69	74.77	52.26	37.84
8	92.85	92.85	87.49	63.39	25	92.97	75.79	71.87	67.19
9	83.03	82.13	75.00	59.82	26	90.60	93.17	83.76	63.24
10	81.08	68.47	64.86	50.45	27	78.36	63.44	55.97	32.09
11	110.93	103.37	94.96	73.11	28	85.60	77.27	65.91	57.58
12	91.30	72.17	66.09	56.51	29	81.90	80.18	74.14	62.94
13	97.39	104.34	101.73	88.69	30	109.40	98.29	94.87	81.19
14	99.32	97.27	87.67	80.14	平均值	95.15	86.38	78.20	64.85
15	105.36	104.46	100.88	81.25	标准差	8.86	11.98	14.10	16.89
16	93.81	92.04	79.65	47.79	CV	0.09	0.14	0.18	0.26
17	106.14	84.21	78.07	57.89					

2.3 不同浓度 NaCl 对燕麦相对根长的影响

研究胁迫环境对种子萌发的影响时，多以根的生长作为指标之一。在不同浓度 NaCl 溶液下，各种质材料种子萌发期的根长与发芽率不完全一致。由表 4 可知，在 0.3%、0.6%、0.9%、1.2% 这 4 种浓度 NaCl 溶液处理下，各种质材料平均相对根长为：104.07%、87.61%、66.51%、44.42%。在 4 种不同浓度处理下，各种质材料根长变异系数分别为 0.13、0.15、0.25、0.34。0.3%NaCl 溶液处理下的根伸长量变异最小；燕麦本身具有一定的喜盐性，低盐可促进燕麦根生长，随溶液中 NaCl 含量增高，燕麦根生长受到抑制，各种质材料间耐盐性差异变大。在 1.2％NaCl 溶液处理下燕麦根长变异系数最大，因此在 1.2％NaCl 溶液处理下根长可作为燕麦种质材料种子耐盐性鉴定的指标之一。

表4　30个燕麦种质在不同浓度 NaCl 下的相对根长（％）

种质代号	0.30％	0.60％	0.90％	1.20％	种质代号	0.30％	0.60％	0.90％	1.20％
1	106.96	66.74	60.17	42.15	18	110.48	95.59	73.48	66.12
2	86.02	77.86	41.59	35.47	19	128.96	115.53	116.57	91.31
3	97.60	111.59	69.71	48.11	20	88.85	78.84	64.36	36.77
4	106.98	104.79	84.89	67.88	21	101.67	91.45	84.35	54.17
5	105.13	86.90	43.47	29.80	22	102.51	85.63	80.88	52.98
6	88.90	70.94	42.23	19.78	23	122.58	100.30	79.78	50.11
7	105.53	91.04	63.96	52.60	24	113.28	102.32	61.75	34.98
8	82.76	87.18	58.07	37.03	25	102.51	79.89	70.01	46.31
9	132.04	77.08	54.28	30.67	26	106.50	86.79	54.21	35.39
10	88.59	68.15	69.89	47.67	27	115.40	97.09	62.03	26.73
11	98.59	78.86	62.40	44.42	28	77.42	69.00	40.61	27.35
12	97.73	94.48	73.61	38.82	29	125.69	109.93	80.58	60.15
13	101.74	86.85	72.47	64.11	30	110.78	84.68	56.74	44.13
14	97.03	76.19	60.01	38.94	平均值	104.07	87.61	66.51	44.42
15	99.73	95.82	92.87	43.80	标准差	13.14	13.16	16.45	14.98
16	112.71	81.87	68.16	28.65	*CV*	0.13	0.15	0.25	0.34
17	107.34	74.80	52.23	36.27					

2.4　不同浓度 NaCl 对燕麦相对芽长的影响

芽长是指在种子发芽实验末期（处理 10d 后），用直尺测定每棵苗从种子胚到最长叶叶尖的长度。由表5可知，随着 NaCl 浓度的增加，各种质材料芽长均呈下降趋势，在 0.3％、0.6％、0.9％、1.2％ NaCl 溶液处理下，平均相对芽长分别为：106.90％、96.85％、78.86％、54.05％，芽长变异系数分别为：0.08、0.09、0.18、0.38，其中 1.2％处理下芽长的变异系数最大。变异系数大说明种质材料间耐盐性差异最大，芽长高的种质材料耐盐性较强，因此 1.2％溶液处理下芽长可作为鉴定研燕麦种质材料耐盐性的指标。

表5　30个燕麦种质在不同浓度 NaCl 下的相对芽长（％）

种质代号	0.3％	0.6％	0.9％	1.2％	种质代号	0.3％	0.6％	0.9％	1.2％
1	111.73	83.93	53.83	32.91	10	104.78	94.53	98.05	74.32
2	99.15	78.39	55.08	36.23	11	107.32	94.09	79.64	54.96
3	107.94	98.41	84.92	66.87	12	108.40	108.95	99.08	61.60
4	100.38	97.10	86.78	76.11	13	103.55	103.32	95.81	85.39
5	105.98	105.36	55.67	22.68	14	91.60	83.03	72.37	45.47
6	91.80	80.34	59.24	23.03	15	105.49	104.96	96.33	75.51
7	111.77	99.31	76.46	54.99	16	106.69	91.23	72.75	43.68
8	108.84	108.54	87.51	44.51	17	103.61	89.96	77.12	49.75
9	99.45	88.60	71.66	47.79	18	115.56	110.70	100.00	90.33

（续）

种质代号	0.3%	0.6%	0.9%	1.2%	种质代号	0.3%	0.6%	0.9%	1.2%
19	102.66	91.53	83.63	74.19	27	97.82	102.18	73.21	20.87
20	103.99	98.71	86.78	70.98	28	104.80	88.89	70.87	31.23
21	103.88	99.61	92.12	76.05	29	121.69	102.47	83.53	70.97
22	103.81	98.82	94.48	84.91	30	111.90	99.04	77.47	56.43
23	136.31	94.81	70.32	37.75	平均值	106.90	96.85	78.86	54.05
24	118.30	99.29	46.35	24.31	标准差	8.65	8.52	14.45	20.61
25	111.18	105.68	86.12	43.68	CV	0.08	0.09	0.18	0.38
26	106.47	103.84	78.65	44.06					

2.5　30个燕麦种质材料耐盐性综合评价

植物的耐盐性是一个多基因控制性状[10]。盐胁迫对燕麦种质材料的影响是多方面、多层次的，不仅表现在不同的生育阶段，同时也表现在具体的生理生化过程[11]。由于供试材料基因型不同，材料对盐胁迫的适应方式也不同[12]。因此应该考虑采用多个指标综合评价[13]植物的耐盐能力。本文采用五级评分法[14]对30个供试燕麦种质材料的耐盐能力进行综合评价。

五级评分法是将各项指标的测定值经过换算进行定量表示，根据各指标（表6）的变异系数确定各指标参与综合评价的权重系数矩阵，经过权重分析，进行抗盐碱能力综合评价。根据综合评价值的大小，确定种质材料的抗盐碱能力强弱。此方法可以消除各性状因数值大小和变化幅度的不同而产生的差异[15]。其换算公式如下：

$$D = \frac{H_n - H_L}{5} \tag{1}$$

$$E = \frac{H - H_L}{D} + 1 \tag{2}$$

式中：H_n——各指标测定的最大值；

H_L——各指标测定的最小值；

H——各指标测定的任意值；

D——得分极差；

E——应得分。

表6　耐盐指标的敏感指数

种质名	0.6%盐浓度下相对发芽势	0.6%盐浓度下相对发芽率	0.6%盐浓度下相对根长	0.6%盐浓度下相对芽长
青18	86.19	79.31	77.58	80.67
青58	64.20	49.39	46.91	74.00
青335	75.97	61.55	67.32	89.33
131-10	93.86	70.17	64.91	90.67
青177	91.30	69.57	43.48	76.67
AC-Rigdon	71.43	34.93	25.40	74.00
美国白燕麦	79.02	49.65	39.16	98.67
原63	87.65	86.52	66.29	74.67
格鲁	75.00	73.67	60.53	74.67

（续）

种质名	0.6%盐浓度下 相对发芽势	0.6%盐浓度下 相对发芽率	0.6%盐浓度下 相对根长	0.6%盐浓度下 相对芽长
少维也脱	72.73	68.83	48.06	74.00
原 20	79.17	56.25	21.88	79.33
2039	53.13	45.83	44.80	76.67
新西兰	100.00	94.31	81.81	76.67
H3582	59.16	51.66	34.16	97.33
青永久 382	94.80	93.75	77.08	74.67
青永久 164	78.57	70.41	33.68	75.33
4442 - 7	63.37	75.26	44.56	76.00
141	86.44	75.42	60.16	91.33
331	81.44	63.91	63.91	72.67
7 - 47	59.82	51.41	32.71	80.00
7 - 43	95.60	91.20	78.01	78.67
83 - 27	109.91	82.18	67.33	77.33
品 4 号	85.86	87.88	73.74	74.00
LY03 - 07	79.56	53.76	38.71	74.00
73 - 1	72.58	70.97	66.13	85.33
73 - 7	85.42	87.50	62.50	78.00
保罗	54.96	45.80	25.96	89.33
内燕 4 号	70.25	65.29	52.89	88.00
蒙燕 8637	88.78	83.68	71.44	77.33
8707	97.30	97.30	77.47	78.00

先将各个指标测定的最小值定为 1 分，求出综合评价值代入公式（2）求出任意测定值的应得分（表7）。

根据各指标的变异系数确定各指标参与综合评价的权重系数矩阵。其公式为：

$$任一指标的权重系数 = \frac{任一指标变异系数}{各指标变异系数之和}$$

表7　30 个燕麦种质在不同耐盐指标下的得分及变异系数

种质名	0.6%盐浓度下 相对发芽势	0.6%盐浓度下 相对发芽率	0.6%盐浓度下 相对根长	0.6%盐浓度下 相对芽长
青 18	3.91	3.04	1.86	1.00
青 58	1.97	2.82	1.00	2.14
青 335	3.01	3.09	4.10	5.60
131 - 10	4.59	5.82	3.90	4.90
青 177	4.36	3.35	5.17	3.07
AC - Rigdon	2.61	2.49	1.30	1.43
美国白燕麦	3.28	4.80	4.24	3.49
原 63	4.04	4.59	5.67	3.09
格鲁	2.93	3.28	2.58	2.06

（续）

种质名	0.6%盐浓度下相对发芽势	0.6%盐浓度下相对发芽率	0.6%盐浓度下相对根长	0.6%盐浓度下相对芽长
少维也脱	2.73	1.61	3.50	1.14
原20	3.29	5.87	3.43	2.24
2039	1.00	2.06	5.73	3.84
新西兰	5.13	5.99	4.86	3.06
H3582	1.53	5.13	1.72	1.97
青永久382	4.67	6.00	5.11	3.98
青永久164	3.24	4.49	2.99	2.55
4442-7	1.90	3.53	2.79	1.83
141	3.93	4.04	6.00	3.96
331	3.49	4.79	3.03	6.00
7-47	1.59	1.39	4.15	2.24
7-43	4.74	4.01	4.28	3.53
83-27	6.00	5.99	4.16	2.94
品4号	3.88	4.25	3.54	4.44
LY03-07	3.33	2.38	4.24	4.65
73-1	2.71	2.51	5.22	2.35
73-7	3.84	4.63	4.94	3.05
保罗	1.16	1.00	4.68	4.11
内燕4号	2.51	2.69	2.63	1.23
蒙燕8637	4.14	3.04	4.73	5.43
8707	4.89	5.25	4.20	2.84
CV（%）	36.86	38.47	34.17	42.96
权重系数	0.24	0.25	0.23	0.28

采用五级评分法进行燕麦耐盐性的综合评价，结果（表8）表明：青永久382的耐盐性最强，AC-Rigdon的耐盐性最弱。应试种质材料耐盐性可分为3大类：耐盐性较强（青永久382、131-10、83-27、新西兰、141、331、蒙燕8637、原63、8707、7-43、73-7、品4号、青335）；中等耐盐性（73-1、2039、青永久164、LY03-7、原20、青177、美国白燕麦）；耐盐性较差（AC-Rigdon、青58、少维也脱、内燕4号、7-47、青18、4442-7、H3582、格鲁、保罗）。

表8 30个燕麦种质材料萌发期耐盐性综合评价

种质名	综合评价值	耐盐性排名	种质名	综合评价值	耐盐性排名
AC-Rigdon	1.949	30	H3582	2.597	23
青58	2.007	29	格鲁	2.694	22
少维也脱	2.182	28	保罗	2.756	21
内燕4号	2.224	27	73-1	3.137	20
7-47	2.311	26	2039	3.148	19
青18	2.406	25	青永久164	3.302	18
4442-7	2.493	24	LY03-07	3.671	17

（续）

种质名	综合评价值	耐盐性排名	种质名	综合评价值	耐盐性排名
原 20	3.673	16	原 63	4.287	8
青 177	3.934	15	蒙燕 8637	4.362	7
美国白燕麦	3.941	14	331	4.412	6
青 335	4.006	13	141	4.442	5
品 4 号	4.051	12	新西兰	4.703	4
73 - 7	4.069	11	83 - 27	4.718	3
7 - 43	4.113	10	131 - 10	4.826	2
8707	4.247	9	青永久 382	4.911	1

3 讨论

3.1 NaCl 溶液对燕麦种子萌发的影响

30 个燕麦种质材料种子的发芽势、发芽率、根长、芽长随着 NaCl 溶液浓度增加，大多数种质材料都呈下降的趋势，这表明盐胁迫对燕麦种子萌发和幼苗生长有抑制作用，且抑制程度随着浓度的提高而增加，这与武俊英等[16]的研究结果基本一致。但只有个别种质材料在 0.3% 浓度下的发芽势、发芽率、根长、芽长比对照稍大，说明 0.3% 低浓度盐胁迫对燕麦发芽势、发芽率、根长、芽长均有一定的促进作用。

3.2 耐盐性鉴定的方法及评价指标

合理的耐盐性鉴定方法是作物耐盐性研究的基础。以往多根据作物对 NaCl 胁迫的反应鉴定作物耐盐性的强弱[17-18]。本试验对 30 个燕麦种质材料种子进行 NaCl 胁迫处理，对其萌发及幼苗生长的耐盐性进行了鉴定与评价，研究所采用的发芽势、发芽率、根长、芽长等指标均已在耐盐性鉴定研究中广泛应用。为使所有指标具有可比性，本试验的数据分析均采用处理与对照的相对值，以期更加准确地反映各种质材料的耐盐性差异。

3.3 燕麦种质耐盐性鉴定及其利用

作物种子萌发期耐盐性鉴定在苜蓿、雀麦、玉米等已有相关报道[19-20]而燕麦种质的耐盐性研究还比较少。王波等[20-21]在燕麦对盐碱胁迫的响应方面进行了叶绿体超微结构、生理指标、干物质积累、水势、光合特性等的研究，发现燕麦具有一定的耐盐性，种子耐盐性因种质不同有一定的差异。在 30 个燕麦种质材料中，青永久 382、131 - 10、83 - 27、新西兰、141、331、蒙燕 8637、原 63、8707 萌发期的耐盐性较好，因而有望作为优秀耐盐种质加以筛选利用。

4 结论

本试验结果表明，基因型对耐盐性有较大影响，低浓度盐分对部分种质种子萌发有促进作用，这与大多数耐盐植物的研究相符，但在较高的盐浓度情况下，对种子的萌发产生了一定的抑制作用，抑制作用的大小因材料的不同而不同，反映了不同燕麦种质材料间耐盐性的差异。通过对 30 个燕麦种质材料耐盐性指标的测定，结果表明：青永久 382、131 - 10、83 - 27、新西兰、141、331、蒙燕 8637、原 63、8707 这 9 个种质材料的耐盐性相对较强；7 - 43、73 - 7、品 4 号、青 335、美国白燕麦、青 177、原 20、LY03 - 07、青永久 164、2039、73 - 1、保罗这 12 个种质材料的耐盐性中等；格鲁、H3582、4442 - 7、青18、7-47、内燕4号、少维也脱、青58、AC-Rigdon这9个种质材料的耐盐性相对较差。

参 考 文 献

[1] 陈宝书. 牧草饲料作物栽培学 [M]. 北京：中国农业出版社，2001.
[2] 段生魏. 欧洲燕麦在高寒地区引种及其关联度分析 [J]. 养殖与饲料，2008 (1)：58-60.
[3] 李海山. 澳大利亚优质燕麦"天鹅"在青海贵南县的引种栽培试验 [J]. 草业畜牧，2006 (9)：28-29.
[4] 景艳霞，袁庆华. 不同钠盐胁迫对苜蓿种子萌发的影响 [J]. 种子，2010，29 (2)：69-72.
[5] 梁慧敏，夏阳，杜峰，等. 盐胁迫对两种草坪草抗性生理生化指标影响的研究 [J]. 中国草地，2001，23 (5)：27-30.
[6] 魏春兰，娄金华，侯象山，等. 作物耐盐育种 [J]. 北方园艺，2006 (5)：53-54.
[7] 李亚，张莹花，王继和，等. 不同盐分处理对梭梭种子发芽的影响 [J]. 中国农学通报，2007，23 (9)：293.
[8] 张苏江，张玲，江承凤，等. 符合盐浓度对四种牧草种子萌发的影响 [J]. 江苏农业科学，2005 (6).
[9] 李景欣，高春宇，毕晓秀. NaCl胁迫对黄芪种子萌发及幼苗生长的影响 [J]. 内蒙古林业科技，2005 (3)：11-13.
[10] 赵可夫. 植物抗盐生理 [M]. 北京：中国科学技术出版社.1993.
[11] 孙菊，杨允菲. 盐胁迫对赖草种子萌发及其胚生长的影响 [J]. 四川草原，2006 (3)：17-20.
[12] 李潮流，周湖平，张国芳，等. 盐胁迫对多叶苜蓿种子萌发的影响 [J]. 中国草地，2004，26 (2)：21-25.
[13] 郭美兰. 小麦族10种多年生禾草耐盐性综合评价 [D]. 呼和浩特：内蒙古农业大学，2006.
[14] 吴文荣. 玉米不同品种芽苗期抗旱性及指标的研究 [D]. 北京：中国农业科学院研究生院，2008.
[15] 蔡丽艳，宋志萍，许静，等. 18份燕麦属牧草种质材料的鉴定与评价 [J]. 中国草地学报，2007，29 (4)：21-27.
[16] 武俊英，刘景辉，李倩. 盐胁迫对燕麦种子萌发、幼苗生长及叶片质膜透性的影响 [J]. 麦类作物学报，2009，29 (2)：341-345.
[17] 李姝晋，朱建清，叶小英，等. 俄罗斯优质水稻种质资源耐盐性鉴定和耐盐性指标的评价 [J]. 四川大学学报（自然科学版），2005，42 (4)：848-851.
[18] 高新中，赵祥，孙洁，等. 盐胁迫对达乌里胡枝子种子萌发的影响 [J]. 草原与草坪，2008 (3)：49-51.
[19] 秦雪峰，高扬帆，吕文彦，等. NaCl胁迫对玉米种子萌发和幼苗生长的影响 [J]. 种子，2007，26 (5)：24-26.
[20] 王波，宋凤斌. 盐碱胁迫对燕麦水势、干物质积累率以及K^+、Na^+选择性吸收的影响 [J]. 农业系统科学与综合研究，2006，22 (2)：105-108.
[21] 王波，宋凤斌，任长忠，等. 盐碱胁迫对燕麦叶绿体超微结构及一些生理指标的影 [J]. 吉林农业大学学报，2005，27 (5)：473-477，485.

63个燕麦种质萌发期耐盐性鉴定与评价

刘　欢　赵桂琴　师尚礼

（甘肃农业大学草业学院）

摘要：试验在5个NaCl浓度（0、0.3%、0.6%、0.9%、1.2%）胁迫下，对63个燕麦种质种子的发芽势、发芽率、根长和芽长进行测定，结果表明：不同的NaCl浓度处理对燕麦种质影响不同；低盐浓度处理对部分燕麦种子的萌发，根长和芽长有一定的促进作用；随着盐浓度升高，发芽势、发芽率呈下降趋势，芽和根的生长发育也受到抑制。对供试的63个燕麦种质的耐盐性进行了综合评价，其中耐盐性强的有21个种质，中等耐盐性有34个种质，敏盐的有8个种质。其中青永久425的耐盐性最强；青永久55的耐盐性最差。

关键词：燕麦；盐胁迫；发芽势；发芽率；芽长；根长

随着生态环境不断恶化和人们不合理的开发利用，导致土壤盐碱化不断严重。盐渍化土壤严重抑制作物生长发育，造成大幅度减产，已经严重影响了全球农业的可持续发展，轻者造成减产，重者颗粒无收[1]。虽然绝大部分作物在盐渍化土壤中生长都受到抑制，但不同作物或同种作物不同种质间耐盐性差异很大[2]。目前关于植物耐盐碱的研究多集中于小麦、棉花上，对于燕麦在盐碱胁迫下的反应以及燕麦的耐盐碱机理的研究较少[3,4]。

燕麦（Avena sativa）是一种籽、草兼用的一年生优良饲用作物，广布于欧洲、亚洲、非洲的温带地区[5]。燕麦具有耐寒、抗旱、耐土地瘠薄、耐适度盐碱的特性，可在多种土壤上种植，在盐碱土壤上种植比小麦生长良好，是干旱、半干旱盐碱地区的传统食粮，由于它具有较高的耐盐碱能力，目前被广泛认为是盐碱地改良的替代作物。本试验在 5 个不同盐溶液浓度下，利用培养皿纸上发芽法，对 63 个不同燕麦种质的发芽率、发芽势、芽长、根长的变化进行测定，研究了燕麦萌发期生长发育对盐胁迫的适应性反应，以期筛选出较耐盐的燕麦种质，并为指导燕麦生产提供一定的理论依据。

1　材料和方法

1.1　试验材料以及试验环境的概况

试验材料均来自甘肃农业大学草业学院（表 1）。燕麦萌发期耐盐试验于 2009 年 9—12 月在甘肃农业大学草业学院实验室内进行。试验期间室内平均温度为 25℃，昼夜温差为 10～12℃。

表 1　试验材料及其来源

代号	入库编号	种名	拉丁名	种质名	来源	代号	入库编号	种名	拉丁名	种质名	来源
1	GS649	燕麦	Avena sativa L.	青永久 105	青海	24	GS1355	燕麦	Avena sativa L.	青永久 229	青海
2	GS688	燕麦	Avena sativa L.	青永久 109	青海	25	GS609	燕麦	Avena sativa L.	青永久 23	青海
3	GS700	燕麦	Avena sativa L.	青永久 119	青海	26	GS139	燕麦	Avena sativa L.	青永久 233	青海
4	GS122	燕麦	Avena sativa L.	青永久 12	青海	27	GS125	燕麦	Avena sativa L.	青永久 25	青海
5	GS679	燕麦	Avena sativa L.	青永久 121	青海	28	GS116	燕麦	Avena sativa L.	青永久 260	青海
6	GS123	燕麦	Avena sativa L.	青永久 13	青海	29	GS627	燕麦	Avena sativa L.	青永久 262	青海
7	GS133	燕麦	Avena sativa L.	青永久 139	青海	30	GS140	燕麦	Avena sativa L.	青永久 275	俄罗斯
8	GS659	燕麦	Avena sativa L.	青永久 148	青海	31	GS661	燕麦	Avena sativa L.	青永久 280	青海
9	GS670	燕麦	Avena sativa L.	青永久 149	青海	32	GS696	燕麦	Avena sativa L.	青永久 30	青海
10	GS594	燕麦	Avena sativa L.	青永久 158	青海	33	GS142	燕麦	Avena sativa L.	青永久 307	青海
11	GS608	燕麦	Avena sativa L.	青永久 163	青海	34	GS667	燕麦	Avena sativa L.	青永久 31	青海
12	GS650	燕麦	Avena sativa L.	青永久 166	青海	35	GS624	燕麦	Avena sativa L.	青永久 3115	青海
13	GS689	燕麦	Avena sativa L.	青永久 170	青海	36	GS592	燕麦	Avena sativa L.	青永久 321	青海
14	GS628	燕麦	Avena sativa L.	青永久 181	青海	37	GS666	燕麦	Avena sativa L.	青永久 330	青海
15	GS134	燕麦	Avena sativa L.	青永久 190	青海	38	GS143	燕麦	Avena sativa L.	青永久 331	青海
16	GS597	燕麦	Avena sativa L.	青永久 192	青海	39	GS678	燕麦	Avena sativa L.	青永久 353	青海
17	GS136	燕麦	Avena sativa L.	青永久 198	青海	40	GS705	燕麦	Avena sativa L.	青永久 365	青海
18	GS124	燕麦	Avena sativa L.	青永久 20	青海	41	GS600	燕麦	Avena sativa L.	青永久 41	青海
19	GS698	燕麦	Avena sativa L.	青永久 203	青海	42	GS145	燕麦	Avena sativa L.	青永久 415	青海
20	GS602	燕麦	Avena sativa L.	青永久 208	青海	43	GS660	燕麦	Avena sativa L.	青永久 416	青海
21	GS656	燕麦	Avena sativa L.	青永久 212	青海	44	GS593	燕麦	Avena sativa L.	青永久 420	青海
22	GS630	燕麦	Avena sativa L.	青永久 219	青海	45	GS713	燕麦	Avena sativa L.	青永久 425	青海
23	GS606	燕麦	Avena sativa L.	青永久 227	青海	46	GS709	燕麦	Avena sativa L.	4609	加拿大

（续）

代号	入库编号	种名	拉丁名	种质名	来源	代号	入库编号	种名	拉丁名	种质名	来源
47	GS662	燕麦	*Avena sativa* L.	青永久479	青海	56	GS665	燕麦	*Avena sativa* L.	青永久93	青海
48	GS126	燕麦	*Avena sativa* L.	青永久52	青海	57	GS657	燕麦	*Avena sativa* L.	青永久96	青海
49	GS682	燕麦	*Avena sativa* L.	青永久53	青海	58	GS612	燕麦	*Avena sativa* L.	青永久16	青海
50	GS595	燕麦	*Avena sativa* L.	青永久55	青海	59	GS1352	燕麦	*Avena sativa* L.	青永久110	青海
51	GS697	燕麦	*Avena sativa* L.	青永久63	青海	60	GS135	燕麦	*Avena sativa* L.	青永久195	青海
52	GS115	燕麦	*Avena sativa* L.	青永久69	青海	61	GS691	燕麦	*Avena sativa* L.	青永久83	青海
53	GS120	燕麦	*Avena sativa* L.	青永久8	青海	62	GS599	燕麦	*Avena sativa* L.	青永久87	青海
54	GS711	燕麦	*Avena sativa* L.	青永久82	青海	63	GS695	燕麦	*Avena sativa* L.	青永久876	青海
55	GS121	燕麦	*Avena sativa* L.	青永久9	青海						

1.2 试验方法

试验设 5 个 NaCl 浓度处理，分别为 0（即对照）、0.3％、0.6％、0.9％、1.2％。选用口径为 120mm 的培养皿，内铺 2 层滤纸做发芽床，每皿加入 5mL 盐溶液，放入 100 个籽粒大小和饱满度一致的燕麦种子，每处理 3 次重复。盐处理后每天及时补充蒸发的水分，使各处理盐浓度维持不变。规定时间内测定各项指标。发芽势和发芽率按种子检验规程规定天数计[6]。并用相对值（处理占对照的百分比）比较品种间各指标的差异。

1.3 耐盐性指标的测定

（1）发芽势 在加盐后第 5 天，观测每皿正常发芽种子数占供试种子数的百分率，作为该皿的发芽势。相对发芽势＝盐处理植株的发芽势/对照植株的发芽势×100。

（2）发芽率 在加盐后第 10 天，观测每皿正常发芽种子数占供试种子数的百分率，作为该皿的发芽率。相对发芽率＝盐处理植株的发芽率/对照植株的发芽率×100。

（3）根长 在加盐后第 10 天，用直尺测定每株苗从种子胚到最长根根尖的长度。相对根长＝盐处理植株的根长/对照植株的根长×100。

（4）芽长 在加盐后第 10 天，用直尺测定每棵苗从种子胚到最长叶叶尖的长度。相对芽长＝盐处理植株的芽长/对照植株的芽长×100。

1.4 数据处理方法

利用 SPSS 软件包对所有数据进行方差分析。

2 结果与分析

2.1 盐胁迫对燕麦相对发芽势的影响

盐胁迫后第 5 天的相对发芽势数据（表2）可以看出，在盐胁迫下，不同燕麦种质的相对发芽势随盐浓度增大而明显降低，不同材料对盐胁迫的耐受能力差异很大，且 0.3％低盐处理对部分燕麦种子的发芽有促进作用。在 CK 条件下，应试种质的相对发芽势变化范围为 21.33％～92.67％，在 0.3％盐浓度水平下，材料的相对发芽势变化范围为 17.33％～92.00％，在 0.6％、0.9％和 1.2％盐浓度水平下，材料的相对发芽势变化范围分别为 9.00％～90.00％、4.67％～86.67％和 0～70.00％。说明不同盐浓度下材料的相对发芽势存在很大差异。在不同种质之间，青永久 195、青永久 16、青永久 87 在各浓度下相对发芽势较高，为高发芽势种质；而青永久 109、青永久 119、青永久 121、青永久 307 等在各浓度下相对发芽势较低，为低发芽势种质。根据对不同浓度间进行的方差分析可以发现，对照与 0.3％盐浓度处理下的相对发芽势差异不显著（$P>0.05$），与 0.6％、0.9％、1.2％处理下的相对发芽势差异极显著（$P<0.01$）；0.3％与 0.6％、0.9％、1.2％处理下的发芽势极显著（$P<0.01$）。

表 2　63 个燕麦种质在不同盐处理下的相对发芽势（5d）

种质名	CK	0.30％	0.60％	0.90％	1.20％	种质名	CK	0.30％	0.60％	0.90％	1.20％
青永久 105	85.33	84.00	74.67	47.33	2.67	青永久 307	31.67	22.33	9.00	4.67	0.33
青永久 109	83.33	80.67	72.00	12.00	0.00	青永久 31	47.00	46.00	47.67	47.00	40.00
青永久 119	42.00	43.33	39.00	24.00	4.67	青永久 3115	84.67	80.00	45.33	21.33	5.33
青永久 12	84.67	91.33	86.00	73.33	30.00	青永久 321	30.33	30.00	18.67	19.67	3.33
青永久 121	30.00	30.00	21.33	20.33	3.00	青永久 330	71.33	74.67	60.00	16.00	0.00
青永久 13	88.67	85.33	70.67	25.33	1.33	青永久 331	37.00	37.00	42.33	33.33	20.33
青永久 139	84.00	52.67	56.67	23.33	0.67	青永久 353	38.67	43.00	44.00	37.33	22.67
青永久 148	36.67	33.33	32.67	25.33	24.67	青永久 365	21.33	32.33	31.00	14.33	9.67
青永久 149	37.00	42.33	41.67	29.33	21.00	青永久 41	24.67	20.33	28.00	16.00	7.67
青永久 158	30.67	34.33	23.67	17.00	12.00	青永久 415	27.67	17.33	13.00	9.00	5.33
青永久 163	42.33	44.67	33.67	25.67	2.67	青永久 416	41.67	36.00	34.33	16.67	13.33
青永久 166	40.67	39.67	40.00	33.00	3.33	青永久 420	36.00	17.33	14.67	8.33	2.33
青永久 170	92.00	87.33	74.67	27.33	9.33	青永久 425	40.33	38.00	32.33	16.33	7.67
青永久 181	21.67	22.33	29.00	15.33	6.33	4609	44.67	40.33	26.67	12.67	9.00
青永久 190	41.67	35.33	21.33	6.00	6.00	青永久 479	32.33	25.33	23.00	16.33	5.67
青永久 192	32.33	37.00	29.00	28.00	10.67	青永久 52	42.33	40.67	35.67	26.00	4.33
青永久 198	58.17	65.67	63.83	20.00	2.50	青永久 53	41.33	40.00	35.67	24.33	11.00
青永久 20	41.33	38.00	30.00	11.67	3.33	青永久 55	38.00	31.33	23.67	18.67	4.67
青永久 203	76.67	74.00	55.67	12.00	0.00	青永久 63	39.33	37.33	34.00	25.67	4.00
青永久 208	34.67	36.33	38.00	28.00	3.33	青永久 69	40.33	44.00	44.00	36.00	25.33
青永久 212	23.00	27.67	24.67	18.67	14.33	青永久 8	40.00	46.67	45.33	28.67	3.33
青永久 219	34.67	43.67	41.67	36.67	27.00	青永久 82	33.33	29.00	33.67	10.33	15.33
青永久 227	46.00	44.67	38.00	20.67	0.67	青永久 9	76.00	71.33	63.33	45.33	18.00
青永久 229	84.67	83.33	68.00	31.33	4.67	青永久 93	74.67	66.00	64.00	11.33	0.00
青永久 23	76.00	76.67	56.00	22.00	6.00	青永久 96	28.67	26.00	34.33	13.33	8.00
青永久 233	81.33	79.33	70.00	28.00	2.67	青永久 16	90.67	88.67	85.33	85.33	61.33
青永久 25	39.33	38.33	34.67	38.33	27.67	青永久 110	82.00	83.33	88.00	72.00	39.33
青永久 260	41.00	32.67	31.00	24.00	7.00	青永久 195	88.00	90.67	90.00	83.33	70.00
青永久 262	88.67	92.00	82.00	54.67	18.67	青永久 83	76.67	76.00	77.33	54.67	41.33
青永久 275	41.00	42.33	40.67	37.00	31.33	青永久 87	88.67	90.67	90.00	86.67	58.67
青永久 280	92.00	90.67	82.67	56.67	17.33	青永久 876	71.33	80.00	81.33	77.33	59.33
青永久 30	92.67	85.33	76.00	41.33	12.00	均值	53.73Aa	52.32Aa	47.21Bb	30.18Cc	14.18Dd

注：同行不同小写字母表示差异显著（$P<0.05$），不同大写字母表示差异极显著（$P<0.01$）。下表同。

2.2　盐胁迫对燕麦相对发芽率的影响

由表 3 可以看出，在不同盐处理浓度下，0.3％盐浓度处理下的相对发芽率最好，其次是对照，在

1.2%浓度下青永久158的相对发芽率已经降到了22.33，说明燕麦种质的相对发芽率随着盐浓度的增加而明显下降。在不同种质之间，青永久105、青永久170、青永久280、青永久3115等在各浓度下整体相对发芽率较高，为高发芽率种质；而青永久158、青永久415、青永久41等在各浓度下相对发芽率较低，为低发芽率种质。在盐胁迫下，各燕麦种质的相对发芽率随盐浓度的增大而明显降低，但在低盐浓度下（0.3%），部分燕麦种质的相对发芽率有增大趋势，说明低盐浓度有促进燕麦萌发的作用。其中青永久105、青永久30、青永久280、青永久3115等随盐浓度的增加相对发芽率无明显变化，说明耐盐性好。青永久331、青永久41、青永久83等随盐浓度的增加相对发芽率有明显下降，说明其耐盐性较差。其他种质随盐浓度的增加相对发芽率均有不同程度的下降。根据不同浓度间方差分析发现，对照与0.3%、0.6%盐浓度处理下的相对发芽率差异不显著（$P>0.05$），与0.9%、1.2%处理的差异极显著（$P<0.01$）。

表3　63个燕麦种质在不同盐处理下的相对发芽率（10d）

种质名	CK	0.3%	0.6%	0.9%	1.2%	种质名	CK	0.3%	0.6%	0.9%	1.2%
青永久105	95.33	96.00	94.67	90.00	84.00	青永久280	98.00	98.67	96.00	94.67	91.33
青永久109	90.67	93.67	83.67	82.67	80.33	青永久30	98.00	98.67	96.67	96.00	93.33
青永久119	46.33	44.00	42.00	41.33	28.00	青永久307	44.00	46.33	40.67	41.33	21.33
青永久12	92.00	93.33	85.33	82.67	80.33	青永久31	48.67	48.67	48.33	47.00	46.67
青永久121	40.00	40.67	38.67	37.67	30.67	青永久3115	97.33	98.67	95.33	94.00	84.67
青永久13	90.67	91.33	85.33	82.67	82.00	青永久321	44.00	45.67	43.67	41.67	34.00
青永久139	90.67	94.67	90.00	88.00	79.33	青永久330	79.33	84.00	76.00	73.33	68.67
青永久148	40.33	42.67	39.67	39.00	37.67	青永久331	43.00	44.67	38.67	35.33	30.00
青永久149	40.67	44.67	37.00	36.67	34.00	青永久353	44.33	44.67	42.33	42.00	39.67
青永久158	35.00	38.67	32.33	23.67	22.33	青永久365	44.33	47.00	40.67	36.00	33.33
青永久163	47.33	48.67	46.00	45.33	43.33	青永久41	38.33	39.00	36.33	35.33	25.00
青永久166	43.33	46.67	41.67	40.67	40.00	青永久415	35.00	38.33	34.67	29.00	26.67
青永久170	96.67	97.33	95.33	94.00	90.00	青永久416	40.67	41.33	40.67	36.33	31.67
青永久181	47.67	49.67	44.67	41.33	40.67	青永久420	42.33	45.33	42.00	41.33	38.67
青永久190	44.00	46.00	45.33	40.00	35.33	青永久425	45.00	47.00	45.00	44.67	34.67
青永久192	43.67	46.67	45.33	40.33	35.00	4609	48.00	49.00	44.33	40.00	39.00
青永久198	70.17	73.67	71.17	70.00	63.67	青永久479	43.33	45.33	42.33	39.33	38.33
青永久20	45.67	48.67	46.00	44.33	35.33	青永久52	44.33	45.00	43.67	42.67	40.00
青永久203	95.33	98.00	94.67	94.00	89.33	青永久53	39.33	41.33	39.33	39.33	34.00
青永久208	43.33	46.00	42.33	42.00	34.67	青永久55	40.00	42.00	36.33	35.67	31.33
青永久212	41.33	44.67	39.33	32.67	28.67	青永久63	43.00	43.67	43.00	34.00	31.00
青永久219	42.33	45.00	40.00	39.33	38.33	青永久69	45.33	45.33	44.33	42.00	36.00
青永久227	48.00	48.00	47.67	47.33	41.33	青永久8	48.00	49.33	47.00	44.67	39.67
青永久229	96.00	97.33	93.33	92.67	89.33	青永久82	42.00	45.67	41.33	40.33	36.33
青永久23	92.67	94.00	92.00	86.00	81.33	青永久9	84.00	89.33	84.00	82.00	78.00
青永久233	95.33	96.00	95.33	93.33	82.67	青永久93	88.00	88.00	84.67	84.67	81.33
青永久25	46.33	47.33	45.33	44.00	41.00	青永久96	42.00	42.00	38.00	37.33	34.33
青永久260	40.00	42.33	39.33	38.00	32.67	青永久16	92.00	92.67	90.67	88.00	79.33
青永久262	96.67	96.67	95.33	88.00	80.00	青永久110	90.67	94.67	88.67	88.67	84.67
青永久275	46.00	46.67	45.33	45.00	40.33	青永久195	95.33	95.33	94.00	91.33	88.00

（续）

种质名	CK	0.3%	0.6%	0.9%	1.2%	种质名	CK	0.3%	0.6%	0.9%	1.2%
青永久 83	82.67	84.00	81.33	69.33	64.00	青永久 876	82.67	88.67	80.00	79.33	76.33
青永久 87	92.00	92.00	91.33	90.00	85.33	均值	61.40ABab	63.18Aa	59.77BCb	57.45Cc	52.67Dd

2.3 盐胁迫对燕麦根长的影响

在盐胁迫下，63 个燕麦种质的根长随盐浓度增大较对照而明显变短，但在低盐浓度下，部分燕麦种质的根较对照长（表 4）。表中可看出，在 0.3% 盐浓度水平下，材料的相对根长变化范围为 70.11～134.50，在 0.6%、0.9% 和 1.2% 盐浓度水平下，材料的相对根长变化范围为 74.94～100.32、43.42～97.27 和 25.42～89.68。说明不同材料对盐胁迫的耐受能力差异很大。其中在 0.3% 盐浓度下，部分燕麦种质的相对根长增加，说明低盐浓度对部分燕麦萌发期根长有一定的促进作用，随盐浓度增加相对根长不断减小，说明高盐浓度对燕麦萌发期根生长有很大抑制作用。其中青永久 25、青永久 479、青永久 353、青永久 30 等随盐浓度增加，根生长受抑制作用较小，说明耐盐性好。青永久 149、青永久 163、青永久 83 等随盐浓度的增加根生长受到很大抑制作用，说明其耐盐性较差。其他种质随盐浓度的增加根生长均受到不同程度的抑制作用。根据不同浓度间方差分析发现，0.3% 与 0.6%、0.9%、1.2% 盐浓度处理间燕麦的相对根长差异极显著（$P < 0.01$）。

表 4　63 个燕麦种质在不同盐处理下的相对根长（10d）

种质名	0.30%	0.60%	0.90%	1.20%	种质名	0.30%	0.60%	0.90%	1.20%
青永久 105	112.83	77.51	62.70	45.63	青永久 229	102.33	80.58	68.72	35.23
青永久 109	113.45	82.52	87.23	42.02	青永久 23	119.80	87.72	69.80	46.82
青永久 119	114.16	81.57	81.57	67.06	青永久 233	102.21	75.21	66.38	38.53
青永久 12	100.15	88.17	77.81	61.39	青永久 25	101.17	95.19	91.32	89.68
青永久 121	133.88	82.88	77.50	62.88	青永久 260	112.14	82.66	69.48	41.27
青永久 13	117.27	99.28	81.83	59.53	青永久 262	100.79	92.27	88.49	79.18
青永久 139	118.15	97.45	88.85	68.47	青永久 275	102.12	91.75	65.08	55.13
青永久 148	104.44	79.73	70.84	63.21	青永久 280	101.55	84.54	80.83	63.68
青永久 149	103.21	79.79	66.47	54.10	青永久 30	121.51	97.80	95.60	86.50
青永久 158	100.79	100.13	82.21	51.52	青永久 307	114.19	90.26	84.82	67.33
青永久 163	104.76	74.94	43.42	32.65	青永久 31	112.51	86.20	86.20	76.26
青永久 166	107.08	93.71	74.05	26.08	青永久 3115	129.61	87.01	81.09	67.27
青永久 170	104.08	97.49	76.96	63.01	青永久 321	121.49	91.26	80.15	79.60
青永久 181	110.55	75.26	72.32	71.28	青永久 330	117.58	78.29	71.05	48.89
青永久 190	123.84	84.41	60.95	60.05	青永久 331	104.97	88.64	75.98	56.80
青永久 192	113.26	92.47	73.32	71.85	青永久 353	115.00	98.50	85.75	87.13
青永久 198	110.84	91.60	89.01	44.12	青永久 365	105.68	96.48	86.74	62.38
青永久 20	114.94	99.59	67.45	32.65	青永久 41	117.98	100.32	95.02	70.47
青永久 203	112.69	97.03	89.62	66.23	青永久 415	113.87	99.14	92.98	69.01
青永久 208	109.56	98.41	78.22	29.35	青永久 416	121.22	93.91	91.36	77.01
青永久 212	125.48	97.64	95.72	80.73	青永久 420	100.23	80.51	72.00	70.25
青永久 219	107.82	95.88	67.22	49.38	青永久 425	70.11	94.11	92.96	76.01
青永久 227	111.92	82.72	54.62	25.42	4609	134.50	99.61	97.27	85.77

（续）

种质名	0.30%	0.60%	0.90%	1.20%	种质名	0.30%	0.60%	0.90%	1.20%
青永久 479	125.49	99.84	93.99	89.12	青永久 93	121.19	95.59	93.39	63.39
青永久 52	108.59	85.95	61.88	35.69	青永久 96	131.59	87.87	84.49	84.34
青永久 53	111.53	84.93	58.85	44.30	青永久 16	102.14	78.34	64.23	47.36
青永久 55	103.90	86.42	71.37	66.13	青永久 110	117.00	96.68	89.24	70.12
青永久 63	124.41	95.62	94.68	46.01	青永久 195	111.99	94.55	81.84	47.46
青永久 69	109.94	89.81	85.16	61.51	青永久 83	115.93	85.13	57.81	41.73
青永久 8	108.51	92.23	77.56	39.83	青永久 87	109.98	81.65	73.77	53.57
青永久 82	99.37	98.12	81.66	75.86	青永久 876	111.10	96.59	78.95	57.04
青永久 9	108.23	82.73	73.28	68.96	均值	111.72Aa	89.75Bb	78.27Bc	59.54Cd

2.4 盐胁迫对燕麦芽长的影响

在盐胁迫下，燕麦种质的芽长随盐浓度的增大较对照明显变短，但在低盐浓度下（0.3%），部分燕麦种质的芽长较对照长（表5）。其中种质青永久31、青永久425、青永久96在各浓度下相对芽长较长；而青永久415、青永久25、4609等在不同盐浓度下相对芽长变化较小，相对较为耐盐；青永久148、青永久87的相对芽较短且耐盐性差。其中在0.3%盐浓度下，部分燕麦种质芽长有伸长趋势，说明低盐浓度对部分燕麦萌发期芽生长有一定的促进作用，随盐浓度增加相对芽长逐渐减少，说明高盐浓度对燕麦萌发期芽生长有很大抑制作用。

表5 63个燕麦种质在不同盐处理下的相对芽长（10d）

种质名	0.3%	0.6%	0.9%	1.2%	种质名	0.3%	0.6%	0.9%	1.2%
青永久 105	109.82	100.00	88.18	60.46	青永久 212	100.42	90.19	71.60	69.65
青永久 109	101.54	97.92	81.25	74.55	青永久 219	100.46	89.98	76.38	64.25
青永久 119	110.22	88.70	76.08	43.77	青永久 227	96.61	91.93	72.02	35.34
青永久 12	113.00	99.25	99.16	82.60	青永久 229	106.17	98.78	86.53	67.63
青永久 121	102.31	94.78	79.57	58.39	青永久 23	113.12	97.25	82.59	57.89
青永久 13	105.46	94.71	85.73	79.47	青永久 233	116.22	88.84	76.50	47.15
青永久 139	102.26	91.43	82.05	58.12	青永久 25	101.82	98.68	97.02	90.98
青永久 148	102.28	98.97	85.76	71.87	青永久 260	97.30	90.15	69.66	53.61
青永久 149	100.27	80.47	78.38	58.22	青永久 262	109.33	99.60	78.87	77.99
青永久 158	100.96	99.74	93.29	63.68	青永久 275	104.32	97.48	84.77	77.93
青永久 163	105.05	94.23	60.98	55.93	青永久 280	110.72	93.37	91.64	57.49
青永久 166	104.68	98.74	91.08	41.89	青永久 30	112.75	90.85	87.77	76.61
青永久 170	111.91	92.48	92.12	66.70	青永久 307	100.89	84.78	81.81	49.07
青永久 181	110.55	94.59	79.44	77.55	青永久 31	105.98	97.08	90.13	77.48
青永久 190	131.68	86.65	63.45	59.94	青永久 3115	107.22	101.61	92.18	55.65
青永久 192	105.36	91.96	63.06	52.94	青永久 321	116.89	97.94	85.88	81.05
青永久 198	100.52	91.79	87.38	58.43	青永久 330	107.02	94.93	82.31	67.29
青永久 20	99.80	92.83	71.86	43.78	青永久 331	102.01	94.99	90.98	58.56
青永久 203	104.05	94.57	76.76	76.52	青永久 353	105.30	93.52	86.39	63.06
青永久 208	101.23	97.22	92.97	43.83	青永久 365	100.67	97.25	92.82	68.36

（续）

种质名	0.30%	0.60%	0.90%	1.20%	种质名	0.30%	0.60%	0.90%	1.20%
青永久 41	100.89	91.99	88.11	51.62	青永久 8	109.34	99.59	79.26	48.26
青永久 415	101.19	94.72	93.21	91.16	青永久 82	99.82	93.28	76.02	91.46
青永久 416	98.27	90.62	65.33	78.64	青永久 9	107.44	92.75	86.78	83.20
青永久 420	117.63	94.30	82.63	82.37	青永久 93	103.02	94.82	76.25	68.05
青永久 425	123.86	106.34	94.73	77.48	青永久 96	102.70	89.84	76.12	63.82
4609	107.92	95.32	86.37	85.09	青永久 16	103.32	97.78	84.29	73.62
青永久 479	98.21	86.04	87.60	84.32	青永久 110	105.39	97.63	93.42	84.79
青永久 52	103.79	96.89	72.02	59.36	青永久 195	106.01	96.00	84.35	75.25
青永久 53	115.50	94.33	80.55	68.39	青永久 83	100.90	88.32	66.11	54.81
青永久 55	104.67	77.88	81.19	52.45	青永久 87	101.46	93.13	92.00	65.43
青永久 63	99.15	95.37	83.66	45.70	青永久 876	118.51	96.90	96.38	66.70
青永久 69	102.11	89.02	82.51	59.31	均值	105.86Aa	94.02Bb	82.78Cc	65.67Dd

2.5 18 个燕麦种质耐盐性综合评价

牧草种质材料的耐盐性是一个较为复杂的性状，鉴定一个材料的耐盐性应采用若干性状进行综合评价，但对各个指标不可能同等并论，必须根据各个指标和耐盐性的密切程度进行权重分配[7]。以表6中所列出的在 0.6%盐浓度下燕麦萌发相关的 4 项指标，对燕麦种质萌发期期耐盐性进行综合评价。

表 6 耐盐指标的敏感指数

种质名	0.6%盐浓度下相对发芽势	0.6%盐浓度下相对发芽率	0.6%盐浓度下相对根长	0.6%盐浓度下相对芽长	种质名	0.6%盐浓度下相对发芽势	0.6%盐浓度下相对发芽率	0.6%盐浓度下相对根长	0.6%盐浓度下相对芽长
青永久 105	87.51	99.31	77.51	100.00	青永久 203	72.17	99.31	97.03	94.57
青永久 109	86.40	92.28	82.52	97.92	青永久 208	110.56	97.69	98.41	97.22
青永久 119	92.86	90.65	81.57	88.70	青永久 212	107.26	95.16	97.64	90.19
青永久 12	101.57	92.75	88.17	99.25	青永久 219	120.19	94.50	95.88	89.98
青永久 121	71.10	96.68	82.88	94.78	青永久 227	82.61	99.31	82.72	91.93
青永久 13	79.70	94.11	99.28	94.71	青永久 229	80.31	97.22	80.58	98.78
青永久 139	67.46	99.26	97.45	91.43	青永久 23	73.68	99.28	87.72	97.25
青永久 148	89.09	98.36	79.73	98.97	青永久 233	86.07	100.00	75.21	88.84
青永久 149	112.62	90.98	79.79	80.47	青永久 25	88.15	97.84	95.19	98.68
青永久 158	77.18	92.37	100.13	99.74	青永久 260	75.61	98.33	82.66	90.15
青永久 163	79.54	97.19	74.94	94.23	青永久 262	92.48	98.61	92.27	99.60
青永久 166	98.35	96.17	93.71	98.74	青永久 275	99.20	98.54	91.75	97.48
青永久 170	81.16	98.61	97.49	92.48	青永久 280	89.86	97.96	84.54	93.37
青永久 181	133.83	93.71	75.26	94.59	青永久 30	82.01	98.64	97.80	90.85
青永久 190	51.19	103.02	84.41	86.65	青永久 307	28.42	92.43	90.26	84.78
青永久 192	89.70	103.80	92.47	91.96	青永久 31	101.43	99.30	86.20	97.08
青永久 198	109.73	101.43	91.60	91.79	青永久 3115	53.54	97.95	87.01	101.61
青永久 20	72.59	100.72	99.59	92.83	青永久 321	61.56	99.25	91.26	97.94

（续）

种质名	0.6%盐浓度下相对发芽势	0.6%盐浓度下相对发芽率	0.6%盐浓度下相对根长	0.6%盐浓度下相对芽长	种质名	0.6%盐浓度下相对发芽势	0.6%盐浓度下相对发芽率	0.6%盐浓度下相对根长	0.6%盐浓度下相对芽长
青永久 330	84.12	95.80	78.29	94.93	青永久 63	86.45	100.00	95.62	95.37
青永久 331	114.41	89.93	88.64	94.99	青永久 69	109.10	97.79	89.81	89.02
青永久 353	113.78	95.49	98.50	93.52	青永久 8	113.33	97.92	92.23	99.59
青永久 365	145.34	91.74	96.48	97.25	青永久 82	101.02	98.40	98.12	93.28
青永久 41	113.50	94.78	100.32	91.99	青永久 9	83.33	100.00	82.73	92.75
青永久 415	46.98	99.06	99.14	94.72	青永久 93	85.71	96.22	95.59	94.82
青永久 416	82.39	100.00	93.91	90.62	青永久 96	119.74	90.48	87.87	89.84
青永久 420	40.75	99.22	80.51	94.30	青永久 16	94.11	98.55	78.34	97.78
青永久 425	80.16	100.00	94.11	106.34	青永久 110	107.32	97.79	96.68	97.63
4609	59.70	92.35	99.61	95.32	青永久 195	102.27	98.60	94.55	96.00
青永久 479	71.14	97.69	99.84	86.04	青永久 83	100.86	98.38	85.13	88.32
青永久 52	84.27	98.51	85.95	96.89	青永久 87	101.50	99.27	81.65	93.13
青永久 53	86.31	100.00	84.93	94.33	青永久 876	114.02	96.77	96.59	96.90
青永久 55	62.29	90.83	86.42	77.88					

　　首先将表6的各项指标按五级评分法换算成相对指标进行定量表示，然后求出任一测定值的得分（表7），再根据各指标的变异系数确定各指标参与综合评价的权重系数矩阵，即 A＝（0.225，0.245，0.268，0.262），最后进行复合运算，获得各材料的综合评价结果[8,9]（表8）。

表7　63个燕麦种质在不同耐盐指标下的得分及变异系数

种质名	0.6%盐浓度下相对发芽势	0.6%盐浓度下相对发芽率	0.6%盐浓度下相对根长	0.6%盐浓度下相对芽长	种质名	0.6%盐浓度下相对发芽势	0.6%盐浓度下相对发芽率	0.6%盐浓度下相对根长	0.6%盐浓度下相对芽长
青永久 105	3.24	4.38	1.51	4.89	青永久 198	4.30	5.14	4.28	3.44
青永久 109	3.18	1.85	2.49	4.52	青永久 20	2.52	4.89	5.86	3.63
青永久 119	3.49	1.26	2.31	2.90	青永久 203	2.50	4.38	5.35	3.93
青永久 12	3.91	2.02	3.61	4.75	青永久 208	4.34	3.80	5.62	4.40
青永久 121	2.45	3.43	2.56	3.97	青永久 212	4.18	2.89	5.47	3.16
青永久 13	2.86	2.51	5.80	3.96	青永久 219	4.80	2.65	5.13	3.13
青永久 139	2.28	4.36	5.44	3.38	青永久 227	3.00	4.38	2.53	3.47
青永久 148	3.31	4.04	1.94	4.71	青永久 229	2.89	3.63	2.11	4.67
青永久 149	4.44	1.38	1.95	1.46	青永久 23	2.57	4.37	3.52	4.40
青永久 158	2.74	1.88	5.96	4.84	青永久 233	3.17	4.63	1.05	2.93
青永久 163	2.85	3.62	1.00	3.87	青永久 25	3.27	3.85	4.99	4.65
青永久 166	3.75	3.25	4.70	4.66	青永久 260	2.67	4.03	2.52	3.16
青永久 170	2.93	4.13	5.44	3.56	青永久 262	3.47	4.13	4.41	4.82
青永久 181	5.45	2.36	1.06	3.94	青永久 275	3.79	4.11	4.31	4.44
青永久 190	1.50	5.72	2.87	2.54	青永久 280	3.35	3.89	2.89	3.72
青永久 192	3.34	6.00	4.45	3.47	青永久 30	2.97	4.14	5.50	3.28

（续）

种质名	0.6%盐浓度下相对发芽势	0.6%盐浓度下相对发芽率	0.6%盐浓度下相对根长	0.6%盐浓度下相对芽长	种质名	0.6%盐浓度下相对发芽势	0.6%盐浓度下相对发芽率	0.6%盐浓度下相对根长	0.6%盐浓度下相对芽长
青永久 307	0.41	1.90	4.02	2.21	青永久 53	3.18	4.63	2.97	3.89
青永久 31	3.90	4.38	3.22	4.37	青永久 55	2.03	1.32	3.26	1.00
青永久 3115	1.61	3.89	3.38	5.17	青永久 63	3.18	4.63	5.07	4.07
青永久 321	1.99	4.36	4.21	4.53	青永久 69	4.27	3.83	3.93	2.96
青永久 330	3.07	3.12	1.66	4.00	青永久 8	4.47	3.88	4.41	4.81
青永久 331	4.52	1.00	3.70	4.01	青永久 82	3.88	4.06	5.57	3.71
青永久 353	4.49	3.00	5.64	3.75	青永久 9	3.04	4.63	2.53	3.61
青永久 365	6.00	1.65	5.24	4.40	青永久 93	3.15	3.27	5.07	3.98
青永久 41	4.48	2.75	6.00	3.48	青永久 96	4.78	1.20	3.55	3.10
青永久 415	1.30	4.29	5.77	3.96	青永久 16	3.55	4.11	1.67	4.50
青永久 416	2.99	4.63	4.74	3.24	青永久 110	4.18	3.83	5.28	4.47
青永久 420	1.00	4.35	2.10	3.88	青永久 195	3.94	4.13	4.86	4.18
青永久 425	2.88	4.63	4.78	6.00	青永久 83	3.87	4.05	3.01	2.83
4609	1.91	1.87	5.86	4.06	青永久 87	3.90	4.37	2.32	3.68
青永久 479	2.45	3.80	5.90	2.43	青永久 876	4.50	3.47	5.26	4.34
青永久 52	3.08	4.09	3.17	4.34					

表8　63个燕麦种质萌发期耐盐性综合评价

种质名	综合评价值	耐盐性排名	种质名	综合评价值	耐盐性排名
青永久 105	3.49	42	青永久 208	4.57	2
青永久 109	3.02	55	青永久 212	3.94	24
青永久 119	2.47	60	青永久 219	3.92	28
青永久 12	3.59	37	青永久 227	3.34	47
青永久 121	3.12	53	青永久 229	3.33	48
青永久 13	3.85	30	青永久 23	3.75	32
青永久 139	3.92	27	青永久 233	2.9	57
青永久 148	3.49	41	青永久 25	4.24	15
青永久 149	2.24	61	青永久 260	3.09	54
青永久 158	3.94	23	青永久 262	4.24	14
青永久 163	2.81	59	青永久 275	4.18	17
青永久 166	4.12	18	青永久 280	3.46	43
青永久 170	4.06	20	青永久 30	4.02	21
青永久 181	3.12	52	青永久 307	2.22	62
青永久 190	3.17	50	青永久 31	3.96	22
青永久 192	4.33	7	青永久 3115	3.58	38
青永久 198	4.28	12	青永久 321	3.83	31
青永久 20	4.29	10	青永久 330	2.95	56
青永久 203	4.1	19	青永久 331	3.3	49

（续）

种质名	综合评价值	耐盐性排名	种质名	综合评价值	耐盐性排名
青永久 353	4.24	13	青永久 69	3.73	33
青永久 365	4.31	8	青永久 8	4.4	5
青永久 41	4.2	16	青永久 82	4.33	6
青永久 415	3.93	25	青永久 9	3.44	44
青永久 416	3.93	26	青永久 93	3.91	29
青永久 420	2.87	58	青永久 96	3.13	51
青永久 425	4.64	1	青永久 16	3.43	45
4609	3.52	40	青永久 110	4.47	3
青永久 479	3.7	34	青永久 195	4.3	9
青永久 52	3.68	35	青永久 83	3.41	46
青永久 53	3.66	36	青永久 87	3.53	39
青永久 55	1.92	63	青永久 876	4.41	4
青永久 63	4.28	11			

由表 8 综合评价结果可知，青永久 425、青永久 208、青永久 110、青永久 876 等的综合评价大于 4 分，为燕麦萌发期最优的耐盐种质。青永久 31、青永久 158、青永久 212、青永久 415 等种质的综合评价大于 3，为中度耐盐种质。其他种质的综合评价小于 3，为敏盐种质，其中青永久 55 耐盐性最差。

3　讨论

（1）不同浓度盐胁迫对燕麦发芽率、根长、芽长影响不同，低浓度可以促进燕麦根系和幼苗生长；高浓度抑制根系伸长和芽生长。尤其当盐处理浓度超过 0.3% 时，随着盐浓度增加燕麦许多萌发性状均受到严重抑制，这与对大多数耐盐牧草的研究相符[10]。这可能是由于高浓度的 NaCl 的毒害作用使细胞的渗透调节作用、膜脂和脂肪酸的组成及生理代谢酶活性等方面产生不良反应所致。

（2）植物耐盐性受多因素控制，不同植物的耐盐机理不同，即使是同一植物在不同生长时期的耐盐机制或方式也可能不尽相同。萌发期为植物对盐胁迫最敏感的时期之一[11]，但燕麦萌发期的耐盐力与其他生育阶段的耐盐力之间相关性到底有多密切，还有待进一步试验研究。

参　考　文　献

[1] 沈禹颖，王锁民，陈亚明. 盐胁迫对牧草种子萌发及其恢复的影响 [J]. 草业学报，1999，8（3）：54-60.
[2] 邹琦，王宝山，赵可夫. 作物耐盐机理研究进展及提高作物抗盐性的对策 [J]. 植物学通报 1997，14（增）：25-30.
[3] 赵秀芳，戎郁萍，赵来喜. 我国燕麦种质资源的收集和评价 [J]. 草业科学，2007，24（3）：36-40.
[4] 王波，宋凤斌. 燕麦对盐碱胁迫的反应和适应性 [J]. 生态环境，2006，15（3）：625-629.
[5] 杨海鹏，孙泽民. 中国燕麦 [M]. 北京：农业出版社，1989.
[6] 刘小京，刘孟雨. 盐生植物利用与区域农业可持续发展 [M]. 北京：中国气象出版社，2002，269-273.
[7] 袁庆华，张文淑，刘占彬. 34 份苜蓿种质材料苗期耐盐性研究 [J]. 中国草地，4：83-55.
[8] 蔡丽艳，宋志萍，许静，等. 18 份燕麦属牧草种质材料的鉴定与评价 [J]. 中国草地学报，2007，29（4）：21-27.
[9] 裘丽珍，黄有军，黄坚钦，等. 不同耐盐植物在盐胁迫下的生长与生理特性比较研究 [J]. 浙江大学学报，2006，32（4）：420-427.
[10] 翁森红. 牧草耐盐性鉴定指标和方法的初步研究 [J]. 中国草地，1992，（1）：30-32.
[11] 薛莉. 大白菜耐盐品种筛选及耐盐生理生化特性的研究 [D]. 南京农业大学，2007，6.

30 个燕麦种质萌发期耐盐性鉴定

蔡鹏元　赵桂琴　刘　欢

（甘肃农业大学草业学院）

摘要： 对来自不同地区 30 个燕麦种质进行耐盐性综合评价，采用培养皿纸上发芽实验的方法，以 NaCl 为胁迫因子，研究不同盐浓度 0（CK）、0.30%、0.60%、0.90%、1.20% 下对燕麦种子的影响，测定了发芽势、发芽率、芽长和根长，结果表明：30 个燕麦种质的耐盐性之间存在显著差异，其发芽率、芽长、根长随着盐浓度的增加先升高后降低，低浓度盐胁迫可以促进种子萌发，高浓度盐胁迫对种子萌发有抑制作用。通过五级评分法进行燕麦耐盐性的综合评价筛选出了一批耐盐性较好的种质。其中 R-30-21 耐盐性最强；定莜 6 号、洋莜麦等燕麦种质耐盐性较差。

关键词： 燕麦；NaCl 胁迫；种子萌发；耐盐性

燕麦一般分为皮燕麦（*Avena sativa* L.）和裸燕麦（*Avena nuda* L.）两大类，为禾本科燕麦属一年生草本植物，根系发达，可在多种土壤条件下种植，具有较高的营养价值和医疗保健价值，同时也是优良的饲用麦类作物。燕麦在世界上分布广泛，主要集中在北纬 25°～45° 的温寒地区，我国燕麦主要分布于东北、华北和西北的高寒地区[1,2]。

根据联合国粮食及农业组织不完全统计，全世界盐碱区域的面积为 9.5438 亿 hm^2，其中我国为 9 913 万 hm^2，是世界盐碱地大国之一。随着生态环境不断恶化和人们不合理开发利用，我国干旱、半干旱等地区土壤盐渍化面积在不断地扩大，盐碱危害造成农民贫困，使大面积土壤资源难以利用，而燕麦具有良好的耐盐性，目前被认为是改良盐碱地的良好作物，在半干旱地区扩大其种植面积，可提高土地利用率、改善生态环境，是进行盐碱地改良的经济有效措施，因此筛选优质抗盐燕麦种质则显得尤为重要。本研究通过室内培养皿纸上发芽法，分析 30 个燕麦种质的种子萌发对不同盐浓度处理的响应，确定其耐盐浓度范围及指标，为燕麦生产提供理论参考。

1　材料与方法

1.1　试验材料

供试的 30 个燕麦种质（表 1）均来自甘肃农业大学草业学院，试验于 2013 年 10 月在甘肃农业大学草业学院牧草实验室进行。试验期间室内平均温度为 25℃，昼夜温差为 10～12℃。

表 1　供试种质及代号

代号	种名	拉丁名	入库编号	种质名	代号	种名	拉丁名	入库编号	种质名
1	皮燕麦	*Avena sativa* L.	GS1355	青永久 229	7	裸燕麦	*Avena nuda* L.	GS1582	9418
2	皮燕麦	*Avena sativa* L.	GS1561	3685	8	裸燕麦	*Avena nuda* L.	GS1810	44-1 莜麦
3	皮燕麦	*Avena sativa* L.	GS1841	73014-85	9	裸燕麦	*Avena nuda* L.	GS1813	坝选 3 号
4	裸燕麦	*Avena nuda* L.	GS1562	五燕 6 号	10	裸燕麦	*Avena nuda* L.	GS1814	小 465
5	裸燕麦	*Avena nuda* L.	GS1568	定莜 6 号	11	裸燕麦	*Avena nuda* L.	GS1815	7876-1-1-2
6	裸燕麦	*Avena nuda* L	GS1570	R-30-21	12	裸燕麦	*Avena nuda* L	GS1816	洋莜麦

（续）

代号	种名	拉丁名	入库编号	种质名	代号	种名	拉丁名	入库编号	种质名
13	裸燕麦	*Avena nuda* L.	GS1817	当地大莜麦	22	裸燕麦	*Avena nuda* L.	GS1834	农牧 6435
14	裸燕麦	*Avena nuda* L.	GS1818	7633 - 112 - 1	23	裸燕麦	*Avena nuda* L.	GS1837	蒙燕 146
15	裸燕麦	*Avena nuda* L.	GS1819	和丰 1 号	24	裸燕麦	*Avena nuda* L.	GS1838	7850 - 28
16	裸燕麦	*Avena nuda* L	GS1826	品 23 号	25	裸燕麦	*Avenas nuda* L	GS1839	7850 - 20 - 3
17	裸燕麦	*Avena nuda* L.	GS1827	蒙燕 7607	26	裸燕麦	*Avena nuda* L.	GS1843	7407
18	裸燕麦	*Avena nuda* L.	GS1830	蒙燕 7435	27	裸燕麦	*Avena nuda* L.	GS1844	8413 - 10
19	裸燕麦	*Avena nuda* L.	GS1831	787	28	裸燕麦	*Avena nuda* L.	GS1845	7515 - 6 - 1
20	裸燕麦	*Avena nuda* L.	GS1832	7457	29	裸燕麦	*Avena nuda* L.	GS1848	84 南 09 - 1
21	裸燕麦	*Avena nuda* L.	GS1833	7914 - 5	30	裸燕麦	*Avena nuda* L.	GS1849	8419 - 41

1.2 试验设计

采用培养皿纸上发芽法[3,4]。由于单盐毒害比复盐大，且 NaCl 是盐碱地三大主要成分之一，因此可根据作物对 NaCl 胁迫的反应，鉴定作物耐盐性的强弱[5]，本试验选用 NaCl 作为胁迫因子，设计 5 个 NaCl 溶液浓度进行处理，分别为 0（CK）、0.30%、0.60%、0.90%、1.20%，每个处理 3 次重复，每个重复选用 50 粒籽粒成熟饱满、大小均一的燕麦种子。将燕麦种子置于直径为 12cm 的平皿中，内铺一层滤纸做发芽床，每皿注入 5mL 盐溶液，称重并记录。盐处理后每天及时补充散失及被种子吸收的水分，始终保持皿内水分平衡，使各处理盐浓度维持不变。规定时间内测定各项指标。观察并记录种子的发芽势、发芽率、根长、芽长，比较不同种质间的耐盐性差异。

1.3 耐盐性指标测定

发芽势：在加盐后第 5 天，观测每皿正常发芽种子数占供试种子数的百分率，作为该皿的发芽势。相对发芽势＝盐处理植株的发芽势/对照植株的发芽势×100%。

发芽率：在加盐后第 10 天，观测每皿正常发芽种子数占供试种子数的百分率，作为该皿的发芽率。相对发芽率＝盐处理植株的发芽率/对照植株的发芽势×100%。

根长：加盐后第 10 天，用直尺测定每株苗从种子胚到最长根根尖的长度。相对根长＝盐处理植株的根长/对照植株的根长×100%。

芽长：加盐后第 10 天，用直尺测定每棵苗从种子胚到最长叶叶尖的长度。相对芽长＝盐处理植株的芽长/对照植株的芽长×100%。

1.4 数据处理

采用 Excel 和 SPSS 20.0 软件进行数据的整合及处理，并做方差分析。

1.5 燕麦种质材料耐盐性综合评价方法

本研究采用五级评分法对 30 个供试燕麦种质材料的耐盐能力进行综合评价。五级评分法是将各项指标的测定值经过换算进行定量表示，根据各指标的变异系数确定各指标参与综合评价的权重系数矩阵，经过权重分析，进行抗盐碱能力综合评价。根据综合评价值的大小，确定种质材料的抗盐碱能力强弱。此方法可以消除各性状因数值大小和变化幅度的不同而产生的差异。

其换算公式如下：

$$D = \frac{H_n - H_L}{5} \tag{1}$$

$$E = \frac{H - H_L}{D} + 1 \qquad\qquad (2)$$

式中：H_n——各指标测定的最大值；

H_L——各指标测定的最小值；

H——各指标测定的任意值；

D——得分极差；

E——应得分。

先将各个指标测定的最小值定为 1 分，求出综合评价值代入公式（2）求出任意测定值的应得分。根据各指标的变异系数确定各指标参与综合评价的权重系数矩阵。其公式如下。

$$任意指标的权重系数 = \frac{任意指标变异系数}{各指标变异系数之和}$$

2　结果与分析

2.1　不同浓度下盐胁迫对燕麦相对发芽势的影响

种子发芽势可以表明种子在发芽初期的发芽力，用来测试种子的发芽速度和整齐度，其数值越大，发芽力越强，是检测种子质量的重要指标之一。

不同浓度盐处理下各燕麦种质材料的相对发芽势之间存在差异。表 2 可以看出，在 0.3% 盐浓度水平下，燕麦种质材料的相对发芽势变化范围为 57.78%～132.43%，部分燕麦种质材料的相对发芽势增加，说明低盐浓度对部分燕麦萌发期发芽势有一定的促进作用，随盐浓度增加相对发芽势不断减小，说明高盐浓度对燕麦萌发期发芽势有很大抑制作用。在 0.6%、0.9% 和 1.2% 盐浓度水平下，燕麦种质材料的相对发芽势变化范围为 57.89%～117.71%、49.47%～105.41 和 36.97%～82.29%，说明不同材料对盐胁迫的耐受能力差异很大。

表 2　不同浓度 NaCl 对燕麦相对发芽势（%）的影响

代号	0.3%	0.6%	0.9%	1.2%	代号	0.3%	0.6%	0.9%	1.2%
1	94.29	97.14	83.81	50.48	18	87.50	82.29	83.33	82.29
2	97.39	87.83	79.13	46.96	19	73.95	65.55	62.18	36.97
3	90.53	57.89	49.47	42.11	20	104.94	88.89	67.90	59.26
4	87.63	88.66	86.60	72.16	21	88.50	77.88	60.18	69.91
5	83.09	79.41	75.00	57.35	22	88.62	75.61	68.29	58.54
6	101.04	117.71	103.13	73.96	23	75.00	71.32	69.12	48.53
7	96.88	81.25	73.96	71.88	24	114.47	88.16	82.89	60.53
8	73.64	66.67	63.57	70.54	25	100.00	82.14	76.19	69.05
9	98.96	85.42	90.63	81.25	26	93.94	101.01	74.75	69.70
10	81.54	81.54	80.77	65.38	27	88.89	64.44	60.00	57.78
11	91.23	76.32	56.14	53.51	28	98.26	86.09	85.22	65.22
12	57.78	58.89	62.22	45.56	29	95.00	105.83	99.17	70.83
13	112.12	104.04	104.04	78.79	30	96.58	87.18	80.34	73.50
14	63.91	60.15	54.89	41.35	平均数	92.29	83.97	77.03	63.17
15	132.43	117.57	105.41	78.38	标准差	15.04	15.61	15.01	12.72
16	85.50	80.15	74.81	62.60	CV	0.16	0.19	0.19	0.20
17	115.05	102.15	97.85	80.65					

注：CV 为变异系数，下同。

2.2　不同浓度下盐胁迫对燕麦相对发芽率的影响

相对发芽率可以更直观地描述不同浓度与对照之间的发芽状况。由表3可知，各燕麦种质材料的相对发芽率在一定范围内随盐含量升高而降低。在0.3%、0.6%、0.9%、1.2%这4个NaCl溶液中，30个种质材料的相对平均发芽率分别为93.68%、84.33%、77.61%、65.23%，说明1.2%NaCl溶液对燕麦发芽有较明显的抑制作用。在0.3%、0.6%、0.9%、1.2%NaCl溶液处理下，供试燕麦种质材料发芽率变异系数分别为0.11、0.15、0.18、0.19，在0.3%NaCl和0.6%NaCl浓度下，发芽率变异系数较小，这表明低浓度的盐溶液可以促进燕麦种子发芽。

表3　不同浓度 NaCl 对燕麦相对发芽率（%）的影响

代号	0.3%	0.6%	0.9%	1.2%	代号	0.3%	0.6%	0.9%	1.2%
1	100.00	108.40	102.52	98.32	18	97.58	76.61	73.39	69.35
2	104.88	98.37	91.87	79.67	19	77.34	68.75	70.31	44.53
3	100.00	83.19	64.60	58.41	20	93.04	74.78	51.30	45.22
4	98.15	90.74	88.89	71.30	21	87.30	80.95	73.02	68.25
5	87.14	83.57	80.71	68.57	22	98.41	85.71	73.02	66.67
6	103.54	107.08	97.35	70.80	23	90.28	77.08	72.92	53.47
7	107.83	91.30	88.70	78.26	24	81.15	64.75	58.20	42.62
8	75.19	70.68	69.17	70.68	25	84.21	73.68	62.28	59.65
9	90.52	77.59	80.17	70.69	26	103.64	102.73	91.82	71.82
10	83.33	83.33	79.55	67.42	27	83.76	58.12	52.14	50.43
11	90.60	77.78	60.68	57.26	28	100.81	99.19	89.52	72.58
12	75.21	65.81	58.12	44.44	29	103.76	103.76	98.50	75.94
13	105.08	94.07	91.53	71.19	30	96.75	87.80	85.37	77.24
14	80.60	75.37	67.16	50.00	平均数	93.68	84.33	77.61	65.23
15	106.25	91.07	89.29	58.04	标准差	9.95	12.72	13.93	12.53
16	97.79	88.97	83.82	75.74	CV	0.11	0.15	0.18	0.19
17	106.14	88.60	82.46	68.42					

2.3　不同浓度下盐胁迫对燕麦相对根长的影响

研究胁迫环境对种子萌发的影响时，多以根的生长作为指标之一。在不同NaCl溶液下，各种质材料种子萌发期的根伸长与发芽率不完全一致。在盐胁迫下，随着盐浓度增加，燕麦的根长也呈逐渐下降趋势。在盐浓度0.3%时，大多数燕麦品种的根长大于对照；当盐浓度达1.2%时，各品种的根长与对照相比均显著下降，而且下降趋势比较明显，说明高盐浓度会抑制根生长。由表4可知，在0.3%、0.6%、0.9%、1.2%这4种NaCl溶液处理下，各种质材料平均相对根长为：104.75%、81.65%、64.51%、39.61%。在4种不同浓度处理下，各种质材料根长变异系数分别为0.18、0.20、0.24、0.28。0.3%NaCl溶液处理下的根伸长量变异系数最小；燕麦本身具有一定的喜盐性，低盐可促进燕麦根生长，随溶液中NaCl含量增高，燕麦根生长受到抑制，各种质材料间耐盐性差异变大。

表4　不同浓度 NaCl 对燕麦相对根长（%）的影响

代号	0.3%	0.6%	0.9%	1.2%	代号	0.3%	0.6%	0.9%	1.2%
1	99.12	94.95	69.95	48.00	3	80.92	71.43	57.77	41.66
2	88.59	86.16	83.47	53.85	4	106.63	82.90	58.38	38.83

（续）

代号	0.3%	0.6%	0.9%	1.2%	代号	0.3%	0.6%	0.9%	1.2%
5	104.97	86.56	86.91	52.09	20	88.12	67.58	48.46	30.17
6	118.73	100.37	77.94	37.31	21	92.21	69.45	70.98	40.50
7	107.16	86.57	64.28	32.38	22	108.20	92.62	66.64	36.84
8	112.17	83.65	55.94	30.72	23	111.95	79.91	69.72	30.57
9	85.93	74.28	62.03	62.47	24	162.63	103.17	83.81	42.47
10	127.07	111.10	95.75	53.63	25	108.42	85.54	76.83	43.22
11	81.86	61.03	40.96	19.68	26	82.29	60.96	55.15	39.30
12	66.79	56.20	42.67	19.30	27	150.70	123.51	100.60	56.77
13	106.86	62.14	37.97	31.42	28	93.37	71.75	63.47	42.47
14	100.72	59.58	43.50	27.49	29	117.59	88.84	67.39	52.17
15	101.68	67.04	53.70	31.84	30	105.55	77.22	62.46	52.73
16	116.78	81.60	52.04	19.38	平均数	104.75	81.65	64.51	39.61
17	108.94	81.41	54.67	33.07	标准差	19.12	16.21	15.37	11.10
18	108.95	73.21	60.24	44.13	CV	0.18	0.20	0.24	0.28
19	97.59	108.72	71.71	43.97					

2.4 不同浓度下盐胁迫对燕麦相对芽长的影响

芽长是指在种子发芽实验末期（处理 10d 后），用直尺测定每棵苗从种子胚到最长叶叶尖的长度。由表 5 可知，随着 NaCl 溶液浓度增加，各种质材料芽长均呈下降趋势，在 0.3%、0.6%、0.9%、1.2%NaCl 溶液处理下，平均相对芽长分别为：112.39%、124.65%、84.43%、52.98%，芽长变异系数分别为：0.08、0.22、0.19、0.34，其中 1.2%处理下芽长的变异系数最大。变异系数大说明种质材料间耐盐性差异最大，芽长大且不同浓度间差异小的材料耐盐性较强。因此，0.6%和 1.2%浓度处理下芽长可作为鉴定燕麦种质材料耐盐性的指标。

表 5 不同浓度 NaCl 对燕麦相对芽长（%）的影响

代号	0.3%	0.6%	0.9%	1.2%	代号	0.3%	0.6%	0.9%	1.2%
1	102.78	93.20	79.70	57.62	15	111.51	120.87	67.71	37.15
2	109.60	114.56	110.42	88.61	16	110.84	118.23	77.88	14.82
3	96.66	98.02	72.01	53.15	17	121.60	104.82	93.33	55.11
4	106.58	98.02	85.25	57.18	18	130.76	192.59	106.09	66.92
5	122.72	113.29	102.50	72.76	19	100.32	144.76	80.00	47.62
6	120.11	108.57	91.75	55.34	20	112.75	144.46	52.80	26.29
7	104.39	93.42	69.82	39.14	21	121.01	134.27	101.51	54.77
8	128.32	177.34	77.75	34.68	22	106.64	88.67	79.90	54.73
9	110.45	105.90	98.84	73.43	23	121.91	189.38	101.23	59.88
10	115.91	167.73	106.17	54.87	24	119.28	132.79	56.38	30.63
11	101.38	123.13	79.26	40.32	25	111.17	101.57	91.23	79.67
12	98.96	105.85	66.32	24.61	26	111.93	105.09	88.94	52.37
13	114.86	130.66	63.20	44.97	27	116.55	148.93	96.89	73.74
14	105.90	128.09	55.34	30.06	28	119.14	112.48	95.31	65.42

（续）

代号	0.3%	0.6%	0.9%	1.2%	代号	0.3%	0.6%	0.9%	1.2%
29	109.19	122.36	95.12	67.79	标准差	8.44	27.35	15.90	17.75
30	108.51	120.36	90.14	75.86	CV	0.08	0.22	0.19	0.34
平均数	112.39	124.65	84.43	52.98					

2.5　燕麦种质耐盐性综合评价

　　植物的耐盐性是一个多基因控制性状，在盐胁迫下表现出的耐盐性是一个复杂的过程，其耐盐能力的大小是多种代谢的综合表现，仅用单项指标对材料间耐盐性进行评价尚有一定的局限性，运用综合评价法能有效地反映出不同材料的耐盐性[4]。本研究采用五级评分法对不同燕麦种质资源的供试材料进行耐盐性分析。以表 6 中所列出的在 0.6% 盐浓度下燕麦萌发相关的 4 项指标，对燕麦种质萌发期耐盐性进行综合评价。

　　首先将表 6 的各项指标按五级评分法换算成相对指标进行定量表示，然后求出任一测定值的得分（表 7），再根据各指标的变异系数确定各指标参与综合评价的权重系数矩阵，即 A＝（0.26，0.29，0.23，0.22），最后进行复合运算，获得各材料的综合评价指数（表 8）。

表 6　耐盐指标的敏感指数

代号	0.6%盐浓度下相对发芽势	0.6%盐浓度下相对发芽率	0.6%盐浓度下相对根长	0.6%盐浓度下相对芽长	代号	0.6%盐浓度下相对发芽势	0.6%盐浓度下相对发芽率	0.6%盐浓度下相对根长	0.6%盐浓度下相对芽长
1	97.14	108.4	94.95	93.2	16	80.15	88.97	81.6	118.23
2	87.83	98.37	86.16	114.56	17	102.15	88.6	81.41	104.82
3	57.89	83.19	71.43	98.02	18	82.29	76.61	73.21	192.59
4	88.66	90.74	82.9	98.02	19	65.55	68.75	108.72	144.76
5	79.41	83.57	86.56	113.29	20	88.89	74.78	67.58	144.46
6	117.71	107.08	100.37	108.57	21	77.88	80.95	69.45	134.27
7	81.25	91.3	86.57	93.42	22	75.61	85.71	92.62	88.67
8	66.67	70.68	83.65	177.34	23	71.32	77.08	79.91	189.38
9	85.42	77.59	74.28	105.9	24	88.16	64.75	103.17	132.79
10	81.54	83.33	111.1	167.73	25	82.14	73.68	85.54	101.57
11	76.32	77.78	61.03	123.13	26	101.01	102.73	60.96	105.09
12	58.89	65.81	56.2	105.85	27	64.44	58.12	123.51	148.93
13	104.04	94.07	62.14	130.66	28	86.09	99.19	71.75	112.48
14	60.15	75.37	59.58	128.09	29	105.83	103.76	88.84	122.36
15	117.57	91.07	67.04	120.87	30	87.18	87.8	77.22	120.36

表 7　30 个燕麦种质材料在不同耐盐指标下的得分及变异系数

代号	0.6%盐浓度下相对发芽势	0.6%盐浓度下相对发芽率	0.6%盐浓度下相对根长	0.6%盐浓度下相对芽长	代号	0.6%盐浓度下相对发芽势	0.6%盐浓度下相对发芽率	0.6%盐浓度下相对根长	0.6%盐浓度下相对芽长
1	4.28	6	3.88	1.22	3	1.00	3.49	2.13	1.45
2	3.50	5.00	3.23	2.25	4	3.57	4.24	2.98	1.45

（续）

代号	0.6%盐浓度下相对发芽势	0.6%盐浓度下相对发芽率	0.6%盐浓度下相对根长	0.6%盐浓度下相对芽长	代号	0.6%盐浓度下相对发芽势	0.6%盐浓度下相对发芽率	0.6%盐浓度下相对根长	0.6%盐浓度下相对芽长
5	2.80	3.53	3.26	2.18	20	3.59	2.66	1.85	3.68
6	6.00	5.87	4.28	1.96	21	2.67	3.27	1.98	3.19
7	2.95	4.30	3.26	1.23	22	2.48	3.74	3.71	1.00
8	1.73	2.25	3.04	5.27	23	2.12	2.89	2.76	5.85
9	3.30	2.94	2.34	1.83	24	3.53	1.66	4.49	3.12
10	2.98	3.51	5.08	4.80	25	3.03	2.55	3.18	1.62
11	2.54	2.96	1.36	2.66	26	4.60	5.44	1.35	1.79
12	1.08	1.76	1.00	1.83	27	1.55	1.00	6.00	3.90
13	4.86	4.57	1.44	3.02	28	3.36	5.08	2.16	2.15
14	1.19	2.72	1.25	2.90	29	5.01	5.54	3.42	2.62
15	5.99	4.28	1.81	2.55	30	3.45	3.95	2.56	2.52
16	2.86	4.07	2.89	2.42	变异系数	95.40	108.19	86.71	81.93
17	4.70	4.03	2.87	1.78	权重系数	0.26	0.29	0.23	0.22
18	3.04	2.84	2.26	6.00					
19	1.64	2.06	4.90	3.70					

通过燕麦耐盐性的综合评价（表 8）：R - 30 - 21 的耐盐性最强，洋莜麦的耐性性最弱。应试种质材料耐盐性可分为三大类：耐盐性较强（R - 30 - 21、84 南 09 - 1、小 465、青永久 229）；中等耐盐性（和丰 1 号、3658、当地大莜麦、7407、蒙燕 7435、蒙燕 7607、7515 - 6 - 1、蒙燕 146、8419 - 41、五燕 6 号、7850 - 28、品 23 号、9418）；耐盐性较差（定莜 6 号、787、44 - 1 莜麦、7457、8413 - 10、农牧 6435、7914 - 5、坝选 3 号、7850 - 20 - 3、7876 - 1 - 1 - 2、73014 - 85、7633 - 112 - 1、洋莜麦）。

表 8　30 个燕麦种质材料萌发期耐盐性综合评价

种质名	综合评价值	耐盐性排名	种质名	综合评价值	耐盐性排名	种质名	综合评价值	耐盐性排名
R - 30 - 21	4.68	1	7515 - 6 - 1	3.31	11	7457	2.94	21
84 南 09 - 1	4.27	2	蒙燕 146	3.31	12	8413 - 10	2.93	22
小 465	4.02	3	8419 - 41	3.19	13	农牧 6435	2.8	23
青永久 229	4.01	4	五燕 6 号	3.16	14	7914 - 5	2.8	24
和丰 1 号	3.77	5	7850 - 28	3.12	15	坝选 3 号	2.65	25
3685	3.6	6	品 23 号	3.12	16	7850 - 20 - 3	2.61	26
当地大莜麦	3.59	7	9418	3.03	17	7876 - 1 - 1 - 2	2.41	27
7407	3.48	8	定莜 6 号	2.98	18	73014 - 85	2.08	28
蒙燕 7435	3.45	9	787	2.96	19	7633 - 112 - 1	2.02	29
蒙燕 7607	3.44	10	44 - 1 莜麦	2.96	20	洋莜麦	1.43	30

3　讨论

在各项测定指标中，30 个燕麦种质材料，无论是皮燕麦还是裸燕麦，种子的发芽势、发芽率、根长、芽长均随 NaCl 浓度的增加呈下降趋势，且差异性较大，绝大多数的种子在 1.2% 的浓度下差异性最大，说明盐胁迫对燕麦种子萌发和幼苗生长有抑制作用，且抑制程度随着盐浓度提高而增加，这些指标可较好地指示燕麦对盐分胁迫的反应，可作为燕麦耐盐性筛选的候选指标。

植物耐盐能力评价是耐盐植物育种、引种和筛选的基础。合理的耐盐性鉴定方法是作物耐盐性研究的基础。以往多根据作物对盐胁迫的反应，鉴定作物耐盐性的强弱[5]。国内外对植物耐盐性指标和方法的研究分直接鉴定（生物学指标）和间接鉴定（生理生化指标）2 种，本研究主要根据生物学指标进行鉴定。

本研究对 30 个供试燕麦种质耐盐性采用 NaCl 单盐处理，盐胁迫会对植物造成损伤，抑制种子萌发和植物的营养生长与生殖生长。改变植物的形态和解剖学结构，而且往往会造成非盐生植物死亡。研究所采用的发芽势、发芽率、根长、芽长等指标均已在耐盐性鉴定研究中广泛应用。为使所有指标具有可比性，本研究的数据分析均采用处理与对照的相对值，以期更加准确地反映各种质材料的耐盐性差异。作物种子萌发期耐盐性鉴定在苜蓿、雀麦、玉米等已有相关报道，而燕麦种质的耐盐性研究还比较少[5]。耐盐性受遗传基础和环境因素制约，常因其生理过程的复杂性、环境因子的多变性和两者互作的综合性而异，因此，不同种甚至是同一种不同生态型植物之间耐盐性也存在很大的差异[4]。

4　结论

本研究结果表明，低浓度盐分对种子萌发有促进作用，但在较高的盐浓度情况下，对种子的萌发产生了一定的抑制作用，抑制作用的大小因种质材料不同而不同，反映了不同燕麦种质材料材料间耐盐性的差异。通过对 30 个燕麦种质材料耐盐性指标的测定，结果表明：R‐30‐21、84 南 09‐1、小 465、青永久 229 耐盐性较强，因而有望作为优秀耐盐种质加以筛选利用；和丰 1 号、3658、当地大莜麦、7407、蒙燕 7435、蒙燕 7607、7515‐6‐1、蒙燕 146、8419‐41、五燕 6 号、7850‐28、品 23 号、9418 次之；定莜 6 号、787、44‐1 莜麦、7457、8413‐10、农牧 6435、7914‐5、坝选 3 号、7850‐20‐3、7876‐1‐1‐2、73014‐85、7633‐112‐1、洋莜麦耐盐性较差。

参 考 文 献

[1] 刘欢，赵桂琴．燕麦抗逆性研究进展 [J]．草原与草坪，2007 (6)：63‐68.
[2] 罗志娜，赵桂琴，刘欢．24 个燕麦品种种子萌发耐盐性综合评价 [J]．草原与草坪，2012, 32 (1)：34‐41.
[3] 赵晓军，王守顺，李生军．30 份燕麦种质材料萌发期耐盐性评价 [J]．黑龙江畜牧兽医，2012：90‐93.
[4] 李源，刘贵波，高洪文，等．紫花苜蓿种质耐盐性综合评价及盐胁迫下的生理反应 [J]．草业学报，2010, 19 (4)：79‐86.
[5] 李建设，沈国伟，任长忠，等．燕麦种子萌发和幼苗生长对不同盐胁迫的反应 [J]．麦类作物学报，2009, 29 (6)：1043‐1047.

18 个燕麦种质萌发期耐盐性鉴定与评价

刘　欢　赵桂琴　师尚礼

（甘肃农业大学草业学院）

摘要：试验在 5 个 NaCl 浓度（0、0.3%、0.6%、0.9%、1.2%）胁迫下，对 18 个燕麦

种质种子的发芽势、发芽率、根长和芽长进行测定，结果表明：不同的 NaCl 浓度处理对燕麦种质影响不同；低盐度处理对部分燕麦种子的萌发、根长和芽长有一定的促进作用；随着盐浓度升高，发芽势、发芽率呈下降趋势，芽和根的生长发育也受到抑制。对供试的 18 个燕麦种质的耐盐性进行了综合评价，其中耐盐性强的有 2 个种质，中等耐盐的有 9 个种质，敏盐的有 7 个种质，其中青永久 474 的耐盐性最强；青永久 249 的耐盐性最差。

关键词：燕麦；盐胁迫；发芽势；发芽率；芽长；根长

种子萌发期盐害是农业生产上最主要的非生物逆境之一，世界上约有 20％的耕地和近一半的灌溉地受到盐胁迫的危害[1]。就我国而言，全国有 1 亿 hm² 以上的各种盐渍土地，其中现代盐渍土约 0.373 亿 hm²，残余盐渍土约 0.446 亿 hm²，其他潜在盐渍土约 0.173 亿 hm²。主要分布在山东、河北、东北、新疆、甘肃等沿海及干旱和半干旱地区[2]。近几年来，许多地区的土壤盐碱化程度日益严重，如何对其改良和利用是农业生产面临的重大课题[3]。盐碱是作物生长发育的主要障碍因子之一，轻者造成减产，重者颗粒无收[4]。虽然绝大部分作物在盐渍化土壤中生长都受到抑制，但不同作物或同种作物不同种质间耐盐性差异很大[5]。目前关于植物耐盐碱的研究多集中于小麦、棉花上，对于燕麦在盐碱胁迫下的反应以及燕麦的耐盐碱机理研究较少[6,7]。

燕麦（*Avena sativa*）是一种优良的饲用麦类作物，广布于欧洲、亚洲、非洲的温带地区[8]。燕麦可在多种土壤上种植，在盐碱土壤上种植比小麦生长良好，是干旱、半干旱盐碱地区的传统食粮，由于它具有较高的抗盐碱能力，目前被广泛认为是盐碱地改良的替代作物。本研究采取人工模拟盐胁迫处理的方法，对来自国内外不同地区、不同生境的燕麦属的 18 个燕麦种质进行了萌发期耐盐性评价和比较研究，根据其形态表现划分出耐盐、中度耐盐和敏盐的材料，以探讨这些种质材料在盐胁迫条件下的生理特点，以便为牧草耐盐性筛选提供理论依据。

1 材料和方法

1.1 试验材料以及试验环境的概况

试验材料均来自甘肃农业大学草业学院（表 1）。燕麦萌发期耐盐试验于 2008 年 10 月至 2009 年 5 月在甘肃农业大学草业学院实验室内进行。试验期间室内平均温度为 25℃，昼夜温差为 10～12℃。

表 1　试验材料及其来源

代号	入库编号	种名	拉丁名	种质名	来源	代号	入库编号	种名	拉丁名	种质名	来源
1	GS669	燕麦	*Avena sativa* L.	青永久 249	青海	10	GS1350	燕麦	*Avena sativa* L.	青永久 7	青海
2	GS117	燕麦	*Avena sativa* L.	286	青海	11	GS712	燕麦	*Avena sativa* L.	青永久 237	青海
3	GS680	燕麦	*Avena sativa* L.	青永久 15	青海	12	GS687	燕麦	*Avena sativa* L.	青永久 236	青海
4	GS151	燕麦	*Avena sativa* L.	青永久 877	青海	13	GS137	燕麦	*Avena sativa* L.	青永久 199	青海
5	GS625	燕麦	*Avena sativa* L.	青永久 97	青海	14	GS138	燕麦	*Avena sativa* L.	青引 1 号	青海
6	GS131	燕麦	*Avena sativa* L.	青永久 136	青海	15	GS139	燕麦	*Avena sativa* L.	青引 2 号	青海
7	GS693	燕麦	*Avena sativa* L.	青永久 304	青海	16	GS702	燕麦	*Avena sativa* L.	青永久 474	俄罗斯
8	GS699	燕麦	*Avena sativa* L.	青永久 182	青海	17	GS144	燕麦	*Avena sativa* L.	青永久 343	青海
9	GS631	燕麦	*Avena sativa* L.	青永久 28	青海	18	GS652	燕麦	*Avena sativa* L.	青永久 478	青海

1.2 试验方法

试验设 5 个盐浓度处理，分别为 0（即对照）、0.3％、0.6％、0.9％、1.2％。选用口径为 120mm

的培养皿，内铺 2 层滤纸做发芽床，每皿加入 5mL 盐溶液，放入 100 个籽粒大小和饱满度一致的燕麦种子，每处理 3 次重复。盐处理后每天及时补充蒸发的水分，使各处理盐浓度维持不变。规定时间内测定各项指标。发芽势和发芽率按种子检验规程规定天数计。

1.3　耐盐性指标的测定

（1）发芽势　在加盐后第 5 天，观测每皿正常发芽种子数占供试种子数的百分率，作为该皿的发芽势。相对发芽势＝盐处理植株的发芽势/对照植株的发芽势×100。

（2）发芽率　在加盐后第 10 天，观测每皿正常发芽种子数占供试种子数的百分率，作为该皿的发芽率。相对发芽率＝盐处理植株的发芽率/对照植株的发芽率×100。

（3）根长　在加盐后第 10 天，用直尺测定每株苗从种子胚到最长根根尖的长度。相对根长＝盐处理植株的根长/对照植株的根长×100。

（4）芽长　在加盐后第 10 天，用直尺测定每棵苗从种子胚到最长叶叶尖的长度。相对芽长＝盐处理植株的芽长/对照植株的芽长×100。

1.4　数据处理方法

利用 SPSS 软件包对所有数据进行方差分析。

2　结果与分析

2.1　盐胁迫对燕麦相对发芽势的影响

对盐胁迫后第 5 天的相对发芽势数据进行方差分析，盐浓度、种质、盐浓度与种质间方差分析达显著水平（$P<0.05$）（表 2）。在盐胁迫下，不同燕麦种质的相对发芽势随盐浓度的增大而明显降低，不同材料对盐胁迫的耐受能力差异很大，且 0.3％低盐处理对部分燕麦种子的发芽有促进作用。由表 2 可以看出，在 CK 条件下，应试种质的相对发芽势变化范围为 74％～99.33％，在 0.3％盐浓度水平下，材料的相对发芽势变化范围为 68.67％～98％，在 0.6％、0.9％和 1.2％盐浓度水平下，材料的相对发芽势变化范围分别为 68.67％～98％、69.33％～97.33％和 65.33％～95.33％。说明不同盐浓度下材料的相对发芽势存在很大差异。根据对各种质间进行的方差分析可以发现：青永久 182、青引 1 号、青引 2 号在各浓度下相对发芽势之间无显著性差异，且相对发芽势较高；而青永久 249、青永久 304、青永久 28、青永久 199 在各浓度下相对发芽势较低。

表 2　18 个燕麦种质在不同盐浓度处理下的相对发芽势

种质名	CK	0.3％	0.6％	0.9％	1.2％
青永久 249	81.33 c	84.00 b	70.67 c	73.33 c	69.33 c
286	85.33 b	86.33 ab	82.33 b	80.67 b	73.33 bc
青永久 15	96.00 a	96.33 a	94.00 a	90.00 a	90.67 a
青永久 877	92.00 a	84.67 b	91.33 a	74.00 c	72.00 bc
青永久 97	88.00 ab	79.33 bc	78.67 bc	70.00c	65.33 d
青永久 136	96.00 a	89.33 ab	81.33 b	74.00 c	71.33 bc
青永久 304	77.33 d	71.33 c	72.00 c	71.33 c	70.67 c
青永久 182	97.33 a	95.33 a	94.67 a	96.00 a	94.00 a
青永久 28	80.00 c	68.67 c	68.67 c	69.33 h	70.00 c
青永久 7	92.67 a	88.67 ab	87.33 ab	81.33 b	78.00 b
青永久 237	88.00 ab	79.33 bc	76.67 bc	73.33 c	77.33 b

（续）

种质名	CK	0.3%	0.6%	0.9%	1.2%
青永久 236	86.00 ab	79.33 bc	83.33 b	81.33 b	80.67 b
青永久 199	74.00 d	76.00 bc	72.33 c	71.33 c	72.00 bc
青引 1 号	99.33 a	96.67 a	97.33 a	97.33 a	95.33 a
青引 2 号	98.00 a	98.00 a	98.00 a	97.33 a	95.33 a
青永久 474	96.67 a	96.67 a	93.33 a	89.33 a	86.00 ab
青永久 343	91.33 a	90.67 ab	90.67 a	86.00 ab	85.33 ab
青永久 478	95.33 a	94.67 a	90.00 a	84.67 ab	72.67 bc

注：同列不同小写字母表示差异显著（$P<0.05$），下同。

2.2 盐胁迫对燕麦相对发芽率的影响

由表 3 可以看出，在不同盐处理浓度下，CK 条件下的相对发芽率最好，其次是 0.3% 盐浓度，在 1.2% 浓度下种质青永久 28 的相对发芽率已经降到了 60%，说明燕麦种质的相对发芽率随着盐浓度增加而明显下降。在不同种质之间，青永久 182、青引 1 号、青引 2 号、青永久 474 在各浓度下整体相对发芽率较高且之间无显著性差异，为高发芽率种质；而青永久 249、青永久 877、青永久 97、青永久 304、青永久 28、青永久 236、青永久 199 在各浓度下相对发芽率较低。

表 3 18 个燕麦种质在不同盐浓度处理下的相对发芽率

种质名	CK	0.3%	0.6%	0.9%	1.2%
青永久 249	85.33 b	84.67 ab	77.33 c	79.33 bc	70.67 d
286	90.67 ab	80.00 c	79.33 b	82.67 b	75.33 cd
青永久 15	96.67 a	97.67 a	94.67 a	86.67 ab	89.33 a
青永久 877	88.67 ab	82.67 c	82.00 b	79.33 bc	76.67 cd
青永久 97	89.33 ab	90.67 a	86.67 ab	80.00 bc	74.67 cd
青永久 136	96.00 a	93.33 a	91.33 a	85.33 ab	80.00 c
青永久 304	81.33 c	66.00 d	65.33 d	65.33 d	63.33 e
青永久 182	96.00 a	93.33 a	91.33 a	85.33 ab	80.00 c
青永久 28	82.00 c	64.00 d	62.67 d	64.00 d	60.00 e
青永久 7	90.67 ab	91.33 a	87.33 ab	78.67 c	71.33 d
青永久 237	92.00 a	86.00 ab	80.00 b	76.00 c	76.00 cd
青永久 236	86.67 ab	82.67 c	82.67 b	78.00 c	72.00 cd
青永久 199	89.33 ab	81.33 c	86.67 ab	73.33 c	75.33 cd
青引 1 号	97.33 a	95.33 a	94.00 a	94.00 a	94.00 a
青引 2 号	96.00 a	92.67 a	94.00 a	94.67 a	94.00 a
青永久 474	98.67 a	97.33 a	95.33 a	96.67 a	94.67 a
青永久 343	94.67 a	92.00 a	94.00 a	90.67 a	88.00 ab
青永久 478	96.00 a	96.00 a	93.33 a	90.67 a	88.67 ab

对盐胁迫后第 10 天的相对发芽率数据进行方差分析，盐浓度、材料、盐浓度与材料间方差分析达显著水平。在盐胁迫下，各燕麦种质的相对发芽率随盐浓度增大而明显降低，但在低盐浓度下，部分燕麦种质的相对发芽率有增大趋势。其中青引 1 号、青引 2 号、青永久 474、青永久 343、青永久 478 随

盐浓度的增加相对发芽率无明显变化，说明耐盐性好。286、青永久 304、青永久 28 随盐浓度的增加相对发芽率有明显下降，说明其耐盐性较差。其他种质随盐浓度的增加相对发芽率均有不同程度下降。

2.3 盐胁迫对燕麦根长的影响

对盐胁迫后第 10 天的相对根长数据进行方差分析，盐浓度、材料、盐浓度与材料间方差分析达显著水平（$P<0.05$）。在盐胁迫下，燕麦种质的根长随盐浓度增大与对照相比明显变短，但在低盐浓度下，部分燕麦种质的根较对照长（表 4）。表中可看出，在 0.3% 盐浓度水平下，材料的相对根长变化范围为 70.17%～108.97%，在 0.6%、0.9% 和 1.2% 盐浓度水平下，材料的相对根长变化范围为 54.80%～96.41%、39.53%～86.11% 和 36.02%～77.72%。说明不同材料对盐胁迫的耐受能力差异很大。其中在 0.3% 盐浓度下，部分燕麦种质的相对根长增加，说明低盐浓度对部分燕麦萌发期根长有一定的促进作用，随盐浓度增加相对根长不断减小，说明高盐浓度对燕麦萌发期根长有很大抑制作用。其中青引 1 号、青永久 474 随盐浓度增加，根长受抑制作用较小，说明耐盐性好。青永久 249、青永久 28 随盐浓度的增加根长受到很大抑制作用，说明其耐盐性较差。其他种质随盐浓度的增加根长均受到不同程度的抑制作用。

表 4 18 个燕麦种质在不同盐浓度处理下的相对根长

种质名	0.3%	0.6%	0.9%	1.2%
青永久 249	70.17 c	67.03 d	39.53 e	39.40 de
286	101.01 a	88.67 b	69.31 bc	55.65 c
青永久 15	79.95 bc	80.89 bc	65.99 c	48.51 d
青永久 877	85.36 ab	66.87 d	51.99 d	52.01 cd
青永久 97	81.27 b	69.80 d	65.29 c	45.44 d
青永久 136	94.35 a	81.84 bc	72.79 bc	54.61 c
青永久 304	83.88 b	80.67 bc	71.60 bc	43.99 d
青永久 182	72.60 c	54.80 e	66.59 c	42.51 d
青永久 28	95.84 a	85.84 bc	86.11 a	36.02 e
青永久 7	78.54 c	83.51 bc	81.26 a	40.81 de
青永久 237	84.40 ab	77.04 c	75.38 b	42.08 d
青永久 236	86.37 ab	78.77 c	77.41 b	42.73 d
青永久 199	89.68 ab	86.66 b	82.41 a	41.51 d
青引 1 号	108.97 a	78.86 c	74.93 b	77.72 a
青引 2 号	85.95 ab	76.86 c	62.35 cd	47.24 d
青永久 474	96.35 a	96.41 a	74.54 b	67.84 b
青永久 343	105.37 a	69.75 cd	66.21 c	52.55 cd
青永久 478	84.28 ab	72.44 c	64.90 e	47.01 d

2.4 盐胁迫对燕麦芽长的影响

在盐胁迫下，燕麦种质的芽长随盐浓度增大较对照明显变短，但在低盐浓度下，部分燕麦种质的芽长较对照长（表 5）。其中种质青引 1 号、青永久 474 在各浓度下相对芽长较长；而青永久 236、青永久 478 在不同盐浓度下芽长变化较小，相对较为耐盐；青永久 249 的芽长较短且耐盐性差。其中在 0.3% 盐浓度下，部分燕麦种质芽长有伸长趋势，说明低盐浓度对部分燕麦萌发期芽生长有一定促进作用，随盐浓度增加相对芽长逐渐减小，说明高盐浓度对燕麦萌发期芽生长有很大抑制作用。

表5　18个燕麦种质在不同盐浓度处理下的相对芽长

种质名	0.3%	0.6%	0.9%	1.2%
青永久249	74.86 g	73.16 g	56.21 fg	56.03 gh
286	94.21 cde	87.16 c	78.67 bcd	77.70 bcd
青永久15	82.85 fg	84.61 cde	74.69 cde	73.35 cde
青永久877	91.00 de	76.24 efg	64.00 efg	59.66 gh
青永久97	88.17 ef	79.48 ef	78.43 bcd	79.06 bc
青永久136	92.96 cde	97.95 a	96.38 a	90.03 a
青永久304	84.35 ef	84.52 cde	79.39 bcd	65.83 ef
青永久182	94.01 cde	85.42 cde	82.56 bc	71.82 cde
青永久28	96.80 bc	89.39 bc	82.07 bc	72.92 cde
青永久7	105.44 a	88.16 bc	88.25 ab	70.96 cde
青永久237	93.04 cde	94.87 bc	89.84 ab	62.09 fg
青永久236	89.77 ef	92.17 bc	81.21 bcd	81.42 ab
青永久199	95.02 bc	89.37 bc	88.39 ab	69.27 ef
青引1号	101.22 ab	89.51 bc	79.72 bcd	82.43 ab
青引2号	96.81 bc	82.78 ef	65.11 efg	63.92 fg
青永久474	102.62 ab	97.38 ab	90.46 ab	76.31 bcd
青永久343	104.20 ab	72.14 g	68.73 bcd	58.28 gh
青永久478	97.49 b	90.26 bc	77.59 cd	60.63 gh

2.5　18个燕麦种质耐盐性综合评价

　　牧草种质材料的耐盐性是一个较为复杂的性状，鉴定一个材料的耐盐性应采用若干性状的综合评价，但对各个指标不可能同等并论，必须根据各个指标和耐盐性关系的密切程度进行权重分配。浓度太低、太高都不利于耐盐性种质的筛选，本试验中0.6%盐浓度下变异系数较大，可以作为燕麦萌发期耐盐性鉴定指标，因此以表6中列出在0.6%盐浓度下燕麦萌发相关的4项指标，对燕麦种质萌发期期耐盐性进行综合评价。

表6　耐盐指标的敏感指数

种质名	0.6%盐浓度下相对发芽势	0.6%盐浓度下相对发芽率	0.6%盐浓度下相对根长	0.6%盐浓度下相对芽长	种质名	0.6%盐浓度下相对发芽势	0.6%盐浓度下相对发芽率	0.6%盐浓度下相对根长	0.6%盐浓度下相对芽长
青永久249	86.89	90.62	67.03	73.16	青永久7	94.24	96.32	83.51	88.16
286	96.48	87.5	88.67	87.16	青永久237	87.12	86.96	77.04	94.87
青永久15	97.92	97.93	80.89	84.61	青永久236	96.9	95.38	78.77	92.17
青永久877	99.28	92.48	66.87	76.24	青永久199	97.74	97.01	86.66	89.37
青永久97	89.39	97.01	69.8	79.48	青引1号	97.99	96.58	78.86	89.51
青永久136	84.72	95.14	81.84	97.95	青引2号	99.32	97.92	76.86	82.78
青永久304	93.1	80.33	80.67	84.52	青永久474	96.55	96.62	96.41	97.38
青永久182	97.26	92.36	54.8	85.42	青永久343	99.27	99.3	69.75	72.14
青永久28	85.83	76.42	85.84	89.39	青永久478	94.41	97.22	72.44	90.26

　　首先将表7的各项指标按五级评分法换算成相对指标进行定量表示，然后求出任一测定值的得分（表7），再根据各指标的变异系数确定各指标参与综合评价的权重系数矩阵，即A＝(0.259, 0.282,

0.229，0.230），最后进行复合运算，获得各材料的综合评价指数（表8）。

表 7　18个燕麦种质在不同耐盐指标下的得分及变异系数

种质名	0.6%盐浓度下相对发芽势	0.6%盐浓度下相对发芽率	0.6%盐浓度下相对根长	0.6%盐浓度下相对芽长	种质名	0.6%盐浓度下相对发芽势	0.6%盐浓度下相对发芽率	0.6%盐浓度下相对根长	0.6%盐浓度下相对芽长
青永久249	1.74	4.10	2.47	1.20	青永久237	1.82	3.30	3.67	5.40
286	5.03	3.42	5.07	3.91	青永久236	5.17	5.14	3.88	4.88
青永久15	5.52	5.70	4.14	3.42	青永久199	5.46	5.50	4.83	4.34
青永久877	5.99	4.51	2.45	1.79	青引1号	5.54	5.40	3.89	4.36
青永久97	2.60	5.50	2.80	2.42	青引2号	6.00	5.69	3.65	3.06
青永久136	1.00	5.09	4.25	6.00	青永久474	5.05	5.41	6.00	5.89
青永久304	3.87	1.85	4.11	3.40	青永久343	5.98	6.00	2.80	1.00
青永久182	5.29	4.48	1.00	3.57	青永久478	4.32	5.54	3.12	4.51
青永久28	1.38	1.00	4.73	4.34	变异系数	76.031	82.965	67.304	67.603
青永久7	4.26	5.34	4.45	4.10					

表 8　18个燕麦种质萌发期耐盐性综合评价

种质名	综合评价值	耐盐性排名	种质名	综合评价值	耐盐性排名
青永久249	2.449	18	青永久7	4.574	7
286	4.327	9	青永久237	3.487	14
青永久15	4.769	5	青永久236	4.800	4
青永久877	3.795	12	青永久199	5.067	2
青永久97	3.422	15	青引1号	4.854	3
青永久136	4.047	11	青引2号	4.700	6
青永久304	3.248	16	青永久474	5.563	1
青永久182	3.685	13	青永久343	4.111	10
青永久28	2.721	17	青永久478	4.433	8

　　由表8综合评价结果可知，燕麦萌发期最优的耐盐材料是青永久474，其次是青永久199，它们的综合评价值大于5，为耐盐材料。青引1号、青永久236、青永久15、青引2号、青永久7、青永久478、286、青永久343、青永久136种质的综合评价值大于4，为中度耐盐种质。其他种质的综合评价小于4，为敏盐种质，其中青永久249耐盐性最差。

3　结论

　　（1）不同浓度盐胁迫对燕麦根长、芽长影响不同，低浓度可以促进燕麦根系和幼苗生长；高浓度抑制了根系的伸长和芽生长。尤其当盐处理浓度超过0.3%时，随着盐浓度增加燕麦许多萌发性状均受到严重抑制。

　　（2）盐胁迫对燕麦种质材料的影响是多方面、多层次的，不仅表现在不同的生育阶段，同时也表现在具体的生理生化过程。由于供试材料基因型不同，材料对盐胁迫的适应方式也随之不同。因此，在进行耐盐性鉴定时，不能使用单一指标，而应对多个指标进行综合考虑和评价。

　　（3）燕麦的耐盐性不能一概而论，就燕麦对盐分较敏感的发芽期而言，有的种质或品系表现耐盐，而有的则表现不耐盐。有研究表明，播种出苗期是大豆对盐分较为敏感的时期，大豆的一生中，芽期较耐盐，苗期较敏感，以后随生育期推进，耐盐性有增强的趋势。以后将对燕麦苗期相关的生理指标进行进一步研究，以便进一步完善燕麦耐盐种质筛选指标。

参 考 文 献

[1] 马春平，崔国文.10 个紫花苜蓿品种耐盐性的比较研究 [J]. 种子，2006，25（7）：50 - 53.

[2] 杨富裕，周禾. 草坪草抗盐性研究进展 [J]. 草原与草坪，2001，（1）：10 - 13.

[3] 马淑英. 盐胁迫对大豆发育子叶愈伤组织的生化影响 [J]. 大豆科学，1997，16（3）：227 - 231.

[4] 沈禹颖，王锁民，陈亚明. 盐胁迫对牧草种子萌发及其恢复的影响 [J]. 草业学报，1999，8（3）：54 - 60.

[5] 邹琦，王宝山，赵可夫. 作物耐盐机理研究进展及提高作物抗盐性的对策 [J]. 植物学通报 1997，14（增）：25 - 30.

[6] 赵秀芳，戎郁萍，赵来喜. 我国燕麦种质资源的收集和评价 [J]. 草业科学，2007，24（3）：36 - 40.

[7] 王波，宋凤斌. 燕麦对盐碱胁迫的反应和适应性 [J]. 生态环境，2006，15（3）：625 - 629.

[8] 杨海鹏，孙泽民. 中国燕麦 [M]. 北京：农业出版社，1989.

大麦种子芽期耐盐性鉴定

程云辉　许能祥　张文洁

（江苏省农业科学院畜牧研究所）

摘要： 本试验对 26 份大麦（*Hordeum vulgare* L.）种子在 0（CK）、0.5%、1%、1.5%、2%共 5 个梯度的盐浓度处理下的种子萌发进行耐盐性研究。结果表明，9 份材料的相对发芽率随着盐浓度增加呈现先升高后降低的趋势，说明低浓度的盐胁迫可以促进大麦种子萌发。在 0.5%盐浓度处理下 9 份材料的相对发芽率显著高于 0.2%盐浓度下的相对发芽率；除 2 份材料外其余材料的相对发芽率均保持较高，说明 0.2%、0.5%的盐浓度不会影响大麦正常生长，反而有促进萌发的作用。在 1.5%盐浓度下，12 份材料的相对发芽率在 50%以上，12 份材料的相对发芽率低于 50%，因此可以将此浓度定为这 24 份大麦材料的耐盐临界浓度。通过分析，26 份大麦材料中，12 份材料表现出较强的耐盐性，14 份耐盐表现较差，其中有 2 份材料耐盐性最差。

关键词： 大麦；种子；萌发期；发芽率；耐盐性

盐渍化土壤在世界上分布很广，约占世界陆地面积的 7.6%。我国盐渍土面积为 0.27 亿 hm²，是世界盐碱地大国之一。加之干旱及不合理耕作等因素导致了耕地次生盐渍化现象日益严重，这使得植物耐盐性及其对盐胁迫的响应机理的研究日趋受到重视。大麦（*Hordeum vulgare* L.）是禾本科大麦属植物。大麦具有早熟、耐旱、耐盐、耐低温冷凉、耐瘠薄等特点，因此栽培非常广泛。据统计，大麦在我国的栽培面积仅次于水稻、小麦和玉米，具谷类作物的第四位。中国各地区都有大麦分布，在海拔 4 750m 的高寒地区也有栽培。而筛选培育耐盐大麦种质是盐碱地作物增产和对盐碱地改良的重要途径之一，本试验选取了 26 份大麦材料，对其耐盐性进行研究，为大麦科学种植提供依据。

1　材料与方法

1.1　试验材料

试验材料由江苏省农业科学院提供（表1）。

表 1 试验材料及来源

编号	原始编号	拉丁名	来源	编号	原始编号	拉丁名	来源
1	JS2009 - 2	*Hordeum vulgare* L.	江苏	14	JS2009 - 18	*Hordeum vulgare* L.	江苏
2	JS2009 - 3	*Hordeum vulgare* L.	江苏	15	JS2009 - 19	*Hordeum vulgare* L.	江苏
3	JS2009 - 4	*Hordeum vulgare* L.	江苏	16	JS2009 - 20	*Hordeum vulgare* L.	江苏
4	JS2009 - 6	*Hordeum vulgare* L.	江苏	17	JS2009 - 21	*Hordeum vulgare* L.	江苏
5	JS2009 - 7	*Hordeum vulgare* L.	江苏	18	JS2009 - 22	*Hordeum vulgare* L.	江苏
6	JS2009 - 8	*Hordeum vulgare* L.	江苏	19	JS2009 - 23	*Hordeum vulgare* L.	江苏
7	JS2009 - 10	*Hordeum vulgare* L.	江苏	20	JS2009 - 24	*Hordeum vulgare* L.	江苏
8	JS2009 - 11	*Hordeum vulgare* L.	江苏	21	JS2009 - 25	*Hordeum vulgare* L.	江苏
9	JS2009 - 12	*Hordeum vulgare* L.	江苏	22	JS2009 - 26	*Hordeum vulgare* L.	江苏
10	JS2009 - 13	*Hordeum vulgare* L.	江苏	23	JS2009 - 27	*Hordeum vulgare* L.	江苏
11	JS2009 - 14	*Hordeum vulgare* L.	江苏	24	JS2009 - 28	*Hordeum vulgare* L.	江苏
12	JS2009 - 15	*Hordeum vulgare* L.	江苏	25	JS2009 - 29	*Hordeum vulgare* L.	江苏
13	JS2009 - 17	*Hordeum vulgare* L.	江苏	26	JS2009 - 30	*Hordeum vulgare* L.	江苏

1.2 试验方法

大麦种子经浓 H_2SO_4 处理 3min，然后再用 0.1％ $HgCl_2$ 溶液灭菌 30min，清水洗净后随机放入垫有脱脂棉和滤纸的培养皿中，培养皿直径 12cm，其内先放入 5g 脱脂棉，再盖上一层滤纸，其底盘侧面贴标签，注明置床日期、种质名、处理编号、重复次数、重量等，每个培养皿放入 50 粒种子，3 次重复。

以分析纯 NaCl 配制成 0、0.5％、1％、1.5％、2％共 5 个浓度的盐溶液。上述培养皿分别加入各浓度盐溶液 20mL，称重；盖上后放入培养箱中，在 18℃（16h）、28℃（8h）条件下变温处理。每日称重，补充蒸发的水分，发芽 7d 后，计算发芽率和相对发芽率。

1.3 发芽期指标的测定

种子相对发芽率＝某一含盐量处理发芽率/对照发芽率×100％

2 结果与分析

由表 2 可知，在不同盐浓度处理下，不同的大麦种子的相对发芽率呈现出不同的趋势。方差分析表明，在盐浓度 0.2％、0.5％、1.5％、2％处理下各种质大麦种子的相对发芽率差异达显著水平（$P<$ 0.05）。在 0.2％的盐浓度下，4 号、8 号、11 号、13 号、14 号、15 号、16 号、18 号、22 号、26 号材料的相对发芽率高于对照，说明一定浓度的盐浓度胁迫有利于其种子萌发。在 0.5％的盐浓度下，2 号、17 号、19 号、20 号、21 号、22 号、23 号、25 号、26 号材料呈现一致的规律性，即相对发芽率随着处理盐浓度的增加而升高，其中 17 号、19 号、25 号、26 号材料的相对发芽率显著升高，说明 0.5％盐浓度胁迫可促进这几种大麦的种子发芽；4 号、9 号、13 号、14 号、22 号材料的相对发芽率与 0.2％处理相比差异不显著；3 号、5 号、6 号、7 号、10 号、11 号、12 号、15 号、16 号、24 号材料的相对发芽率有所下降，说明盐浓度增加对其有一定的影响；1 号、18 号材料的相对发芽率明显降低，发芽率分别下降 21.67％、59.38％，表明这 2 份大麦种子对盐浓度的增加有较强的敏感性。在 1.5％的盐浓度下，4 号、12 号、25 号、26 号材料仍然保持 70％以上的相对发芽率，其中 25 号材料的相对发芽率高达

105.09%；2 号、8 号、14 号、15 号、16 号、21 号、22 号、24 号材料的相对发芽率有所降低，但都高于 50%；其余 14 份材料的相对发芽率显著降低，均低于 50%。在 2%的盐度处理下，除 12 号、25 号材料仍然保持着较高的相对发芽率外，其余材料的相对发芽率均低于 50%，其中 11 份材料的相对发芽率低于 10%，因此可以认为该浓度为这 26 份大麦材料的耐盐极限浓度。

表 2　不同浓度盐浓度处理下相对发芽率（%）

编号	原始编号	CK	0.2%	0.5%	1.5%	2%
1	JS2009 - 2	100	60.00aA	38.33bB	26.67cC	15.00dD
2	JS2009 - 3	100	69.36aAB	75.81aA	51.61bBC	29.03cC
3	JS2009 - 4	100	100aA	88.46bA	42.31cB	26.92dB
4	JS2009 - 6	100	103.03aA	92.42aAB	74.24aAB	36.364cC
5	JS2009 - 7	100	96.82aA	73.01bB	26.98cC	12.69dD
6	JS2009 - 8	100	123.64aA	98.18bB	49.09cC	1.82dD
7	JS2009 - 10	100	91.80aA	75.41bB	39.34cC	18.03dD
8	JS2009 - 11	100	105.88aA	79.41bAB	61.77bB	23.53cC
9	JS2009 - 12	100	94.12aA	92.65aA	41.18bB	4.41cB
10	JS2009 - 13	100	88.37aA	81.39bA	46.51cB	18.61dC
11	JS2009 - 14	100	107.02aA	91.23bA	35.09cB	12.28dC
12	JS2009 - 15	100	96.47aA	89.41bA	76.47cB	60.00dC
13	JS2009 - 17	100	117.46aA	115.87aA	15.87bB	1.59cB
14	JS2009 - 18	100	129.41aA	108.82bA	58.82cB	0.00dC
15	JS2009 - 19	100	103.30aA	90.11bB	60.44cC	5.00dD
16	JS2009 - 20	100	105.66aA	73.59bB	66.03bB	5.66cC
17	JS2009 - 21	100	86.30bA	113.69aA	45.20cB	2.74dC
18	JS2009 - 22	100	128.13aA	68.75bB	34.37cC	12.50dC
19	JS2009 - 23	100	64.28bB	100.0aA	30.95cC	0.00dD
20	JS2009 - 24	100	70.83bB	81.94aA	27.78cB	25.00cB
21	JS2009 - 25	100	76.66bAB	95.55aA	53.33cBC	34.44dC
22	JS2009 - 26	100	122.97aA	125.67aA	58.11bB	4.05cC
23	JS2009 - 27	100	91.35aA	95.06aA	23.45bB	8.64cC
24	JS2009 - 28	100	91.95aA	72.41bB	62.09cB	3.44dC
25	JS2009 - 29	100	89.83aA	110.17aA	105.09aA	97.03bB
26	JS2009 - 30	100	106.55bB	137.71aA	70.49cC	11.47dD

注：同行中无相同小写字母表示差异显著（$P<0.05$），同行中无相同大写字母表示差异极显著（$P<0.01$）。

3　结论

26 份大麦种子中，有 9 份材料的相对发芽率随着盐浓度的增加呈现先升高后降低的趋势，表明低浓度的盐胁迫可以促进大麦种子萌发。在 0.5%盐浓度处理下 9 份材料的相对发芽率显著高于 0.2%盐浓度下的相对发芽率；除 1 号、18 号材料外其余材料的相对发芽率均保持较高值，表明 0.2%、0.5%的盐浓度不会影响大麦正常生长，对有的材料来说，反而有促进萌发的作用。在盐浓度为 1.5%～2%时，不同的大麦种质（品系）的发芽率表现出差异，部分材料的发芽率已严重下降（10%）。在 1.5%

盐浓度下，12 份材料的相对发芽率在 50％以上，12 份（除 1 号、18 号材料外）材料的相对发芽率低于 50％，因此可以将此浓度定为这 24 份大麦材料的耐盐临界浓度。在 2％盐浓度下除 12 号、25 号材料仍然保持着较高的相对发芽率外，其余材料的相对发芽率均低于 50％，其中 11 份材料的相对发芽率低于 10％，因此可以认为该浓度为这 26 份大麦材料的耐盐极限浓度。

经分析，26 份大麦材料中，耐盐性较强的是 2 号、4 号、8 号、12 号、14 号、15 号、16 号、21 号、22 号、24 号、25 号、26 号，其中 25 号最强；较差的是 1 号、3 号、5 号、6 号、7 号、9 号、10 号、11 号、13 号、17 号、18 号、19 号、20 号、23 号，其中 1 号、18 号萌发期耐盐性最差。

高粱种质萌发期耐盐性评价与鉴定

张文洁　程云辉　董臣飞　许能祥

（江苏省农业科学院畜牧研究所）

摘要： 以 116 份引自国外的高粱为试验材料，在 0、0.5％、1.0％、1.5％ 4 个盐浓度处理下，对其发芽率进行测定，结果表明，盐胁迫对高粱的平均发芽率和相对发芽率均有显著影响。随着盐浓度增加，高粱的发芽率显著下降。对各高粱材料在 1.5％盐浓度下的相对发芽率进行多重比较得出耐盐性最强的有 JS2015‑15、JS2015‑56、JS2015‑59、JS2015‑76、JS2015‑122、JS2015‑234、JS2015‑238、JS2015‑340、JS2015‑368、JS2015‑384 这 10 份材料；JS2015‑10、JS2015‑40、JS2015‑95 等 51 份材料的耐盐性中等；JS2015‑22、JS2015‑49、JS2015‑51 等 55 份材料的耐盐性最差。

关键词： 高粱；种子；萌发期；耐盐性；发芽率

土壤盐碱化是各国都普遍存在的问题，并且呈现逐年加重的趋势。世界陆地面积的 6％，耕地面积的 20％，大约 50％的灌溉土地被高盐害所影响，中国盐渍土面积约 9 913 万 hm²，盐碱地约有 2 700 万 hm²[1]。在遵循我国"不与粮争地、不与人争粮"的政策引导下，探索研究植物的耐盐碱性，筛选耐盐碱性强的农作物种质，可以有效缓解我国耕地资源紧张与粮食安全压力等问题，这是现阶段农业发展及环境治理亟待解决的重要问题[2]。

高粱是世界上第五大最主要的粮食作物之一，也是我国主要栽培作物之一，主要分布在东北、西北、华北和黄河流域。这些地区有许多干旱、半干旱和低洼盐碱地，种植除高粱以外的其他大田作物产量较低，并且改造起来难度大、成本高。而高粱与其他作物相比，具有抗旱、耐涝、耐盐碱、耐瘠薄、耐冷凉等多重优良特性，适应范围较广[2]。就耐盐性而言，秦岭等[3]对 103 份高粱种质资源在芽期进行耐盐性鉴定与评价，表明在盐浓度为 1.86％时不同种质间的耐盐能力存在较大差异，高粱在芽期耐盐致死浓度约为 2.08％。如果能合理利用耐盐碱性好、农艺性状优良的高粱品系，不但可以解决我国大量的盐碱地种植和"三农"问题，还可以促进我国经济发展以及改善生态环境[4]。本试验对引进的 116 份高粱种质资源进行了萌发期耐盐性鉴定，旨在从中选出耐盐种质以供利用，对开发我国盐碱地，扩大高粱种植面积具有重要意义，同时也为高粱耐盐育种提供了材料和理论依据。

1　材料与方法

1.1　试验材料

引自国外的 116 份高粱材料，详见表 1。

表 1　材料编号及来源

编号	原编号	种质名	拉丁名	来源地
JS2015‑10	SP003	F. C. I. 4201	*Sorghum bicolor*（L.）Moench	美国得克萨斯州
JS2015‑15	SP008	FETERITA GONDAL	*Sorghum bicolor*（L.）Moench	苏丹
JS2015‑16	SP009	MAGBAGO（FEJULU）	*Sorghum bicolor*（L.）Moench	肯尼亚
JS2015‑22	SP017	K. 3 PerimanjialIrunguCholam	*Sorghum bicolor*（L.）Moench	印度
JS2015‑26	SP021	Monshal	*Sorghum bicolor*（L.）Moench	日本
JS2015‑28	SP023	Mugbash 56/56	*Sorghum bicolor*（L.）Moench	日本
JS2015‑34	SP029	KA 3	*Sorghum bicolor*（L.）Moench	日本
JS2015‑38	SP034	No. 5 Gambela	*Sorghum bicolor*（L.）Moench	埃塞俄比亚
JS2015‑40	SP036	IS 12666C	*Sorghum bicolor*（L.）Moench	埃塞俄比亚
JS2015‑44	SP040	Aispuri	*Sorghum bicolor*（L.）Moench	印度
JS2015‑49	SP045	Deburr	*Sorghum bicolor*（L.）Moench	苏丹
JS2015‑51	SP047	BA45 FariaBonkum	*Sorghum bicolor*（L.）Moench	尼日利亚
JS2015‑53	SP049	ZA41 Danye	*Sorghum bicolor*（L.）Moench	尼日利亚
JS2015‑54	SP050	Nandyal	*Sorghum bicolor*（L.）Moench	印度
JS2015‑56	SP052	EC 18246（preconverted）	*Sorghum bicolor*（L.）Moench	尼泊尔
JS2015‑57	SP053	CholiaTalijhari	*Sorghum bicolor*（L.）Moench	印度
JS2015‑58	SP054	ChananSingoo	*Sorghum bicolor*（L.）Moench	印度
JS2015‑59	SP055	JolaNandyal	*Sorghum bicolor*（L.）Moench	印度
JS2015‑64	SP060	KA 12 Janjari	*Sorghum bicolor*（L.）Moench	尼日利亚
JS2015‑76	SP072	R1，4	*Sorghum bicolor*（L.）Moench	埃塞俄比亚
JS2015‑77	SP073	R1，38	*Sorghum bicolor*（L.）Moench	埃塞俄比亚
JS2015‑84	SP080	AS 4601 Pawaga	*Sorghum bicolor*（L.）Moench	坦桑尼亚
JS2015‑86	SP082	Nebraska 6350	*Sorghum bicolor*（L.）Moench	美国
JS2015‑88	SP084	P 3742	*Sorghum bicolor*（L.）Moench	南非
JS2015‑93	SP089	MalwalAweil	*Sorghum bicolor*（L.）Moench	苏丹
JS2015‑94	SP090	Safara，Kordafan	*Sorghum bicolor*（L.）Moench	苏丹
JS2015‑95	SP091	SAP‑148	*Sorghum bicolor*（L.）Moench	乌干达
JS2015‑97	SP093	2033Z‑3	*Sorghum bicolor*（L.）Moench	乌干达
JS2015‑105	SP101	Nyithin	*Sorghum bicolor*（L.）Moench	苏丹
JS2015‑106	SP102	Sinidyil 177	*Sorghum bicolor*（L.）Moench	苏丹
JS2015‑116	SP112	T 28	*Sorghum bicolor*（L.）Moench	乌干达
JS2015‑118	SP114	BO 36	*Sorghum bicolor*（L.）Moench	尼日利亚
JS2015‑120	SP116	KA 24	*Sorghum bicolor*（L.）Moench	尼日利亚
JS2015‑122	SP118	ZA 6	*Sorghum bicolor*（L.）Moench	尼日利亚
JS2015‑125	SP121	HC 6028	*Sorghum bicolor*（L.）Moench	日本
JS2015‑127	SP123	A‑106	*Sorghum bicolor*（L.）Moench	日本
JS2015‑128	SP124	EC 21360 G29	*Sorghum bicolor*（L.）Moench	乌干达
JS2015‑131	SP127	EC 21463 STR 5/1	*Sorghum bicolor*（L.）Moench	印度
JS2015‑133	SP129	Akwu	*Sorghum bicolor*（L.）Moench	埃塞俄比亚
JS2015‑138	SP134	No. 37 Ubi，Abelti Ethiopia	*Sorghum bicolor*（L.）Moench	埃塞俄比亚

（续）

编号	原编号	种质名	拉丁名	来源地
JS2015-141	SP137	No. 69 MashelaTinguish，WarakulEthiopi	*Sorghum bicolor*（L.）Moench	埃塞俄比亚
JS2015-156	SP152	Tx2891	*Sorghum bicolor*（L.）Moench	美国得克萨斯州
JS2015-162	SP158	SURENO	*Sorghum bicolor*（L.）Moench	洪都拉斯
JS2015-163	SP159	RTX433	*Sorghum bicolor*（L.）Moench	美国得克萨斯州
JS2015-170	SP167	SAP-306	*Sorghum bicolor*（L.）Moench	美国
JS2015-171	SP168	SAP-280	*Sorghum bicolor*（L.）Moench	乌干达
JS2015-173	SP170	Nkuli Swaziland	*Sorghum bicolor*（L.）Moench	南非
JS2015-175	SP172	SAP-342	*Sorghum bicolor*（L.）Moench	美国
JS2015-176	SP173	SAP-341	*Sorghum bicolor*（L.）Moench	美国
JS2015-179	SP176	Marupantse	*Sorghum bicolor*（L.）Moench	博茨瓦纳
JS2015-190	SP187	Awanlek	*Sorghum bicolor*（L.）Moench	苏丹
JS2015-191	SP188	KharuthWaragel	*Sorghum bicolor*（L.）Moench	印度
JS2015-192	SP189	K. 1 Irungucholam	*Sorghum bicolor*（L.）Moench	印度
JS2015-193	SP190	MN 708（preconverted）	*Sorghum bicolor*（L.）Moench	埃塞俄比亚
JS2015-194	SP191	Lambas	*Sorghum bicolor*（L.）Moench	苏丹
JS2015-195	SP192	SAP-225	*Sorghum bicolor*（L.）Moench	乌干达
JS2015-196	SP193	SAP-224	*Sorghum bicolor*（L.）Moench	苏丹
JS2015-197	SP194	Mehra，Sonthia	*Sorghum bicolor*（L.）Moench	印度
JS2015-205	SP202	SAP-155	*Sorghum bicolor*（L.）Moench	巴西
JS2015-206	SP203	65I 2523	*Sorghum bicolor*（L.）Moench	苏丹
JS2015-207	SP205	SAP-311	*Sorghum bicolor*（L.）Moench	美国得克萨斯州
JS2015-209	SP207	SAP-162	*Sorghum bicolor*（L.）Moench	美国得克萨斯州
JS2015-210	SP208	SAP-149	*Sorghum bicolor*（L.）Moench	美国得克萨斯州
JS2015-211	SP209	SAP-131	*Sorghum bicolor*（L.）Moench	美国得克萨斯州
JS2015-214	SP212	SAP-154	*Sorghum bicolor*（L.）Moench	美国得克萨斯州
JS2015-215	SP213	SAP-157	*Sorghum bicolor*（L.）Moench	美国得克萨斯州
JS2015-221	SP219	SAP-264	*Sorghum bicolor*（L.）Moench	美国得克萨斯州
JS2015-223	SP221	SAP-151	*Sorghum bicolor*（L.）Moench	美国得克萨斯州
JS2015-229	SP227	SAP-158	*Sorghum bicolor*（L.）Moench	美国得克萨斯州
JS2015-230	SP228	SAP-167	*Sorghum bicolor*（L.）Moench	美国得克萨斯州
JS2015-234	SP232	SAP-398	*Sorghum bicolor*（L.）Moench	美国得克萨斯州
JS2015-238	SP236	SAP-175	*Sorghum bicolor*（L.）Moench	美国得克萨斯州
JS2015-239	SP237	RTx2909	*Sorghum bicolor*（L.）Moench	美国得克萨斯州
JS2015-242	SP240	Tx2911	*Sorghum bicolor*（L.）Moench	美国得克萨斯州
JS2015-250	SP248	BTx640	*Sorghum bicolor*（L.）Moench	美国得克萨斯州
JS2015-252	SP250	Standard Early Hegari	*Sorghum bicolor*（L.）Moench	日本
JS2015-254	SP252	COWLEY	*Sorghum bicolor*（L.）Moench	美国得克萨斯州
JS2015-264	SP262	TAM2566	*Sorghum bicolor*（L.）Moench	美国得克萨斯州
JS2015-265	SP263	Tx2737	*Sorghum bicolor*（L.）Moench	美国得克萨斯州
JS2015-267	SP265	Tx2785	*Sorghum bicolor*（L.）Moench	美国得克萨斯州

（续）

编号	原编号	种质名	拉丁名	来源地
JS2015 - 269	SP267	SAP - 380	*Sorghum bicolor*（L.）Moench	澳大利亚
JS2015 - 272	SP270	PLAINSMAN	*Sorghum bicolor*（L.）Moench	美国得克萨斯州
JS2015 - 274	SP272	MARTIN	*Sorghum bicolor*（L.）Moench	美国
JS2015 - 275	SP273	COMBINE KAFIR - 60	*Sorghum bicolor*（L.）Moench	美国得克萨斯州
JS2015 - 276	SP274	REDBINE - 60	*Sorghum bicolor*（L.）Moench	美国得克萨斯州
JS2015 - 286	SP284	TX2783	*Sorghum bicolor*（L.）Moench	美国得克萨斯州
JS2015 - 291	SP289	88V1080	*Sorghum bicolor*（L.）Moench	美国得克萨斯州
JS2015 - 305	SP303	BTx406	*Sorghum bicolor*（L.）Moench	美国得克萨斯州
JS2015 - 311	SP309	SOBERANO	*Sorghum bicolor*（L.）Moench	日本
JS2015 - 312	SP310	SRN39	*Sorghum bicolor*（L.）Moench	日本
JS2015 - 313	SP311	Town	*Sorghum bicolor*（L.）Moench	博茨瓦纳
JS2015 - 314	SP312	BTx642	*Sorghum bicolor*（L.）Moench	美国得克萨斯州
JS2015 - 315	SP313	58M	*Sorghum bicolor*（L.）Moench	美国
JS2015 - 318	SP317	Dorado	*Sorghum bicolor*（L.）Moench	日本
JS2015 - 320	SP319	ICSV 1089BF	*Sorghum bicolor*（L.）Moench	日本
JS2015 - 321	SP320	ICSV 401	*Sorghum bicolor*（L.）Moench	南非
JS2015 - 322	SP321	IS 8525（J）	*Sorghum bicolor*（L.）Moench	日本
JS2015 - 324	SP323	K886	*Sorghum bicolor*（L.）Moench	日本
JS2015 - 329	SP328	LG70	*Sorghum bicolor*（L.）Moench	日本
JS2015 - 334	SP333	MotaMaradi	*Sorghum bicolor*（L.）Moench	日本
JS2015 - 340	SP339	P850029	*Sorghum bicolor*（L.）Moench	美国印第安纳州
JS2015 - 341	SP340	P9517	*Sorghum bicolor*（L.）Moench	美国印第安纳州
JS2015 - 342	SP341	Pinolero 1	*Sorghum bicolor*（L.）Moench	尼加拉瓜
JS2015 - 343	SP342	QL3 - TEXAS	*Sorghum bicolor*（L.）Moench	日本
JS2015 - 349	SP348	Lakahiri	*Sorghum bicolor*（L.）Moench	日本
JS2015 - 353	SP353	SC 1019	*Sorghum bicolor*（L.）Moench	日本
JS2015 - 360	SP360	SC 1424	*Sorghum bicolor*（L.）Moench	日本
JS2015 - 361	SP361	SC 1426	*Sorghum bicolor*（L.）Moench	日本
JS2015 - 364	SP364	SC 145	*Sorghum bicolor*（L.）Moench	日本
JS2015 - 368	SP368	SC 1471	*Sorghum bicolor*（L.）Moench	日本
JS2015 - 381	SP381	SC 498	*Sorghum bicolor*（L.）Moench	日本
JS2015 - 384	SP384	SC 59	*Sorghum bicolor*（L.）Moench	日本
JS2015 - 385	SP385	SC 610	*Sorghum bicolor*（L.）Moench	日本
JS2015 - 387	SP387	SC 639	*Sorghum bicolor*（L.）Moench	日本
JS2015 - 392	SP392	SC 968	*Sorghum bicolor*（L.）Moench	日本
JS2015 - 405	SP405	IS 2319C	*Sorghum bicolor*（L.）Moench	日本

1.2 试验方法

高粱种子经浓 H_2SO_4 处理 3min，然后再用 0.1% $HgCl_2$ 溶液灭菌 30min，清水洗净后随机放入垫有脱脂棉和滤纸的培养皿中，培养皿直径 12cm，其内先放入 5g 脱脂棉，再上盖一层滤纸，其底盘侧面贴标签，注明置床日期、材料名、处理编号、重复次数、重量等，每个培养皿放入 50 粒种子，3 次重复。

用分析纯 NaCl 配制成 0、0.5％、1％、1.5％共 4 个浓度的盐溶液。上述培养皿分别加入各溶液 20mL，称重；盖上盖后放入培养箱中，在 18℃（16h）、28℃（8h）条件下变温处理。每日称重，补充蒸发的水分，发芽 7d 后，计算发芽率和相对发芽率。

1.3　发芽期指标的测定

种子相对发芽率＝某一含盐量处理发芽率/对照发芽率×100％

2　结果与分析

2.1　平均发芽率

各材料种子的发芽率随盐浓度的升高而降低。从表 2 可以看出，在盐浓度为 0.5％时，JS2015 - 16、JS2015 - 26、JS2015 - 28、JS2015 - 51、JS2015 - 58、JS2015 - 122、JS2015 - 131、JS2015 - 156、JS2015 - 230、JS2015 - 349 这 10 份材料的平均发芽率都较对照高，说明低盐浓度有促进种子萌发的趋势；其他材料在该浓度下的平均发芽率与对照相比差异不显著，说明该盐浓度胁迫对高粱不同种质的平均发芽率影响不显著。在 1％盐浓度下，高粱各种质的耐盐性差异显著，其中 JS2015 - 234 平均发芽率仍高于对照；JS2015 - 93、JS2015 - 128、JS2015 - 156、JS2015 - 190、JS2015 - 197、JS2015 - 229、JS2015 - 230、JS2015 - 234、JS2015 - 238、JS2015 - 242、JS2015 - 340、JS2015 - 361、JS2015 - 368 这 13 个种质的平均发芽率变化不大，仍在 80％以上；但 JS2015 - 22、JS2015 - 26、JS2015 - 44、JS2015 - 49、JS2015 - 53、JS2015 - 54、JS2015 - 57、JS2015 - 58、JS2015 - 64、JS2015 - 84、JS2015 - 106、JS2015 - 118、JS2015 - 125、JS2015 - 141、JS2015 - 162、JS2015 - 170、JS2015 - 171、JS2015 - 173、JS2015 - 176、JS2015 - 193、JS2015 - 207、JS2015 - 211、JS2015 - 215、JS2015 - 221、JS2015 - 239、JS2015 - 250、JS2015 - 252、JS2015 - 254、JS2015 - 264、JS2015 - 267、JS2015 - 269、JS2015 - 276、JS2015 - 305、JS2015 - 314、JS2015 - 315、JS2015 - 318、JS2015 - 334、JS2015 - 342、JS2015 - 353、JS2015 - 364、JS2015 - 381、JS2015 - 387 这 42 个种质的平均发芽率下降较明显，均在 50％以下，说明这 42 个种质的耐盐临界浓度是 1％；其他种质的平均发芽率在 50％～80％。在盐浓度为 1.5％时，JS2015 - 76、JS2015 - 234、JS2015 - 340、JS2015 - 368 这 4 个种质的平均发芽率均在 50％以上，说明这 4 个种质的耐盐性较强，其他种质在该浓度下的平均发芽率均在 50％以下，JS2015 - 10、JS2015 - 15 等 46 个品种的耐盐临界浓度为 1.5％。

表 2　不同盐浓度处理下平均发芽率（％）

编号	原编号	种质名	0	0.5％	1％	1.5％
JS2015 - 10	SP003	F. C. I. 4201	96	91	74	47
JS2015 - 15	SP008	FETERITA GONDAL	81	78	62	40
JS2015 - 16	SP009	MAGBAGO（FEJULU）	86	88	62	1
JS2015 - 22	SP017	K. 3 PerimanjialIrunguCholam	87	66	36	0
JS2015 - 26	SP021	Monshal	56	57	34	11
JS2015 - 28	SP023	Mugbash 56/56	90	93	72	17
JS2015 - 34	SP029	KA 3	80	73	65	19
JS2015 - 38	SP034	No. 5 Gambela	79	63	57	11
JS2015 - 40	SP036	IS 12666C	85	75	69	35

（续）

编号	原编号	种质名	0	0.5%	1%	1.5%
JS2015 - 44	SP040	Aispuri	93	89	30	11
JS2015 - 49	SP045	Deburr	79	60	31	0
JS2015 - 51	SP047	BA45 FariaBonkum	96	98	58	0
JS2015 - 53	SP049	ZA41 Danye	94	73	37	0
JS2015 - 54	SP050	Nandyal	88	73	45	31
JS2015 - 56	SP052	EC 18246 (preconverted)	86	72	73	45
JS2015 - 57	SP053	CholiaTalijhari	88	63	36	0
JS2015 - 58	SP054	ChananSingoo	46	60	29	2
JS2015 - 59	SP055	JolaNandyal	87	76	69	47
JS2015 - 64	SP060	KA 12 Janjari	53	44	22	0
JS2015 - 76	SP072	R1，4	93	87	68	52
JS2015 - 77	SP073	R1，38	96	92	55	11
JS2015 - 84	SP080	AS 4601 Pawaga	92	90	39	0
JS2015 - 86	SP082	Nebraska 6350	100	95	68	17
JS2015 - 88	SP084	P 3742	94	78	51	11
JS2015 - 93	SP089	MalwalAweil	97	96	88	25
JS2015 - 94	SP090	Safara，Kordafan	100	90	76	7
JS2015 - 95	SP091	SAP - 148	92	79	76	39
JS2015 - 97	SP093	2033Z - 3	94	80	65	28
JS2015 - 105	SP101	Nyithin	93	81	62	0
JS2015 - 106	SP102	Sinidyil 177	93	56	30	4
JS2015 - 116	SP112	T 28	85	71	53	1
JS2015 - 118	SP114	BO 36	92	77	24	0
JS2015 - 120	SP116	KA 24	88	65	51	26
JS2015 - 122	SP118	ZA 6	76	84	67	43
JS2015 - 125	SP121	HC 6028	67	50	36	0
JS2015 - 127	SP123	A - 106	88	86	60	15
JS2015 - 128	SP124	EC 21360 G29	100	97	87	13
JS2015 - 131	SP127	EC 21463 STR 5/1	97	98	71	4
JS2015 - 133	SP129	Akwu	96	92	54	0
JS2015 - 138	SP134	No. 37 Ubi，Abelti Ethiopia	86	72	55	16
JS2015 - 141	SP137	No. 69 MashelaTinguish，WarakulEthiopi	58	47	31	18
JS2015 - 156	SP152	Tx2891	93	97	81	16
JS2015 - 162	SP158	SURENO	84	70	30	2
JS2015 - 163	SP159	RTX433	93	88	72	8
JS2015 - 170	SP167	SAP - 306	97	80	49	17
JS2015 - 171	SP168	SAP - 280	48	21	0	0
JS2015 - 173	SP170	Nkuli Swaziland	92	63	27	0
JS2015 - 175	SP172	SAP - 342	76	62	57	6
JS2015 - 176	SP173	SAP - 341	86	66	39	0

（续）

编号	原编号	种质名	0	0.5%	1%	1.5%
JS2015 - 179	SP176	Marupantse	89	81	53	17
JS2015 - 190	SP187	Awanlek	99	81	81	38
JS2015 - 191	SP188	KharuthWaragel	99	83	65	0
JS2015 - 192	SP189	K. 1 Irungucholam	99	91	79	8
JS2015 - 193	SP190	MN 708（preconverted）	70	42	35	2
JS2015 - 194	SP191	Lambas	96	87	70	32
JS2015 - 195	SP192	SAP - 225	90	76	50	0
JS2015 - 196	SP193	SAP - 224	82	70	53	12
JS2015 - 197	SP194	Mehra，Sonthia	97	95	90	27
JS2015 - 205	SP202	SAP - 155	88	71	53	11
JS2015 - 206	SP203	65I 2523	99	93	80	4
JS2015 - 207	SP205	SAP - 311	86	75	17	0
JS2015 - 209	SP207	SAP - 162	91	83	63	0
JS2015 - 210	SP208	SAP - 149	95	86	55	17
JS2015 - 211	SP209	SAP - 131	95	69	37	3
JS2015 - 214	SP212	SAP - 154	93	76	59	5
JS2015 - 215	SP213	SAP - 157	91	57	5	0
JS2015 - 221	SP219	SAP - 264	76	61	11	0
JS2015 - 223	SP221	SAP - 151	76	71	50	14
JS2015 - 229	SP227	SAP - 158	95	95	88	11
JS2015 - 230	SP228	SAP - 167	97	98	86	20
JS2015 - 234	SP232	SAP - 398	93	88	95	62
JS2015 - 238	SP236	SAP - 175	98	97	91	49
JS2015 - 239	SP237	RTx2909	95	94	38	5
JS2015 - 242	SP240	Tx2911	97	91	84	33
JS2015 - 250	SP248	BTx640	91	67	46	25
JS2015 - 252	SP250	Standard Early Hegari	77	51	19	0
JS2015 - 254	SP252	COWLEY	92	70	40	0
JS2015 - 264	SP262	TAM2566	96	75	21	2
JS2015 - 265	SP263	Tx2737	97	87	72	35
JS2015 - 267	SP265	Tx2785	71	61	29	5
JS2015 - 269	SP267	SAP - 380	91	87	44	0
JS2015 - 272	SP270	PLAINSMAN	96	88	80	17
JS2015 - 274	SP272	MARTIN	93	76	62	13
JS2015 - 275	SP273	COMBINE KAFIR - 60	97	97	75	4
JS2015 - 276	SP274	REDBINE - 60	95	67	23	0
JS2015 - 286	SP284	TX2783	89	73	70	25
JS2015 - 291	SP289	88V1080	97	89	60	40
JS2015 - 305	SP303	BTx406	93	87	29	0
JS2015 - 311	SP309	SOBERANO	91	79	64	31

（续）

编号	原编号	种质名	0	0.5%	1%	1.5%
JS2015-312	SP310	SRN39	98	87	67	2
JS2015-313	SP311	Town	77	65	52	16
JS2015-314	SP312	BTx642	90	88	42	0
JS2015-315	SP313	58M	86	51	33	0
JS2015-318	SP317	Dorado	83	58	41	19
JS2015-320	SP319	ICSV 1089BF	87	78	55	1
JS2015-321	SP320	ICSV 401	94	80	73	21
JS2015-322	SP321	IS 8525（J）	100	82	65	27
JS2015-324	SP323	K886	95	78	67	34
JS2015-329	SP328	LG70	92	80	69	14
JS2015-334	SP333	MotaMaradi	99	86	33	0
JS2015-340	SP339	P850029	100	98	98	75
JS2015-341	SP340	P9517	88	83	71	32
JS2015-342	SP341	Pinolero 1	86	57	17	0
JS2015-343	SP342	QL3-TEXAS	55	39	52	5
JS2015-349	SP348	Lakahiri	69	72	58	25
JS2015-353	SP353	SC 1019	84	75	49	25
JS2015-360	SP360	SC 1424	94	62	53	4
JS2015-361	SP361	SC 1426	86	82	83	17
JS2015-364	SP364	SC 145	65	53	26	0
JS2015-368	SP368	SC 1471	97	97	87	72
JS2015-381	SP381	SC 498	96	94	46	0
JS2015-384	SP384	SC 59	92	91	69	50
JS2015-385	SP385	SC 610	94	91	62	0
JS2015-387	SP387	SC 639	66	26	3	0
JS2015-392	SP392	SC 968	90	86	70	26
JS2015-405	SP405	IS 2319C	82	72	54	3

2.2　相对发芽率

对各种质在1.5%盐浓度下的相对发芽率进行统计分析和多重比较，并对各品种的耐盐性进行排名（表3）。从中可知 JS2015-15、JS2015-56、JS2015-59、JS2015-76、JS2015-122、JS2015-234、JS2015-238、JS2015-340、JS2015-368、JS2015-384 这 10 份材料的耐盐性较强，1.5%盐浓度下的相对发芽率均大于或等于 50%；JS2015-10、JS2015-40、JS2015-95 等 51 份材料的耐盐性中等；JS2015-22、JS2015-49、JS2015-51 等 55 份材料的耐盐性较差，1.5%盐浓度下的相对发芽率均在10%以下。

表3　各材料不同盐浓度下的相对发芽率（%）及耐盐性排序

编号	原编号	种质名	相对发芽率				排序
			0	0.5%	1%	1.5%	
JS2015-10	SP003	F. C. I. 4201	100.00	94.79	77.08	48.96	11
JS2015-15	SP008	FETERITA GONDAL	100.00	100.00	105.19	101.30	1

（续）

编号	原编号	种质名	相对发芽率				排序
			0	0.5%	1%	1.5%	
JS2015‑16	SP009	MAGBAGO（FEJULU）	100.00	102.33	72.09	1.16	82
JS2015‑22	SP017	K. 3 PerimanjialIrunguCholam	100.00	75.86	41.38	0.00	84
JS2015‑26	SP021	Monshal	100.00	101.79	60.71	19.64	41
JS2015‑28	SP023	Mugbash 56/56	100.00	103.33	80.00	18.89	43
JS2015‑34	SP029	KA 3	100.00	91.25	81.25	23.75	35
JS2015‑38	SP034	No. 5 Gambela	100.00	79.75	72.15	13.92	54
JS2015‑40	SP036	IS 12666C	100.00	88.24	81.18	41.18	14
JS2015‑44	SP040	Aispuri	100.00	95.70	32.26	11.83	58
JS2015‑49	SP045	Deburr	100.00	75.95	39.24	0.00	84
JS2015‑51	SP047	BA45 FariaBonkum	100.00	102.08	60.42	0.00	84
JS2015‑53	SP049	ZA41 Danye	100.00	77.66	39.36	0.00	84
JS2015‑54	SP050	Nandyal	100.00	82.95	51.14	35.23	20
JS2015‑56	SP052	EC 18246（preconverted）	100.00	83.72	84.88	52.33	9
JS2015‑57	SP053	CholiaTalijhari	100.00	71.59	40.91	0.00	84
JS2015‑58	SP054	ChananSingoo	100.00	130.43	63.04	4.35	70
JS2015‑59	SP055	JolaNandyal	100.00	87.36	79.31	54.02	8
JS2015‑64	SP060	KA 12 Janjari	100.00	77.22	65.82	32.91	24
JS2015‑76	SP072	R1，4	100.00	93.55	73.12	55.91	6
JS2015‑77	SP073	R1，38	100.00	95.83	57.29	11.46	61
JS2015‑84	SP080	AS 4601 Pawaga	100.00	97.83	42.39	0.00	84
JS2015‑86	SP082	Nebraska 6350	100.00	95.00	68.00	17.00	50
JS2015‑88	SP084	P 3742	100.00	82.98	54.26	11.70	59
JS2015‑93	SP089	MalwalAweil	100.00	98.97	90.72	25.77	34
JS2015‑94	SP090	Safara，Kordafan	100.00	90.00	76.00	7.00	67
JS2015‑95	SP091	SAP‑148	100.00	85.87	82.61	42.39	12
JS2015‑97	SP093	2033Z‑3	100.00	85.11	69.15	29.79	26
JS2015‑105	SP101	Nyithin	100.00	87.10	66.67	0.00	84
JS2015‑106	SP102	Sinidyil 177	100.00	60.22	32.26	4.30	71
JS2015‑116	SP112	T 28	100.00	83.53	62.35	1.18	81
JS2015‑118	SP114	BO 36	100.00	83.70	26.09	0.00	84
JS2015‑120	SP116	KA 24	100.00	73.86	57.95	29.55	28
JS2015‑122	SP118	ZA 6	100.00	110.53	88.16	56.58	5
JS2015‑125	SP121	HC 6028	100.00	74.63	53.73	0.00	84
JS2015‑127	SP123	A‑106	100.00	97.73	68.18	17.05	49
JS2015‑128	SP124	EC 21360 G29	100.00	97.00	87.00	13.00	55
JS2015‑131	SP127	EC 21463 STR 5/1	100.00	101.03	73.20	0.00	84
JS2015‑133	SP129	Akwu	100.00	95.83	56.25	0.00	84
JS2015‑138	SP134	No. 37 Ubi，Abelti Ethiopia	100.00	83.72	63.95	18.60	44
JS2015‑141	SP137	No. 69 MashelaTinguish，WarakulEthiopi	100.00	81.03	53.45	31.03	25

（续）

编号	原编号	种质名	相对发芽率				排序
			0	0.5%	1%	1.5%	
JS2015 - 156	SP152	Tx2891	100.00	104.30	87.10	17.20	48
JS2015 - 162	SP158	SURENO	100.00	83.33	35.71	2.38	78
JS2015 - 163	SP159	RTX433	100.00	94.62	77.42	8.60	63
JS2015 - 170	SP167	SAP - 306	100.00	93.26	55.06	12.36	57
JS2015 - 171	SP168	SAP - 280	100.00	43.75	0.00	0.00	84
JS2015 - 173	SP170	Nkuli Swaziland	100.00	68.48	29.35	0.00	84
JS2015 - 175	SP172	SAP - 342	100.00	81.58	75.00	7.89	65
JS2015 - 176	SP173	SAP - 341	100.00	76.74	45.35	0.00	84
JS2015 - 179	SP176	Marupantse	100.00	91.01	59.55	19.10	42
JS2015 - 190	SP187	Awanlek	100.00	81.82	81.82	38.38	15
JS2015 - 191	SP188	KharuthWaragel	100.00	83.84	65.66	0.00	84
JS2015 - 192	SP189	K. 1 Irungucholam	100.00	91.92	79.80	8.08	64
JS2015 - 193	SP190	MN 708（preconverted）	100.00	60.00	50.00	2.86	77
JS2015 - 194	SP191	Lambas	100.00	90.63	72.92	33.33	23
JS2015 - 195	SP192	SAP - 225	100.00	84.44	55.56	0.00	84
JS2015 - 196	SP193	SAP - 224	100.00	85.37	64.63	14.63	52
JS2015 - 197	SP194	Mehra，Sonthia	100.00	97.94	92.78	27.84	31
JS2015 - 205	SP202	SAP - 155	100.00	80.68	60.23	12.50	56
JS2015 - 206	SP203	65I 2523	100.00	93.94	80.81	4.04	74
JS2015 - 207	SP205	SAP - 311	100.00	87.21	19.77	0.00	84
JS2015 - 209	SP207	SAP - 162	100.00	91.21	69.23	0.00	84
JS2015 - 210	SP208	SAP - 149	100.00	90.53	57.89	17.89	46
JS2015 - 211	SP209	SAP - 131	100.00	72.63	38.95	3.16	76
JS2015 - 214	SP212	SAP - 154	100.00	81.72	63.44	5.38	68
JS2015 - 215	SP213	SAP - 157	100.00	62.64	5.49	0.00	84
JS2015 - 221	SP219	SAP - 264	100.00	80.26	14.47	0.00	84
JS2015 - 223	SP221	SAP - 151	100.00	93.42	65.79	18.42	45
JS2015 - 229	SP227	SAP - 158	100.00	100.00	92.63	11.58	60
JS2015 - 230	SP228	SAP - 167	100.00	101.03	88.66	20.62	39
JS2015 - 234	SP232	SAP - 398	100.00	94.62	102.15	66.67	4
JS2015 - 238	SP236	SAP - 175	100.00	98.98	92.86	50.00	10
JS2015 - 239	SP237	RTx2909	100.00	98.95	40.00	5.26	69
JS2015 - 242	SP240	Tx2911	100.00	93.81	86.60	34.02	22
JS2015 - 250	SP248	BTx640	100.00	73.63	50.55	27.47	32
JS2015 - 252	SP250	Standard Early Hegari	100.00	88.89	29.63	0.00	84
JS2015 - 254	SP252	COWLEY	100.00	76.09	43.48	0.00	84
JS2015 - 264	SP262	TAM2566	100.00	78.13	21.88	2.08	79
JS2015 - 265	SP263	Tx2737	100.00	89.69	74.23	36.08	18
JS2015 - 267	SP265	Tx2785	100.00	85.92	40.85	7.04	66

(续)

编号	原编号	种质名	相对发芽率				排序
			0	0.5%	1%	1.5%	
JS2015 - 269	SP267	SAP - 380	100.00	95.60	48.35	0.00	84
JS2015 - 272	SP270	PLAINSMAN	100.00	91.67	83.33	17.71	47
JS2015 - 274	SP272	MARTIN	100.00	81.72	66.67	13.98	53
JS2015 - 275	SP273	COMBINE KAFIR - 60	100.00	100.00	77.32	4.12	73
JS2015 - 276	SP274	REDBINE - 60	100.00	70.53	24.21	0.00	84
JS2015 - 286	SP284	TX2783	100.00	82.02	78.65	28.09	30
JS2015 - 291	SP289	88V1080	100.00	91.75	61.86	41.24	13
JS2015 - 305	SP303	BTx406	100.00	93.55	31.18	0.00	84
JS2015 - 311	SP309	SOBERANO	100.00	86.81	70.33	34.07	21
JS2015 - 312	SP310	SRN39	100.00	88.78	68.37	2.04	80
JS2015 - 313	SP311	Town	100.00	84.42	67.53	20.78	38
JS2015 - 314	SP312	BTx642	100.00	97.78	46.67	0.00	84
JS2015 - 315	SP313	58M	100.00	59.30	38.37	0.00	84
JS2015 - 318	SP317	Dorado	100.00	69.88	49.40	22.89	36
JS2015 - 320	SP319	ICSV 1089BF	100.00	89.66	63.22	1.15	83
JS2015 - 321	SP320	ICSV 401	100.00	85.11	77.66	22.34	37
JS2015 - 322	SP321	IS 8525 （J）	100.00	82.00	65.00	27.00	33
JS2015 - 324	SP323	K886	100.00	82.11	70.53	35.79	19
JS2015 - 329	SP328	LG70	100.00	86.96	75.00	15.22	51
JS2015 - 334	SP333	MotaMaradi	100.00	86.87	33.33	0.00	84
JS2015 - 340	SP339	P850029	100.00	98.00	98.00	75.00	2
JS2015 - 341	SP340	P9517	100.00	94.32	80.68	36.36	16
JS2015 - 342	SP341	Pinolero 1	100.00	66.28	19.77	0.00	84
JS2015 - 343	SP342	QL3 - TEXAS	100.00	70.91	94.55	9.09	62
JS2015 - 349	SP348	Lakahiri	100.00	104.35	84.06	36.23	17
JS2015 - 353	SP353	SC 1019	100.00	89.29	58.33	29.76	27
JS2015 - 360	SP360	SC 1424	100.00	65.96	56.38	4.26	72
JS2015 - 361	SP361	SC 1426	100.00	95.35	96.51	19.77	40
JS2015 - 364	SP364	SC 145	100.00	81.54	40.00	0.00	84
JS2015 - 368	SP368	SC 1471	100.00	100.00	89.69	74.23	3
JS2015 - 381	SP381	SC 498	100.00	97.92	47.92	0.00	84
JS2015 - 384	SP384	SC 59	100.00	98.91	75.00	54.35	7
JS2015 - 385	SP385	SC 610	100.00	96.81	65.96	0.00	84
JS2015 - 387	SP387	SC 639	100.00	39.39	4.55	0.00	84
JS2015 - 392	SP392	SC 968	100.00	95.56	77.78	28.89	29
JS2015 - 405	SP405	IS 2319C	100.00	87.80	65.85	3.66	75

3　结论

发芽期可在较短时间内对大量材料进行耐盐性鉴定，具有可操作性强、周期短、效率高的特点，可用于大批量甜高粱材料耐盐性初步评价，而且有研究[5]认为高粱苗期的耐盐性与成株期的耐盐性一致，苗期耐盐性鉴定有助于选育甜高粱耐盐种质。本试验通过对 116 份引进高粱材料在不同盐浓度处理下的发芽率统计评价，结果表明，盐胁迫对不同的材料表现出不同的抑制作用，这与王秀玲等[6]的研究结果一致。当盐浓度较低时，盐胁迫对高粱的萌发基本没有抑制作用，其中在盐浓度为 0.5％时 JS2015 - 16、JS2015 - 26、JS2015 - 28、JS2015 - 51、JS2015 - 58、JS2015 - 122、JS2015 - 131、JS2015 - 156、JS2015 - 230、JS2015 - 349 这 10 份材料的平均发芽率都较对照高，说明低盐浓度能够促进高粱种子的萌发，随着盐浓度的增加，材料间差异开始变大，盐胁迫对高粱种子萌发的影响也随之加剧，这与在玉米[7]、大豆[8]、水稻[9,10]、棉花[11]上的研究结论一致。在盐浓度为 1.0％时，高粱的发芽率下降较显著，其中 42 份材料的发芽率降到了 50％以下，在盐浓度为 1.5％时，部分材料的发芽率降至 0。

在本试验中，JS2015 - 15、JS2015 - 56、JS2015 - 59、JS2015 - 76、JS2015 - 122、JS2015 - 234、JS2015 - 238、JS2015 - 340、JS2015 - 368、JS2015 - 384 这 10 份材料耐盐性最强；JS2015 - 10、JS2015 - 40、JS2015 - 95 等 51 份材料的耐盐性中等；JS2015 - 22、JS2015 - 49、JS2015 - 51 等 55 份材料的耐盐性最差。

参 考 文 献

[1] LIU Q Z, HUANG F. Study on the genetic diversity of 24 good quality ricegermplasm resources resistant to rice blast based on Random Amplifies MicrosatellitePolymorphism [J]. Jour - nalof Sichuan AgriculturalUniversity, 2007.

[2] 梁俊杰. 高粱耐盐种质筛选及耐盐种质多态性分析 [C]. 太原：山西大学，2013：2 - 7.

[3] 秦岭，张华文，杨延兵，等. 不同高粱品种子萌发耐压能力评价 [J]. 作物遗传学报，2009，24（2）：234 - 238.

[4] 魏玉清，任贤. 利用盐碱地种植甜高粱生产燃料乙醇的产业化前景分析 [J]. 安徽农业科学，2010，38（21）：11279 - 11282.

[5] AZHAR F M, MCNEILLY T. Variability for salt tolerance in Sorghumbicolor L. Moench under hydroponic conditions [J]. JAgron Crop Sci, 1987, 159：269 - 277.

[6] 王秀玲，程序，李桂英. 甜高粱耐盐材料的筛选及芽苗期耐盐性相关分析 [J]. 中国生态农业学报，2010，18（6）：1239 - 1244.

[7] 王宁，曹敏建，王君，等. NaCl 和 Na_2CO_3＋$NaHCO_3$ 对玉米种子萌发及幼苗生长的影响差异研究 [J]. 作物杂志，2009（4）：52 - 56.

[8] 张秀玲. 不同盐分胁迫对野生大豆种子发芽的影响 [J]. 大豆科学，2009，28（3）：461 - 466.

[9] 郭望模，傅亚萍，孙宗修. 水稻芽期和苗期耐盐指标的选择研究 [J]. 浙江农业科学，2004（1）：30 - 33.

[10] 郭彦，张文会，杨洪双，等. 盐胁迫下水稻发芽特性和幼苗耐盐生理基础 [J]. 安徽农业科学，2006，34（6）：1053 - 1054.

[11] 王俊娟，叶武威，周大云，等. 盐胁迫下不同耐盐类型棉花的萌发特性 [J]. 棉花学报，2007，19（4）：315 - 317.

早熟禾不同种质苗期耐盐性评价

徐 威 谭树杰 王 瑜 袁庆华

（中国农业科学院北京畜牧兽医研究所）

摘要：采用盆栽，设置 4 种（0、0.3％、0.4％、0.5％）浓度的 NaCl 对 30 个早熟禾属种质进行耐盐性评价，对存活率、植株高度、地上生物量 3 项生长指标，细胞膜透性、叶绿素含量 2 项生理指标的测定表明，随着盐浓度增加各种质的存活率、植株高度、地上生物量及叶绿素含量都呈现出降低的趋势，细胞伤害程度增大。对各指标隶属函数综合评价表明，前 10 个耐盐种质中，国内野生种质占 6 个，国内野生种质的耐盐性较引进种质强。

关键词：早熟禾；耐盐性；综合评价

土壤中的盐害早在人类及农业出现前就已存在，但近几十年来由于灌溉等农业行为使得该问题越加严重[1]。全球约有 $1 \times 10^9 \, hm^2$ 的盐碱地，其中我国盐碱地约占全球盐碱地总面积的 10%[2]。土壤盐渍化已经成为制约农业发展的重要因素，因此，了解植物对盐胁迫的响应机制对农业应用及作物产量的提高非常重要。盐害降低作物产量，威胁农业可持续发展。解决这个问题的有效途径是培育耐盐的作物种质以提高盐土的利用效率。然而，耐盐性状的遗传复杂性、缺乏良好的耐盐种质以及适宜的鉴定和筛选技术制约了耐盐育种的进展。

早熟禾属（*Poa L.*）是世界公认的优良冷季型草坪草，一直受草坪业发达国家的重视，广泛分布于世界温带、寒温带和高寒地区，我国也是早熟禾资源丰富的国家之一。早熟禾草坪叶色浓绿、叶形和株形优美，结实而富有弹性，在我国北方广泛应用于城市绿地、公园、庭院及运动场草坪[3]，但是由于环境条件限制，使建植草坪过程出现很多困难，盐碱化土壤便是绿化过程中常遇到的自然逆境之一[4]。本试验对 30 个早熟禾种质进行耐盐性研究，旨在对不同种质耐盐性进行分类，选择较耐盐种质，从而对早熟禾的建坪等利用起指导作用。

1　材料与方法

1.1　试验材料

30 份供试材料名称及来源见表 1，均由中国农业科学院北京畜牧兽医研究所种质资源库提供，试验地点为中国农业大学西校区温室。

表 1　试验材料与来源

编号	种质	源产地	编号	种质	源产地
2861	草地早熟禾	中国青海	93 - 30	印地高	美国
81 - 32	帕克	加拿大	93 - 31	亚美利亚	美国
83 - 120	草地早熟禾	加拿大	94 - 28	法沃帕	德国
83 - 177	巴隆	加拿大	96 - 62	依克里	美国
83 - 178	雷宾斯	加拿大	中 - 108	早熟禾野生	中国新疆阿勒泰布尔
83 - 34	布鲁拜尔	荷兰	中 - 133	早熟禾野生	中国青海海晏
83 - 58	派拉德	荷兰	中 - 136	早熟禾野生	中国青海祁边地区
84 - 713	斯蒂斯帕特	新西兰	中 - 607	硬质早熟禾	中国北京
85 - 29	冬绿	新西兰	中 - 609	光盘早熟禾	中国青海海晏
92 - 237	科罗拉多	罗马尼亚	中 - 698	硬质早熟禾	中国山西左云县
92 - 242	兹瓦特堡	德国	中 - 700	硬质早熟禾	中国山西左云县
92 - 243	米杰瓦	俄罗斯	中 - 701	硬质早熟禾	中国山东郭家山
92 - 245	莫桑斯克	俄罗斯	中 - 702	硬质早熟禾	中国山西沁源县
92 - 246	西比尔斯克	俄罗斯	中 - 733	泽地早熟禾	中国河北雾灵山
92 - 247	特罗伊	美国蒙大拿	中 - 734	草地早熟禾	中国青海同德

1.2　试验方法

蛭石、珍珠盐和草炭按照 6∶1∶3 的比例均匀混合为基质装入无孔花盆，每盆装 1kg，将三叶草种子播入，第一次浇水达到基质持水量最大值，以便种子萌发。种子萌发后含水量维持在 50％～70％，2010 年 4 月 10 日播种，出苗后间苗，每盆留生长整齐一致、分布均匀的 25 棵苗，4 个重复，2010 年 5 月 10 日加盐，每盆按干土样重的 0（CK）、0.3％、0.4％和 0.5％，加入溶解在一定量的自来水中的化学纯 NaCl，2010 年 5 月 25 日至 2010 年 5 月 30 日进行各指标的测定。

1.3 耐盐指标的测定

取样前（15d）测定存活率、植株高度。用剪刀齐地剪取地上部分，洗净，105℃下杀青 30min 后进行 24 小时烘干测定地上生物量。电导率的测定采用电导仪法，叶绿素的测定采用丙酮提取法[5]。

1.4 数据处理与统计方法

应用 Excel 2003。先对各指标相对值进行分析，再综合比较分析采用模糊数学中隶属函数法[6]，对 30 份早熟禾各项耐盐指标的隶属值进行累加，求取平均值，并进行早熟禾种质间的比较，以评定耐盐特性，计算方法如下。

①求出各指标的隶属函数值。

如果某一指标与耐盐性呈正相关，则：

$$X(u) = \frac{X - X_{\min}}{X_{\max} - X_{\min}}$$

如果某一指标与耐盐性呈负相关，则：

$$X(u) = 1 - \frac{X - X_{\min}}{X_{\max} - X_{\min}}$$

式中，X 为各早熟禾种质某一指标的测定值，$X_{\max}$ 为所有苜蓿种质某一指标测定值中的最大值；$X_{\min}$ 为该指标中的最小值。

②把每份早熟禾材料各耐盐性指标的隶属函数值进行累加，计算其平均值（△）。

2 结果与分析

2.1 对不同种质存活率的影响

从表 2 可以看出，早熟禾属耐盐性较强，在盐浓度为 0.3％时，30 个种质的相对存活率都大于或等于 90％。在盐浓度为 0.4％时，只有 83 - 34、92 - 246、中 - 607、中 - 609 这 4 个种质的相对存活率低于 90％，其余都大于或等于 90％。在盐浓度为 0.5％时，92 - 246 和中 - 609 这 2 个种质的相对存活率最低，为 78％，其余 28 个品种的相对存活率都大于或等于 80％，其中相对存活率大于或等于 90％的有 84 - 713、92 - 237 等 12 个种质，相对存活率在 80％～90％的有 2861、81 - 32 等 16 个种质。

表 2 盐胁迫对早熟禾相对存活率的影响

编号	盐浓度			编号	盐浓度		
	0.30％	0.40％	0.50％		0.30％	0.40％	0.50％
2861	1.00	0.94	0.80	85 - 29	0.90	0.90	0.86
81 - 32	0.96	0.94	0.88	92 - 237	0.98	0.98	0.96
83 - 120	0.96	0.90	0.84	92 - 242	1.00	0.92	0.88
83 - 177	0.96	0.96	0.84	92 - 243	0.98	0.94	0.88
83 - 178	0.98	0.94	0.82	92 - 245	0.96	0.96	0.90
83 - 34	0.98	0.86	0.82	92 - 246	0.94	0.84	0.78
83 - 58	0.98	0.94	0.88	92 - 247	0.94	0.98	0.90
84 - 713	1.00	0.94	0.90	93 - 30	0.98	0.94	0.88

（续）

编号	盐浓度			编号	盐浓度		
	0.30%	0.40%	0.50%		0.30%	0.40%	0.50%
93-31	0.96	0.92	0.84	中-609	0.96	0.84	0.78
94-28	0.96	0.96	0.86	中-698	0.94	0.98	0.96
96-62	0.98	0.90	0.84	中-700	0.96	0.94	0.90
中-108	1.00	0.94	0.90	中-701	0.98	0.96	0.90
中-133	0.96	0.96	0.90	中-702	1.00	0.94	0.90
中-136	0.92	0.94	0.90	中-733	1.00	0.92	0.86
中-607	0.90	0.86	0.82	中-734	1.00	0.98	0.96

2.2　对不同种质植株高度的影响

如下表3所示，在盐浓度为0.3%时，相对植株高度在0.8以下的只有83-177、中-700这2个种质，大于0.8的有28个种质，其中有13个种质的相对植株高度大于1，低盐浓度是否促进早熟禾增长有待进一步研究。在盐浓度为0.5%时，只有中-698的相对植株高度大于1，相对植株高度在0.8~1的有中-734、中-701等5个种质，0.6~0.8的有22个种质，小于0.6的有中-702，中-733这2个种质。

表3　盐胁迫对早熟禾相对植株高度的影响

编号	盐浓度			编号	盐浓度		
	0.30%	0.40%	0.50%		0.30%	0.40%	0.50%
2861	1.228	1.037	0.664	93-30	0.898	0.924	0.749
81-32	0.816	0.914	0.787	93-31	1.032	0.746	0.711
83-120	1.052	0.817	0.619	94-28	0.974	0.654	0.622
83-177	0.789	0.709	0.621	96-62	0.926	0.802	0.670
83-178	1.138	0.829	0.883	中-108	1.027	0.847	0.755
83-34	0.972	1.019	0.798	中-133	0.813	0.857	0.714
83-58	0.901	0.830	0.690	中-136	0.908	0.514	0.618
84-713	0.968	1.024	0.835	中-607	1.046	0.913	0.728
85-29	1.341	1.003	0.906	中-609	1.137	0.716	0.743
92-237	1.073	0.917	0.745	中-698	1.074	1.104	1.049
92-242	0.898	0.781	0.613	中-700	0.745	0.775	0.717
92-243	0.945	0.849	0.663	中-701	0.813	0.921	0.934
92-245	1.022	1.005	0.781	中-702	1.019	0.923	0.556
92-246	0.961	0.782	0.728	中-733	0.887	0.780	0.546
92-247	1.010	0.877	0.773	中-734	0.918	0.681	0.948

2.3　对不同种质地上生物量的影响

如表4所示，在盐浓度为0.3%时，早熟禾相对地上生物量大于1的有14个种质，小于0.8的只有83-178、92-242、中-698、中-136、中-700、中-701这6个种质，其余10个种质都在0.8~1。在盐浓度为0.5%时，84-713的相对地上生物量最大为1.1536，0.8~1的有4个种质，0.5~0.8的有22

个种质，0.5 以下的有 92 - 247 等 3 个种质。

表 4　盐胁迫对早熟禾相对地上生物量的影响

编号	盐浓度			编号	盐浓度		
	0.30%	0.40%	0.50%		0.30%	0.40%	0.50%
2861	1.0065	0.9055	0.7658	93 - 30	1.1819	1.6484	0.9913
81 - 32	0.9335	0.8836	0.7834	93 - 31	0.8435	0.6161	0.6057
83 - 120	1.0291	0.8956	0.7428	94 - 28	0.9039	0.7577	0.6924
83 - 177	0.8442	0.8640	0.8548	96 - 62	1.0357	0.9220	0.7503
83 - 178	0.7752	0.6807	0.5615	中- 108	0.9553	0.8969	0.7679
83 - 34	0.9924	0.8630	0.8232	中- 133	0.8936	0.8579	0.7179
83 - 58	1.0718	0.8063	0.6642	中- 136	0.7763	1.2021	0.7499
84 - 713	1.3770	1.3428	1.1536	中- 607	1.0942	0.9536	0.9590
85 - 29	1.1254	0.6436	0.5769	中- 609	1.0017	0.5912	0.5778
92 - 237	1.0399	0.8644	0.7628	中- 698	0.6255	0.6310	0.4973
92 - 242	0.7442	0.5757	0.5848	中- 700	0.6915	0.6920	0.6714
92 - 243	0.8346	0.7798	0.6901	中- 701	0.7570	0.5432	0.6091
92 - 245	0.8886	0.5434	0.4232	中- 702	1.1907	0.6607	0.6738
92 - 246	1.2161	0.8451	0.6760	中- 733	0.8070	0.5703	0.5392
92 - 247	1.2200	0.6981	0.4072	中- 734	1.0594	0.9480	0.7105

2.4　对不同种质电导率的影响

如表 5 所示，在盐浓度为 0.3% 时，相对电导率在 2 以下的有 19 个种质，相对电导率 2～3 的有 9 个种质，相对电导率在 3 以上的有 92 - 237、中- 133 这 2 个种质，说明这 2 个种质在低盐浓度下叶片细胞膜受损最大。当盐浓度达到 0.5% 时，细胞膜受损程度明显增大，相对电导率在 2 以下的有 83 - 120、83 - 178 等 10 个种质，2～4 的有 13 个种质，相对电导率在 4 以上的有 7 个种质，其中 92 - 237 的相对电导率最大为 8.316。

表 5　盐胁迫对早熟禾相对电导率的影响

编号	盐浓度			编号	盐浓度		
	0.30%	0.40%	0.50%		0.30%	0.40%	0.50%
2861	2.150	3.103	5.199	92 - 243	1.020	2.078	2.358
81 - 32	1.059	1.620	2.125	92 - 245	2.161	1.351	1.654
83 - 120	0.902	1.594	1.709	92 - 246	2.377	3.554	4.398
83 - 177	1.192	3.412	3.310	92 - 247	1.302	2.845	3.372
83 - 178	1.230	2.468	1.581	93 - 30	1.887	2.198	2.870
83 - 34	2.100	2.574	2.962	93 - 31	2.093	1.893	4.040
83 - 58	1.250	1.298	2.159	94 - 28	2.231	2.562	3.274
84 - 713	1.173	0.718	1.787	96 - 62	1.089	1.583	1.878
85 - 29	1.657	1.657	1.795	中- 108	2.517	1.790	3.334
92 - 237	3.097	7.994	8.316	中- 133	3.941	2.725	4.692
92 - 242	1.779	2.410	3.242	中- 136	1.184	1.355	1.731

（续）

编号	盐浓度			编号	盐浓度		
	0.30%	0.40%	0.50%		0.30%	0.40%	0.50%
中-607	2.478	2.496	3.197	中-701	2.432	2.378	4.214
中-609	1.547	1.266	3.558	中-702	1.704	1.841	2.636
中-698	0.843	1.118	1.711	中-733	1.363	1.934	1.809
中-700	1.912	3.204	5.123	中-734	0.737	0.983	1.719

2.5　对不同种质叶绿素的影响

如表 6 所示，盐胁迫下早熟禾叶绿素与对照相比随着盐浓度的增高而降低，在盐浓度含量为 0.3% 时，叶绿素含量与对照相比没有太大降低，大多还有所上升，这与地上生物量的变化相似，叶绿素相对含量都在 1 左右，小于 0.9 的只有 5 个品种，其中 92-246 的叶绿素相对含量最低，但在 0.4%、0.5% 盐浓度下比 0.3% 的还要高，可能是由于外界条件导致该浓度下胁迫加剧造成的。在盐浓度为 0.5% 时，叶绿素相对含量在 0.80~0.95 的有 14 个品种，大于 0.95 的有 11 个品种，小于 0.80 的有 5 个品种，其中 92-242 的叶绿素相对含量最大为对照的 1.118 倍，85-29 的相对含量最小，只有对照的 0.359。

表 6　盐胁迫对早熟禾叶绿素相对含量的影响

编号	盐浓度			编号	盐浓度		
	0.30%	0.40%	0.50%		0.30%	0.40%	0.50%
2861	0.974	0.937	0.883	93-30	1.058	0.844	0.780
81-32	1.039	0.873	0.889	93-31	1.111	0.958	0.885
83-120	1.115	0.853	0.985	94-28	0.853	0.953	0.841
83-177	0.947	0.963	0.752	96-62	1.022	0.932	0.997
83-178	0.986	0.861	0.942	中-108	1.051	0.946	0.956
83-34	1.111	0.902	0.913	中-133	0.979	1.033	0.907
83-58	0.961	1.038	0.884	中-136	1.039	0.861	0.967
84-713	0.758	0.947	0.835	中-607	1.136	1.087	1.082
85-29	1.162	0.731	0.359	中-609	1.042	0.669	0.760
92-237	0.976	1.001	0.990	中-698	1.046	1.028	0.955
92-242	1.125	0.891	1.118	中-700	0.990	0.860	0.934
92-243	1.086	0.904	0.988	中-701	0.815	1.035	0.941
92-245	0.976	1.057	0.962	中-702	0.890	0.901	0.892
92-246	0.679	0.897	0.795	中-733	1.092	1.039	0.896
92-247	0.990	0.996	0.963	中-734	1.002	0.915	0.941

2.6　隶属函数综合比较

采用 0.5% 盐浓度下的各项指标隶属度平均值综合衡量早熟禾的耐盐性状。表 7 列出 30 份早熟禾材料的耐盐性指标隶属度及综合评价排名。从表中可以看出隶属函数平均值的变化范围在 0.371~0.790，较耐盐的中-734 等前 10 个种质的隶属函数范围在 0.587~0.790，耐盐性较差的 10 个种质隶属度小于或等于 0.519。

表7 各指标隶属函数综合比较

编号	存活率	植株高度	地上生物量	电导率	叶绿素	隶属度平均值	排名
2861	0.111	0.235	0.480	0.463	0.69	0.396	28
81-32	0.556	0.479	0.504	0.919	0.70	0.631	4
83-120	0.333	0.144	0.450	0.981	0.82	0.546	16
83-177	0.333	0.149	0.600	0.743	0.52	0.469	26
83-178	0.222	0.671	0.207	1.000	0.77	0.574	12
83-34	0.202	0.500	0.557	0.795	0.73	0.557	15
83-58	0.556	0.285	0.344	0.914	0.69	0.558	14
84-713	0.667	0.575	1.000	0.969	0.63	0.768	3
85-29	0.444	0.716	0.227	0.968	0.00	0.471	25
92-237	1.000	0.395	0.476	0.000	0.83	0.540	17
92-242	0.556	0.133	0.238	0.753	1.00	0.536	18
92-243	0.556	0.233	0.379	0.885	0.83	0.576	11
92-245	0.667	0.467	0.021	0.989	0.79	0.587	10
92-246	0.000	0.362	0.360	0.582	0.57	0.375	29
92-247	0.667	0.451	0.000	0.734	0.80	0.530	20
93-30	0.556	0.404	0.783	0.809	0.56	0.622	5
93-31	0.333	0.329	0.266	0.635	0.69	0.451	27
94-28	0.444	0.152	0.382	0.749	0.63	0.471	24
96-62	0.333	0.247	0.460	0.956	0.84	0.567	13
中-108	0.667	0.416	0.483	0.740	0.79	0.619	6
中-133	0.667	0.333	0.416	0.538	0.72	0.535	19
中-136	0.667	0.143	0.459	0.978	0.80	0.610	8
中-607	0.202	0.361	0.739	0.760	0.95	0.602	9
中-609	0.000	0.391	0.229	0.706	0.53	0.371	30
中-698	1.000	1.000	0.121	0.981	0.78	0.776	2
中-700	0.667	0.341	0.354	0.474	0.76	0.519	21
中-701	0.667	0.772	0.270	0.609	0.77	0.618	7
中-702	0.667	0.019	0.357	0.843	0.70	0.517	22
中-733	0.444	0.000	0.177	0.966	0.96	0.510	23
中-734	1.000	0.800	0.406	0.979	0.77	0.790	1

3 结论

随着盐浓度增加，30份早熟禾的存活率、植株高度、地上生物量、叶绿素含量受到一定影响，呈现不同程度降低。电导率随着盐浓度的增加而升高，说明随着盐浓度增加植物细胞膜的受损程度加大。

根据隶属函数综合评价得出耐盐性较好的10个种质分别为中-734＞中-698＞84-713＞81-32＞93-30＞中-108＞中-701＞中-136＞中-607＞92-245，在这前10个耐盐种质中，野生种质有6个，这说明野生种质对逆境胁迫的适应性更强，保护和利用野生草种种质资源对培育抗逆性种质有着重要意义。

参 考 文 献

[1] WASSMANN R，HIEN N X，HOAN C T，et al. Sea Level Rise Affeeting the Vietnamese Mekong Delta：Water Elevation in the Flood Season and imPlications for Rice Production [J]. Climate Change，2004，66：89‐107.

[2] FLOWERS T J. Improving Crop Salt Tolerance [J]. J ExP Bot，2004 (55)：307‐319.

[3] 金不换，陈雅君，吴艳华，等. 早熟禾不同品种根系分布及生物量分配对干旱胁迫的响应 [J]. 草地学报，2009，17 (6)：813‐816.

[4] 郭文忠，刘声锋，李丁仁，等. 设施蔬菜土壤次生盐渍化发生机理的研究现状与展望 [J]. 土壤，2004，36 (l)：25‐29.

[5] 陈建勋，王晓峰. 植物生理学实验指导 [M]. 2版. 广州：华南理工大学出版社，2006：72‐73.

[6] 张华新，宋丹，刘正祥. 盐胁迫下11个树种生理特性及其耐盐性研究 [J]. 林业科学研究，2008，21 (2)：168‐175.

34个早熟禾种质苗期耐盐性评价

毕　波　徐　威　谭树杰　王　瑜　袁庆华

（中国农业科学院北京畜牧兽医研究所）

摘要： 对来自国内外的34个早熟禾种质进行盆栽试验，测定不同浓度NaCl溶液处理下5个耐盐指标，应用系统聚类的方法对不同指标的耐盐系数进行分级聚类，使其归属于3个耐盐等级，分别是：强耐盐、中度耐盐和弱耐盐。

关键词： 草地早熟禾；种质；耐盐性；耐盐等级；分级聚类

盐害是21世纪世界农业的重要问题[1]，目前全世界20%可耕地受到土壤盐渍化的影响，植物耐盐性研究迫在眉睫。我国有$2.0×10^7 hm^2$盐荒地和$6.67×10^6 hm^2$盐渍化土壤，约占可耕地面积的25%。草地早熟禾（*Poa pratensis* L.）是多年生冷季型草坪草，在我国北方地区广泛应用。土壤含盐量过高草坪草表现出春季发芽晚、秋季早衰、生长不良等现象，会降低草坪的使用价值[2]，我国北方土壤氯化物盐含量较高，盐碱化比较严重的地区草坪建植尤为困难，需筛选耐盐碱能力较强的草种[3]。王建丽[4]通过芽期试验筛选出2个耐0.8%浓度NaCl的品系，刘一明[5]等对其耐盐生理指标进行测定，并将其与高羊茅和多年生黑麦草各指标进行比较。本研究对早熟禾苗期5个形态指标和生理指标进行测定，对其耐盐等级进行系统分类和探讨，为早熟禾耐盐性鉴定、筛选提供试验参考，为草坪建植提供科学依据。

1　材料与方法

1.1　试验材料与地点

选用早熟禾34份材料（表1），种子由中国农业科学院北京畜牧兽医研究所牧草资源室提供。

表1　试验材料及来源

序号	编号	种质名	来源地	序号	编号	种质名	来源地
1	96‐66	肯利	美国	4	81‐76	巴林	中国农业农村部畜牧兽医局饲料饲草处
2	93‐14	麦瑞特	美国				
3	中‐608	泽地早熟禾	中国山西五台山	5	84‐711	坎勃鲁	美国

（续）

序号	编号	种质名	来源地	序号	编号	种质名	来源地
6	85-18	希斯波特	新西兰	21	92-238	开鲁坦	罗马尼亚
7	84-712	普利米德	美国	22	92-240	蒙纳切	加拿大
8	中-107	细叶早熟禾	新疆	23	94-29	FRWRP3	德国
9	83-121	多麦	加拿大	24	中-914	草地早熟禾	中国
10	91-60	洪兹维利	美国	25	86-316	纳索	美国
11	83-87	巴隆	荷兰	26	80-83	菲尔京	美国
12	87-113	特拉内尔	美国	27	97-61	自由	美国
13	中-915	草地早熟禾	中国	28	81-165	恩坦沙	荷兰
14	91-59	迪斯蒂尼	美国	29	92-249	伊诺达蒙菲德特	伊拉克
15	中-997	硬质早熟禾	中国北京延庆	30	87-114	阿盖尔	美国
16	2005-24	诺德	中国北京	31	92-244	丹加	俄罗斯
17	92-236	OH	罗马尼亚	32	中-699	草地早熟禾	中国山西五台山
18	79-135	诺玛	中国畜牧总公司进口处	33	93-1	华盛顿	美国
19	86-306	挑战者	美国	34	89-81	恩格拉格里斯	丹麦
20	2687	大青山	中国内蒙古自治区农牧业科学院				

1.2　试验方法

试验采用盆栽法，以蛭石、珍珠盐和草炭（6∶1∶3）为基质，每盆1kg，播种出苗后间苗，二叶期前定苗，每盆留生长整齐一致、分布均匀的50棵苗，3次重复，每盆按干土样重的0（CK）、0.3%、0.4%和0.5%计算所需化学纯NaCl的量，溶解在一定量的自来水中，使含水量维持在50%~70%。

1.3　耐盐性指标测量

1.3.1　相对株高
相对株高＝盐处理植株的株高/对照植株株高的平均值

1.3.2　相对存活率
相对存活率＝盐处理存活率/对照存活率的平均值×100%

1.3.3　相对地上生物量
用剪刀齐地剪取地上部分，洗净，105℃杀青0.5h时后烘干24h。相对地上生物量＝盐处理植株地上生物量/对照植株生物量的平均值。

1.3.4　细胞质膜透性
采用电导仪法[6]，细胞质膜透性＝叶片杀死前外渗液的电导值/叶片杀死后外渗液的电导值×100%，文中采用相对值，是各项试验指标与对照平均值的比值。

1.3.5　相对叶绿素的含量
采用丙酮提取法[7]。$Chla=12.25 \times A_{663.2}-2.79 \times A_{646.8}$；$Chlb=21.50 \times A_{646.8}-5.10 \times A_{663.2}$；叶绿素的含量＝（叶绿素的浓度×提取液体积×稀释倍数）/样品鲜重，单位为mg/g；相对叶绿素的含量＝叶绿素的含量/对照植株叶绿素含量平均值。

1.3.6　单项指标耐盐系数
耐盐系数＝不同处理下平均的相对值/对照平均相对值×100%

1.3.7　耐盐系数标准化处理
各项指标用五级评分法换算成相对指标定量表示，各性状因数值大小和变化幅度不同产生的差异即可消除，其换算公式如下：

$$D = \frac{H_n - H_s}{5} \tag{1}$$

$$E = \frac{H - H_s}{D} + 1 \tag{2}$$

式中 H_n 为各指标测定的最大值；H_s 为各指标测定的最小值；H 为各指标测定的任意值；D 为得分极差（每得 1 分之差）；E 为各材料在不同耐盐指标上的得分。

1.4　数据处理与统计分析

运用 SAS 8.1 进行方差分析，聚类分析综合评价。

2　结果与分析

2.1　试验结果

将试验测定和统计分析的原始数据经标准化处理（表 2）。

表 2　耐盐系数指标标准化处理值

序号	相对存活率	相对株高	相对地上生物量	相对叶绿素含量	相对细胞膜透性	序号	相对存活率	相对株高	相对地上生物量	相对叶绿素含量	相对细胞膜透性
1	1.58	1.20	1.00	1.94	4.53	18	4.85	3.41	4.44	6.00	5.69
2	4.65	1.29	4.73	3.08	5.93	19	5.04	5.62	5.41	1.44	5.29
3	2.73	1.89	2.03	2.53	5.15	20	6.00	3.04	2.60	5.06	4.89
4	1.77	1.00	3.03	3.82	1.00	21	4.65	4.81	3.57	1.64	4.63
5	4.46	5.98	5.61	1.81	3.99	22	5.62	4.13	2.59	2.82	4.98
6	4.46	2.70	2.04	1.07	5.55	23	4.85	3.67	4.18	1.92	4.12
7	4.41	1.54	3.05	2.33	5.11	24	3.31	2.01	2.82	4.43	5.94
8	5.04	4.39	3.99	2.64	3.84	25	4.65	5.60	6.00	1.59	5.98
9	4.27	3.26	3.76	1.94	4.67	26	3.31	2.82	3.44	2.55	3.53
10	1.00	4.69	4.07	1.00	4.63	27	3.31	6.00	4.80	2.84	5.38
11	4.65	2.50	4.67	4.01	5.33	28	4.08	3.38	2.64	2.00	5.55
12	4.65	2.82	3.59	4.66	5.31	29	4.08	3.88	3.97	4.31	5.78
13	4.41	3.05	4.28	2.61	5.50	30	3.69	3.03	2.71	3.16	6.00
14	2.15	3.37	2.90	1.12	5.09	31	4.27	3.77	2.86	1.78	4.15
15	3.50	3.50	2.05	5.99	5.39	32	5.81	2.61	2.86	3.21	5.14
16	5.23	3.01	4.14	1.07	5.00	33	4.65	1.90	1.81	4.79	4.04
17	4.46	4.44	4.11	3.07	4.22	34	2.35	1.26	1.86	3.81	4.73

2.2　各种质间耐盐性指标聚类分析

根据 5 个耐盐系数指标的标准化值，采用 WARD 法对 34 个早熟禾种质进行耐盐性分析聚类，得到综合耐盐性聚类图（图 1）。欧氏距离在 0.1236～0.1726，可将 34 个早熟禾种质分为三类，分别为强耐盐、中度耐盐抗和弱耐盐（表 3）。应用聚类分析程序计算同一类内早熟禾种质各耐盐系数指标的平均值（表 4）。第三类耐盐系数指标均值中相对存活率指标、相对叶绿素含量达到最高 94.28% 和 109.69%，相对细胞质膜透性指标保持在 180.48%，说明在 NaCl 胁迫下植株的存活率和叶绿素含量较高，细胞伤害率较低，表明第三类具有强耐盐性；第二类耐盐系数指标均值在相对株高和相对地上生物量相对第三类略高，这可能是因为耐盐性划分的模糊性造成的，但总体水平第二类属于中度耐盐种质；第一类是耐盐性最弱的种质。

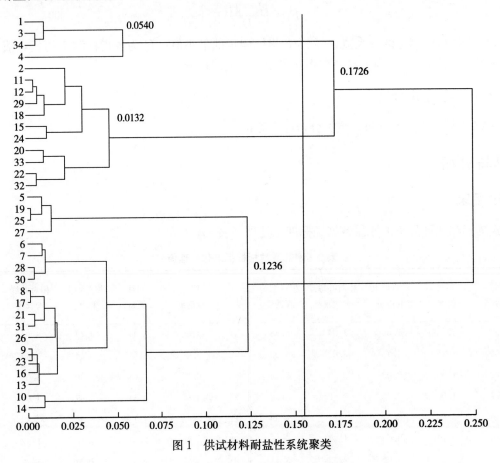

图 1　供试材料耐盐性系统聚类

表 3　早熟禾综合耐盐性分级聚类结果

第一类			第二类			第三类		
96 - 66	84 - 711	85 - 18	中 - 107	80 - 83	中 - 915	93 - 14	79 - 135	93 - 1
中 - 608	86 - 306	84 - 712	92 - 236	83 - 121	91 - 60	83 - 87	中 - 997	92 - 240
89 - 81	86 - 316	81 - 165	92 - 238	94 - 29	91 - 59	87 - 113	中 - 914	中 - 699
81 - 76	97 - 61	87 - 114	92 - 244	2005 - 24		92 - 249	2687	

表 4　草地早熟禾同一耐盐等级指标平均值

耐盐系数指标均值（％）	耐盐等级		
	第一类	第二类	第三类
相对存活率	88.65	91.55	94.28
相对株高	83.39	111.75	97.16
相对地上生物量	76.22	103.23	92.63
相对叶绿素含量	96.91	84.61	109.69
相对细胞膜透性	313.65	215.64	180.48

3 结论

(1) 盐浓度对早熟禾株高、存活率和地上生物量有显著影响，不同材料对 NaCl 胁迫的耐受力也有差异。随着盐浓度升高，早熟禾的形态指标呈下降趋势。

(2) 同一盐浓度下不同种间生理指标差异显著（$P<0.05$）。在 0.3%～0.4%NaCl 浓度下，各生理指标与对照相比差异不大；在 0.5% 盐浓度下，同一种质的形态指标相对于对照有很大的变化。植物存在区域化作用，不但可以从细胞质和细胞器中将盐分清除出去，还可以通过液泡膜上的 Na^+-H^+ 反向运输蛋白将盐分集中到液泡中，可防止细胞质中高盐离子对细胞产生毒害，补偿液泡与细胞质间的渗透差异。在低盐浓度下，植物通过渗透调节物质如游离脯氨酸、甘油醇、Na^+、K^+ 和 Cl^- 以及提高酶活性减少盐离子对原生质的破坏，保证植物在一定浓度范围内正常生长。而在高盐浓度下，植物的自我调节能力降低，叶绿素含量迅速下降，细胞膜透性加大。

(3) 早熟禾材料的耐盐性是多种生理代谢的综合指标，将存活率、株高、地上生物量等直观的生态指标和叶绿素含量和细胞膜透性 2 个生理指标相结合，能较为客观地对早熟禾耐盐性进行分级聚类。

(4) 国内外 34 份早熟禾材料的耐盐性聚类分析结果显示，93-14，83-87，79-135，中-997，87-113，中-914，92-249，2687，93-1，92-240 和中-699 属于强耐盐性种质；84-711，86-306，86-316，97-61，96-66，中-608，89-81，81-76 是弱耐盐耐盐性种质；其他为中度耐盐性种质。强耐盐性种质可能存在通过自然选择、生态适应和遗传变异等固定下来的有益基因。应进行进一步研究、栽培和筛选，对培育新品种及提高早熟禾耐盐性具有实践和生产意义。

参 考 文 献

[1] RANA M. Genes and Salt Tolerance：Bringing them Together [J]. New Phyologist, 2005, 167：645-663.
[2] 刘振虎. 几种草坪草 NaCl 胁迫反应及其耐盐机制的分析研究 [D]. 北京：中国农业科学院，2001：49-54.
[3] 张秀云. 草坪草耐盐性研究进展 [J]. 草原与草坪，2000 (2)：8-11.
[4] 王建丽，申忠宝，钟鹏，等. NaCl 胁迫对 15 个草地早熟禾品种萌发的影响 [J]. 草原与草坪，2009 (4)：57-60.
[5] 刘一明，王兆龙. 冷季型草坪品种（系）的耐盐性筛选 [J]. 上海交通大学学报，2007，25 (4)：367-373.
[6] DIONISIO-SESE M D, Tobita S. Antioxidant Responses of Rice Seedlings to Salinity Stress. Plant Science, 135：1-9.
[7] LICHTENTHALER H K, Chlorophylls and Carotenoids：Pigments of Photosynthetic Biomembranes [J]. Methods Enzymol, 1987, 148：50-382.

偃麦草属植物种质材料苗期耐盐性综合评价

孟林[1]　尚春艳[1,2]　高洪文[3]　毛培春[1]　张国芳[1]　安沙舟[2]

（1. 北京市农林科学院/北京草业与环境研究发展中心　2. 新疆农业大学草业工程学院/
新疆草地资源与生态重点实验室　3. 中国农业科学院北京畜牧兽医研究所）

摘要： 采用温室苗期模拟 NaCl 浓度梯度胁迫方法，对来自于 21 个国家的偃麦草属 8 个植物种 34 份种质材料苗期的叶片相对含水量、相对电导率、游离脯氨酸、K^+/Na^+、相对生长速度变化率、耐盐系数、存活率和出现盐害到死亡时间等指标进行测定与分析，并对偃麦草属植物种质材料苗期的耐盐性进行综合评价，结果表明，上述指标均是偃麦草属植物种质材料苗期耐盐性评价的有效指标。且通过对 0.9%NaCl 浓度下的各项指标进行综合聚类，可将 34 份偃麦草属植物种质划分为 3 个耐盐级别：即耐盐种质有 ER030、ER035、ER041、EE011、EE014、EE017、EE023、EE026、EE047、EH001、EH002、EPU02；中度耐盐种质有 ER008、ER014、ER027、ER032、ER037、ER038、ER044、ER045、EE007、EE027、EJ001、EPO02、EPO03、EPO04；敏盐种质有 ER028、ER033、ER036、ER039、EE022、EI022、EJ003、EL001。

关键词：偃麦草属；种质；苗期；耐盐性；评价

偃麦草属（*Elytrigia* Desv.）是禾本科小麦族优良多年生根茎疏丛型草本植物，具有十分重要的利用价值[1]。其中，中间偃麦草的产量高、营养价值高、适口性好，适合作为饲草利用，是建立人工草地的优良草种[1,2]；偃麦草具有强抗旱和抗寒性、具长而发达的地下横走根茎，侵占能力极强，适于进行固土护坡、水土保持和改良天然草地[3]；长穗偃麦草具有强耐盐碱性，是改良盐碱地的理想植物[4]。同时偃麦草属植物也是小麦的近缘种，是改良小麦不可缺少的野生基因库[5-7]。因此，开展偃麦草属植物种质资源的耐盐性研究，从中筛选出优良的耐盐种质材料，对盐渍化土地的治理与改良等具有重要现实意义。

关于偃麦草属植物耐盐性的研究，除了与其他牧草种或种质进行比较研究外[8]，系统地开展偃麦草属不同种间、品种间、种质材料间的耐盐性研究较少。本研究采用温室苗期模拟 NaCl 浓度梯度胁迫技术，对来自 21 个国家的 34 份偃麦草属植物种质材料苗期耐盐性进行鉴定与评价，以期从中筛选出优异的耐盐种质材料，为偃麦草属植物种质材料的开发利用，以及偃麦草属牧草与小麦耐盐新种质的选育提供重要的科学理论依据。

1 材料和方法

1.1 供试材料

以从美国植物种质资源库中收集整理到的来自于 21 个国家偃麦草属 8 个植物种的 34 份种质材料为试验材料（表 1）。

表 1 偃麦草属植物种质供试材料及来源

现编号	原编号	种名	种质材料名	来源地
ER008	PI 180407	*E. repens*	—	印度
ER014	PI 531747	*E. repens*	D - 3244	波兰
ER027	PI 593438	*E. repens*	MH - 114 - 1085	土耳其
ER028	PI 317410	*E. repens*	QHAAV	阿富汗
ER030	PI 499630	*E. repens*	DT - 3045	中国新疆
ER032	PI 502361	*E. repens*	AR - 200	苏联
ER033	PI 371689	*E. repens*	PN - 543	美国阿拉斯加州
ER035	PI 401317	*E. repens*	D - 1061	伊朗大不里士
ER036	PI 565007	*E. repens*	AJC - 312	哈萨克斯坦
ER037	PI 595134	*E. repens*	X93028	中国新疆
ER038	PI 634252	*E. repens*	UKR - 99 - 105	乌克兰
ER039	PI 618807	*E. repens*	W94029	蒙古
ER041	PI 253431	*E. repens*	—	南斯拉夫
ER044	PI 598741	*E. repens*	AJC - 302	俄罗斯圣彼得堡

现编号	原编号	种名	种质材料名	来源地
ER045	PI 311333	*E. repens*	A-238	西班牙
EE007	PI 297871	*E. elongata*	C. P. I. 27103	阿根廷
EE011	PI 574516	*E. elongata*	ALKAR	美国华盛顿
EE014	PI 276399	*E. elongata*	C. P. I. No. 22748	德国
EE017	PI 308592	*E. elongata*	FAO 18. 173	意大利
EE022	PI 578686	*E. elongata*	ORBIT	加拿大萨斯卡恰温
EE023	PI 535580	*E. elongata*	811	突尼斯
EE026	PI 595139	*E. elongata*	X93047	中国新疆
EE027	PI 401007	*E. elongata*	D-19	土耳其
EE047	PI 578683	*E. elongata*	PLATTE	美国内布拉斯加州
EH001	PI 276708	*E. hybrid*	IV-68	俄罗斯圣彼得堡
EH002	PI 277183	*E. hybrid*	—	法国
EJ001	PI 634312	*E. juncea*	D-3674	希腊
EJ003	PI 414667	*E. pontica*	W6 11157	荷兰
EPO02	PI 508561	*E. pontica*	546	阿根廷
EPO04	PI 636523	*E. pontica*	D-3494	阿根廷
EPO03	PI 547312	*E. pontica*	VIR-44719	俄罗斯圣彼得堡
EL001	PI 440059	*E. lolioides*	D-2026	苏联
EPU02	PI 277185	*E. pungens*	—	法国
EI022	PI 547334	*E. intermedia*	D-3209	波兰

1.2　试验设计

试验于 2006 年 3—5 月在北京市农林科学院草业中心温室内进行。试验期间，温室平均气温 26.5℃（白天）/17.0℃（夜晚），相对湿度 52.2%（白天）/81.8%（夜晚）。

试验土壤为过筛的大田土、草炭、细沙按 1∶1∶1 的体积比配制而成，土壤有机质含量 3.62%、全氮 0.14%、有效磷 23.03mg/kg、速效钾 65.83mg/kg、水溶性盐 42mS/cm，pH 为 7.01。装入花盆（上口径×下口径×高＝17cm×12cm×14cm）中，保证每盆干土重量为 1.5kg。将 40 粒供试材料种子均匀地撒在花盆中，待幼苗长到三叶期时，选择长势均匀的 25 株定苗，并开始进行盐分胁迫。分别以分析纯 NaCl 占土壤干重的 0.3%、0.6%、0.9% 和 1.2%，设置 4 个处理浓度，1 个对照（CK，无 NaCl），3 次重复。将配制好的不同浓度的盐溶液，分别浇入对应的花盆中，对照浇入等量的自来水，以保证每盆土壤含水量为最大田间持水量的 70% 左右。胁迫试验开始后，每天根据土壤水分的蒸发情况，浇入适量的水，以保证土壤含水量相对恒定不变。胁迫到 15d 时，取 0.3%、0.6%、0.9%、1.2% 胁迫浓度和 CK 下各种质幼嫩叶片，测定生理和生长指标，3 次重复。

1.3　测定项目与方法

测定的生理指标有：叶片相对含水量（RWC）采用饱和称重法测定；相对电导率（EC）采用电导率法测定；游离脯氨酸（Pro）的含量采用茚三酮法；K^+、Na^+ 采用原子吸收分光光度法，计算 K^+/Na^+。

RWC、EC 和 Pro 变化率＝（0.9％浓度下的 RWC、EC 和 Pro 测定值－CK 的 RWC、EC 和 Pro 测定值）/CK 的 RWC、EC 和 Pro 测定值×100％；K^+/Na^+ 变化率＝（CK 的 K^+/Na^+－0.9％浓度下的 K^+/Na^+）/（CK 的 K^+/Na^+）×100％。

测定的生长指标有：相对生长速度变化率，相对生长速度＝（胁迫后的株高－胁迫前的株高）/胁迫天数×100％，相对生长速度变化率＝胁迫植株的相对生长速度/对照植株的相对生长速度×100％；耐盐系数，系盐害症状出现前在不同浓度 NaCl 胁迫下生长的天数乘以各自盐浓度百分比，然后求总和；存活率，系盐胁迫 15d 时存活的苗数与处理前成活的总苗数的百分比；出现盐害到死亡时间，以全盆 50％以上植株死亡为死亡时间。

1.4 数据处理与分析

利用 SAS 8.2 统计软件对 0.9％ NaCl 浓度下测定的 8 个耐盐指标的原始测定数据进行单因素方差分析，并进行最远距离聚类分析。

2 结果与分析

2.1 单项耐盐指标及相关分析

不同 NaCl 浓度胁迫下，偃麦草属植物种质材料苗期的生长特性和生理指标的变化不同。试验观察，在 0.3％NaCl 浓度下，虽然植株生长受到一定程度的抑制作用，但相对生长速度变化率除 ER028、ER036、ER039、EE007 外，均在 50％以上；而除 EL001（存活率 90.24％）外，其余所有植株均全部存活。当 NaCl 浓度升至 0.6％时，植株生长受到较明显抑制，相对生长速度变化率均在 76.56％以下，如 ER036、EE007、ER028、EL001、ER033、EJ003 分别仅有 18.98％、21.10％、26.09％、25.71％、34.05％、36.31％；而存活率大多 100％，仅 ER028、EL001、EI022 分别为 89.29％、90.24％、95.65％。当 NaCl 浓度为 0.9％时，植株生长受到特别明显的抑制作用，相对生长速度变化率均处于 50％以下，有的甚至－18.53％～22.36％，而存活率除 ER008、ER014、EI022、ER038、EE014、EL001 仅分别为 77.27％、77.27％、75.21％、64.29％、78.57％、71.43％外，其余材料均在 80％以上，有的甚至仍达 100％。当 NaCl 浓度升至 1.2％时，植株生长严重受阻，有的甚至死亡，生长相对速度变化率全部处于 25％以下，有的材料甚至仅为－55.81％（EE022）、－43.48％（ER028）、－35.5％（EL001）、－22.02％（EJ003），而存活率小于 50％的有 ER008（49％）、ER014（43.18％）、ER028（47.69％）、ER033（41.94％）、ER036（40％）、ER037（46.67％）、ER039（30.76％）、ER045（38.46％）、EE022（38％）、EJ003（46％）、EPO03（44.62％）、EL001（44％）、EI002（34.56％）。1.2％浓度下植株发生的盐害级别均在 2 以上，有的甚至达到 4 的水平，出现盐害到死亡的时间大多处于 3～10d，充分说明超过植物耐受的盐度阈值，植物不能正常生长。

对 0.3％、0.6％、0.9％、1.2％NaCl 浓度胁迫和 CK 下的 RWC、EC、Pro、K^+/Na^+ 的测定分析可知，34 份偃麦草属植物种质材料叶片的 RWC、K^+/Na^+ 随胁迫浓度增加而呈递减的趋势，而 EC、Pro 则呈递增趋势，且 0.3％、0.6％浓度下的各指标测定值与对照（CK）的相比，变化幅度均相对较缓（表 2）。

虽然 0.9％NaCl 浓度下，参加试验的偃麦草属植物种质材料生长受到特别明显的抑制作用，但均维持绿色生长状态。由表 2 可见，0.9％NaCl 浓度也是 RWC、EC、Pro、K^+/Na^+ 这 4 个生理指标值变化的拐点，并对该浓度下测定的 RWC、EC、Pro 变化率进行方差分析，显示出不同种质材料之间大多均存在显著差异（表 3）。RWC、EC、Pro、K^+/Na^+ 变化率绝对值小的材料，生长速度变化率和耐盐系数都较大，存活率较高，出现盐害的时间较长。相关分析结果表明，测试的 8 个耐盐指标间都存在着不同程度的相关性（表 4），这样就会使它们所提供的信息发生重叠。因此，从这些单项指标上评价偃麦草属植物种质的耐盐性难以得到客观的结果。

表2 不同 NaCl 浓度胁迫下 34 份偃麦草属植物种质材料的 RWC、EC、Pro、K$^+$/Na$^+$ 值

种质材料	0 (CK)				0.3%				0.6%				0.9%				1.2%			
	RWC (%)	EC (%)	Pro (μg/g)	K$^+$/Na$^+$	RWC (%)	EC (%)	Pro (μg/g)	K$^+$/Na$^+$	RWC (%)	EC (%)	Pro (μg/g)	K$^+$/Na$^+$	RWC (%)	EC (%)	Pro (μg/g)	K$^+$/Na$^+$	RWC (%)	EC (%)	Pro (μg/g)	K$^+$/Na$^+$
ER008	89.96	11.89	45.00	30.44	86.00	13.33	54.18	9.49	82.13	20.59	94.93	7.37	74.18	20.71	836.84	4.99	69.34	25.51	3398.53	2.36
ER014	96.86	9.09	59.68	21.62	92.80	14.76	177.09	6.72	86.48	16.16	204.18	4.99	76.56	21.06	1185.61	2.30	—	—	—	—
ER027	94.16	8.25	45.27	19.04	91.48	8.38	50.27	11.57	88.82	11.16	257.58	8.42	80.36	15.30	786.18	3.53	75.89	22.52	3008.77	2.46
ER028	91.31	11.42	103.04	15.83	89.95	17.00	283.16	4.81	82.61	17.89	926.50	2.84	71.28	25.83	2280.97	1.29	—	—	—	—
ER030	92.14	8.79	63.43	20.08	89.16	11.18	71.20	7.72	85.37	13.89	81.72	7.18	81.77	15.47	819.45	3.35	75.77	21.40	2263.88	2.39
ER032	94.34	11.60	48.52	28.84	82.42	16.07	266.50	12.36	79.53	18.39	591.90	6.78	77.73	24.76	886.14	4.74	70.11	35.30	3210.77	1.93
ER033	94.96	8.38	39.72	20.26	92.59	8.72	48.29	8.11	86.96	17.50	85.46	5.86	73.63	20.62	897.98	2.24	65.12	21.63	3958.79	1.44
ER035	92.24	11.60	89.54	32.56	84.94	12.91	59.76	10.59	82.48	19.82	443.42	9.23	82.95	13.90	870.46	8.68	78.95	17.30	1964.66	—
ER036	86.76	9.21	39.60	22.91	86.83	13.96	78.05	3.75	80.08	22.80	552.99	2.79	76.55	33.18	881.46	1.38	72.55	49.44	3990.02	1.20
ER037	88.41	7.18	44.63	14.47	85.63	7.72	61.24	5.20	80.31	13.49	730.55	3.49	75.94	13.09	735.96	3.11	70.62	21.22	2411.02	2.32
ER038	94.39	10.52	61.08	37.75	89.01	15.06	68.34	7.42	85.72	15.51	106.28	6.35	76.48	22.36	1202.74	5.67	72.48	34.18	3337.09	3.42
ER039	94.11	7.29	60.12	26.08	83.06	6.16	59.02	8.82	70.13	12.47	357.25	6.50	71.75	30.10	1451.17	2.13	—	—	—	—
ER041	88.59	7.20	50.17	20.51	87.98	10.06	59.41	16.16	82.22	10.50	141.77	14.89	77.54	12.65	709.40	10.20	72.53	21.58	2275.72	6.95
ER044	95.94	10.11	59.27	17.27	91.31	10.92	69.52	10.00	83.70	13.95	259.59	5.16	81.30	18.88	1052.58	3.78	67.34	20.75	2962.69	—
ER045	94.01	4.18	31.50	17.57	85.85	4.52	68.79	7.08	85.42	7.71	85.26	4.68	80.57	7.64	509.10	2.87	74.68	19.61	2412.32	2.14
EE007	83.66	10.43	40.79	13.07	82.48	10.46	51.36	4.78	73.45	18.51	46.05	4.12	65.57	20.99	818.93	3.77	60.50	34.45	3612.62	1.58
EE011	93.33	9.83	51.81	8.02	89.33	8.78	66.14	5.15	86.05	17.98	145.72	4.85	82.99	15.59	505.74	4.14	76.99	35.38	1731.65	3.51
EE014	97.97	10.81	50.72	7.27	94.34	13.87	124.57	5.04	90.29	14.20	129.33	4.80	87.24	15.58	446.15	4.33	82.24	35.96	1794.30	2.92
EE017	96.07	13.98	44.40	12.43	86.87	12.84	74.50	7.55	78.62	15.12	172.67	5.33	85.33	17.72	433.58	4.42	79.33	36.86	2074.63	3.44
EE022	94.01	11.52	43.96	16.23	87.99	13.62	49.31	3.12	83.25	19.10	453.92	2.68	75.93	24.26	962.22	1.30	67.52	13.33	3698.66	1.09

（续）

种质材料	0 (CK)				0.3%				0.6%				0.9%				1.2%			
	RWC (%)	EC (%)	Pro (μg/g)	K^+/Na^+	RWC (%)	EC (%)	Pro (μg/g)	K^+/Na^+	RWC (%)	EC (%)	Pro (μg/g)	K^+/Na^+	RWC (%)	EC (%)	Pro (μg/g)	K^+/Na^+	RWC (%)	EC (%)	Pro (μg/g)	K^+/Na^+
EE023	86.54	19.05	41.21	8.06	85.91	21.75	65.16	5.75	80.15	23.58	183.12	5.08	76.28	27.19	391.72	4.82	72.56	26.99	1790.94	3.54
EE026	96.93	7.93	36.57	18.00	88.50	12.88	43.94	8.52	89.00	13.22	79.11	6.58	86.40	11.63	332.69	4.73	81.40	36.57	1645.28	3.44
EE027	92.59	4.43	27.00	8.80	89.23	4.37	30.30	3.88	87.89	8.60	352.45	3.55	77.29	8.79	486.48	3.39	71.56	20.97	2984.32	—
EE047	94.29	9.88	41.51	12.26	85.85	11.11	37.32	6.50	83.87	17.45	116.59	5.73	83.82	16.12	397.82	4.28	77.82	26.04	1804.81	3.03
EH001	98.69	10.74	98.05	10.14	92.64	11.46	156.97	6.38	90.20	13.42	233.42	5.54	88.03	16.69	855.85	4.27	84.03	18.25	1579.25	3.11
EH002	97.22	10.20	103.86	13.48	92.86	12.63	126.91	10.08	90.04	16.05	156.57	8.35	86.93	16.81	887.73	5.48	82.93	21.23	1417.31	4.50
EJ001	83.66	14.02	60.38	11.36	83.48	14.17	52.38	5.50	73.45	15.51	241.90	4.70	70.24	27.43	1045.88	3.54	64.92	32.63	2824.60	1.80
EJ003	89.99	9.78	50.59	9.29	84.76	11.86	185.44	5.59	68.41	13.96	883.60	3.69	70.50	22.46	1121.84	1.22	61.84	32.36	3977.23	1.06
EPO02	89.36	13.84	47.20	5.94	75.96	15.16	51.40	2.31	79.02	16.95	84.52	2.05	74.13	27.49	889.48	1.77	68.54	16.02	3365.02	—
EPO04	86.59	14.88	41.74	4.32	85.66	22.55	43.55	2.57	83.11	24.18	614.08	2.06	74.96	26.87	609.83	1.02	70.45	16.19	2295.12	—
EPO03	86.76	7.89	33.60	7.68	79.74	9.16	116.33	5.66	83.71	9.67	378.32	4.63	74.31	14.59	563.11	2.96	68.54	22.52	2796.56	1.36
EL001	94.31	19.59	50.69	12.22	87.39	19.87	120.30	2.14	79.40	21.90	366.68	1.91	72.92	52.81	1298.57	1.57	63.15	33.89	4406.11	1.10
EPU02	91.69	3.15	95.52	8.74	89.55	3.77	166.65	3.34	87.34	5.43	265.57	3.18	81.58	5.48	1170.06	1.92	76.58	68.60	2089.85	—
EI022	85.18	12.44	37.07	23.54	82.08	14.85	54.04	4.79	76.26	17.33	708.38	2.66	66.12	33.51	837.90	1.19	—	—	—	—

注："—"代表因存活稀少或已死亡，无法测定。

表3 0.9%NaCl 浓度胁迫 15d 后的偃麦草属植物各项生理指标变化率和生长状况

种质材料	RWC 变化率（％）	EC 变化率（％）	Pro 变化率（％）	K⁺/Na⁺变化率（％）	相对生长速度变化率（％）	耐盐系数（％）	存活率（％）	出现盐害到死亡的时间（d）
ER008	-17.54^f	74.14^{klij}	1759.71^{gf}	83.61	43.75	23.10	77.27	4
ER014	-20.96^{dc}	131.67^{ed}	1886.51^d	87.83	23.56	21.90	77.27	4
ER027	-14.66^{ji}	85.40^{gijh}	1636.78^{jih}	81.47	35.67	27.90	100.00	6
ER028	-21.93^{bc}	126.10^{ed}	2113.60^c	91.86	12.68	20.47	85.00	3
ER030	-11.26^{lmn}	76.01^{klijh}	1191.91^m	83.34	48.06	26.70	100.00	4
ER032	-17.61^f	113.43^{ef}	1726.18^{gfh}	83.57	35.98	24.50	100.00	5
ER033	-22.46^{ba}	146.04^d	2160.51^c	88.94	15.69	25.00	93.33	3
ER035	-10.07^n	19.82^o	872.13^n	73.33	47.52	30.80	100.00	8
ER036	-11.76^{lm}	260.20^b	2125.83^c	93.99	15.77	18.12	88.46	4
ER037	-14.11^{ji}	82.24^{kgijh}	1549.06^{jk}	78.48	34.76	26.10	98.15	4
ER038	-18.98^e	112.58^{ef}	1869.14^{ed}	84.99	24.08	24.42	64.29	4
ER039	-23.77^a	312.65^a	2313.90^b	91.84	-18.53	21.50	100.00	5
ER041	-12.47^{lk}	75.74^{klijh}	1313.89^l	50.28	41.44	26.30	94.44	6
ER044	-15.26^{ih}	86.82^{gijh}	1675.78^{gih}	78.13	38.49	28.50	96.67	5
ER045	-14.30^{ji}	82.89^{gijh}	1516.04^k	83.66	22.36	26.10	100.00	5
EE007	-21.63^{bc}	101.31^{gf}	1907.89^d	71.17	28.87	20.20	86.00	4
EE011	-11.08^{lmn}	58.64^{klm}	876.05^n	48.33	48.01	30.70	100.00	5
EE014	-10.96^{mn}	44.12^{on}	779.68^{on}	40.42	44.45	31.26	78.57	5
EE017	-11.19^{lmn}	26.77^{lm}	876.59^n	64.48	46.06	31.80	100.00	8
EE022	-19.23^{de}	110.58^{ef}	2088.65^c	91.99	18.60	23.70	100.00	4
EE023	-11.86^{lm}	42.75^{nm}	850.58^{on}	40.22	44.23	33.80	100.00	7
EE026	-10.87^{mn}	46.71^{nm}	809.68^{on}	73.73	43.26	33.00	100.00	6
EE027	-16.52^{gfh}	98.39^{gifh}	1701.71^{gfh}	61.50	34.58	26.40	100.00	9
EE047	-11.10^{lmn}	63.09^{kljm}	858.50^{on}	65.08	47.27	31.08	100.00	1
EH001	-10.80^{mn}	55.37^{lm}	772.88^{on}	57.86	47.12	29.50	82.61	6
EH002	-10.59^{mn}	64.86^{kljm}	754.72^o	59.37	44.63	22.70	100.00	3
EJ001	-16.05^{gh}	95.66^{gifh}	1632.27^{jih}	66.56	29.62	28.00	100.00	5
EJ003	-21.66^{bc}	129.61^{ed}	2117.43^c	86.89	12.44	21.45	100.00	5
EPO02	-17.05^{gf}	98.60^{gfh}	1784.60^{ef}	70.25	34.38	23.55	100.00	5
EPO04	-13.43^{ik}	80.66^{kgijh}	1361.15^l	73.60	43.54	25.20	100.00	4
EPO03	-14.35^{ji}	84.83^{gijh}	1575.97^{jik}	61.42	40.95	26.40	92.59	8
EL001	-22.69^{ba}	169.66^c	2461.99^a	87.11	12.35	20.30	71.43	5
EPU02	-11.03^{lmn}	74.09^{klij}	1124.93^m	57.14	47.14	35.10	100.00	6
EI022	-22.38^b	169.29^c	2160.51^c	94.94	-10.20	15.30	75.21	5

注：同列中具有不同字母的表示差异显著（$P<0.05$）。

表 4　8 个测试指标的相关系数

	x1	x2	x3	x4	x5	x6	x7	x8
x1	1							
x2	0.64**	1						
x3	0.87**	0.77**	1					
x4	0.66**	0.64**	0.77**	1				
x5	−0.82**	−0.86**	−0.80**	−0.70**	1			
x6	−0.73**	−0.71**	−0.80**	−0.70**	0.74**	1		
x7	−0.40*	−0.22	−0.33*	−0.23	0.29	0.44**	1	
x8	−0.26	0.26	−0.25	−0.38*	0.22	0.38*	0.21	1

注：x1 为 RWC 变化率（%）；x2 为 EC 变化率（%）；x3 为 Pro 变化率（%）；x4 为 K^+/Na^+ 变化率（%）；x5 为相对生长速度变化率（%）；x6 为耐盐系数；x7 为存活率（%）；x8 为出现盐害到死亡的时间（d）。* 表示 $P<0.05$ 的显著水平，** 表示 $P<0.01$ 的显著水平。

2.2　偃麦草属植物种质材料耐盐性的聚类分析

将 0.9%NaCl 浓度下的各项生理指标（RWC、EC、Pro、K^+/Na^+）的变化率以及相对生长速度变化率、耐盐系数、存活率和出现盐害到死亡时间 8 项耐盐指标进行综合聚类分析（图 1），将 34 份偃麦草属植物种质材料聚合为 3 个耐盐级别：即耐盐种质有 ER030、ER035、ER041、EE011、EE014、EE017、EE023、EE026、EE047、EH001、EH002、EPU02；中度耐盐的种质有 ER008、ER014、ER027、ER032、ER037、ER038、ER044、ER045、EE007、EE027、EJ001、EPO02、EPO03、EPO04；敏盐种质有 ER028、ER033、ER036、ER039、EE022、EI022、EJ003、EL001。

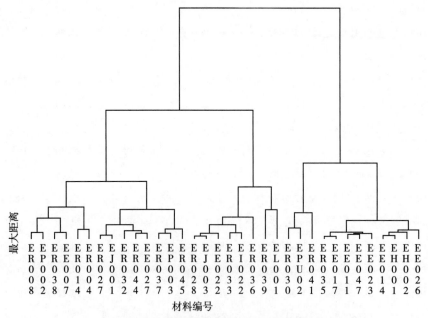

图 1　34 份偃麦草属植物种质材料苗期耐盐性聚类分析图

3　结论

（1）牧草耐盐性是一个复杂的生理特性，任何一个生长形态学指标和生理生化指标都不能单独准确地评价牧草的耐盐性，因此，对偃麦草属植物耐盐性鉴定应从形态、生理、生化等众多指标中筛选有显著影响的几个主要指标，进行综合分析判断才更有效。尚春艳等（2008）对中间偃麦草苗期 NaCl 胁迫的生理响应研究中，选取 RWC、EC、Pro、丙二醛（MDA）4 个生理指标综合分析将 13 份种质材料划分为 3 个耐盐级别，并认为 0.9% 是中间偃麦草种质苗期可耐受 NaCl 胁迫的浓度阈值。本文通过对 0.9%NaCl 浓度下胁迫 15d 后的各项生理指标（RWC、EC、Pro、K⁺/Na⁺）的变化率和相对生长速度变化率、耐盐系数、存活率、出现盐害的时间进行综合聚类分析来评价偃麦草属植物幼苗的耐盐性，选取指标比较全面。结果显示，耐盐的种质有 ER030、ER035、ER041、EE011、EE014、EE017、EE023、EE026、EE047、EH001、EH002、EPU02；中度耐盐的种质有 ER008、ER014、ER027、ER032、ER037、ER038、ER044、ER045、EE007、EE027、EJ001、EPO02、EPO03、EPO04；敏盐的种质有 ER028、ER033、ER036、ER039、EE022、EI022、EJ003、EL001。

（2）植物叶片 RWC 的变化一定程度上反映了植株的耐盐能力和保水能力，RWC 变化率越小，其保水能力和耐盐能力越强。在中间偃麦草、黑麦草属（*Lolium* sp.）、转基因冰草（*Agropyron cristatum*）、碱茅（*Puccinellia tenuiflora*）、羊茅属（*Festuca* sp.）等禾本科牧草的研究中发现 Pro 含量随 NaCl 胁迫浓度的增加而增加，且增幅越大，耐盐性越差。大多数植物在盐生环境下，对 K⁺、Na⁺ 吸收具有拮抗作用，随着体内 Na⁺ 含量上升，K⁺ 含量下降，K⁺/Na⁺ 值则下降，充分说明了植物维持体内 K⁺、Na⁺ 平衡的能力与其耐盐性呈正相关。本研究同样证实了，在 NaCl 胁迫下 34 份偃麦草属植物种质材料叶片的 RWC、K⁺/Na⁺ 随胁迫浓度的增加而呈递减趋势，而 EC、Pro 值则呈递增趋势，且在 0.3%、0.6% 浓度胁迫下的各生理指标测定值与对照（CK）相比，变化幅度均相对较缓。

（3）对 0.9%NaCl 浓度下胁迫 15d 后的各项生理指标（RWC、EC、Pro、K⁺/Na⁺）的变化率、相对生长速度变化率、耐盐系数、存活率和出现盐害的时间进行相关分析，结果表明这些指标之间都存在着或大或小的相关性，说明这些指标都是对偃麦草属植物种质材料进行苗期耐盐性评价的有效指标，这与张耿等[9]对偃麦草属植物苗期耐盐指标的筛选有共同之处，但是否适用于其他生育阶段，还有待于进一步研究和证明。

参 考 文 献

[1] 默君，贾慎修．中国饲用植物 [M]．北京：中国农业出版社，2000．
[2] 张国芳，王北洪，孟林，等．四种偃麦草光合特性日变化分析 [J]．草地学报，2005，13（4）：344-348．
[3] 孟林．优良饲用坪用水土保持兼用植物：偃麦草 [J]．草原与草坪，2003，（4）：16-18．
[4] 谷安琳．耐盐碱栽培牧草：长穗薄冰草 [J]．中国草地，2004，26（2）：9．
[5] 王洪刚，刘树，亓增军，等．中间偃麦草在小麦遗传改良中的应用研究 [J]．山东农业大学学报（自然科学版），2000，31（3）：333-336．
[6] 马渐新，周荣华．来自长穗偃麦草的抗小麦条锈病基因的定位 [J]．科学通报，1999，44（1）：65-69．
[7] 吕伟东，徐鹏彬，蒲训．偃麦草属种质资源在普通小麦育种中的应用现状简介 [J]．草业学报，2007，16（6）：136-140．
[8] 毛培春．18 种多年生禾草种子萌发期和幼苗期的耐盐性比较研究 [D]．呼和浩特：内蒙古农业大学，2004．
[9] 张耿，高洪文，王赞，等．偃麦草属植物苗期耐盐性指标筛选及综合评价 [J]．草业学报，2007，16（4）：55-61．

中间冰草不同种质资源苗期的耐盐性评价

刘帅帅　李向林　何　峰　王　瑜　袁庆华

（中国农业科学院北京畜牧兽医研究所）

摘要：采用苗期盆栽法，观测 22 份中间冰草在不同的盐分梯度（0、0.1%、0.3%、

0.5%、0.7%）胁迫下的存活苗数、相对株高、相对分蘖数、相对生物量 4 个形态指标，并进行综合评价，结果表明：存活苗数、相对株高、相对分蘖数、相对生物量随盐浓度升高而降低，盐浓度 0.7%处理下存活率、相对株高、相对生物量、相对分蘖数显著低于 0.1%、0.3%和 0.5%盐处理（$P<0.05$），极显著的低于对照值（$P<0.01$）。根据综合评分法得出中间冰草种质材料耐盐性最强的有 7 号、17 号，耐盐性最弱的有 10 号、4 号。

关键词：中间冰草；幼苗期；耐盐性；综合评价

生态环境不断恶化和人们不合理开发利用导致土壤盐碱化程度不断加深和面积不断扩大。土壤盐碱化已成为一个世界性的问题，全世界盐碱地面积近 10 亿 hm^2，大约占据世界陆地面积的 7.6%[1]。我国各类盐碱地面积大约 0.346 亿 hm^2，是世界盐碱地大国之一[2,3]。盐害是 21 世纪世界农业的重要问题。盐碱地的开发和利用对扩大耕地面积，发展农业生产，提高人民生活水平具有重大意义，特别对人口众多和耕地资源缺乏的我国更具深远的意义。近年来国内外在对牧草耐盐性的研究上取得了不少成果，并逐渐应用于生产实践，对一些盐碱地的改良和利用作出了重要的贡献。

中间冰草是我国干旱地区重要禾本科牧草，筛选耐盐性强的中间冰草是非常重要的[4,5]。本试验选用中间冰草的不同种质作为试验材料，研究其在不同盐浓度下的耐盐性，通过对这些材料的存活率、相对株高、相对分蘖数、相对生物量、电导率、丙二醛及过氧化物酶活性的测定，进行综合比较和分析各材料的耐盐性，从中筛选出抗性强的种质材料，以期为中间冰草耐盐育种及耐盐性资源鉴定与筛选提供理论依据。

1 材料与方法

1.1 试验材料

种子的萌发实验在中国农业科学院北京畜牧兽医研究所科辅楼实验室进行，苗期盆栽试验在河北省廊坊中国农业科学院研究基地温室进行，生理生化指标的测定在北京市中国农业科学院畜牧研究所科辅楼实验室完成。试验材料为 22 份中间冰草，种子均由中国农业科学院北京畜牧兽医研究所提供，种质名称及来源见表 1。

表 1　试验材料及来源

序号	材料编号	中文名	拉丁文名	原产地
1	84-269	中间冰草	*Agropyron intermedium*（Host）Nevski	葡萄牙
2	84-273	中间冰草	*Agropyron intermedium*（Host）Nevski	苏联
3	84-274	中间冰草	*Agropyron intermedium*（Host）Nevski	苏联
4	84-277	中间冰草	*Agropyron intermedium*（Host）Nevski	土耳其
5	84-290	中间冰草	*Agropyron intermedium*（Host）Nevski	土耳其
6	84-325	中间冰草	*Agropyron intermedium*（Host）Nevski	土耳其
7	84-342	中间冰草	*Agropyron intermedium*（Host）Nevski	伊朗
8	84-358	中间冰草	*Agropyron intermedium*（Host）Nevski	苏联
9	84-360	中间冰草	*Agropyron intermedium*（Host）Nevski	苏联
10	84-361	中间冰草	*Agropyron intermedium*（Host）Nevski	苏联
11	84-362	中间冰草	*Agropyron intermedium*（Host）Nevski	苏联
12	84-363	中间冰草	*Agropyron intermedium*（Host）Nevski	苏联
13	84-365	中间冰草	*Agropyron intermedium*（Host）Nevski	苏联

（续）

序号	材料编号	中文名	拉丁文名	原产地
14	84-366	中间冰草	*Agropyron intermedium*（Host）Nevski	苏联
15	84-367	中间冰草	*Agropyron intermedium*（Host）Nevski	苏联
16	84-369	中间冰草	*Agropyron intermedium*（Host）Nevski	苏联
17	84-371	中间冰草	*Agropyron intermedium*（Host）Nevski	苏联
18	84-372	中间冰草	*Agropyron intermedium*（Host）Nevski	苏联
19	84-373	中间冰草	*Agropyron intermedium*（Host）Nevski	苏联
20	84-374	中间冰草	*Agropyron intermedium*（Host）Nevski	苏联
21	84-377	中间冰草	*Agropyron intermedium*（Host）Nevski	苏联
22	84-378	中间冰草	*Agropyron intermedium*（Host）Nevski	苏联

1.2 试验方法

1.2.1 幼苗的培育

22种材料每种材料随机选取种子300粒左右，水洗2遍，蒸馏水1遍，0.1% $HgCl_2$ 消毒5min，蒸馏水冲洗3遍。放于铺有一层灭菌滤纸和海绵的培养盒中，每盒中均匀点100粒种子，每种材料点放3盒，每盒加水至刚刚没过滤纸，至于2℃人工智能恒温培养箱，每日光照12h，培养4d。

取大田土壤，去掉石块、杂质，捣碎过筛。取过筛后等量的草炭，均匀搅拌。将混匀后的土壤装入无孔的塑料花盆中（盆高12.5cm，底径12cm，口径15.5cm），每盆装入干土1.5kg。

根据发芽率将参加试验材料的种子20～25粒均匀地点播在已装好土的花盆中，放置于温室中进行培养，根据土壤水分蒸发量计算浇水时间及浇水量（每盆浇400mL水）。每日观察记录，待出苗后间苗，在幼苗长到三叶之前定苗，每盆保留生长、分布均匀的15株苗。

1.2.2 盐胁迫的处理

间苗后幼苗生长到三至四叶期时进行加盐处理。按每盆土壤干重的0、0.1%、0.3%、0.5%、0.7%计算好所需加入的纯NaCl的量。配制成相应浓度的盐溶液，每个处理设置3个重复。盐处理后及时补充蒸发的水分，保持土壤水分含量不变。盐处理22d时，测量幼苗的形态指标（株高、存活率、分蘖数、生物量）及生理指标。

1.2.3 形态指标

（1）存活率 在加盐后28d观察每盆中存活植株的数目，记作存活苗数。存活率＝盐处理后存活苗数/原幼苗数。

（2）株高 在加盐后28d，用直尺测定每一株幼苗的垂直高度，每盆测定10株，共测定3盆。相对株高＝盐处理植株的株高/对照植株的株高。

（3）分蘖数 在加盐后28d，记载和观察每盆中每株的分蘖数。相对分蘖数＝盐处理植株的分蘖数/对照植株的分蘖数。

（4）生物量 盐处理28d后，用剪刀齐土壤表面剪去植株地上部分，用自来水洗净后，105℃杀青（0.5h），85℃烘干（12h）至恒重，称取地上部分的干重（精确到0.01g）。地下生物量的测定是将花盆中的土壤用纱布过滤冲洗，将泥土冲走后，取出保留在纱布中的根，挑出根中的杂质后，用滤纸吸干水分，烘干至恒重称量，方法同上。总生物量＝地上生物量＋地下生物量，相对生物量＝盐处理下植株总干重/对照植株总干重。

1.3 数据处理

运用SAS 8.1进行方差分析，标准差系数法赋予权重，隶属函数法求出耐盐性综合评价值，进行耐盐性排序，Excel 作图。

单项指标耐盐系数即 A 用以下公式表示：

$$A = （不同盐浓度处理测定值 / 对照测定值）\times 100\%$$

1.3.1 隶属函数分析

材料各指标隶属函数值用公式（1）求得：

$$\mu(X_j) = (X_j - X_{min})/X_{max} - X_{min} \quad (j = 1,2,3,\cdots n) \tag{1}$$

（1）式中，X_j 表示第 j 个综合指标值；X_{min} 表示第 j 个综合指标的最小值；X_{max} 表示第 j 个综合指标的最大值。根据公式（1）可求出每一个中间冰草材料 4 个指标的隶属函数值。

1.3.2 权重的确定

采用标准差系数法（S），用公式（2）计算标准差系数 V_j，用公式（3）归一化后得到各指标的权重系数 W_j。

$$v(X_j) = \frac{\sqrt{\sum_{i=1}^{n}(X_{ij} - \overline{X_j})^2}}{X_{max} - X_{min}} \tag{2}$$

$$W = \frac{V_j}{\sum_{j=1}^{m} V_j} \tag{3}$$

1.3.3 综合评价

用公式（4）计算各材料综合耐盐能力的大小。

$$D = \sum_{j=1}^{n} [v(X_j) \cdot W_j] \quad (j = 1,2,\cdots n) \tag{4}$$

（4）式中，D 值为各个材料在盐胁迫下用隶属函数法求得的耐盐性综合评价值。根据 D 值可对中间冰草材料耐盐性强弱进行排序。

2 结果与分析

2.1 盐胁迫对中间冰草存活率的影响

从表 2 可知，中间冰草种质材料存活率随着盐胁迫浓度增加，呈显著下降的趋势，当盐浓度达到 0.7% 时，部分材料的存活率下降非常明显，如 4 号和 6 号材料存活率只有 0.222 和 0.387。低盐浓度（0.1% 和 0.3%）对中间冰草各种质材料的存活率没有显著影响，而在 0.5% 和 0.7% 的高盐浓度下，中间冰草各种质材料间的耐盐性存在显著差异（$P<0.05$）。在盐胁迫下相对耐盐性较好的有 18 号、19 号、21 号和 20 号材料，在 0.7% 的盐浓度下的存活率较高，分别达到 0.889、0.933、0.889 和 0.911，耐盐性较差的材料有 11 号、4 号和 6 号，它们的存活率较低。

表 2　不同浓度盐胁迫下中间冰草材料的存活率

序号	CK	0.1%	0.3%	0.5%	0.7%	序号	CK	0.1%	0.3%	0.5%	0.7%
1	1.00	0.956	0.956	0.800	0.844	7	1	0.978	0.978	0.978	0.644
2	1.00	1.000	0.956	0.956	0.600	8	1	0.978	0.889	0.956	0.533
3	1.00	0.978	0.978	0.978	0.756	9	1	0.956	0.933	0.956	0.778
4	1	0.911	0.822	0.444	0.222	10	1	0.911	0.911	0.844	0.644
5	1	0.978	0.978	0.956	0.644	11	1	1.000	1.000	0.933	0.511
6	1	0.911	0.887	0.771	0.387	12	1	0.978	0.933	0.978	0.600

（续）

序号	CK	0.1%	0.3%	0.5%	0.7%	序号	CK	0.1%	0.3%	0.5%	0.7%
13	1	0.867	0.822	0.889	0.800	20	1	0.978	1.022	0.911	0.889
14	1	0.978	0.956	0.933	0.711	21	1	0.978	1.000	0.978	0.911
15	1	0.911	1.000	0.911	0.800	22	1	1.000	0.978	0.578	0.800
16	1	0.956	0.978	1.000	0.822	F 值		0.93	1.52	9.85	8.53
17	1	0.978	0.978	0.956	0.822	0.05 水平差异显著性		不显著	不显著	显著	显著
18	1	0.978	0.978	1.000	0.889						
19	1	0.956	1.000	0.956	0.933						

2.2 盐胁迫对中间冰草株高的影响

从表3可知，中间冰草种质材料相对株高随着盐胁迫浓度增加呈显著下降的趋势，当盐浓度达到 0.7% 时，部分材料的相对株高下降非常明显，如4号和8号材料相对株高只有 0.58 和 0.61。在盐胁迫 0.1%、0.3%、0.7% 浓度下，中间冰草各种质材料间的耐盐性存在显著差异（$P<0.05$）。在盐胁迫下相对耐盐性较好的有 17 号、21 号和 3 号材料，在 0.7% 的盐浓度下的存活率较高，分别达到 1.02、0.94、0.95；耐盐性较差的材料有 14 号、8 号、4 号，它们的存活率较低。

表3 不同盐浓度下中间冰草相对株高

序号	CK	0.1%	0.3%	0.5%	0.7%	序号	CK	0.1%	0.3%	0.5%	0.7%
1	1	1.08	0.99	0.99	0.88	14	1	0.96	0.88	0.75	0.63
2	1	0.95	0.81	0.85	0.71	15	1	0.98	0.75	0.74	0.72
3	1	1.16	1.07	1.06	0.95	16	1	1.08	1.05	0.94	0.90
4	1	1.03	0.88	0.48	0.58	17	1	1.07	0.99	13.70	1.02
5	1	0.97	0.77	0.73	0.73	18	1	1.07	1.00	0.96	0.92
6	1	0.943	0.788	0.712	0.851	19	1	0.99	0.97	0.90	0.85
7	1	1.02	1.07	0.82	0.80	20	1	0.90	1.01	0.88	0.77
8	1	0.99	0.73	0.75	0.61	21	1	0.97	0.99	0.94	0.94
9	1	0.86	0.80	0.82	0.80	22	1	1.06	0.64	0.86	0.76
10	1	1.12	1.01	0.82	0.72	F 值		2.4	8.41	1.02	9.64
11	1	0.99	0.99	0.87	0.78	0.05 水平差异显著性		显著	显著	不显著	显著
12	1	1.15	1.01	0.92	0.87						
13	1	1.07	0.95	0.89	0.86						

2.3 盐胁迫对中间冰草分蘖数的影响

从表4可知，中间冰草种质材料相对分蘖数随着盐胁迫浓度增加呈显著下降的趋势，当盐浓度达到 0.5% 时，22份材料的相对分蘖数下降非常明显，部分材料竟然降到0，如1号、4号、5号、7号、10号、11号、14号、15号、18号、19号、21号、22号材料。在盐胁迫 0.1%、0.5%、0.7% 浓度下，中间冰草各种质材料间的耐盐性差异性不显著。在 0.3% 浓度下中间冰草各种质材料间的耐盐性差异显著（$P<0.05$），耐盐性较好的9号、21号、2号和1号材料，在 0.3% 的盐浓度下的分蘖数较高；

耐盐性较差的的材料有 10 号、16 号和 17 号，它们的分蘖数较低。

表 4　不同盐浓度下中间冰草相对分蘖数

序号	CK	0.1%	0.3%	0.5%	0.7%
1	1	0.558 68	1.124 53	0.000 00	0.000 00
2	1	1.000 00	1.166 67	0.333 33	0.000 00
3	1	0.946 82	0.805 24	0.222 22	0.000 00
4	1	0.600 00	0.666 67	0.000 00	0.000 00
5	1	0.445 00	0.833 33	0.000 00	0.000 00
6	1	1.041 35	0.916 35	0.333 33	0.000 00
7	1	1.138 33	0.791 67	0.000 00	0.333 33
8	1	0.249 69	0.000 00	0.583 02	0.000 00
9	1	0.833 33	1.278 33	0.500 00	0.000 00
10	1	0.000 00	0.000 00	0.000 00	0.000 00
11	1	1.000 00	0.666 67	0.000 00	0.000 00
12	1	0.611 11	0.973 63	0.286 12	0.000 00
13	1	1.156 29	0.715 31	0.286 12	0.000 00
14	1	0.600 00	0.866 67	0.000 00	0.000 00
15	1	1.066 35	0.249 69	0.000 00	0.000 00
16	1	1.163 22	0.000 00	0.266 67	0.266 67
17	1	0.310 67	0.000 00	0.266 67	0.266 67
18	1	0.856 00	1.045 00	0.000 00	0.000 00
19	1	0.943 77	0.286 12	0.000 00	0.000 00
20	1	1.044 44	1.088 89	0.488 89	0.000 00
21	1	0.708 33	1.183 33	0.000 00	0.000 00
22	1	0.321 89	0.286 12	0.000 00	0.000 00
F 值		1.67	3.71	0.89	0.91
0.05 水平差异显著性		不显著	显著	不显著	不显著

2.4　盐胁迫对中间冰草总生物量的影响

从表 5 可知，中间冰草种质材料相对生物量随着盐胁迫浓度增加，呈显著下降的趋势，当盐浓度达到 0.7% 时，材料的相对生物量下降非常明显，如 4 号和 6 号材料只有 0.06333 和 0.17305。0.1%、0.3% 和 0.5% 的盐浓度对中间冰草各种质材料的相对生物量没有显著影响，而在 0.7% 的高盐浓度下，中间冰草各种质材料间的耐盐性存在显著差异（$P < 0.05$）。在盐胁迫下耐盐性较好的有 17 号和 10 号材料，在 0.7% 的盐浓度下的相对生物量较高，分别达到 0.48319 和 0.44109，耐盐性较差的的材料有 2 号、6 号、4 号，它们的相对生物量较低。

表 5　不同盐浓度下中间冰草相对生物量

序号	CK	0.1%	0.3%	0.5%	0.7%
1	1	0.897 25	0.715 46	0.408 23	0.336 35
2	1	1.049 49	0.734 26	0.498 01	0.183 31

（续）

序号	CK	0.1%	0.3%	0.5%	0.7%
3	1	1.016 75	0.814 28	0.573 05	0.279 06
4	1	0.915 10	0.690 28	0.257 76	0.063 33
5	1	0.900 53	0.682 76	0.522 98	0.246 21
6	1	0.883 45	0.650 80	0.345 55	0.173 05
7	1	1.271 51	0.950 59	0.558 88	0.289 50
8	1	0.951 09	0.659 33	0.572 07	0.227 08
9	1	0.675 99	0.673 14	0.461 25	0.310 01
10	1	0.922 14	0.925 29	0.464 97	0.441 09
11	1	1.136 54	0.853 87	0.492 74	0.267 05
12	1	1.121 61	0.661 37	0.538 89	0.258 16
13	1	1.140 79	0.705 24	0.559 21	0.335 10
14	1	1.008 57	0.786 00	0.412 71	0.219 44
15	1	0.669 33	0.732 34	0.500 00	0.375 09
16	1	1.193 45	0.678 72	0.480 12	0.299 42
17	1	1.196 89	0.760 67	0.563 38	0.483 19
18	1	1.018 54	0.839 63	0.532 34	0.405 81
19	1	0.875 96	0.650 15	0.480 68	0.311 14
20	1	0.904 89	0.616 76	0.428 55	0.218 13
21	1	1.021 28	0.696 98	0.473 91	0.291 65
22	1	1.057 80	0.545 67	0.505 23	0.309 65
F 值		1.19	1.93	1.45	5.66
0.05 水平差异显著性		不显著	不显著	不显著	显著

2.5　中间冰草种质材料苗期耐盐性综合分析

根据综合评价值的大小可列出 22 份中间冰草种质材料苗期耐盐性的排名（表 6）。从表 6 可看出来自国外的 7 号、17 号中间冰草综合评价最优，综合评价值大于 0.69，属于耐盐性最好的材料；来自国外的 10 号和 4 号综合评价最差，综合评价值小于 0.32，属极不耐盐材料，其他属于中等耐盐材料。

表 6　中间冰草种质材料苗期耐盐性综合分析

序号	评价指标				隶属函数值				综合指标值	
	相对存活率耐盐系数	相对株高耐盐系数	相对分蘖数耐盐系数	相对生物量耐盐系数	存活率	株高	分蘖数	生物量	综合评价值	排序
1	0.889 0	0.985 0	0.420 8	0.589 3	0.788 1	0.070 2	0.641 9	0.376 6	0.510 5	13
2	0.878 0	0.830 0	0.625 0	0.616 3	0.758 2	0.025 3	0.953 4	0.470 8	0.646 3	5
3	0.922 5	1.060 0	0.493 6	0.670 8	0.879 4	0.092 0	0.752 9	0.661 4	0.649 2	4
4	0.599 8	0.742 5	0.316 7	0.481 6	0.000 0	0.000 0	0.483 1	0.000 0	0.192 1	22
5	0.889 0	0.800 0	0.319 6	0.588 1	0.788 1	0.016 7	0.487 5	0.372 4	0.439 6	17
6	0.739 0	0.823 5	0.572 8	0.513 2	0.379 4	0.023 5	0.873 7	0.110 5	0.450 2	16

（续）

序号	评价指标				隶属函数值				综合指标值	
	相对存活率耐盐系数	相对株高耐盐系数	相对分蘖数耐盐系数	相对生物量耐盐系数	存活率	株高	分蘖数	生物量	综合评价值	排序
7	0.894 5	0.927 5	0.565 8	0.767 6	0.803 1	0.053 6	0.863 1	1.000 0	0.761 3	1
8	0.839 0	0.770 0	0.208 2	0.602 4	0.651 9	0.008 0	0.317 6	0.422 3	0.358 5	19
9	0.905 8	0.820 0	0.652 9	0.530 1	0.833 8	0.022 4	0.996 0	0.169 5	0.598 2	10
10	0.827 5	0.917 5	0.000 0	0.688 4	0.620 6	0.050 7	0.000 0	0.722 9	0.311 5	21
11	0.861 0	0.907 5	0.416 7	0.687 6	0.711 9	0.047 8	0.635 6	0.720 0	0.580 0	12
12	0.872 3	0.987 5	0.467 7	0.645 0	0.742 5	0.071 0	0.713 5	0.571 3	0.581 4	11
13	0.844 5	0.942 5	0.539 4	0.685 1	0.666 9	0.057 9	0.822 9	0.711 4	0.645 4	6
14	0.894 5	0.805 0	0.366 7	0.606 7	0.803 1	0.018 1	0.559 3	0.437 3	0.488 1	14
15	0.905 5	0.797 5	0.329 0	0.569 2	0.833 1	0.015 9	0.501 9	0.306 2	0.436 2	18
16	0.939 0	0.992 5	0.424 1	0.662 9	0.924 4	0.072 4	0.647 0	0.633 9	0.605 2	9
17	0.933 5	4.195 0	0.211 0	0.751 0	0.909 4	1.000 0	0.321 9	0.942 0	0.698 4	2
18	0.961 3	0.987 5	0.475 3	0.699 1	0.985 0	0.071 0	0.725 0	0.760 4	0.680 2	3
19	0.961 3	0.927 5	0.307 5	0.579 5	0.985 0	0.053 6	0.469 0	0.342 2	0.466 6	15
20	0.950 0	0.890 0	0.655 6	0.542 1	0.954 4	0.042 7	1.000 0	0.211 4	0.636 2	7
21	0.966 8	0.960 0	0.472 9	0.621 0	1.000 0	0.063 0	0.721 4	0.487 2	0.609 0	8
22	0.839 0	0.830 0	0.152 0	0.604 6	0.651 9	0.025 3	0.231 9	0.430 0	0.329 1	20

3 讨论与结论

在禾本科植物耐盐性评价中，常采用存活苗数、株高、分蘖数和生物量等形态指标进行苗期耐盐筛选和评价[6,7]，许多研究表明，苗期是植物对盐胁迫反应最敏感的时期，在一定浓度的盐胁迫下，敏盐材料的幼苗死亡率较高，耐盐材料的死亡率较低（孙金月，1997）。本次试验以 5 个盐浓度（0、0.1%、0.3%、0.5%和 0.7%）对中间冰草 22 份种质材料进行耐盐性鉴定，结果表明耐盐性强的材料都具有较高的存活率、株高和分蘖数，这一结果与袁海涛（1996）等人的研究结果一致。

盐浓度和中间冰草种质材料及其互作对株高有显著影响，不同材料对盐胁迫的耐受能力差异较大。其中 84-361 及 84-277 受盐危害较大，随着盐胁迫浓度增加，株高明显下降，而 87-342 及 84-371 受害较轻。

通过前人的研究，单因素不能总体反映植物耐盐性，故本次试验利用隶属函数法对 22 份中间冰草种质材料的进行综合评价，根据综合评价值 22 份中间冰草种质材料的耐盐性从强到弱排列顺序为：7 号＞17 号＞18 号＞3 号＞2 号＞13 号＞20 号＞21 号＞16 号＞9 号＞12 号＞11 号＞1 号＞14 号＞19 号＞6 号＞5 号＞15 号＞8 号＞22 号＞10 号＞4 号。

参 考 文 献

[1] 于仁培，成德明. 我国盐碱土资源及开发利用 [J]. 土壤学报，1999，30（4）：158-159.

[2] 把逢辰，赵羿. 中国海滩土壤资源 [J]. 土壤学报，1997，28（2）：48-51.

[3] 赵可夫，李法曾. 中国盐生植物 [M]. 北京：科学出版社.1998.

[4] 王赞，李源，高洪文，等. 偃麦草属牧草苗期耐盐综合评价及耐盐机理研究 [J]. 草业学报，2007，55-61.

［5］易津，土神云．偃麦草属牧草种质耐盐性评价研究［J］．草业学报，2009，18（4）：67-74．

［6］高洪文，孙桂枝．紫花苜蓿种质耐盐性综合评价及盐胁迫下的生理反应［J］．草业学报，2010（8）：79-86．

［7］徐恒刚，张萍．对牧草耐盐性测定方法及其评价指标的探讨［J］．中国草地，1997，52-54．

毛冰草种质资源耐盐性评价

侯兰梅 李向林 袁庆华 王 瑜 何 峰

（中国农业科学院北京畜牧兽医研究所）

摘要： 本研究以 23 份毛冰草为试验材料，设置 5 个 NaCl（0、0.1％、0.3％、0.5％、0.7％）盐浓度梯度，3 个重复，对幼苗生长阶段进行盐胁迫处理。通过测定株高、存活率、分蘖数、生物量等形态指标并进行综合评价得出其耐盐性强弱。试验结果表明：在不同盐浓度胁迫下，不同毛冰草种质资源的株高、存活率、分蘖数、生物量等形态指标随着盐浓度升高呈下降趋势。综合判断，不同种质资源的毛冰草的耐盐性存在显著差异。通过综合评价可知，材料 84-490、84-447 耐盐性较强；材料 84-387、84-403、84-416 表现出较差的耐盐性。

关键词： 毛冰草；盐胁迫；生理生化指标

目前，由于我国的生态环境遭到一定程度破坏。有 90％的天然草原出现不同程度退化，其中覆盖度低、沙化、盐渍化等中等以上明显退化的草原面积已占退化面积的 50％。草场盐渍化造成牧草再生能力减弱，牧草质量下降，草原生产力降低，承载力下降，制约了草原畜牧业发展。

土壤盐害可通过合理的水肥管理和化学改良措施得以缓解，但成本太高；而选育耐盐种质，挖掘种质自身的耐盐潜力，直接利用盐碱地及含盐水源是改良和利用盐碱地最经济、最有效的措施之一，具有广阔的前景。毛冰草具有发达的根系、株丛分枝扩展能力强，对土壤的适应性较强，不仅具有较强的抗旱性和抗寒性，而且耐瘠薄，具有一定的抗耐盐碱能力。

植物对盐渍化土壤的反应最明显的表现是苗期生长受抑制，因此评价植物耐盐胁迫的能力，可通过测定苗期的形态指标（主要有株高、成活率、分蘖数和生物量等）和生理指标（细胞膜透性、游离脯氨酸、丙二醛含量及酶活性等）。本研究采取人工模拟盐胁迫处理的方法，对来自不同国家、不同生境的 23 份毛冰草种质材料进行了苗期耐盐性评价，根据评价结果划分出较耐盐、中度耐盐和敏盐的材料，并对这些材料进行不同盐浓度下细胞膜透性、丙二醛（MDA）含量及过氧化物酶（POD）活性的测定，来探讨毛冰草种质材料在盐胁迫条件下的生理特点，以便为牧草耐盐性筛选及苗期耐盐性快速鉴定提供理论依据。

1 材料与方法

1.1 试验材料

供试材料为 23 份毛冰草，种质材料名称及来源见表 1，23 份材料均由中国农业科学院北京畜牧兽医研究所牧草资源室提供。

表 1 耐盐性研究的材料及来源

材料编号	种质名	种名	英文学名	原产地
84-375	440024	毛冰草	*Agropyron trichophorum*	苏联

（续）

材料编号	种质名	种名	英文学名	原产地
84 - 380	210991	毛冰草	*Agropyron trichophorum*	阿富汗
84 - 395	369174	毛冰草	*Agropyron trichophorum*	苏联
84 - 397	380637	毛冰草	*Agropyron trichophorum*	伊朗
84 - 399	380639	毛冰草	*Agropyron trichophorum*	伊朗
84 - 403	383573	毛冰草	*Agropyron trichophorum*	土耳其
84 - 414	401177	毛冰草	*Agropyron trichophorum*	伊朗
84 - 416	401180	毛冰草	*Agropyron trichophorum*	伊朗
84 - 417	401181	毛冰草	*Agropyron trichophorum*	伊朗
84 - 432	401198	毛冰草	*Agropyron trichophorum*	伊朗
84 - 433	401199	毛冰草	*Agropyron trichophorum*	伊朗
84 - 436	401202	毛冰草	*Agropyron trichophorum*	伊朗
84 - 447	401214	毛冰草	*Agropyron trichophorum*	伊朗
84 - 448	401215	毛冰草	*Agropyron trichophorum*	伊朗
84 - 458	401228	毛冰草	*Agropyron trichophorum*	伊朗
84 - 460	401230	毛冰草	*Agropyron trichophorum*	伊朗
84 - 461	401231	毛冰草	*Agropyron trichophorum*	伊朗
84 - 463	401233	毛冰草	*Agropyron trichophorum*	伊朗
84 - 485	440040	毛冰草	*Agropyron trichophorum*	苏联
84 - 490	440046	毛冰草	*Agropyron trichophorum*	苏联
84 - 495	440051	毛冰草	*Agropyron trichophorum*	苏联
83 - 332	401208	毛冰草	*Agropyron trichophorum*	伊朗
83 - 334	440043	毛冰草	*Agropyron trichophorum*	苏联

1.2　试验方法

1.2.1　幼苗培育

取大田土壤，去掉石块、杂质、捣碎过筛，将过筛后的土壤与草炭按 1∶1 的比例混和，装入无孔塑料花盆（高 12.5cm、底径 12cm、口径 15.5cm）中，每盆装土 1.5kg。

取经培养箱培养发芽的种子，点种在已经装好土的花盆中，放置于温室中进行培育，根据土壤水分蒸发量计算浇水时间及浇水量。

1.2.2　盐胁迫处理

待幼苗长出三叶时进行定苗，每盆留下生长、分布均匀的 15 株苗，并进行加盐处理，按每盆土样干重的 0、0.1%、0.3%、0.5%、0.7%设置盐浓度，每个处理设 3 个重复，以不加盐处理作为对照。

盐处理后及时补充蒸发的水分，使土壤含水量维持不变。在盐处理 30d 时，进行各项形态指标和生理指标的测定。

1.2.3　测定指标

（1）株高　用直尺测定每一株幼苗的垂直高度，每盆测定 3 株，共测定 3 盆，以 9 个株高平均值作为株高。相对株高＝盐胁迫下每株的株高/对照组每株的株高×100。

（2）存活率　观测每盆中存活植株的数目，记作存活数，依据植株叶心是否枯黄判断植株死亡与否。存活率＝盐处理后存活苗数/原幼苗总数×100%。

（3）总生物量 盐处理 25d 后，用剪刀沿土壤表面剪去植株地上部分，在 105℃下杀青 1h，然后 85℃下烘干至恒重，记取干重（精确到 0.01g）。3 盆材料地上生物量干重的平均值作为地上生物量的干重。

测定完地上生物量后，将花盆中的土壤用纱布过滤冲洗，留下根部并挑出杂质，在 105℃下杀青 1h，然后在 85℃下烘干至恒重，记取干重（精确到 0.0001g）。3 盆材料地下生物量干重的平均值作为地下生物量干重。

$$总生物量＝地上生物量＋地下生物量$$

$$相对生物量＝盐处理植株干重/对照组植株干重$$

（4）分蘖数 分蘖是禾本科植物在受水、肥、光照、温度、农业措施等多种条件的影响下，地面以下或近地面处所发生的分枝，是禾本科植物进行无性繁殖的主要方式，也是禾本科植物固有特性。分蘖影响株丛扩大、枝条形成和产量的高低。测定方法是统计每盆中每株的分蘖数，以每盆中 3 株分蘖数的平均值作为每盆的分蘖数。

$$相对分蘖数＝盐处理植株的分蘖数/对照植株的分蘖数×100$$

1.3 数据统计处理方法

运用 SAS 8.1 进行方差分析，标准差系数法赋予权重，隶属函数法求出耐盐性综合评价值，进行耐盐性排序，Excel 作图。

单项指标耐盐系数即 A 用以下公式表示：

$$A＝(不同盐浓度处理测定值/对照测定值)×100\%$$

1.3.1 隶属函数分析

材料各指标隶属函数值用公式（1）求得：

$$\mu(X_j) = (X_j - X_{min})/X_{max} - X_{min} \quad (j = 1,2,3,\cdots n) \tag{1}$$

（1）式中，X_j 表示第 j 个综合指标值；X_{min} 表示第 j 个综合指标的最小值；X_{max} 表示第 j 个综合指标的最大值。根据公式（1）可求出每一个毛冰草材料 4 个指标的隶属函数值。

1.3.2 权重的确定

采用标准差系数法（S），用公式（2）计算标准差系数 V_j，用公式（3）归一化后得到各指标的权重系数 W_j。

$$v(X_j) = \frac{\sqrt{\sum_{i=1}^{n}(X_{ij} - \overline{X_j})^2}}{X_{max} - X_{min}} \tag{2}$$

$$W = \frac{V_j}{\sum_{j=1}^{m} V_j} \tag{3}$$

1.3.3 综合评价

用公式（4）计算各材料综合耐盐能力的大小。

$$D = \sum_{j=1}^{n}[v(X_j) \cdot W_j] \quad (j = 1,2,3,\cdots n) \tag{4}$$

（4）式中，D 值为各个材料在盐胁迫下用隶属函数法求得的耐盐性综合评价值。根据 D 值可对毛冰草材料耐盐性强弱进行排序。

2 结果与分析

2.1 盐胁迫对毛冰草种质材料株高的影响

由表 2 可知，在相同盐胁迫下不同材料间相对株高差异显著，说明各供试材料的耐盐性差异较明显；相同供试材料在不同盐浓度胁迫下，相对株高的变化也有差异。盐胁迫下不同毛冰草种质资源相对株高的变化趋势较其他耐盐指标复杂，总体上大多数材料的相对株高都随着盐浓度升高而逐渐降低。其中材料 83-334、84-463、84-432、84-485、84-490 的相对株高明显高于其他的材料，且相对株高随着盐浓度的增加降低趋势不明显，说明这几种材料耐盐性较强。有部分材料，如 84-460、83-332、84-417 等）的相对株高在 0.5% 盐浓度时出现缓慢上升趋势。其中材料 84-490 在 0.3% 盐浓度、83-334 在 0.5% 盐浓度、84-460 在 0.7% 盐浓度胁迫下最高相对株高分别达到 112.7、110.5、109.4，这是否说明适宜的盐浓度对个别毛冰草种质材料植株生长反而起到促进作用，需要进一步研究。

表 2　23 份材料在不同盐浓度下的幼苗株高

材料编号	CK (cm)	0.1%		0.3%		0.5%		0.7%	
		H (cm)	RH	H (cm)	RH	H (cm)	RH	H (cm)	RH
84-417	29.7	30.2	101.8	27.5	92.4	28.4	95.6	27.7	93.1
84-461	27.7	29.9	108.0	27.4	98.8	27.8	100.2	25.7	92.7
84-447	28.6	28.8	100.7	28.3	99.1	30.1	105.4	28.6	100.1
84-436	26.6	25.9	97.5	25.6	96.3	25.3	95.3	25.3	95.2
84-460	25.7	28.0	108.8	26.0	101.1	26.0	101.1	28.1	109.4
84-380	31.7	32.3	102.1	30.8	97.2	31.4	99.3	29.5	93.1
84-463	27.4	31.2	114.2	29.5	107.6	28.4	103.5	27.5	100.9
84-490	26.6	28.2	106.0	30.0	112.7	28.3	106.4	25.5	95.9
84-432	29.0	31.2	107.6	30.7	105.8	30.1	103.8	29.0	99.8
84-485	25.9	27.1	104.5	25.6	98.8	26.3	101.6	25.8	99.6
84-433	25.3	28.7	113.5	26.3	104.0	27.1	107.3	26.4	104.7
84-375	27.7	28.9	104.2	29.4	106.1	26.9	97.2	26.9	97.1
84-416	32.6	29.1	89.1	30.0	91.9	30.5	93.6	27.9	85.5
84-397	28.0	28.6	102.3	22.8	81.6	25.4	90.8	23.6	84.5
84-448	26.6	26.2	98.5	23.6	88.7	26.1	98.1	25.3	95.0
84-414	25.5	27.3	107.0	26.8	105.0	24.8	97.2	24.0	94.1
83-334	26.7	29.0	108.7	28.4	106.5	29.5	110.5	25.8	96.5
83-332	27.4	30.3	110.3	22.5	82.0	26.5	96.6	27.6	100.7
84-395	26.1	26.9	103.1	21.5	82.5	22.8	87.4	20.0	76.8
84-458	22.8	23.8	104.3	24.3	106.8	21.2	93.0	19.5	85.5
84-399	30.0	28.6	95.3	26.8	89.2	25.4	84.7	25.8	86.0
84-495	28.0	30.1	107.5	26.3	93.9	22.8	81.6	22.3	79.8
84-403	26.5	28.8	108.8	26.7	100.8	22.9	86.5	18.8	71.0
0.05 水平下差异显著性	差异不显著		*		*		*		*

注：H 为绝对株高；RH 为相对株高。表中数据同列比较，标有 * 的表示差异显著（P<0.05），标有 ** 的表示差异极显著（P<0.01）。

2.2　盐胁迫对毛冰草种质材料存活率的影响

从表 3 可以看出，盐胁迫对不同毛冰草材料成活率的影响主要集中在 0.5%～0.7% 盐浓度下。在低盐浓度时（0.1%～0.3%），盐胁迫对不同毛冰草材料成活率的影响差异不显著。在盐浓度为 0.5%

时，不同材料间的存活率差异显著，而在 0.7％浓度时，不同材料间的存活率差异极显著。

对照组所有材料在无盐胁迫下存活率为 100％；在低盐浓度下各材料的存活率在 87％以上；随着盐浓度增大，各材料存活率范围下降明显；在 0.7％盐浓度下材料 84-403 存活率下降到 31％。

由此可知，随着盐浓度增大各材料的存活率呈缓慢下降趋势，但在高盐浓度下下降更明显，说明供试材料能耐低水平盐胁迫。其中材料 83-332、84-414、84-495、84-463 表现出较好的耐盐性。

表3　23份不同毛冰草材料在不同盐浓度下的存活率

材料编号	CK	0.1％	0.3％	0.5％	0.7％	材料编号	CK	0.1％	0.3％	0.5％	0.7％
84-417	1.00	1.00	0.98	0.98	0.82	84-399	1.00	1.00	0.98	0.87	0.76
84-461	1.00	1.00	1.00	0.98	0.69	84-458	1.00	0.93	0.91	0.89	0.58
84-447	1.00	1.00	0.98	0.96	0.76	84-395	1.00	1.00	0.93	0.91	0.62
84-436	1.00	0.98	0.96	0.96	0.84	83-332	1.00	1.00	0.96	0.93	0.73
84-460	1.00	0.98	0.98	0.64	0.60	83-334	1.00	1.00	0.98	0.96	0.73
84-380	1.00	0.98	0.98	0.91	0.80	84-495	1.00	0.98	0.96	0.84	0.76
84-463	1.00	0.98	0.93	0.84	0.73	84-403	1.00	0.93	0.87	0.87	0.31
84-490	1.00	1.00	0.96	0.93	0.80	84-397	1.00	0.96	0.93	0.89	0.49
84-432	1.00	0.98	0.96	0.89	0.84	84-448	1.00	0.96	0.98	0.98	0.69
84-485	1.00	0.96	0.91	0.93	0.78	84-414	1.00	0.93	0.98	0.91	0.53
84-433	1.00	1.00	0.96	0.87	0.67	0.05 水平下差异显著性				*	**
84-375	1.00	1.00	0.98	0.93	0.60						
84-416	1.00	0.93	1.00	1.00	0.84						

注：表中数据同列比较，标有 * 的表示差异显著（$P<0.05$），标有 ** 的表示差异极显著（$P<0.01$）。

2.3　盐胁迫对毛冰草种质材料生物量的影响

从表4看出，随着盐胁迫浓度增大，供试各材料的相对生物量总体呈明显下降趋势。在相同的盐浓度下不同材料间的相对生物量，及相同的材料在不同的盐浓度下相对生物量大小都有差异。在 0.1％盐浓度胁迫下，各材料间的差异性不显著；之后随着盐浓度增大，盐胁迫对各材料相对生物量的影响表现出差异性，其中 0.7％高盐浓度胁迫对各材料的影响差异极显著。在 0.1％～0.5％盐浓度下，只有材料 84-461、84-490 的相对生物量都在 0.70 以上，说明这 2 种材料在此盐浓度范围内有较强的耐盐性；在 0.7％盐浓度下，材料 84-397、84-403 的相对生物量不到 0.2，说明这 2 种材料在高盐浓度胁迫下，相对生物量受到显著的影响。

表4　23份不同毛冰草材料在不同盐浓度处理下的相对生物量变化

材料编号	CK	0.1％	0.3％	0.5％	0.7％
84-461	1.000 0	0.977 4	0.830 4	0.700 9	0.441 7
84-436	1.000 0	0.853 2	0.807 9	0.501 8	0.480 2
84-460	1.000 0	0.870 0	0.769 0	0.668 4	0.537 9
84-414	1.000 0	0.740 2	0.602 0	0.470 3	0.331 4
83-334	1.000 0	0.737 2	0.829 0	0.539 2	0.345 0
84-458	1.000 0	0.687 6	0.536 2	0.379 3	0.251 7
84-495	1.000 0	0.767 0	0.602 2	0.359 4	0.311 0

（续）

材料编号	CK	0.1%	0.3%	0.5%	0.7%
84 - 399	1.000 0	0.698 9	0.602 2	0.487 0	0.345 7
84 - 397	1.000 0	0.701 7	0.505 7	0.541 8	0.195 7
84 - 375	1.000 0	0.807 8	0.740 9	0.480 5	0.386 9
84 - 395	1.000 0	0.840 1	0.598 9	0.395 7	0.281 8
84 - 416	1.000 0	0.891 5	0.749 7	0.526 5	0.385 9
83 - 332	1.000 0	0.684 7	0.559 4	0.483 3	0.531 5
84 - 403	1.000 0	0.855 0	0.538 2	0.379 8	0.120 2
84 - 448	1.000 0	0.816 3	0.656 6	0.611 4	0.337 3
84 - 417	1.000 0	0.894 1	0.668 0	0.630 9	0.460 5
84 - 447	1.000 0	0.948 8	0.523 4	0.704 6	0.566 0
84 - 485	1.000 0	0.878 5	0.773 3	0.599 0	0.513 1
84 - 380	1.000 0	0.878 8	0.565 4	0.467 8	0.397 0
84 - 432	1.000 0	0.879 7	0.760 7	0.487 6	0.249 7
84 - 433	1.000 0	0.894 2	0.817 5	0.594 1	0.387 5
84 - 490	1.000 0	0.913 4	0.840 2	0.703 9	0.515 0
84 - 463	1.000 0	0.984 8	0.826 9	0.563 3	0.387 6
0.05 水平下差异显著性			*	*	**

注：标有 * 的表示差异显著（$P<0.05$），标有 ** 的表示差异极显著（$P<0.01$）。

2.4　盐胁迫对毛冰草种质材料分蘖数的影响

由表 5 可知，不同毛草冰种质材料的相对分蘖数随着盐浓度升高总体呈下降趋势，说明盐胁迫对不同毛冰草材料分蘖起到抑制作用。相同盐浓度对不同材料间的相对分蘖数影响不同，在 0.1% 和 0.3% 盐浓度下，各材料间相对分蘖数差异不显著，说明 0.1% 和 0.3% 盐胁迫对供试材料分蘖影响不大。但在高盐浓度（0.7%）下，各材料间分蘖数差异极显著。相同供试材料在不同盐浓度下，分蘖数变化也表现出不同。由此可以判断，材料 84 - 490、84 - 417、84 - 447 具有较强的耐盐性；材料 84 - 403、84 - 416、84 - 397 耐盐性较差。

表 5　23 份不同毛冰草材料在不同盐浓度处理下的幼苗分蘖数

材料编号	CK	0.1%		0.3%		0.5%		0.7%	
		T	RT	T	RT	T	RT	T	RT
84 - 417	4.0	5.3	133.3	4.3	108.3	5.0	125.0	3.0	75.0
84 - 461	6.7	6.7	100.0	7.0	105.0	6.0	90.0	4.3	65.0
84 - 447	5.0	6.3	126.7	6.0	120.0	4.3	86.7	5.0	100.0
84 - 436	6.7	5.3	80.0	5.0	75.0	3.3	50.0	4.7	70.0
84 - 460	6.7	7.0	105.0	5.0	75.0	5.0	75.0	3.0	45.0
84 - 380	6.3	5.7	89.5	5.7	89.5	3.7	57.9	3.0	47.4
84 - 463	7.3	6.7	90.9	5.7	77.3	5.7	77.3	4.0	54.5
84 - 490	5.0	6.0	120.0	5.7	113.3	5.0	100.0	4.0	80.0

（续）

材料编号	CK	0.1%		0.3%		0.5%		0.7%	
		T	RT	T	RT	T	RT	T	RT
84 - 432	5.0	5.3	106.7	4.7	93.3	3.3	66.7	3.0	60.0
84 - 485	8.0	7.3	91.7	7.0	87.5	5.7	70.8	6.0	75.0
84 - 433	5.7	6.0	105.9	6.0	105.9	4.7	82.4	4.7	82.4
84 - 375	6.0	6.0	100.0	4.3	72.2	5.3	88.9	3.0	50.0
84 - 416	7.3	5.3	73.1	5.3	73.1	3.0	41.1	3.0	41.1
84 - 397	9.7	4.7	48.1	4.8	47.2	4.0	41.2	3.0	30.9
84 - 448	5.3	5.3	100.6	4.0	75.5	3.7	69.2	3.0	56.6
84 - 414	7.0	6.0	85.7	5.7	81.0	4.7	66.7	3.0	42.9
83 - 334	8.7	6.7	76.6	7.7	88.1	6.3	72.8	3.7	42.1
83 - 332	4.0	5.0	125.0	5.0	125.0	4.0	100.0	3.0	75.0
84 - 395	4.7	6.7	142.9	4.0	85.7	3.0	64.3	3.0	64.3
84 - 458	7.3	6.3	86.8	6.7	91.3	3.3	45.7	3.0	41.1
84 - 399	3.3	3.3	101.0	3.7	111.1	3.0	90.9	3.0	90.9
84 - 495	5.7	6.7	117.0	8.0	140.4	4.3	76.0	3.3	58.5
84 - 403	7.0	8.0	114.3	6.7	95.2	4.7	66.7	3.0	42.9
0.05 水平下差异显著性	不显著	不显著		不显著		*		**	

注：T 表示分蘖数，RT 表示相对分蘖数。表中数据同列比较，标有 * 的表示差异显著（$P<0.05$），标有 ** 的表示差异极显著（$P<0.01$）。

2.5　毛冰草种质材料耐盐性综合评价

对供试毛冰草幼苗期的各形态指标进行测定，应用隶属函数法，对供试牧草进行耐盐性综合评价。供试材料形态指标的隶属函数与综合耐盐性评价结果见表 6。其中耐盐性较强的几种材料为：84 - 490＞84 - 447＞84 - 461＞84 - 414＞84 - 417＞84 - 432；耐盐性较差的几种材料为：84 - 397＜84 - 403＜84 - 416＜84 - 395＜84 - 448＜84 - 458＜84 - 463；84 - 485、83 - 334、84 - 433 等几种材料耐盐性居中。

表 6　各材料耐盐性综合评价

材料编号	评价指标				隶属函数				综合评价值	耐盐性排序
	株高	存活率	分蘖数	生物量	株高	存活率	分蘖数	生物量		
84 - 417	0.957 009	0.944 444	1.104 167	0.744 792	0.413 390	0.841 402	1.000 000	0.480 168	0.684 812	5
84 - 461	0.999 398	0.982 143	0.900 000	0.762 609	0.626 097	1.000 000	0.699 652	0.510 337	0.699 811	3
84 - 447	1.013 224	0.922 222	1.083 333	0.808 993	0.695 476	0.747 913	0.969 352	0.588 879	0.747 533	2
84 - 436	0.960 598	0.933 333	0.687 500	0.698 291	0.431 397	0.794 658	0.387 046	0.401 431	0.497 064	16
84 - 460	1.050 994	0.818 182	0.750 000	0.736 332	0.885 002	0.310 214	0.478 989	0.465 843	0.523 465	13
84 - 380	0.979 291	0.916 667	0.710 526	0.716 499	0.525 199	0.724 541	0.420 920	0.432 260	0.518 514	14
84 - 463	0.984 470	0.872 222	0.750 000	0.693 152	0.551 188	0.537 563	0.478 989	0.392 729	0.483 527	17
84 - 490	1.052 340	0.922 222	1.033 333	0.768 110	0.891 757	0.747 913	0.895 798	0.519 653	0.751 163	1
84 - 432	0.963 833	0.916 667	0.816 667	0.978 175	0.447 633	0.724 541	0.577 062	0.875 349	0.670 101	6
84 - 485	1.011 266	0.894 444	0.812 500	0.715 990	0.685 649	0.631 052	0.570 932	0.431 400	0.569 648	11
84 - 433	1.073 911	0.872 222	0.941 176	0.680 812	1.000 000	0.537 563	0.760 227	0.371 833	0.647 313	7

（续）

材料编号	评价指标				隶属函数				综合评价值	耐盐性排序
	株高	存活率	分蘖数	生物量	株高	存活率	分蘖数	生物量		
84 - 375	1.011 231	0.877 778	0.777 778	0.853 093	0.685 475	0.560 935	0.519 853	0.663 551	0.607 082	8
84 - 416	0.900 170	0.944 444	0.570 776	0.638 409	0.128 173	0.841 402	0.215 335	0.300 034	0.368 728	21
84 - 397	0.898 093	0.835 227	0.424 399	0.461 217	0.117 749	0.381 924	0.000 000	0.000 000	0.115 722	23
84 - 448	0.950 418	0.920 455	0.754 717	0.605 422	0.380 312	0.740 477	0.485 928	0.244 177	0.453 143	19
84 - 414	1.008 170	0.898 810	0.690 476	1.051 790	0.670 112	0.649 416	0.391 424	1.000 000	0.688 923	4
83 - 334	1.055 683	0.961 111	0.699 234	0.637 609	0.908 531	0.911 519	0.404 307	0.298 679	0.602 925	9
83 - 332	0.974 089	0.926 136	1.062 500	0.549 728	0.499 096	0.764 380	0.938 705	0.149 873	0.573 870	10
84 - 395	0.874 628	0.866 667	0.892 857	0.725 836	0.000 000	0.514 190	0.689 145	0.448 072	0.428 504	20
84 - 458	0.974 037	0.846 591	0.662 100	0.809 559	0.498 835	0.429 731	0.349 681	0.589 837	0.470 447	18
84 - 399	0.888 097	0.900 000	0.984 848	0.801 676	0.067 590	0.654 424	0.824 472	0.576 489	0.548 288	12
84 - 495	0.907 168	0.883 333	0.979 532	0.722 222	0.163 289	0.584 307	0.816 651	0.441 952	0.511 562	15
84 - 403	0.917 833	0.744 444	0.797 619	0.645 833	0.216 803	0.000 000	0.549 041	0.312 605	0.278 894	22

3 结论

植物在盐胁迫下表现出耐盐性是一个复杂的过程。盐胁迫下各材料植株的生理、生化指标有不同的变化，且变化量因供试材料而异、因指标而异，其原因可能与植物的耐盐机理有关，也体现了不同植物间的耐盐性差异，但具体原因仍需进行更深入和更广泛的研究探讨。

选择的耐盐性鉴定指标不同，对不同毛冰草材料的耐盐性鉴定结果也不同，因此，不能用单一指标判断衡量不同种间或种内的耐盐性大小。为了使不同毛冰草耐盐性评价具有科学性，必须综合各个指标进行评价。陈曦等（2006）对高燕麦草苗期耐盐性鉴定及综合评价中，在不同 NaCl 浓度胁迫下，对 23 份自俄罗斯引进的野生高燕麦草（*Arrhenatherum elatius*）种质材料进行了苗期耐盐性鉴定，测定在盐胁迫下存活率、株高、分蘖数、植株干重、细胞膜相对透性的变化，并对材料耐盐性强弱进行综合评价。结果表明：各供试材料的存活率、株高、分蘖数、植株干重、细胞膜相对透性随着盐浓度增加，呈现出不同程度的下降趋势；在相同的盐胁迫下，不同供试材料的幼苗存活率、相对株高、相对分蘖数、相对生物量受盐分的影响也有差异。本试验对盐胁迫下 23 份毛冰草种质材料的幼苗存活率、相对株高、相对分蘖数、相对生物量的测定结果与之相似，结果表明：随着盐处理浓度的增加，不同毛冰草种质材料的幼苗存活率、相对株高、相对分蘖数、相对生物量都受到了不同程度影响，呈现不同程度的下降趋势。其中材料 84 - 490、84 - 447 在幼苗存活率、相对株高、相对分蘖数、相对生物量方面都表现出较好的耐盐性，综合指标值在 0.7 以上；材料 84 - 397、84 - 403、84 - 416 都表现出较差的耐盐性，综合指标值在 0.4 以下；其他材料耐盐性相对居中，综合指标值在 0.4～0.7。

鸭茅属牧草苗期耐盐评价鉴定

王　赞[1]　高洪文[1]　王运琦[2]　吴欣明[2]　孙桂枝[1]　张　耿[1]　阳　曦[1]　李　源[1]

（1. 中国农业科学院畜牧研究所　2. 山西省农业科学院畜牧兽医研究所）

摘要：对 7 份引自俄罗斯的鸭茅属（*Dactylis glomerata* L.）野生材料，在 0.3%、

0.4%、0.5% NaCl 胁迫下进行温室苗期耐盐性试验，通过存活率、细胞膜伤害率、株高的测定和分析，采用打分法对其耐盐性进行综合评价。结果表明：供试 7 份鸭茅属牧草在 0.3% NaCl 胁迫下存活率为 96.7%~100%，其中存活率大于 80%的有 7 份，0.4%NaCl 胁迫下存活率为 76.7%~100%，大于 80%的有 6 份，0.5%NaCl 胁迫下存活率为 56.7%~90%，大于 80%的有 3 份；根据鸭茅存活率、细胞膜伤害率、株高的苗期耐盐总得分，鉴定出材料的耐盐性排序：C22>C326>C279>C485>C69>C354>C227。

关键字： 鸭茅；NaCl 胁迫；幼苗期；打分法

土壤盐渍化是影响农业生产和生态环境的主要因素之一。据统计，全世界共有盐渍化土地面积约 4 亿 hm² 以上，仅我国就有 7000 多万 hm² 以上，分布在西北、华北等粮食主产区，对农业生产构成了严重威胁。当前，盐碱土面积仍然在进一步增加。因此，开发利用盐渍化土壤，提高土地利用率是农业生产和环境生态中亟待解决的问题之一。

鸭茅（*Dactylis glomerata* L.），又名鸡脚草，是禾本科多年生优质牧草，原产于欧洲、北非及亚洲温带地区，现广泛分布于全世界温带地区。鸭茅营养丰富，草质柔软，适口性好，产草量高，是一种既适于大田轮作，又适于饲草轮作的优良牧草。耐旱、耐阴性极强，非常适合与林木搭配形成复合种植结构，也是保持水土、改善环境的重要植物[1-3]。

本研究旨在对引自俄罗斯的 7 份鸭茅属种质资源采用不同 NaCl 浓度进行苗期耐盐鉴定，筛选出耐盐性较强的种质资源，为鸭茅耐盐性育种和资源利用提供试验依据。

1 材料与方法

1.1 试验地点

苗期盆栽试验在山西省太原市国家农业科技园区温室内进行，生理生化指标的测定在山西省农业科学院设施农业生态实验室完成。

1.2 试验材料

试验材料为 7 份自俄罗斯引进的鸭茅资源（表 1）。

表 1 试验材料及来源

材料编号	拉丁文名	中文名	引进地区
C22	*Dactylis glomerata* L.	鸭茅	俄罗斯
C69	*Dactylis glomerata* L.	鸭茅	俄罗斯
C227	*Dactylis glomerata* L.	鸭茅	俄罗斯
C279	*Dactylis glomerata* L.	鸭茅	俄罗斯
C326	*Dactylis glomerata* L.	鸭茅	俄罗斯
C354	*Dactylis glomerata* L.	鸭茅	俄罗斯
C485	*Dactylis glomerata* L.	鸭茅	俄罗斯

1.3 试验方法

1.3.1 材料幼苗的培育

取大田土壤，去掉石块、杂质、捣碎过筛。然后采取随机取样法，抽取少量土壤用于以后的盐分测定，土壤盐分组成及含量见表 2。将过筛后的土壤装入无孔的塑料花盆中（盆高 12.5cm，底径 12cm，口径 15.5cm），根据土壤含水量换算成干土重，每盆装入干土 1.5kg。

表 2 试验土壤盐分组成

组分	CO_3^{2-} (cmol/kg)	HCO_3^- (cmol/kg)	Cl^- (cmol/kg)	SO_4^{2-} (cmol/kg)	K^+ (cmol/kg)	Na^+ (cmol/kg)	Ca^{2+} (cmol/kg)	Mg^{2+} (cmol/kg)	全盐量 (g/kg)
含量	0	0.46	0.44	12.04	2.59	6.52	3.02	0.8	1.57

　　根据发芽率将参试材料种子 20～30 粒均匀地播撒在已装好土的花盆，放置于温室中培育，根据土壤水分蒸发量计算浇水时间及浇水量，每日观察记录，待出苗后间苗，在幼苗长到三叶时定苗，每盆保留生长、分布均匀的 10 棵苗。

1.3.2 处理

　　在幼苗生长到三至四叶期时加盐处理。按每盆土壤干重的 0.3％、0.4％、0.5％计算好所需加入的化学纯 NaCl 量，溶解到一定量的自来水中配制盐溶液，每个处理设 3 次重复。对照处理加入等量的自来水。盐处理后及时补充蒸发的水分，使盆中土壤含水量维持在 70％左右。盐处理 18d 后取样测定生理生化指标，25d 后测定生物学指标，30d 结束试验。

1.3.3 指标测定

1.3.3.1 株高

　　用直尺测定每株幼苗的垂直高度，每盆测定 3 株，共测定 3 盆，以 9 个株高平均值作为株高。

1.3.3.2 存活率

　　观察每盆中存活植株的数目，记作存活苗数，根据材料叶心是否枯黄判断植株死亡与否。

$$存活率 = \frac{盐处理后存活苗数}{原幼苗总数}$$

1.3.3.3 细胞膜伤害率

　　取幼苗叶片 0.2g，采用电导法（李合生，2002）测定细胞膜伤害率。

$$细胞膜相对透性 = \frac{R_1}{R_2}$$

1.4 数据处理

　　采用 SAS 8.0 进行方差分析

1.5 苗期综合评价

　　综合评价采用打分法，根据鸭茅各个指标变化率的大小进行打分，打分标准为把每一种指标的最大变化率与最小变化率之间的差值均分为 10 个等级，每一等级为 1 分。在各种指标中均以盐伤害最轻的材料得分最高，即 10 分；盐伤害最重的材料得分最低，即 1 分。依此类推，最后把各个指标的得分进行相加得到鸭茅苗期的耐盐性总分。根据鸭茅苗期的耐盐性总分可得到鸭茅耐盐性排序。

2 结果与分析

2.1 盐胁迫对鸭茅存活率的影响

　　盐胁迫下鸭茅存活率随着盐浓度增加而降低。方差分析见表 3，0.4％、0.5％NaCl 处理下鸭茅存活率比对照极显著降低（$P < 0.01$），0.4％、0.5％NaCl 处理之间存活率差异达到极显著（$P < 0.01$）。根据耐盐性得分可知，材料 C227、C326 耐盐性较差，材料 C485、C22 耐盐性较强，其他材料耐盐性居于中间。

表3 不同盐浓度下鸭茅幼苗存活率

材料编号	CK（A）	0.3%	0.4%	0.5%（B）	变化率 $[(A-B)/A\times100]$	耐盐得分
C227	1.000	1.000	0.767	0.567	43.3	1
C326	1.000	1.000	0.833	0.733	26.7	5
C69	1.000	1.000	1.000	0.767	23.3	6
C354	1.000	0.967	0.833	0.767	23.3	6
C279	1.000	1.000	0.933	0.800	20.0	7
C485	1.000	0.967	0.900	0.867	13.3	9
C22	1.000	0.967	0.900	0.900	10.0	10
均值	1.000^{Aa}	0.986^{Aa}	0.881^{Bb}	0.771^{Cc}		

注：同行中具有不同字母表示差异显著（大写字母表示，$P<0.05$）或极显著（小写字母表示，$P<0.01$）。

2.2 盐胁迫对鸭茅细胞膜伤害率的影响

盐胁迫下鸭茅细胞膜伤害率随着盐浓度增加而增加。方差分析见表4，0.5%NaCl处理下鸭茅细胞膜伤害率较对照、0.3%、0.4%处理下极显著增加（$P<0.01$）。根据耐盐性得分可知，材料C69、C485耐盐性较差，材料C22、C326耐盐性较强，其他材料耐盐性居于中间。

表4 不同盐浓度下鸭茅幼苗细胞膜伤害率

材料编号	CK（A）	0.3%	0.4%	0.5%（B）	变化率 $[(B-A)/A\times100]$	耐盐得分
C69	0.287	0.314	0.335	0.478	66.55	1
C485	0.277	0.246	0.226	0.452	63.17	1
C279	0.310	0.263	0.288	0.443	42.96	7
C227	0.325	0.293	0.299	0.458	40.84	7
C354	0.295	0.285	0.281	0.394	33.66	9
C22	0.262	0.244	0.265	0.344	31.63	10
C326	0.266	0.285	0.268	0.344	29.17	10
均值	0.289^{Bb}	0.276^{Bb}	0.280^{Bb}	0.416^{Aa}		

注：同行中具有不同字母表示差异显著（大写字母表示，$P<0.05$）或极显著（小写字母表示，$P<0.01$）。

2.3 盐胁迫对鸭茅株高的影响

盐胁迫下鸭茅生长受到明显抑制，株高随着盐浓度增加而降低。方差分析见表5，盐处理下鸭茅株高极显著低于对照（$P<0.01$），不同盐浓度处理间株高差异达到极显著（$P<0.01$）。根据耐盐得分可知，材料C354耐盐性较差，材料C22、C69耐盐性较强，其他材料耐盐性居于中间。

表5 不同盐浓度下鸭茅幼苗株高

材料编号	CK（A）	0.3%（cm）	0.4%（cm）	0.5%（B）（cm）	变化率 $[(A-B)/A\times100]$	耐盐得分
C354	37.14	24.73	18.54	12.91	65.24	1
C485	36.11	27.59	20.01	16.02	55.64	7
C227	30.28	25.94	16.01	13.94	53.96	8

（续）

材料编号	CK（A）	0.3% （cm）	0.4% （cm）	0.5%（B） （cm）	变化率 $[(A-B)/A\times100]$	耐盐得分
C279	31.28	24.33	17.13	14.71	52.97	8
C326	29.10	26.34	13.42	14.03	51.78	9
C22	28.89	21.89	15.34	14.37	50.26	10
C69	28.00	23.78	14.40	14.06	49.79	10
均值	31.54[Aa]	24.94[Bb]	16.41[Cc]	14.29[Dc]		

注：同行中具有不同字母表示差异显著（大写字母表示，$P<0.05$）或极显著（小写字母表示，$P<0.01$）。

2.4 鸭茅苗期耐盐综合评价

将鸭茅存活率、细胞膜伤害率、株高的耐盐得分相加得到耐盐总得分（表6），供试鸭茅材料耐盐性依次为：C22＞C326＞C279＞C485＞C69＞C354＞C227。

表6 鸭茅属材料苗期耐盐性综合评价

材料编号	不同指标耐盐得分			耐盐总得分
	存活率	伤害率	株高	
C227	1	7	8	16
C354	6	9	1	16
C69	6	1	10	17
C485	9	1	7	17
C279	7	7	8	22
C326	5	10	9	24
C22	10	10	10	30

3 结论

（1）随着盐浓度增大，供试鸭茅的株高、存活率受到明显影响，呈现不同程度的降低；细胞膜伤害率逐渐升高，细胞膜受到了伤害。

（2）供试7份鸭茅在0.3%NaCl胁迫下存活率为96.7%～100%，其中存活率大于80%的有7份，0.4%NaCl胁迫下存活率为76.7%～100%，大于80%的有6份，0.5%NaCl胁迫下存活率为56.7%～90%，大于80%的有3份。

（3）根据耐盐总得分可知，材料C22耐盐性较强，材料C227、C354、C69、C485耐盐性较差，其他材料耐盐性居于中间。

参 考 文 献

[1] CONGER B V，HANNING G E，GRAY D G，et al. Direct Embryogenesis from Mesophyll Cells of Orchardgrass [J]. Science，1983，221：850-851.

[2] 中山贞夫，李桂荣．寒地型牧草鸭茅种质的特性及栽培方法 [J]．草原与草坪，1999 (1)：40 - 41.

[3] 李先芳，丁红．鸭茅生物温室特性及栽培技术 [J]．河南林业学报，2000，20 (3)：24 - 25.

梯牧草属牧草苗期耐盐评价鉴定

王　赞[1]　高洪文[1]　孙桂枝[1]　王运琦[2]　吴欣明[2]

张　耿[1]　阳　曦[1]　李　源[1]　那　潼[1]

(1. 中国农业科学院畜牧研究所

2. 山西省农业科学院畜牧兽医研究所)

摘要： 对 16 份引自俄罗斯的野生梯牧草（*Phleum pratense* L.）材料，在 0.3%、0.4%、0.5%浓度 NaCl 胁迫下进行温室苗期耐盐性试验，通过存活率、叶片伤害率、株高的测定和分析，采用打分法对其盐性进行综合评价。结果表明：供试 16 份梯牧草属牧草在 0.3%NaCl 胁迫下存活率为 30%～83.3%，大于或等于 50%的有 12 份；0.4%NaCl 胁迫下存活率为 13.3%～66.7%，大于或等于 50%的有 6 份；0.5%NaCl 胁迫下梯牧草幼苗出现大面积死亡，存活率为 6.7%～56.7%，大于 50%的有 1 份。根据苗期耐盐得分鉴定出所评价材料的耐盐性顺序：C240＞C465＞C168＞C340＞C64＞C290＞C149＞C135＞C370＞C117＞C419＞C389＞C33＞C17＞C186＞C81。

关键字： 梯牧草；NaCl 胁迫；幼苗期；评价鉴定；打分法

土壤盐渍化是全球性的问题，据联合国教科文组织（UNESCO）和联合国粮食及农业组织（FAO）的不完全统计，全世界盐渍土壤的面积约占世界陆地面积的 7.6%。在我国盐渍土约有 0.7 亿 hm²，分布于全国许多地区[1]。此外，随着全球气温升高，降水量减少，加之不适当灌溉等因素，使土壤次生盐渍化日趋加重。盐渍化土壤严重抑制作物生长发育，造成大幅度减产，已经严重影响了全球农业的可持续发展。

梯牧草（*Phleum pratense* L.）又名猫尾草，属于禾本科猫尾草属，多年生草本植物。原产于欧亚大陆温带，是美国、俄罗斯、日本等国家广泛栽培的重要牧草之一，营养价值高，适口性好，栽培简单，饲喂方便，是发展畜牧业的优质牧草[2]。多年来我国展开了牧草耐盐种质资源的筛选鉴定、耐盐种质的培育工作，但目前真正应用于生产的耐盐种质还很少。为此，我们对引进的俄罗斯野生梯牧草资源，采取不同浓度的 NaCl 处理，以苗期存活率、叶片伤害率和株高为指标进行耐盐性筛选鉴定，旨在发掘可供耐盐育种或盐渍土生产直接利用的优良梯牧草种质资源。

1 材料与方法

1.1 试验地点

苗期盆栽试验在山西省太原市国家农业科技园区温室内进行，生理生化指标的测定在山西省农业科学院设施农业生态实验室完成。

1.2 试验材料

试验材料为 16 份自俄罗斯引进野生梯牧草资源（表 1）。

表 1　试验材料及来源

材料编号	中文名	拉丁文名	原产地	材料编号	中文名	拉丁文名	原产地
C17	梯牧草	*Phleum pratense* L.	俄罗斯	C186	梯牧草	*Phleum pratense* L.	俄罗斯
C33	梯牧草	*Phleum pratense* L.	俄罗斯	C240	梯牧草	*Phleum pratense* L.	俄罗斯
C64	梯牧草	*Phleum pratense* L.	俄罗斯	C290	梯牧草	*Phleum pratense* L.	俄罗斯
C81	梯牧草	*Phleum pratense* L.	俄罗斯	C340	梯牧草	*Phleum pratense* L.	俄罗斯
C117	梯牧草	*Phleum pratense* L.	俄罗斯	C370	梯牧草	*Phleum pratense* L.	俄罗斯
C135	梯牧草	*Phleum pratense* L.	俄罗斯	C389	梯牧草	*Phleum pratense* L.	俄罗斯
C149	梯牧草	*Phleum pratense* L.	俄罗斯	C419	梯牧草	*Phleum pratense* L.	俄罗斯
C168	梯牧草	*Phleum pratense* L.	俄罗斯	C465	梯牧草	*Phleum pratense* L.	俄罗斯

1.3　试验方法

1.3.1　材料幼苗的培育

取大田土壤，去掉石块、杂质、捣碎过筛。然后采取随机取样法，抽取少量土壤用于以后的盐分测定，土壤盐分组成及含量见表 2。将过筛后的土壤装入无孔的塑料花盆中（盆高 12.5cm，底径 12cm，口径 15.5cm），根据土壤含水量换算成干土重，每盆装入干土 1.5kg。

表 2　试验土壤盐分组成

组分	CO_3^{2-} (cmol/kg)	HCO_3^- (cmol/kg)	Cl^- (cmol/kg)	SO_4^{2-} (cmol/kg)	K^+ (cmol/kg)	Na^+ (cmol/kg)	Ca^{2+} (cmol/kg)	Mg^{2+} (cmol/kg)	全盐量 (g/kg)
含量	0	0.46	0.44	12.04	2.59	6.52	3.02	0.8	1.57

根据发芽率将参试材料种子 20～30 粒均匀地播撒在已装好土的花盆，放置于温室中培育，根据土壤水分蒸发量计算浇水时间及浇水量，每日观察记录，待出苗后间苗，在幼苗长到三叶之前定苗，每盆保留生长、分布均匀的 10 棵苗。

1.3.2　材料的盐处理

在幼苗生长到三至四叶期时加盐处理。按每盆土壤干重的 0.3%、0.4%、0.5% 计算好所需加入的化学纯 NaCl 量，溶解到一定量的自来水中配制盐溶液，每个处理设 3 次重复。对照处理加入等量的自来水。盐处理后及时补充蒸发的水分，使盆中土壤含水量维持在 70% 左右。盐处理 18d 后取样测定生理生化指标，25d 后测定生物学指标，30d 结束试验。

1.3.3　指标测定

1.3.3.1　株高

用直尺测定每株幼苗的垂直高度，每盆测定 3 株，共测定 3 盆，以 9 个株高平均值作为株高。

1.3.3.2　存活率

观察每盆中存活植株的数目，记作存活苗数，根据材料叶心是否枯黄判断植株死亡与否。

$$存活率 = \frac{盐处理后存活苗数}{原幼苗总数}$$

1.3.3.3　细胞膜伤害率

取幼苗叶片 0.2g，采用电导法（李合生，2002）测定细胞膜伤害率。

$$细胞膜相对透性 = \frac{R_1}{R_2}$$

1.4　数据处理

采用 SAS 8.0 进行方差分析。

1.5 苗期耐盐性综合评价

综合评价采用打分法，根据梯牧草各个指标变化率的大小进行打分，打分标准为把每一种指标的最大变化率与最小变化率之间的差值均分为 10 个等级，每一等级为 1 分。在各种指标中均以盐伤害最轻的材料得分最高，即 10 分；盐伤害最重的材料得分最低，即 1 分。依此类推，最后把各个指标的得分相加得到梯牧草苗期的耐盐性总分。根据梯牧草幼苗期的耐盐性总分可得到梯牧草耐盐性排序。

2 结果与分析

2.1 盐胁迫对梯牧草存活率的影响

盐胁迫下梯牧草存活率随着盐浓度的增加而降低，方差分析见表 3，盐处理下存活率较对照极显著降低（$P<0.01$）。根据耐盐得分可知，材料 C419、C186、C33 耐盐性较差，材料 C465、C168、C64 耐盐性较强，其余材料耐盐性居于中间。

表 3 不同盐浓度下梯牧草幼苗存活率

材料编号	CK (A)	0.3%	0.4%	0.5% (B)	变化率 [(A−B)/A×100]	耐盐得分
C419	1.000	0.400	0.400	0.067	93.3	1
C186	1.000	0.567	0.233	0.067	93.3	1
C33	1.000	0.300	0.133	0.100	90	1
C81	1.000	0.767	0.567	0.133	86.7	2
C17	1.000	0.567	0.367	0.167	83.3	2
C340	1.000	0.767	0.467	0.200	80	3
C149	1.000	0.667	0.667	0.233	76.7	4
C135	1.000	0.467	0.333	0.233	76.7	4
C290	1.000	0.433	0.400	0.267	73.3	4
C240	1.000	0.600	0.453	0.262	73.8	4
C370	1.000	0.500	0.467	0.300	70	5
C389	1.000	0.833	0.400	0.333	66.7	6
C117	1.000	0.667	0.633	0.367	63.3	6
C64	1.000	0.700	0.567	0.433	56.7	8
C168	1.000	0.600	0.500	0.467	53.3	8
C465	1.000	0.767	0.667	0.567	43.3	9
均值	1.000Aa	0.600Bb	0.453Bbc	0.262Cc		

注：同行中具有不同字母表示差异显著（大写字母表示，$P<0.05$）或极显著（小写字母表示，$P<0.01$）。

2.2 盐胁迫对梯牧草叶片伤害率的影响

盐胁迫下梯牧草叶片伤害率随着盐浓度增加而增加。方差分析见表 4，盐处理 0.4%、0.5% 较对照、0.3% 有极显著增加（$P<0.01$），处理 0.3% 与对照差异不显著（$P>0.05$），处理 0.4%、0.5% 间差异不显著（$P>0.05$）。根据耐盐性得分可知，材料 C81、C389 耐盐性较差，材料 C465、C64、C290、C340、C149 耐盐性较强，材料 C240 耐盐性最强，其余材料耐盐性居于中间。

表 4　不同盐浓度下梯牧草叶片伤害率

材料编号	CK (A)	0.3%	0.4%	0.5% (B)	变化率 [(B−A)/A×100]	耐盐得分
C81	0.29	0.36	0.39	0.53	82.76	1
C389	0.34	0.30	0.72	0.62	82.35	1
C370	0.32	0.44	0.46	0.55	71.88	3
C17	0.32	0.35	0.58	0.55	71.88	3
C117	0.32	0.33	0.43	0.54	68.75	3
C186	0.28	0.30	0.41	0.46	64.29	4
C33	0.30	0.34	0.52	0.47	56.67	5
C419	0.31	0.35	0.49	0.47	51.61	6
C168	0.31	0.35	0.58	0.45	45.16	7
C135	0.31	0.37	0.33	0.44	41.94	8
C465	0.32	0.30	0.37	0.43	34.38	9
C64	0.31	0.37	0.38	0.41	32.26	9
C290	0.30	0.31	0.50	0.40	33.33	9
C340	0.30	0.30	0.30	0.39	30.00	9
C149	0.28	0.34	0.51	0.37	32.14	9
C240	0.25	0.26	0.24	0.32	28	10
均值	0.30Bb	0.34Bb	0.45Aa	0.46Aa		

注：同行中具有不同字母表示差异显著（大写字母表示，$P<0.05$）或极显著（小写字母表示，$P<0.01$）。

2.3　盐胁迫对梯牧草株高的影响

盐胁迫下梯牧草生长受到明显抑制，随着盐浓度增加，植株株高呈现下降趋势。方差分析见表 5，处理下植株株高较对照极显著降低（$P<0.01$），处理 0.4%、0.5% 株高较处理 0.3% 株高显著降低（$P<0.05$），处理 0.4%、0.5% 之间差异不显著（$P>0.05$）。根据耐盐性得分可知，材料 C117 耐盐性最差，材料 C465、C240 耐盐性较强，其余材料耐盐性居于中间。

表 5　不同盐浓度下梯牧草幼苗株高

材料编号	CK (cm) (A)	0.3% (cm)	0.4% (cm)	0.5% (cm) (B)	变化率 [(A−B)/A×100]	耐盐得分
C117	30.74	18.06	14.70	8.61	71.99	1
C419	23.52	12.83	9.94	7.83	66.71	2
C370	25.69	13.02	13.09	8.67	66.25	2
C389	23.87	15.10	11.97	8.41	64.77	2
C64	25.48	9.17	8.90	9.20	63.89	2
C81	26.17	13.44	13.87	9.45	63.89	2
C186	28.00	15.63	12.92	10.25	63.39	2
C33	24.68	16.37	10.10	10.00	59.48	3
C17	25.39	13.33	9.78	10.77	57.58	4
C135	24.00	13.60	13.33	10.42	56.58	4

（续）

材料编号	CK（cm）（A）	0.3%（cm）	0.4%（cm）	0.5%（cm）（B）	变化率 [(A−B)/A×100]	耐盐得分
C290	22.66	15.69	11.70	10.68	52.87	5
C149	24.33	16.68	13.20	11.83	51.38	5
C340	24.42	10.84	11.72	13.71	43.86	7
C168	26.97	15.72	15.92	16.02	40.60	8
C465	19.46	12.64	12.56	12.61	35.20	9
C240	25.06	15.30	14.22	18.13	27.65	10
均值	25.03Aa	14.21Bb	12.37Cbc	11.04Cbc		

注：同行中具有不同字母表示差异显著（大写字母表示，$P<0.05$）或极显著（小写字母表示，$P<0.01$）。

3.4　梯牧草属牧草苗期耐盐性综合评价

将梯牧草存活率、叶片伤害率、株高的耐盐得分相加得到耐盐总得分（表6），可知梯牧草耐盐性排序：C240＞C465＞C168＞C340＞C64＞C290＞C149＞C135＞C370＞C117＞C419＞C389＞C33＞C17＞C186＞C81。

表6　梯牧草属材料苗期耐盐性综合评价

材料编号	存活率耐盐得分	伤害率耐盐得分	株高耐盐得分	耐盐总得分
C81	2	1	2	5
C186	1	4	2	7
C17	2	3	4	9
C33	1	5	3	9
C389	6	1	2	9
C419	1	6	2	9
C117	6	3	1	10
C370	5	3	2	10
C135	4	8	4	16
C149	4	9	5	18
C290	4	9	5	18
C64	8	9	2	19
C340	3	9	7	19
C168	8	7	8	23
C465	9	9	9	27
C240	10	10	10	30

3　结论

（1）随着盐浓度的增大，供试梯牧草属种质材料的株高、存活率受到明显影响，呈现不同程度的降低，细胞膜伤害率逐渐升高。

（2）供试 16 份梯牧草在 0.3％NaCl 胁迫下存活率为 30％～83.3％，大于或等于 50％的有 12 份，0.4％NaCl 胁迫下存活率为 13.3％～66.7％，大于或等于 50％的有 6 份，0.5％NaCl 胁迫下存活率为 6.7％～56.7％，大于 50％的有 1 份。

（3）根据耐盐总得分可知，材料 C240 耐盐性最强，材料 C81、C186 耐盐性较差，其余材料耐盐性居于中间。

参 考 文 献

［1］石元春．盐碱土改良诊断管理改良［M］．北京：农业出版社，1986.
［2］耿立格，李灵芝，王丽娜，等．梯牧草品种引进栽培可行性评价［J］．河北农业科学，2004（1）：42‐44.

高燕麦草苗期耐盐综合评价及耐盐机理研究

高洪文[1]　王　赞[1]　阳　曦[1]　吴欣明[2]　王运琦[2]　张　耿[1]　李　源[1]　孙桂芝[1]

（1. 中国农业科学院畜牧研究所　2. 山西省农业科学院畜牧兽医研究所）

摘要：以 23 份自俄罗斯引进的野生高燕麦草（*Arrhenatherum elatius* L.）为材料，在 0.35％、0.45％、0.55％、0.65％、0.85％盐浓度下进行温室苗期耐盐性试验，通过对存活率、株高、分蘖数、生长胁迫指数的测定和分析，运用聚类法与权重分配法综合评价材料的耐盐性，研究结果表明：大部分供试高燕麦草种质材料能耐 0.65％盐浓度的盐害，在 0.85％盐浓度下受害较为严重。根据综合评价筛选出 C337、C184、C387 耐盐性较强的 3 份材料；并从渗透调节、膜系统、光合特性 3 个方面对高燕麦草耐盐机理进行了研究。

关键词：高燕麦草；NaCl 胁迫；耐盐综合评价；耐盐机理；权重分配法

随着生态环境不断恶化和人们不合理地开发利用资源，干旱、盐碱化已成为世界性的问题，全球 20％的耕地受到盐害威胁，43％的耕地分布在干旱、半干旱地区。干旱与盐害严重影响植物生长发育，造成作物减产。我国干旱、半干旱地区面积很大，约占国土总面积的一半。全世界盐碱地面积近 10 亿 hm^2，约占世界陆地面积 7.6％。我国各类盐碱地面积约 2 666 万 hm^2，其中约 666 万 hm^2 分布于农田。水源短缺以及土壤盐碱化是目前制约农业生产发展的全球性问题，提高植物抗旱、耐盐碱能力对于提高植物的生物量、蓄水保墒、改善生态环境、促进草地畜牧业的发展将起到不可估量的作用。我国“九五”规划将改良利用盐碱地，培育耐盐植物新种质列为“863”高科技重大攻关项目。

国外学者非常重视植物耐盐种质资源评价工作。美国农业部国家盐土实验室（USSL）在这方面走在世界前列。他们采用植物对土壤 NaCl 盐性反应模型开展了 65 种草本植物、35 种蔬菜和果树、27 种纤维和禾谷类植物的耐盐性评价，建立了多种植物的相对耐盐性数据库，耐盐程度依次列为敏感（S）、中度敏感（MS）、中度耐性（MT）、强耐性（T）。Shannon（1998）报道了加利福尼亚州 11 个主要水稻品种对 NaCl 盐性反应的评价，指出盐渍环境下不同品种生长速率存在明显差异，但相对耐盐性差别不大。尽管这些是在当地盐渍环境和当时评价标准下完成的，但研究结果为评价耐盐植物种质资源工作奠定了重要基础。

学术界存在两种关于土壤盐渍化抑制植物生长的机理的观点，一是渗透效应，二是离子毒害效应，究竟哪种效应占主导目前仍有争议。土壤溶液中可溶性盐含量增加将导致溶液渗透压增大，引起植物发生生理干旱，从而抑制植物正常生长。干旱或半干旱地区的干旱季节，大量的地表蒸发使土壤溶液不断浓缩，促使盐分离子进入植株体内并积累，同时还发生离子拮抗，阻碍或破坏了正常的生理代谢，致使植物畸形或死亡。另外，盐渍环境下植物根区盐分与养分元素之间的协同或拮抗作用可能加强或减弱盐分对植物生长和养分吸收的影响程度，从而对植物耐盐性产生影响。这方面研究对盐碱地施肥具有重要指导意义，正在成为研究的热点之一（陈德明，1994）。

J. Levitt（1980）提出盐对植物的胁迫可分为渗透胁迫、离子毒害、离子不平衡或营养缺乏三类。R. Munns 等（1986）提出的盐害假说认为：①新叶生长速率减慢是植物对盐渍响应最敏感的生理过程，且减慢的速率与根际渗透压呈正比；②叶片含盐量过高是植物死亡的最主要原因；③碳水化合物枯竭，导致植物死亡。对于盐害假说中提到的渗透胁迫和离子毒害目前仍被认为是盐对植物危害的两个主要过程，而且关于这两个胁迫过程的先后顺序也有人作过研究。R. Munns（1993）认为，渗透胁迫在前，到一定时间后，离子毒害才发生；而赵可夫等（1999）认为，渗透胁迫与离子毒害同时存在，但在植物整个受胁迫过程中，二者的表现在同期内呈现的强弱不同。

高燕麦草（*Arrhenatherum elatius* L.）为高燕麦属多年生禾草，原产于欧洲和地中海一带。现各国均有引种栽培，我国华北及西北许多农牧场也有引种栽培。20 世纪 50 年代引入湖南、湖北、四川、贵州等省份栽培，在南方温暖地区终年常绿，冬季尚可缓慢生长，故有长青草之名。高燕麦草再生速度快，再生草分蘖多，产量高，特别适合刈割。调制成干草后，各种家畜均喜食。目前国内外学者对高燕麦属植物的抗逆性研究，特别是耐盐性方面还相对较少，因此对其耐盐性的分析鉴定及耐盐机理等基础性工作亟待进一步深入开展。

1 材料与方法

1.1 试验地点

苗期盆栽试验在山西省太原市国家农业科技园区温室内进行，生理生化指标的测定在山西省农业学院农业生态实验室完成。

1.2 试验材料

23 份自俄罗斯引进的野生高燕麦草种质材料（表1）。

表1 研究材料及来源

材料编号	编号	中文名	拉丁名	引进地区
Y1	C13	高燕麦草	*Arrhenatherum elatius* L.	俄罗斯
Y2	C31	高燕麦草	*Arrhenatherum elatius* L.	俄罗斯
Y3	C45	高燕麦草	*Arrhenatherum elatius* L.	俄罗斯
Y4	C60	高燕麦草	*Arrhenatherum elatius* L.	俄罗斯
Y5	C79	高燕麦草	*Arrhenatherum elatius* L.	俄罗斯
Y6	C95	高燕麦草	*Arrhenatherum elatius* L.	俄罗斯
Y7	C113	高燕麦草	*Arrhenatherum elatius* L.	俄罗斯
Y8	C133	高燕麦草	*Arrhenatherum elatius* L.	俄罗斯
Y9	C148	高燕麦草	*Arrhenatherum elatius* L.	俄罗斯
Y10	C165	高燕麦草	*Arrhenatherum elatius* L.	俄罗斯
Y11	C184	高燕麦草	*Arrhenatherum elatius* L.	俄罗斯
Y12	C200	高燕麦草	*Arrhenatherum elatius* L.	俄罗斯
Y13	C238	高燕麦草	*Arrhenatherum elatius* L.	俄罗斯
Y14	C269	高燕麦草	*Arrhenatherum elatius* L.	俄罗斯

（续）

材料编号	编号	中文名	拉丁名	引进地区
Y15	C319	高燕麦草	*Arrhenatherum elatius* L.	俄罗斯
Y16	C337	高燕麦草	*Arrhenatherum elatius* L.	俄罗斯
Y17	C367	高燕麦草	*Arrhenatherum elatius* L.	俄罗斯
Y18	C387	高燕麦草	*Arrhenatherum elatius* L.	俄罗斯
Y19	C416	高燕麦草	*Arrhenatherum elatius* L.	俄罗斯
Y20	C443	高燕麦草	*Arrhenatherum elatius* L.	俄罗斯
Y21	C444	高燕麦草	*Arrhenatherum elatius* L.	俄罗斯
Y22	C462	高燕麦草	*Arrhenatherum elatius* L.	俄罗斯
Y23	C486	高燕麦草	*Arrhenatherum elatius* L.	俄罗斯

1.3 试验方法

1.3.1 材料幼苗的培育

取大田土壤若干，去掉石块、杂质、捣碎过筛。采取随机取样法，抽取少量土壤用于盐分测定，结果见表 2。将过筛后的土壤装入无孔的塑料花盆中（盆高 12.5cm，底径 12cm，口径 15.5cm），每盆装入干土 1.5kg（根据土壤含水量换算干土重量）。

表 2　试验土壤盐分组成及含量

成分	CO_3^{2-} (cmol/kg)	HCO_3^- (cmol/kg)	Cl^- (cmol/kg)	SO_4^{2-} (cmol/kg)	K^+ (cmol/kg)	Na^+ (cmol/kg)	Ca^{2+} (cmol/kg)	Mg^{2+} (cmol/kg)	全盐量 (cmol/kg)
含量	0	0.46	0.44	12.04	2.59	6.52	3.02	0.8	1.57

将参试材料种子根据发芽率选择 20～30 粒均匀地播撒在花盆中，于温室中培育，根据土壤水分蒸发量计算浇水量及时间，每日观察记录，出苗后间苗，在幼苗长至三叶之前定苗，每盆保留生长良好、分布均匀的 10 棵苗。

1.3.2 材料的盐处理

在幼苗生长至三至四叶期时加盐处理。按每盆土壤干重的 0.3％、0.4％、0.5％计算好所需加入的化学纯 NaCl 量，溶解到一定量的自来水中配制盐溶液，每个处理设 3 次重复。对照处理加入等量的自来水。盐处理后及时补充蒸发的水分，使盆中土壤含水量维持在 70％左右。盐处理 18d 后取样测定生理生化指标，25d 后测定形态学指标，30d 结束试验。

1.3.3 耐盐综合评价指标的测定

1.3.3.1 存活率

观察每盆中存活植株的数目，记作存活苗数，根据材料叶心是否枯黄判断植株死亡与否。

$$存活率 = \frac{盐处理后存活苗数}{原幼苗总数} \times 100\%$$

1.3.3.2 株高

用直尺测定每株幼苗的垂直高度，以 3 盆幼苗株高的平均值作为株高。为了消除材料本身的误差，用相对株高作为衡量材料对盐耐受能力的指标。

$$相对株高 = \frac{盐处理植株的株高}{对照植株的株高} \times 100$$

1.3.3.3 分蘖数

以每盆中 10 棵苗的平均值作为分蘖数。

$$相对分蘖数 = \frac{盐处理植株的分蘖数}{对照植株的分蘖数} \times 100$$

1.3.3.4 生长胁迫指数

$$生长胁迫指数 = \frac{盐处理植株干重}{对照植株干重}$$

$$植株干重 = 地上生物量干重 + 地下生物量干重$$

1.3.4 生理生化指标的测定

1.3.4.1 游离脯氨酸含量

取 0.2g 叶片，采用磺基水杨酸法（李合生，2002）测定游离脯氨酸含量。

1.3.4.2 细胞膜相对透性

取 0.2g 叶片，采用电导法（李合生，2002）测定细胞膜相对透性。

1.3.4.3 丙二醛（MDA）含量

取 0.2g 叶片，采用硫代巴比妥酸（TBA）显色法计算丙二醛含量（李合生，2002）。

1.3.4.4 光合速率

在光线较好的情况下，上午 9：00—11：00 进行测定，每盆中随机选取 3 片叶片，使用用 LI-6400 便携式光合测定仪测定叶片光合速率，然后取平均值计算光合速率。

1.3.4.5 叶绿素含量

每盆随机选择 3 株幼苗，每株取 3 片叶片，在上午 10：00—12：00 进行测定，使用 MINOLTA SPAD-502 型叶绿素测定仪在叶片底部、中部、叶尖各测一次，然后取平均值计算叶绿素含量。

1.4 数据处理

利用 SAS 统计软件进行数据的方差、回归、聚类分析，Excel 制作相关的图表。

1.5 分析方法

通过存活率、相对株高、相对分蘖数及生长胁迫指数，使用聚类分析与权重分配法对 23 份高燕麦草种质材料的耐盐性进行综合评价，并从渗透调节、膜系统、光合特性方面研究其耐盐机理。

2 结果与分析

2.1 高燕麦草种质材料苗期耐盐性分析

2.1.1 盐胁迫对存活率的影响

盐浓度对高燕麦草存活率的影响主要集中在 0.55%～0.85% 盐浓度下（图 1），不同材料间的存活率差异显著（表 3）。经 28d 的盐胁迫后，所有材料在 0.35%、0.45% 盐浓度下均无死亡现象，在 0.55%～0.85% 盐浓度下，存活率开始降低，并在 0.85% 处急剧下降。在 0.55% 盐浓度下所有材料的存活率都达到 80% 及以上，特别是材料 Y2、Y19、Y20、Y23 存活率达到 100%；0.65% 盐浓度下存活率在 80% 及以上的材料有 10 份；而在 0.85% 盐浓度下所有材料的存活率都在 46.67% 及以下，其中材料 Y1、Y12、Y15、Y23 存活率为 0。

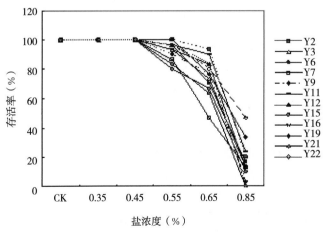

图 1 盐胁迫对高燕麦草存活率的影响

可以看出大部分供试高燕麦草种质材料难以耐受0.85%盐浓度胁迫。

表3　不同盐浓度下高燕麦草的存活率（%）

材料编号	CK	0.35%	0.45%	0.55%	0.65%	0.85%
Y1	100.00	100.00	100.00	96.67ab	93.33ab	0.00h
Y2	100.00	100.00	100.00	100.00a	93.33ab	20.00cd
Y3	100.00	100.00	100.00	93.33abc	73.33fgh	13.33
Y4	100.00	100.00	100.00	96.67ab	76.67efg	6.67fgh
Y5	100.00	100.00	100.00	96.67ab	73.33fgh	3.33gh
Y6	100.00	100.00	100.00	96.67ab	70.00gh	16.67cde
Y7	100.00	100.00	100.00	86.67cde	46.67j	13.33def
Y8	100.00	100.00	100.00	96.67ab	76.67efg	10.00efg
Y9	100.00	100.00	100.00	90.00bcd	76.67efg	3.33gh
Y10	100.00	100.00	100.00	90.00bcd	76.67efg	16.67cde
Y11	100.00	100.00	100.00	96.67ab	90.00abc	23.33c
Y12	100.00	100.00	100.00	96.67ab	83.33cde	0.00h
Y13	100.00	100.00	100.00	93.33abc	90.00abc	16.67cde
Y14	100.00	100.00	100.00	96.67ab	96.67a	20.00cd
Y15	100.00	100.00	100.00	83.33de	63.33h	0.00h
Y16	100.00	100.00	100.00	93.33abc	83.33cde	13.33def
Y17	100.00	100.00	100.00	96.67ab	93.33ab	6.67fgh
Y18	100.00	100.00	100.00	96.67ab	86.67bcd	16.67cde
Y19	100.00	100.00	100.00	100.00a	76.67efg	33.33b
Y20	100.00	100.00	100.00	100.00a	66.67h	16.67cde
Y21	100.00	100.00	100.00	80.00e	66.67h	10.00efg
Y22	100.00	100.00	100.00	96.67ab	80.00def	46.67a
Y23	100.00	100.00	100.00	100.00a	73.33fgh	0.00h

注：表中数据同列比较，标有不同字母的表示差异显著（$P<0.05$）。

2.1.2　盐胁迫对株高的影响

对盐胁迫28d后的相对株高变化率进行方差分析表明，不同材料间相对株高表现出显著性差异（表4）。在0.35%盐浓度胁迫下，材料相对株高的范围为82.2~104.4，在0.45%盐浓度的胁迫下，材料的相对株高变化范围为68.1~101.5，在0.55%浓度的盐胁迫下，材料的相对株高变化范围为78.8~108.0，在0.65%和0.85%盐胁浓度下，相对株高的变化范围分别为67.6~105.9和64.2~106.6，说明不同材料对盐胁迫的耐受能力差异较大。从图2看，以材料Y2为代表的大部分材料的相对株高都随着盐浓度升高呈现下降趋势；以材料Y19为代表，在0.35%~0.45%盐浓度下相对株高逐渐下降，在0.55%~0.65%盐浓度处相对株高开始升高，在0.85%盐浓度下再次出现下降趋势，但总体呈下降趋势；以材料Y16为代表，随着盐浓度的增加相对株高呈现出上升趋势，这是否说明适宜的盐浓度有利于该类材料生长，还有待进一步深入研究。

表 4　不同盐浓度下高燕麦草的相对株高

材料编号	CK	0.35%	0.45%	0.55%	0.65%	0.85%
Y1	100	94.4[bcde]	94.7[abcd]	85.5[fgh]	85.1[ij]	83.4[h]
Y2	100	99.4[abc]	92.9[bcde]	90.9[defg]	86.5[h]	85.1[g]
Y3	100	97.7[abcd]	81.5[gh]	79.4[ij]	77.5[l]	74.1[l]
Y4	100	92.4[bcde]	89.3[cdefg]	86.3[fgh]	87.3[gh]	86.6[fg]
Y5	100	90.5[de]	84.5[fgh]	83.4[gh]	79.2[k]	72.0[m]
Y6	100	94.8[bcde]	95.1[abc]	89.9[efgh]	91.9[e]	93.2[d]
Y7	100	97.3[abcd]	95.0[abc]	91.4[cdefg]	91.0[ef]	90.1[e]
Y8	100	93.3[bcde]	90.6[cdef]	83.3[gh]	85.3[ij]	64.2[o]
Y9	100	92.0[cde]	92.7[bcdef]	88.4[efgh]	90.1[f]	90.1[e]
Y10	100	104.4[a]	101.5[a]	93.1[cdef]	101.9[b]	100.7[b]
Y11	100	92.7[bcde]	96.4[abc]	104.5[ab]	99.3[c]	95.9[c]
Y12	100	98.7[abcd]	94.8[abc]	98.2[bcd]	95.3[d]	85.9[g]
Y13	100	95.0[bcde]	93.7[abcd]	89.1[efgh]	87.1[gh]	82.4[ij]
Y14	100	98.6[abcd]	92.8[bcde]	91.2[defg]	85.1[ij]	85.1[g]
Y15	100	99.3[abc]	94.3[abcd]	93.7[cdef]	85.7[h]	78.8[k]
Y16	100	100.6[ab]	99.3[ab]	108.0[a]	102.9[b]	106.6[a]
Y17	100	93.7[bcde]	85.4[efgh]	99.6[bc]	104.7[a]	97.1[c]
Y18	100	98.8[abc]	94.9[abc]	105.3[ab]	105.9[a]	99.8[b]
Y19	100	97.5[abcd]	86.5[defgh]	95.9[cde]	96.5[d]	85.0[gh]
Y20	100	87.5[ef]	79.9[h]	81.7[h]	83.7[j]	81.7[j]
Y21	100	87.0[ef]	79.2[h]	84.4[gh]	67.6[m]	69.9[n]
Y22	100	88.6[ef]	76.1[ij]	89.8[efgh]	88.4[g]	88.0[f]
Y23	100	82.2[f]	68.1[j]	78.8[i]	83.7[j]	74.9[l]

注：表中数据同列比较，标有不同字母的表示差异显著（$P<0.05$）。

2.1.3　盐胁迫对分蘖数的影响

从图 3 可以看出，高燕麦草种质材料的相对分蘖数与盐浓度呈负相关，说明盐胁迫对高燕麦草的分蘖有明显抑制作用。从相同盐胁迫水平下不同材料间相对分蘖数的方差分析结果可以看出（表 5），各材料间显著差异。在盐胁迫下斜率最大的材料 Y20 相对分蘖数变化范围为 14～97，受害较严重；斜率最小的材料 Y23，相对分蘖数的变化范围为 9～45，受害较轻，但其相对分蘖数也相对最小，说明不同材料间耐盐能力的差别较大，相同材料对不同盐胁迫水平的适应能力也各不相同。大多数材料在 0.85% 盐浓度下相对分蘖数出现明显下降，说明该盐浓度对高燕麦草的分蘖具有较强的抑制作用。

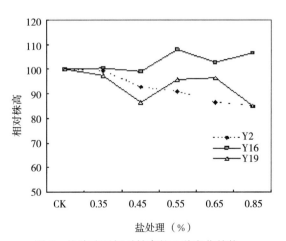

图 2　盐胁迫下相对株高的 3 种变化趋势

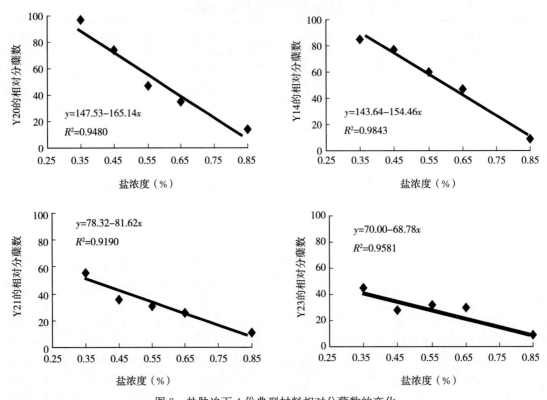

图 3　盐胁迫下 4 份典型材料相对分蘖数的变化

表 5　不同盐浓度下高燕麦草的相对分蘖数

材料编号	CK	0.35%	0.45%	0.55%	0.65%	0.85%
Y1	100	77^{de}	58^{f}	40^{hi}	18^{i}	8^{de}
Y2	100	66^{h}	52^{g}	22^{n}	13^{j}	7^{e}
Y3	100	75^{e}	50^{gh}	31^{klm}	19^{i}	12^{bcd}
Y4	100	85^{b}	74^{a}	33^{kl}	29^{gh}	12^{bcd}
Y5	100	75^{e}	59^{ef}	29^{lm}	28^{gh}	12^{bcd}
Y6	100	71^{fg}	46^{h}	28^{m}	15^{ij}	9^{cde}
Y7	100	68^{gh}	59^{ef}	39^{ij}	34^{def}	7^{e}
Y8	100	77^{de}	45^{j}	32^{klm}	30^{fgh}	9^{cde}
Y9	100	80^{cd}	57^{f}	43^{ghi}	40^{bc}	10^{bcde}
Y10	100	95^{a}	63^{cde}	54^{c}	38^{bcd}	12^{bcd}
Y11	100	67^{h}	51^{g}	39^{ij}	26^{h}	13^{bc}
Y12	100	75^{e}	61^{def}	48^{def}	37^{cd}	8^{de}
Y13	100	82^{bc}	68^{b}	49^{de}	49^{a}	12^{bcd}
Y14	100	85^{b}	77^{a}	60^{b}	47^{a}	9^{cde}
Y15	100	85^{b}	65^{bcd}	44^{fgh}	34^{def}	12^{bcd}
Y16	100	79^{cd}	68^{b}	51^{cde}	35^{de}	18^{a}
Y17	100	74^{ef}	68^{b}	44^{fgh}	36^{cde}	7^{e}
Y18	100	95^{a}	75^{a}	65^{a}	42^{b}	14^{ab}
Y19	100	74^{ef}	66^{bc}	52^{cd}	32^{efg}	10^{bcde}
Y20	100	97^{a}	74^{a}	47^{efg}	35^{de}	14^{ab}

（续）

材料编号	CK	0.35%	0.45%	0.55%	0.65%	0.85%
Y21	100	56[j]	36[j]	30[lm]	26[h]	11[bcde]
Y22	100	55[j]	33[k]	35[jk]	36[cde]	11[bcde]
Y23	100	45[j]	38[j]	32[klm]	30[fgh]	9[cde]

注：表中数据同列比较，标有不同字母的表示差异显著（$P<0.05$）。

2.1.4 盐胁迫对生长胁迫指数的影响

随着盐浓度升高，高燕麦草种质材料的干物质重量逐渐降低，即生长胁迫指数逐渐降低（图4）。对材料间生长胁迫指数的方差分析结果表明，不同材料间生长胁迫指数达到显著水平（表6）。在0.35%盐浓度下所有材料的生长胁迫指数均大于0.5，材料Y20达到了1.02，相对于CK呈增长趋势；从盐浓度0.55%到0.85%，所有材料的生长胁迫指数出现明显下降，在0.85%盐浓度下，材料Y21的生长胁迫指数最低，只有0.12，其次是材料Y23和Y19，为0.16；而最高的材料Y6为0.30。可以看出盐胁迫对高燕麦草生物量的影响十分明显，材料Y3和Y6与其他材料相比受害程度较轻。

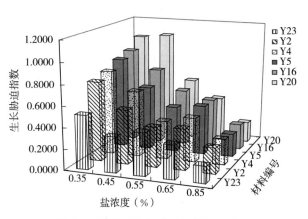

图4 盐胁迫对生长胁迫指数的影响

表6 不同盐浓度下高燕麦草的生长胁迫指数

材料编号	CK	0.35%	0.45%	0.55%	0.65%	0.85%
Y1	1.00	0.81[ef]	0.66[de]	0.37[gh]	0.32[j]	0.17[ef]
Y2	1.00	0.77[fgh]	0.52[h]	0.38[fgh]	0.40[cdef]	0.25[bc]
Y3	1.00	0.95[b]	0.62[ef]	0.38[fgh]	0.34[hij]	0.26[ab]
Y4	1.00	0.81[ef]	0.63[def]	0.37[gh]	0.43[abcd]	0.25[bc]
Y5	1.00	0.88[cd]	0.62[ef]	0.44[de]	0.47[a]	0.22[bcd]
Y6	1.00	0.84[de]	0.50[ij]	0.37[gh]	0.38[efgh]	0.30[a]
Y7	1.00	0.70[i]	0.49[ij]	0.33[ij]	0.27[k]	0.19[def]
Y8	1.00	0.74[h]	0.52[h]	0.35[h]	0.42[bcde]	0.23[bcd]
Y9	1.00	0.75[gh]	0.57[g]	0.42[ef]	0.37[fgh]	0.19[def]
Y10	1.00	0.86[d]	0.56[gh]	0.41[efg]	0.35[ghij]	0.17[ef]
Y11	1.00	0.87[d]	0.65[de]	0.48[cd]	0.39[defg]	0.23[bcd]
Y12	1.00	0.78[fgh]	0.62[ef]	0.52[bc]	0.46[ab]	0.17[ef]
Y13	1.00	0.88[cd]	0.83[b]	0.56[ab]	0.47[a]	0.21[cde]
Y14	1.00	0.87[d]	0.75[c]	0.56[ab]	0.44[abc]	0.19[def]
Y15	1.00	0.79[fg]	0.67[d]	0.45[de]	0.26[k]	0.19[def]
Y16	1.00	0.92[bc]	0.74[c]	0.55[b]	0.47[efgh]	0.25[bc]
Y17	1.00	0.78[fgh]	0.65[de]	0.42[ef]	0.39[a]	0.17[ef]
Y18	1.00	0.84[de]	0.60[fg]	0.45[de]	0.44[abc]	0.21[cde]
Y19	1.00	0.79[fg]	0.57[g]	0.45[de]	0.32[j]	0.16[fg]
Y20	1.00	1.02[a]	1.05[a]	0.60[a]	0.43[abcd]	0.20[def]

（续）

材料编号	CK	0.35%	0.45%	0.55%	0.65%	0.85%
Y21	1.00	0.62[j]	0.46[j]	0.29[j]	0.21[l]	0.12[g]
Y22	1.00	0.54[k]	0.39[k]	0.41[efg]	0.38[efgh]	0.20[def]
Y23	1.00	0.51[k]	0.34[l]	0.41[efg]	0.33[ij]	0.16[fg]

注：表中数据同列比较，标有不同字母的表示差异显著（$P<0.05$）。

2.2 高燕麦草耐盐机理研究

2.2.1 盐胁迫与渗透调节物质的关系

渗透调节是植物适应盐胁迫的最基本特征之一。在盐胁迫下，由于外界渗透势较低，植物细胞会发生水分亏缺现象，即渗透胁迫。植物为了避免这种伤害，细胞内会主动积累一些可溶性溶质来降低胞内渗透势，以保证逆境条件下水分正常供应。参与渗透调节的物质包括无机物（如 Na^+、K^+ 等）和有机物（如游离脯氨酸、有机酸等）。

游离脯氨酸的累积是农作物对盐渍和干旱环境响应的一个敏感指标，其积累的原因可能是合成受激、氧化受抑和蛋白质合成受阻（汤章城，1984），游离脯氨酸的累积在平衡细胞质内无机盐分积累上起着重要作用（Vertberg G et al.，1984）。从图 5 来看，随着盐浓度升高，高燕麦草种质材料的游离脯氨酸含量呈上升趋势，不耐盐的材料 Y1、Y15 叶片内游离脯氨酸含量比耐盐材料 Y11、Y16 更高。在 0.85% 盐浓度下所有材料的游离脯氨酸含量基本处于同一水平。

2.2.2 盐胁迫与膜系统的关系

2.2.2.1 细胞膜相对透性的变化

在盐胁迫下细胞膜损伤与细胞膜透性增加是盐伤害的本质之一（宋洪元等，1998）。不同种质材料的相对电导率结果表明，耐盐种质的细胞膜通常具有较高的稳定性（王建明，1989；吴国胜，1995）。高燕麦草叶片细胞膜相对透性随盐浓度升高而逐渐增加，在无盐条件与盐处理下，耐盐材料的细胞膜相对透性均低于不耐盐的材料（图 6）。

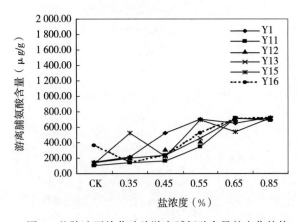

图 5 盐胁迫下幼苗叶片游离脯氨酸含量的变化趋势

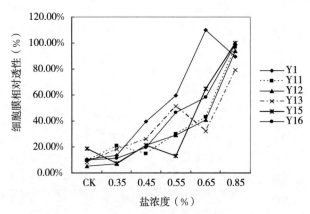

图 6 盐胁迫对幼苗叶片细胞膜相对透性的影响

2.2.2.2 丙二醛（MDA）含量的变化

MDA 是膜脂过氧化的主要产物之一，一般认为 MDA 在植物体内积累是活性氧毒害的表现，它的含量高低是判断膜脂过氧化程度的一个重要指标。由图 7 可知，在 0.35%～0.65% 盐浓度之间，高燕麦草种质材料的 MDA 含量与正常水平相比变化程度并不明显，说明在该盐胁迫水平下，高燕麦草膜脂过氧化程度较低，表现出较强的耐盐性。在 0.85% 盐浓度下，所有材料的 MDA 含量都出现上升现象，说明该盐浓度能使高燕麦草膜脂过氧化程度加重。

2.2.3 盐胁迫与光合特性的关系

2.2.3.1 光合速率的变化

许多试验都证明，盐胁迫抑制植物的光合作用，并且抑制程度与胁迫程度呈正相关。另外，光合速率降低也与植物种类和种质以及盐的种类有关（赵可夫，1993）。本研究的结果也证实了盐胁迫对光合作用均有不同程度的抑制作用（图8）。随着盐浓度增大，高燕麦草种质材料的光合速率逐渐下降，且不同材料间的下降趋势差异明显，耐盐材料的下降幅度相比不耐盐的材料光合速率较低。

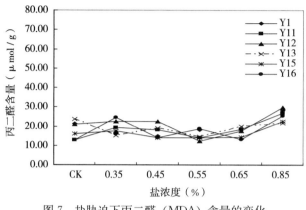

图7 盐胁迫下丙二醛（MDA）含量的变化

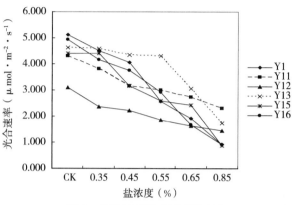

图8 盐胁迫下光合速率的变化

2.2.3.2 叶绿素含量的变化

叶绿素是保证光合作用正常进行，维持植物正常生长的主要物质。其含量是受盐害影响非常明显的生理指标之一，已有许多研究证实盐胁迫下植物体内叶绿素含量下降。盐胁迫受害植株先从叶尖、叶基部出现黄化，然后逐步发展，严重时叶片焦枯，最后整株死亡。盐胁迫下高燕麦草种质材料幼苗叶片的叶绿素含量降低（图9），耐盐性较强的材料比耐盐性较差的材料具有较高的叶绿素含量，能够维持较高的光能转化效率，为植株生长提供充足的养分。在0.85%盐浓度下，叶绿素含量的下降幅度明显大于其他盐浓度，

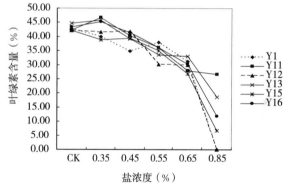

图9 盐胁迫下叶绿素含量的变化

说明高燕麦草对0.85%的盐浓度较为敏感，这与细胞膜相对透性、MDA含量试验结果比较相似。

2.3 苗期耐盐综合评价

对0.85%盐浓度下各项耐盐指标试验结果（表7）进行标准化处理，以欧氏距离的平方（Squared Euclidean distance）为相似尺度，使用Ward离差平方和法（Ward's method）对数据进行聚类分析，可以得到综合耐盐性聚类图（图10）。从聚类结果来看，可以将23份高燕麦草种质材料按耐盐性大致区分为三类：耐盐性较强的材料Y10、Y11、Y16、Y18、Y19、Y22；耐盐性中等的材料Y2、Y3、Y4、Y5、Y6、Y8、Y13、Y15、Y20；耐盐性较弱的材料Y1、Y7、Y9、Y12、Y14、Y17、Y21、Y23。

为更详细地判断高燕麦草种质材料的耐盐能力，还需进一步开展多指标的综合评价分析。牧草种质材料的耐盐性是一个较为复杂的性状，鉴定一个材料的耐盐性应采用若干耐盐指标的综合评价，但对各个指标不能同等并论，应根据各个指标和耐盐性的密切程度进行权重分配。首先将表7中的各项指标根据公式（1）、（2）采用五级评分法换算成相对指标进行定量表示（表8），这样各耐盐指标因数值大小和变化幅度的不同而产生的差异即可消除。

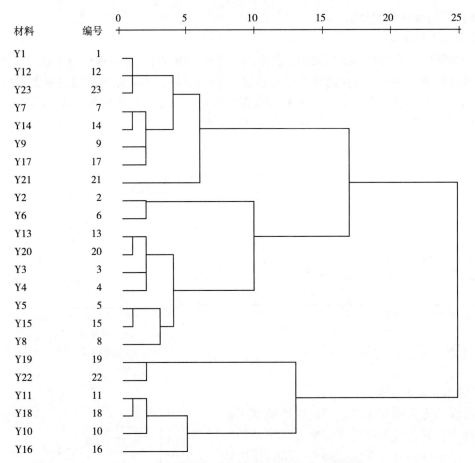

图 10　23 份高燕麦草种质材料耐盐性分级聚类图

表 7　0.85%盐浓度下的各耐盐指标数据

材料编号	存活率（%）	相对分蘖数	相对株高	生长胁迫指数	材料编号	存活率（%）	相对分蘖数	相对株高	生长胁迫指数
Y1	0.00	8	83.4	0.17	Y13	16.67	12	82.4	0.21
Y2	20.00	7	85.1	0.25	Y14	20.00	9	85.1	0.19
Y3	13.33	12	74.1	0.26	Y15	0.00	12	78.8	0.19
Y4	6.67	12	86.6	0.25	Y16	13.33	18	106.6	0.25
Y5	3.33	12	72.0	0.22	Y17	6.67	7	97.1	0.17
Y6	16.67	9	93.2	0.30	Y18	16.67	14	99.8	0.21
Y7	13.33	7	90.1	0.19	Y19	33.33	10	85.0	0.16
Y8	10.00	9	64.2	0.23	Y20	16.67	14	81.7	0.20
Y9	3.33	10	90.1	0.19	Y21	10.00	11	69.9	0.12
Y10	16.67	12	100.7	0.17	Y22	46.67	11	88.0	0.20
Y11	23.33	13	95.9	0.23	Y23	0.00	9	74.9	0.16
Y12	0.00	8	85.9	0.17					

$$\lambda = \frac{X_{jmax} - X_{jmin}}{5} \tag{1}$$

$$Z_{ij} = \frac{X_{ij} - X_{jmin}}{\lambda} + 1 \tag{2}$$

式中：$X_{j\max}$——第 j 个指标测定的最大值；

$X_{j\min}$——第 j 个指标测定的最小值；

X_{ij}——第 i 份材料第 j 项指标测定的实际值；

λ——得分极差（每得 1 分之差）；

Z_{ij}——第 i 份材料第 j 项指标的得分（$1 \leqslant i \leqslant 23$，$1 \leqslant j \leqslant 4$）。

表 8　0.85% 盐浓度下的各耐盐指标得分及变异系数

材料编号	相对存活率	相对分蘖数	相对株高	相对生长胁迫指数
Y1	1.000 0	1.374 4	3.267 2	2.469 1
Y2	3.143 6	0.887 9	3.465 3	4.658 3
Y3	2.429 1	3.235 9	2.169 3	5.028 8
Y4	1.714 5	3.370 0	3.645 5	4.648 9
Y5	1.357 3	3.179 0	1.922 1	3.953 2
Y6	2.786 4	1.993 1	4.428 3	6.005 4
Y7	2.429 1	1.002 9	4.056 7	3.025 3
Y8	2.071 8	2.150 8	1.001 6	4.202 1
Y9	1.357 3	2.487 2	4.062 2	2.978 3
Y10	2.786 4	3.241 7	5.306 9	2.452 4
Y11	3.500 9	3.817 9	4.744 3	4.214 3
Y12	1.000 0	1.510 6	3.562 2	2.404 0
Y13	2.786 4	3.370 0	3.145 2	3.673 9
Y14	3.143 6	2.075 3	3.462 2	2.979 7
Y15	1.000 0	3.177 0	2.726 6	3.091 1
Y16	2.429 1	5.887 4	6.001 6	4.578 3
Y17	1.714 5	0.960 8	4.883 7	2.306 2
Y18	2.786 4	4.154 9	5.200 1	3.505 6
Y19	4.572 7	2.541 4	3.455 9	2.112 0
Y20	2.786 4	4.400 5	3.066 4	3.202 8
Y21	2.071 8	2.684 7	1.672 7	0.999 9
Y22	6.001 8	2.701 3	3.807 0	3.379 4
Y23	1.000 0	2.149 2	2.267 7	2.213 4
变异系数（CV）	55.869 1	62.353 7	81.320 5	78.082 6

根据各指标的变异系数确定各指标参与综合评价的权重系数矩阵。其计算公式为：

$$W_j = \frac{\delta_j}{\sum\limits_{j=1}^{n} \delta_j} \tag{3}$$

式中：W_j——第 j 项指标的权重系数；

δ_j——第 j 项指标的变异系数。

得到各耐盐指标权重系数矩阵 $\alpha = (0.2012, 0.2246, 0.2929, 0.2813)$，用 μ 表示高燕麦草种质材料各个指标所达到的水平（应得分）的单项鉴评矩阵，然后进行复合运算，得到各高燕麦草种质材料的综合评价指数 β。

$\alpha = (0.2012, 0.2246, 0.2929, 0.2813)$

$$\mu = \begin{vmatrix} 1.0 & 3.1 & 2.4 & 1.7 & 1.4 & 2.8 & 2.4 & 2.1 & 1.4 & 2.8 & 3.5 & 1.0 & 2.8 & 3.1 & 1.0 & 2.4 & 1.7 & 2.8 & 4.6 & 2.8 & 2.1 & 6.0 & 1.0 \\ 1.4 & 0.9 & 3.2 & 3.4 & 3.2 & 2.0 & 1.0 & 2.2 & 2.5 & 3.2 & 3.8 & 1.5 & 3.4 & 2.1 & 3.2 & 5.9 & 1.0 & 4.2 & 2.5 & 4.4 & 2.7 & 2.7 & 2.1 \\ 3.3 & 3.5 & 2.2 & 3.6 & 1.9 & 4.4 & 4.1 & 1.0 & 4.1 & 5.3 & 4.7 & 3.6 & 3.1 & 3.5 & 2.7 & 6.0 & 4.9 & 5.2 & 3.5 & 3.1 & 1.7 & 3.8 & 2.3 \\ 2.5 & 4.7 & 5.0 & 4.6 & 4.0 & 6.0 & 3.0 & 4.2 & 3.0 & 2.5 & 4.2 & 2.4 & 3.7 & 3.0 & 3.1 & 4.6 & 2.3 & 3.5 & 2.1 & 3.2 & 1.0 & 3.4 & 2.2 \end{vmatrix}$$

$\beta = \alpha \times \mu$＝（2.185，3.173，3.252，2.682，3.989，2.752，2.391，2.888，3.538，4.116，2.268，3.276，2.964，2.583，4.859，2.649，4.014，3.103，3.360，1.808，3.883，1.965）。

矩阵 β 中的各个数值就是对应材料的综合评价指数。根据综合评价指数的大小可列出 23 份野生高燕麦草种质材料苗期耐盐能力的排序（表 9）。

表 9　23 份高燕麦草种质材料苗期耐盐性综合评价

材料编号	综合评价指数	耐盐性排序	材料编号	综合评价指数	耐盐性排序
Y1	2.185	21	Y13	3.276	9
Y2	3.173	11	Y14	2.964	13
Y3	3.252	10	Y15	2.583	18
Y4	3.454	7	Y16	4.859	1
Y5	2.682	16	Y17	2.649	17
Y6	3.989	4	Y18	4.014	3
Y7	2.752	15	Y19	3.103	12
Y8	2.391	19	Y20	3.360	8
Y9	2.888	14	Y21	1.808	23
Y10	3.538	6	Y22	3.883	5
Y11	4.116	2	Y23	1.965	22
Y12	2.268	20			

从耐盐性综合评价的结果可以看出，材料 Y16、Y11、Y18 的综合评价指数在 4 分以上，在 23 份野生高燕麦草中综合评价最优，是苗期耐盐性最好的种质材料；综合评价指数在 3～4 分的材料有 Y6、Y10、Y22、Y2、Y3、Y4、Y13、Y19、Y20，属中等耐盐材料；材料 Y5、Y7、Y9、Y14、Y15、Y17、Y1、Y8、Y12、Y21、Y23 综合评价指数最低，属于耐盐性较差的材料，其中 Y21、Y23 得分在 2 分以下，耐盐性最差。这与前面耐盐性聚类分级的结果基本一致。

3　讨论

（1）本研究结果表明：在 0.35%～0.45% 盐浓度下所有供试材料的存活率都达到了 100%；0.65% 盐浓度下有 10 份材料存活率在 80% 及以上；在 0.85% 盐浓度处所有材料的存活率均低于 46.67%，其中 Y1、Y12、Y15、Y23 这 4 份材料存活率为 0。可以看出，在中低盐胁迫水平下（0.35%～0.65% 盐浓度），供试高燕麦草种质材料的存活率受影响不大，在 0.85% 盐浓度的高盐胁迫水平下材料存活率急剧下降，可能是 0.85% 盐浓度突破了高燕麦草耐盐能力的极限，牧草自身的抗逆机制无法发挥保护作用，导致植株迅速死亡。

（2）株高能说明牧草苗期生长的整齐度和生长潜势，许鹏等（1998）人在对苇状羊茅、南山新麦草、羊茅、黑麦草和白花草木樨等进行耐盐性评价时，用了该指标。在本研究中，大多数材料的株高都随盐浓度增加而逐渐下降，比较特殊的是 Y16，在盐胁迫下株高呈上升趋势，本试验所设盐胁迫水平是否对其株高的增长有利，还有待进一步研究。

（3）盐胁迫可引起植物体内游离脯氨酸积累，积累机理是脯氨酸氧化受抑制和合成被促进（汤章成，1984），但脯氨酸的累积与耐盐性的关系目前尚存在争议。傅秀云（1983）等认为耐盐品种脯氨酸含量偏高，变化率低，脯氨酸的变化率可作为小麦耐盐性鉴定的生理指标，而 Chandra（1983）认为在有些情况下耐盐性和游离脯氨酸的累积呈正相关，在另一些情况下呈负相关。本研究所得结果符合 Chandra 的观点，耐盐性强的材料游离脯氨酸含量较耐盐性弱的材料低，游离脯氨酸含量与材料耐盐性呈负相关。因此脯氨酸的积累机制与牧草耐盐性的关系有待深入研究论证。

4 结论

(1) 供试高燕麦草种质材料的存活率、相对株高、相对分蘖数和生长胁迫指数随盐浓度升高而逐渐降低，耐盐性强的材料都具有较高的存活率、株高、分蘖数和生物量，因此可以使用这 4 项指标对高燕麦草苗期耐盐性进行评价。

(2) 在 0.35%～0.65%盐浓度下，大部分供试材料均表现出较强的耐盐性，存活率较高；在 0.85%盐浓度下则受害较为严重，说明高燕麦草属于中等耐盐植物。

(3) 通过聚类与权重分配法综合评价供试材料耐盐性，可以筛选出 C337、C184、C387 这 3 份耐盐性较强的种质材料，其综合评价指数在 4 分以上；C444 与 C486 综合评价指数低于 2 分，在供试材料中耐盐性最差。

(4) 盐胁迫下，耐盐高燕麦草种质材料丙二醛积累较少，游离脯氨酸则积累较多，细胞膜相对透性较小；随着盐浓度升高，丙二醛、游离脯氨酸含量和细胞膜相对透性都逐渐增加，特别是在 0.85% NaCl 浓度下，三者都出现较大幅度的增加，说明在高盐浓度下丙二醛、游离脯氨酸的积累以及细胞膜相对透性的升高是一种对盐害的反应。

(5) 盐胁迫能导致高燕麦草种质材料光合速率和叶绿素含量下降。在同一盐浓度下，耐盐材料的光合速率及叶绿素含量下降幅度比盐敏感材料小。

中国假俭草不同种源的耐盐性筛选

赵琼玲[1]　白昌军[2]　梁晓玲[1]

(1. 中国热带农业科学院品种资源研究所　2. 海南大学农学院)

摘要： 采用假俭草营养期模拟 NaCl 盐胁迫方法，对中国假俭草 58 份种质材料营养期的叶片相对含水量、叶片盐害级别、相对电导率、游离脯氨酸、叶绿素含量、过氧化氢酶活性指标进行测定与分析，并对假俭草种质营养期的耐盐性进行综合评价。结果表明，上述指标均是假俭草种质材料营养期耐盐性评价的有效指标。且通过综合评价，可将 58 份假俭草种质划分为 3 个耐盐级别，即材料 1 号、2 号、4 号、16 号、22 号、31 号、37 号、39 号、52 号、56 号为耐盐性种质，8 号、13 号、27 号、29 号、33 号、44 号、51 号、53 号为盐敏感种质，其他为中等耐盐种质。

关键词： 假俭草；耐盐性；综合评价

假俭草 [*Eremochloa ophiuroides*（Munro）Hackel.] 是禾本科（Poaceae/Gramineae）黍亚科（Panicoideae）蜈蚣草属（*Eremochloa* Büse）的一种可作为草坪草的多年生 C_4 草本植物，其植株低矮，匍匐茎强壮，蔓延力强，具备较强的抗性。据报道，假俭草耐旱、耐荫、耐贫瘠且覆盖率高，可用于固土护坡、水土保持和改良天然草地。因此，开展假俭草种质资源的耐盐性研究，从中筛选优良耐盐种质，对盐渍化土地的治理与改良具有重要的现实意义。

植物在盐胁迫下表现耐盐性是一个比较复杂的过程，耐盐力的大小是多种生理代谢的综合表现，如果用单一指标来评价植物的耐盐性大小，并不能真实反应植物耐盐性，需采用多个抗性指标对其进行综合评价[1]。隋益虎等[2]认为，采用抗性生理指标综合评判的方法，更能真实地反映种质的本来特性。关于假俭草的耐盐性研究，除了与其他牧草种质进行比较，以及对少数几个省内假俭草进行耐盐性研究外，系统地开展全国不同来源地的种质材料间的耐盐性研究较少。本试验对采自全国 15 个省的 58 份野生假俭草开展盐胁迫效应的相关研究，通过对假俭草营养期的多个生理指标进行综合评判，以期从中筛选出优良耐盐的种质材料，为进一步开发利用假俭草及其耐盐育种的研究提供一定的理论依据。

1 材料与方法

1.1 供试材料

试验在中国热带农业科学院热带作物品种资源研究所综合实验室进行。根据植物志描述假俭草分布的地区，于 2008—2009 年在海南、广东、福建等 13 个省份采集了 58 份种质（表 1），进行统一扩繁，种植于本所牧草基地，供试验使用。

表 1 供试假俭草种质编号及来源

代号	地点	经度 (°E)	纬度 (°N)	海拔 (m)	代号	地点	经度 (°E)	纬度 (°N)	海拔 (m)
1	湖南汨罗新市镇	113.11	28.51	47.0	30	江西吉安吉水县	115.08	27.15	44.6
2	贵州贵阳花溪区	106.39	26.28	1121.0	31	安徽蚌埠五河县	117.56	33.06	19.0
3	贵州黔南龙里	106.56	26.28	1088.0	32	广西河池肯塘	107.43	24.34	387.7
4	江西赣州赣县	114.53	25.59	94.5	33	福建南平武夷山市	117.58	27.37	197.2
5	浙江温州泰顺县	119.58	27.37	444.0	34	湖北赤壁茶庵岭镇	113.48	29.39	61.3
6	江西吉安峡江县	115.19	27.34	50.6	35	湖南汨罗弼时镇	113.08	28.26	53.6
7	浙江宁波象山县	121.54	29.19	28.0	36	安徽合肥肥东县	117.33	31.46	15.0
8	广西桂林兴安县	110.46	25.45	207.3	37	广东惠州博罗县	114.28	23.18	26.2
9	湖南永州零陵区	111.33	26.12	123.8	38	河南信阳浉河区	114.05	31.56	104.0
10	湖北黄冈黄梅县	115.54	29.45	12.9	39	海南文昌市	110.43	19.39	13.4
11	广西桂林灵川县	110.25	25.30	209.1	40	湖南岳阳岳阳县	113.10	29.14	90.9
12	广西梧州苍梧县	111.11	23.24	26.8	41	广西贺州贺县	111.31	24.23	109.7
13	福建龙岩连城县	116.47	25.38	470.2	42	河南固始县	116.36	33.10	41.0
14	广东信宜安莪镇	110.56	22.29	217.6	43	广东河源东源县	114.43	23.48	65.0
15	湖南衡阳衡南县	112.25	26.51	78.3	44	河南信阳浉河区	114.06	31.56	148.0
16	江西赣州信丰县	114.55	25.07	170.4	45	浙江衢州衢江区	118.49	28.47	212.0
17	浙江温州文成县	120.02	27.40	101.0	46	湖北武汉江夏区	114.17	30.13	27.8
18	广东湛江遂溪县	115.02	24.51	335.1	47	江西南昌新建县	115.51	28.50	35.3
19	福建南平武夷山市	117.56	27.38	366.8	48	贵州清镇市	106.27	26.28	1254.0
20	江西九江德安县	115.49	29.21	46.6	49	贵州黔南龙里	106.58	26.27	1073.0
21	河南信阳浉河区	114.06	32.04	115.0	50	湖北鄂州华容区	114.45	30.32	38.3
22	江苏南通海门镇	118.53	32.01	6.0	51	四川成都新津县	103.47	30.22	480.0
23	江西吉安吉安县	115.10	27.21	98.6	52	浙江台州仙居县	120.39	28.50	63.0
24	福建福州北峰基地	119.23	26.08	610.0	53	江苏南京江宁区汤山镇	119.04	32.03	73.0
25	贵州安顺西秀区	105.59	26.15	1361.0	54	广西北海合浦县	109.25	21.41	20.9
26	海南儋州大成	109.24	19.30	118.9	55	福建福州	119.22	26.06	553.5
27	广东鹤山	112.55	22.44	29.2	56	广西来宾忻城县	108.57	24.08	271.0
28	湖南永州祁阳县	111.49	26.43	122.7	57	广西梧州万秀区	111.25	23.41	78.9
29	江西吉安遂川县	114.38	26.12	286.5	58	广东汕尾市	115.23	22.48	16.0

1.2　试验设计

从草坪试验田取生长均匀一致的假俭草枝条，每个茎段含 3 个节，扦插在高 16cm、口径 18.5cm 的塑料盆中。栽培基质为中沙，每盆基质 5.0kg，沙经清水洗后晒干过筛备用。每盆扦插 18 株，待叶片变绿后，只保留 10 株供试验用，待植株开始分蘖后，即植株基本进入快速生长阶段开始进行试验。用 50mmol/L、75mmol/L、100mmol/L、200mmol/L（此范围是通过预备试验而得到）的 NaCl 溶液进行浇灌处理，盐处理设 3 次重复。不用盐处理为对照。每天补充所蒸发的水分，使各处理盐浓度维持不变。在盐处理后的 6d、12d、18d、24d 和 30d 进行指标测定。

1.3　测定项目与测定方法

1.3.1　叶片含水量

$$叶片含水量＝(叶片鲜重－叶片干重)/叶片鲜重×100\%$$

1.3.2　叶片盐害级别评定

目测法（参照唐艳琼[3]的方法对叶片的萎蔫情况进行 5 分制评分）：

5 级为无盐害症状；

4 级为轻度盐害，约 1/3 的叶尖和叶缘失水萎蔫状；

3 级为中度盐害，约 1/2 的叶尖和叶缘失水萎蔫并有焦枯；

2 级为重度盐害，约 2/3 的叶尖和叶缘失水萎蔫并有焦枯，焦枯面积约达 1/3；

1 级为极度盐害，所有叶片叶尖及叶缘焦枯，面积达 1/2 以上；

0 级为植株叶片全部枯死。

在所有盐处理结束后定期进行叶片萎蔫情况观测打分。

1.3.3　生理指标的测定

用相对电导率法测定细胞膜透性，酸性茚三酮法测定游离脯氨酸含量，丙酮法测定叶绿素含量，紫外分光光度法测定过氧化氢酶活性[4]。

1.4　数据分析

采用 SAS 软件进行相关性分析，用 Delphi[5] 法公式进行综合评价：$S_j = \sum_{i=1}^{m_j} R_{ji}$（$S_j$ 表示综合等级和；R_{ji} 表示第 i 个指标的等级数；m_j 指第 j 个评价指标的均数）。

2　结果与分析

2.1　盐胁迫下各种质间的方差分析

不同 NaCl 浓度胁迫下，假俭草的生长特性和生理指标的变化不同。根据胁迫后叶片萎蔫情况确定盐胁迫的敏感处理。目测结果显示在 100mmol/L 时，约 1/2 叶尖和叶缘失水萎蔫并出现轻微焦枯，在 200mmol/L 时植株不能正常生长，已有部分种质死亡，生理指标无法测定。因此，生理指标以 100mmol/L 作为敏感处理[6]，对该浓度下测定的叶绿素含量、过氧化氢酶活性、相对电导率、游离脯氨酸含量、叶片盐害级别进行方差分析，显示出不同种质材料之间均存在极显著差异（表 2）。过氧化氢酶活性、游离脯氨酸含量、相对电导率指标值小的材料，叶绿素含量都较大，叶片萎蔫程度不严重，叶片相对含水量高。

表2　100mmol/L 浓度胁迫 30d 后的假俭草植物各项生理指标和生长情况

代号	过氧化氢酶活性 （mg·g^{-1}·min^{-1}）	游离脯氨酸 含量（μg/g）	相对电导率 （%）	叶绿素含量 （mg/g）	叶片盐害级别	叶片相对 含水量（%）
1	21.39^{jihfg}	52.17^{utsr}	73.75^{olknjmhi}	1.07^{qtpsr}	4.87^{bac}	0.76
2	31.07^{b}	121.96^{h}	90.41^{ba}	1.10^{qtposr}	4.67^{ed}	0.73
3	19.18^{jihlmgk}	141.96^{f}	68.89^{olpknqmr}	1.02^{tusr}	4.67^{ed}	0.76
4	16.28^{rpqolmnk}	187.65^{cb}	56.72^{uwv}	1.01^{tusr}	5.00^{a}	0.79
5	14.88^{rq}	158.52^{e}	70.34^{olpknjm}	1.39^{nqkljpiohm}	3.00^{r}	0.75
6	12.85^{rs}	49.78^{utvs}	67.39^{opsnqmr}	0.71^{uv}	2.67^{ts}	0.78
7	15.97^{rpqolmn}	79.35^{jmkl}	68.33^{olpknqmr}	0.64^{v}	5.00^{a}	0.80
8	21.97^{ihfg}	58.78^{utqsr}	60.42^{uts}	1.50^{nfkljiehmg}	2.46^{vu}	0.77
9	18.99^{jihlmnk}	59.13^{utqsrp}	70.91^{olpknjmi}	1.42^{nkljpiohmg}	2.50^{tvu}	0.77
10	14.77^{rq}	187.17^{cb}	49.21^{x}	0.93^{tusv}	1.89^{x}	0.79
11	16.00^{rpqolmn}	79.35^{jnkl}	60.38^{uts}	1.04^{qtusr}	4.56^{ef}	0.77
12	13.89^{rs}	75.00^{onmkl}	69.23^{olpknqm}	1.27^{nqlposmr}	3.67^{moln}	0.80
13	8.20^{tu}	98.43^{i}	67.92^{olpsnqmr}	2.02^{ba}	4.28^{gjhi}	0.79
14	13.83^{rs}	167.39^{ed}	48.35^{x}	1.25^{nqlposmr}	3.95^{k}	0.77
15	15.46^{rpqon}	48.913^{utvsw}	65.63^{tpsqr}	1.37^{nqklipiomr}	4.85^{bac}	0.81
16	15.37^{rpqo}	172.83^{d}	69.39^{olpknqm}	1.57^{nfkljdiehmg}	4.77^{bdc}	0.79
17	21.01^{jihfg}	179.74^{cd}	69.31^{olpknqm}	1.55^{nfkljiehmg}	3.23^{qp}	0.77
18	18.79^{jiholmnk}	36.04^{xzyvw}	81.71^{gfedc}	1.54^{nfkljiehmg}	3.12^{qpr}	0.79
19	22.28^{ehfg}	53.43^{utqsr}	62.23^{utsqr}	1.86^{bdec}	4.87^{bac}	0.78
20	18.60^{jipholmnk}	119.57^{h}	71.83^{olpknjmhi}	1.60^{fkljdiehmg}	3.00^{r}	0.79
21	21.06^{jihfg}	78.61^{jmkl}	50.68^{wx}	1.36^{nqkljpiomr}	2.51^{tvu}	0.80
22	20.07^{jihfg}	60.61^{otqsrp}	84.87^{bdc}	1.98^{bac}	4.92^{ba}	0.76
23	21.60^{ihfg}	34.30^{xzy}	72.73^{olpknjmhi}	1.58^{fkljdiehmg}	4.67^{ed}	0.87
24	12.96^{rs}	64.13^{onmqsrp}	70.27^{olpknjm}	1.19^{nqposr}	4.44^{gf}	0.80
25	19.00^{jihlmnk}	47.83^{xutvw}	57.89^{uwv}	1.94^{bdac}	4.78^{bdc}	0.81
26	27.21^{cd}	82.48^{ikl}	57.69^{uwv}	1.78^{fbdecg}	3.29^{p}	0.77
27	20.99^{jihfg}	58.70^{utqsr}	61.29^{utsr}	1.32^{nqkljpiomr}	3.57^{on}	0.79
28	23.16^{ef}	56.13^{utqsr}	52.17^{wvx}	1.74^{fbdiehcg}	4.39^{gh}	0.76
29	31.24^{b}	92.39^{ji}	68.83^{olpknqmr}	1.59^{fkljdiehmg}	2.60^{tsu}	0.77
30	25.47^{ed}	77.09^{nmkl}	77.28^{gfejhi}	1.59^{fkljdiehmg}	3.52^{o}	0.77
31	15.15^{rpq}	58.26^{utqsr}	73.68^{olknjmhi}	1.43^{nkljpiohmg}	4.34^{ghi}	0.75
32	9.53^{tu}	52.17^{utsr}	70.15^{olpknjm}	0.78^{tuv}	4.73^{edc}	0.81
33	18.35^{jipqolmnk}	63.04^{ontqsrp}	67.34^{opsnqmr}	1.48^{nfkljiehmg}	2.00^{x}	0.76
34	20.40^{jihfg}	197.83^{b}	56.72^{uwv}	1.40^{nqkljpiohmg}	3.13^{qpr}	0.75
35	17.84^{jipqolmnk}	44.57^{xuyvw}	76.19^{gfkjhi}	1.57^{nfkljdiehmg}	3.09^{qr}	0.80
36	7.15^{vu}	27.69^{z}	78.95^{gfedh}	1.30^{nqklpomr}	4.28^{gjhi}	0.77
37	28.92^{cb}	32.91^{zy}	56.92^{uwv}	1.47^{nfkljiehmg}	3.59^{mon}	0.76
38	31.66^{b}	79.35^{jmkl}	67.12^{opsnqr}	1.42^{nkljpiohmg}	2.19^{w}	0.86
39	15.25^{rpqo}	220.53^{a}	60.76^{uts}	1.02^{tusr}	3.29^{p}	0.73

（续）

代号	过氧化氢酶活性（mg·g^{-1}·min^{-1}）	游离脯氨酸含量(μg/g)	相对电导率（%）	叶绿素含量（mg/g）	叶片盐害级别	叶片相对含水量（%）
40	12.73^{rs}	105.78^{i}	67.27^{opsnqr}	1.43^{nkljpiohmg}	4.88^{bac}	0.77
41	10.56^{ts}	137.173^{gf}	54.84^{uwvx}	1.45^{nkljiohmg}	1.34^{y}	0.78
42	22.80^{efg}	47.83^{xutvw}	67.03^{opsqr}	0.82^{tuv}	3.65^{moln}	0.77
43	20.33^{jihfg}	83.70^{jk}	83.33^{fedc}	1.51^{nfkljiehmg}	3.76^{ml}	0.79
44	23.42^{ef}	84.48^{jk}	73.53^{olpknjmhi}	1.69^{fbjdiehcg}	2.77^{s}	0.78
45	15.03^{rpq}	75.35^{onmkl}	84.38^{bedc}	1.62^{fkljdiehcg}	4.16^{j}	0.78
46	2.08^{w}	77.17^{nmkl}	93.10^{a}	1.84^{fbdec}	3.73^{mln}	0.75
47	4.39^{vw}	66.30^{onmqrp}	78.31^{gfedhi}	1.56^{nfkljiehmg}	3.54^{o}	0.79
48	18.35^{jipqolmnk}	84.78^{jk}	87.18^{bac}	1.66^{fkbjdiehcg}	4.19^{ji}	0.77
49	15.80^{rpqomn}	66.57^{onmqrp}	72.06^{olpknjmhi}	1.22^{nqposmr}	4.23^{jihi}	0.87
50	39.72^{a}	126.30^{gh}	78.57^{gfedhi}	1.41^{nkljpiohmg}	2.67^{ts}	0.77
51	20.98^{jihfg}	68.04^{onmqlp}	70.15^{olpknjm}	1.68^{fkbjdiehcg}	3.78^{l}	0.86
52	26.69^{cd}	34.83^{xzyw}	58.90^{utv}	2.25^{a}	3.55^{o}	0.75
53	14.11^{r}	221.57^{a}	75.76^{glkjhi}	1.61^{fkljdiehg}	2.69^{s}	0.77
54	19.21^{jihlmgk}	106.45^{i}	75.00^{glknjmhi}	1.55^{nfkljiehmg}	2.36^{v}	0.77
55	19.45^{jihlgk}	82.61^{jkl}	72.34^{olpknjmhi}	1.73^{fbdiehcg}	3.54^{o}	0.77
56	27.03^{cd}	170.35^{ed}	75.25^{glkjmhi}	1.68^{fkbjdiehcg}	3.94^{k}	0.77
57	19.85^{jihfgk}	99.57^{i}	70.93^{olpknjmi}	1.76^{fbdehcg}	4.29^{gjihi}	0.79
58	26.69^{cd}	73.70^{onmklp}	73.85^{olknjmhi}	1.56^{nfkljiehmg}	5.00^{a}	0.82

注：同列中不同字母表示差异极显著（$P<0.01$）。

2.2　各项耐盐性指标与 NaCl 浓度的相关性分析

在 100mmol/L 的 NaCl 浓度胁迫下，对耐盐性指标与 NaCl 浓度做相关性分析（表 3），结果表明 6 项指标与 NaCl 浓度呈极显著相关，其中盐胁迫对假俭草叶片游离脯氨酸含量的影响最为明显，相关系数为 0.755。叶片盐害级别、叶片含水量、叶绿素含量与 NaCl 浓度呈负相关，即随着 NaCl 浓度的增加，这些指标的值下降；过氧化氢酶活性、相对电导率、游离脯氨酸含量与 NaCl 浓度呈正相关，随着 NaCl 浓度的增加，这些指标的值也上升。因此，以这些单项指标评价假俭草种质的耐盐性难以得到客观的结果。

表 3　耐盐性指标与 NaCl 浓度的相关系数

	叶片盐害级别	叶片相对含水量	叶绿素含量	过氧化氢酶活性	相对电导率	游离脯氨酸含量
NaCl 浓度	−0.679**	−0.562**	−0.431**	0.343**	0.344**	0.755**

注：** 表示相关性极显著。

2.3　假俭草种质耐盐性指标综合评价

植物的耐盐性是一个较为复杂的性状，鉴定一个种质的耐盐性应采用若干性状进行综合评价，相对增长率[7]＝（各指标三次重复测定结果的平均值—对照平均值）/对照平均值。对于每个积极性指标（过氧化氢酶活性、相对电导率、游离脯氨酸含量）按增长率（百分数）由大到小分别给予等级 1、

2、3……57 和 58；对于消极性指标（叶片盐害级别、叶片相对含水量、叶绿素含量）按增长率（百分数）由小到大分别给予等级 1、2、3……57 和 58，将各指标的等级数综合求和，得到表 4 排序。

表 4　58 份假俭草种质耐盐性综合评价

代号	过氧化氢酶活性		游离脯氨酸含量		相对电导率		叶绿素含量		叶片相对含水量		叶片盐害等级	综合评价
	相对增加量（%）	评价指数	相对增加量（%）	评价指数	相对增加量（%）	评价指数	相对增加量（%）	评价指数	相对增加量（%）	评价指数		
1	42.70	53	176.24	41	85.81	13	−44.01	3	−4.97	16	6	7
2	106.67	37	118.48	50	66.15	21	−47.81	2	−6.94	10	12	7
3	175.64	25	172.43	43	50.00	32	−25.79	6	−2.95	32	13	15
4	954.55	1	368.34	23	64.60	23	46.56	50	−4.69	19	1	2
5	142.86	30	135.87	48	80.90	17	−23.70	7	−2.03	39	44	34
6	10.45	58	146.53	46	115.32	9	−59.99	1	−0.71	49	48	47
7	133.33	31	359.18	25	30.77	47	−42.08	4	−0.96	48	3	17
8	26.14	56	204.18	36	101.35	11	−5.28	23	−1.85	42	53	52
9	104.00	40	602.27	12	22.17	53	−18.62	11	−8.30	4	52	29
10	396.15	6	172.44	42	157.41	2	−18.09	12	−3.05	31	57	14
11	69.39	46	843.37	4	9.26	56	−11.79	16	−4.28	27	15	24
12	113.38	35	275.30	29	26.30	49	−26.19	5	−1.26	46	30	40
13	22.37	57	202.24	37	55.86	26	17.12	41	−2.65	36	20	51
14	261.11	15	136.20	47	41.37	41	19.24	43	−7.08	9	25	31
15	737.50	3	56.79	57	42.68	40	51.28	52	−7.42	6	8	27
16	284.62	12	108.62	52	153.51	3	14.73	40	−5.66	13	10	5
17	310.81	10	554.61	15	23.88	51	13.11	38	−1.81	43	40	42
18	215.60	19	164.98	44	33.04	45	24.18	45	−11.80	2	42	42
19	48.81	49	605.97	11	72.73	18	−5.21	24	−0.70	50	7	20
20	114.49	34	530.14	16	49.83	33	−8.32	20	−6.93	11	45	20
21	321.61	9	572.39	14	117.60	8	−15.83	15	−1.41	45	51	12
22	203.33	20	275.29	30	104.66	10	33.49	48	−4.36	25	4	10
23	292.11	11	793.67	6	85.00	16	13.36	39	9.54	55	13	11
24	200.00	21	114.96	51	144.90	5	7.61	35	−3.88	28	16	16
25	75.93	41	491.42	18	65.58	22	5.31	34	−1.90	41	9	25
26	176.25	24	260.79	31	35.76	43	3.38	32	−4.54	22	38	36
27	73.24	42	103.75	55	70.91	20	66.24	57	−1.24	47	33	57
28	168.00	26	522.97	17	26.98	48	28.06	47	−7.87	5	17	22
29	72.41	43	103.75	55	44.69	39	−4.65	26	0.19	52	50	58
30	115.63	33	245.39	32	26.27	50	−19.93	8	−2.73	35	37	41
31	47.22	50	397.84	22	72.32	19	−18.73	10	−4.91	17	18	9
32	42.86	52	240.34	33	150.45	4	50.21	51	−1.98	40	11	37

（续）

代号	过氧化氢酶活性 相对增加量（%）	评价指数	游离脯氨酸含量 相对增加量（%）	评价指数	相对电导率 相对增加量（%）	评价指数	叶绿素含量 相对增加量（%）	评价指数	叶片相对含水量 相对增加量（%）	评价指数	叶片盐害等级	综合评价
33	28.00	55	363.28	24	34.58	44	0.32	31	−4.67	20	56	55
34	70.15	44	107.33	53	59.10	25	−2.18	28	−5.49	14	41	45
35	70.02	45	825.97	5	48.51	35	11.99	37	−2.86	33	43	44
36	244.12	17	56.77	58	59.60	24	65.75	56	−2.17	38	21	49
37	281.63	13	575.79	13	174.26	1	−11.16	17	−2.18	37	32	1
38	391.43	7	791.75	7	53.58	29	−1.44	29	7.89	54	55	32
39	200.00	21	206.28	35	90.97	12	−9.35	18	−12.70	1	39	3
40	159.15	27	313.24	27	31.65	46	−7.52	22	−1.66	44	5	28
41	36.59	54	920.13	2	53.98	27	−17.08	14	−4.30	26	58	32
42	271.05	14	489.24	19	16.36	54	99.17	58	−5.22	15	31	37
43	158.14	28	401.72	21	85.57	14	26.65	46	12.56	57	28	39
44	350.00	8	200.31	38	10.78	55	40.94	49	−3.42	29	46	53
45	58.18	47	936.51	1	47.33	36	−4.47	27	−3.28	30	24	25
46	150.33	29	884.20	3	48.85	34	55.63	55	−7.09	8	29	17
47	426.92	5	694.35	9	37.84	42	11.66	36	−2.80	34	35	23
48	188.89	23	197.54	39	50.87	30	−8.25	21	−6.09	12	23	13
49	105.12	38	687.72	10	22.71	52	−19.74	9	10.66	56	22	35
50	254.84	16	104.40	54	50.59	31	18.09	42	−4.66	21	48	48
51	54.43	48	467.45	20	3.23	58	−4.98	25	13.02	58	27	56
52	904.41	2	232.59	34	85.57	14	19.41	44	−8.37	3	34	6
53	124.19	32	190.65	40	5.54	57	4.14	33	−4.73	18	47	54
54	45.45	51	161.55	45	132.57	7	−17.98	13	−7.11	7	54	30
55	105.05	39	118.59	49	135.69	6	53.11	53	−4.42	24	36	46
56	480.77	4	735.92	8	45.57	37	−0.17	30	−4.43	23	26	4
57	111.32	36	350.25	26	53.83	28	54.62	54	0.04	51	19	49
58	234.80	18	298.03	28	45.19	38	−9.17	19	1.26	53	2	17

根据得分将假俭草分为 3 个等级，抗盐种质、盐敏感种质和中等耐盐种质。从表 4 中各种质 6 个生理指标的得分及综合评价可以初步得出结论：本试验的供试材料中 1 号、2 号、4 号、16 号、22 号、31 号、37 号、39 号、52 号、56 号为耐盐性种质，8 号、13 号、27 号、29 号、33 号、44 号、51 号、53 号为盐敏感种质，其他为中等耐盐种质。

3 讨论

牧草耐盐性是一个复杂的生理过程，任何一个生长形态学指标和生理指标都不能单独准确地评价牧草的耐盐性[8,9]，因此，对假俭草耐盐性鉴定应从众多指标中筛选出有显著影响的几个重要指标，进行综合分析判断才更加有效。本试验用不同的盐浓度胁迫假俭草，培养 30d 后测定其游离脯氨酸、电导率、过氧化氢酶等生理指标，发现盐浓度与生理指标间存在或大或小的相关性，这说明各生理指标均为对假俭草营养期耐盐性评价的有效指标。这与高桂娟[10]对驯化的四川雅安假俭草 NaCl 胁迫的生理影响研究中，选取游离脯氨酸、电导率、过氧化氢酶、叶绿素、水势这 5 个生理指标综合分析，认为这 5 个指标都可以用来指示假俭草的耐盐性，其数值大小或变化幅度直接体现植株的受伤害程度，其中用游离脯氨酸、电导率和叶绿素 3 个生理指标衡量假俭草的耐盐性要比其他 2 个更具有代表性。Maraim[11]对 13 种 C_4 草坪草的耐盐性研究结果显示，假俭草对盐胁迫的反应较敏感，其中游离脯氨酸反应最为灵敏。本研究同样证实了游离脯氨酸为敏感变化指标，它与盐浓度为最大正相关。

本试验通过测定盐胁迫 30d 后的假俭草各项生理指标，得出衡量假俭草耐盐性最具代表的 6 个指标，并认为 100mmol/L 是假俭草营养期可耐受 NaCl 胁迫的敏感浓度。本研究通过对 100mmol/L 浓度下胁迫 30d 后的各项生理指标，并用 Delphi 法对假俭草耐盐性进行综合评价，将 58 份假俭草种质分为盐敏感、中等耐盐、耐盐 3 类。这与隋益虎等采用 Delphi 法评价辣椒抗温性强弱有共同之处，但是否适用于其他牧草，还有待进一步研究和证明。

参 考 文 献

[1] 翁森红，徐恒刚．可在内陆盐碱地推广的几种禾本科牧草的评价 [J]．四川草原，1997 (1)：5-6.
[2] 隋益虎，张子学，邢素芝，等．辣椒抗逆温生理强弱的 Delphi 法评判 [J]．安徽技术师范学院学报．2004，18 (5)：24-27.
[3] 唐艳琼．柱花草种质资源评价及遗传多样性分析 [D]．海南：海南大学，2008.
[4] 张宪政．作物生理研究法 [M]．北京：农业出版社．1992
[5] 朱用达．农业系统工程 [M]．北京：中国农业出版社，1995：44-53，203-206.
[6] 赵可夫．植物抗盐生理 [M]．北京：中国科技出版社，1993.
[7] 张竞．偃麦草属植物耐盐性评价及耐盐补偿生理研究 [D]．呼和浩特：内蒙古农业大学，2006.
[8] 刘春华，苏加楷．禾本科牧草耐盐性的研究 [J]．中国草地，1992 (6)：12-17.
[9] 张耿，高洪文，王赞，等．偃麦草属植物苗期耐盐性指标筛选及综合评价 [J]．草业科学，2007，16 (4)：55-61.
[10] 高桂娟．野生假俭草耐盐性研究 [D]．雅安：四川农业大学，2003.
[11] MARAIM K B. Physiological Parameters of Salinity Tolerance in C_4 Turf Grasses. Dissertation - Abstracts - International. - B [J]. Sciences and Engineering，1990 (51)：2.

狼尾草种质资源芽期耐盐性评价

张鹤山　刘　洋　田　宏　熊军波

（湖北省农业科学院畜牧兽医研究所）

摘要：以五级评价法对 31 份狼尾草种质进行耐盐性综合评价。结果表明，在芽期，不同狼尾草种质材料对盐胁迫反应不同，材料间差异性大。所有材料中，编号为 hz29 的种质耐盐性最好，hz04、hz14、hz07 和 hz20 也具有较好的耐盐胁迫能力。

关键词：狼尾草；耐盐性；芽期；评价

狼尾草 [*Pennisetum alopecuroides* (L.) Spreng.] 为多年生草本植物，以其优美、株形、美丽、花序以及较强的生态适应性在公园、小区、高尔夫球场或边坡防护中得到广泛应用。该种野生资源主要分布于热带、亚热带地区，多生长于海拔 50～3 200m 的田岸、荒地、道旁及小山坡上。狼尾草不是一种盐生植物，高浓度的盐环境会导致离子失衡和高渗胁迫，盐渍土壤是影响其生长和产量的重要因素。为此，本研究通过模拟盐胁迫环境，研究了不同狼尾草种质在芽期的耐盐性差异，旨在筛选具有较强耐盐性的种质材料，为耐盐种质选育提供资源。

1 材料与方法

1.1 试验材料

试验材料为 2012 年在华中地区收集的狼尾草野生种质，共 31 份。

1.2 试验方法

试验采用 NaCl 单盐胁迫。通过预实验，确定盐浓度为 0.1%。

选择饱满、整齐一致的狼尾草种子作为发芽材料，利用培养皿在 25℃培养箱中发芽。每皿 50 粒，每材料 3 次重复；每天记录发芽数，直至连续 4d 不再发芽为试验末期。在发芽结束后随机取 10 株正常生长的幼苗，用直尺分别测定胚芽长度和胚根长度。

1.3 指标测定

发芽率＝供试种子发芽数/供试种子总数×100%。

发芽指数 $GI = \sum Gt/Dt$，GI 为发芽指数，Gt 为当日的发芽数，Dt 为发芽天数。

胚芽长度：随机取 10 株正常生长的幼苗，用直尺分别测幼苗长度（cm），取平均值作为芽长。

胚根长度：随机取 10 株正常生长的幼苗，用直尺分别测幼苗的根长（cm），取平均值作为根长。

1.4 评价方法

本研究采用五级指标法，即对所有测定指标进行标准化处理，消除因不同指标所带来的差异，其换算公式如下：

$$\lambda = \frac{X_{jmax} - X_{jmin}}{5} \tag{1}$$

$$Z_{ij} = \frac{X_{ij} - X_{jmin}}{\lambda} \tag{2}$$

式中，X_{jmax} 为第 j 个指标测定的最大值；X_{jmin} 为第 j 个指标测定的最小值；X_{ij} 为第 i 份材料第 j 项指标测定的实测值；λ 为得分极差（每得 1 分之差）；Z_{ij} 为第 i 份材料第 j 项指标的级别值。

根据各指标的变异系数确定各指标参与综合评价的权重系数。其计算公式为：

$$W_j = \frac{\delta_j}{\sum\limits_{j=1}^{n} \delta_j} \tag{3}$$

$$V_i = \sum Z_{ij} \times W_j \quad (i = 1,2\cdots31; j = 1,2\cdots4) \tag{4}$$

式中，W_j 为第 j 项指标的权重系数；δ_j 为第 j 项指标的变异系数；V_i 为每一份材料的综合评价值。

2 试验结果

2.1 狼尾草种质每日发芽数

所有狼尾草种质发芽情况见表 1。结果表明，大部分材料种子在盐胁迫情况下 4d 内基本发芽完全，少数种质发芽持续 8d。

表 1　狼尾草种质发芽情况

材料编号	第 2 天	第 3 天	第 4 天	第 5 天	第 6 天	第 7 天	第 8 天
hz01	36.6	9.8	14.6	0.0	0.0	0.0	1.2
hz02	24.0	12.0	16.0	0.0	0.0	0.0	2.0
hz03	36.4	24.3	15.0	0.9	7.5	5.6	0.0
hz04	82.0	10.0	6.0	0.0	0.0	0.0	0.0
hz05	10.0	12.0	4.0	0.0	0.0	0.0	0.0
hz06	72.3	3.1	0.0	0.0	0.0	0.0	0.0
hz07	82.0	2.0	4.0	0.0	0.0	0.0	4.0
hz08	66.0	14.0	6.0	2.0	0.0	0.0	0.0
hz09	30.0	15.0	0.0	0.0	0.0	0.0	1.3
hz10	53.2	12.9	0.0	6.5	0.0	1.6	1.6
hz11	58.0	24.0	0.0	0.0	2.0	0.0	0.0
hz12	24.0	18.0	2.0	2.0	4.0	0.0	2.0
hz13	42.0	12.0	12.0	2.0	4.0	2.0	4.0
hz14	73.9	8.7	0.0	0.0	0.0	0.0	2.2
hz15	71.0	0.0	0.0	0.0	0.0	0.0	0.0
hz16	84.4	6.3	0.0	0.0	0.0	0.0	0.0
hz17	47.1	8.2	0.0	0.0	0.0	0.0	0.0
hz18	26.0	10.0	6.0	0.0	0.0	0.0	0.0
hz19	57.0	2.3	9.3	0.0	0.0	0.0	0.0
hz20	34.4	45.9	6.6	0.0	0.0	0.0	0.0
hz21	63.0	17.4	4.3	0.0	0.0	0.0	4.3
hz22	25.0	11.8	1.5	0.0	0.0	0.0	0.0
hz23	48.9	7.4	5.3	0.0	2.1	0.0	1.1
hz24	46.7	9.3	5.3	1.3	0.0	0.0	0.0
hz25	36.5	6.3	0.0	1.0	1.0	0.0	6.2
hz26	58.0	0.0	2.0	4.0	6.0	0.0	10.0
hz27	36.0	16.0	6.0	0.0	0.0	0.0	0.0
hz28	51.3	11.3	7.5	0.0	0.0	0.0	0.0
hz29	90.0	6.0	0.0	2.0	0.0	0.0	0.0
hz30	16.0	0.0	14.0	0.0	0.0	0.0	6.0
hz31	24.6	5.8	2.9	1.4	0.0	0.0	0.0

2.2　各项指标测定

各项指标测定结果见表 2。在盐胁迫下，不同种质的发芽率有很大差异，幅度从 26%～98%；发芽指数也有很大区别，范围从 17.3～93.5；盐胁迫显著抑制了根系生长，所有材料的胚根长度不足 1cm，多数在 0.5cm 以下；胚芽长度受抑制程度不明显，但不同材料间差异很大。经公式（1）和（2）得出各材料标准值及各指标对应权重值见表 2。

表 2 各材料原始值和标准值

材料编号	原始值				标准值			
	发芽率（%）	发芽指数	胚根长度（cm）	胚芽长度（cm）	发芽率	发芽指数	胚根长度	胚芽长度
hz01	62.2	46.5	0.37	2.73	2.51	1.92	1.94	0.92
hz02	54.0	35.6	0.33	3.16	1.94	1.20	1.57	1.51
hz03	89.7	56.2	0.16	2.25	4.42	2.55	0.00	0.25
hz04	98.0	89.0	0.55	3.18	5.00	4.70	3.61	1.54
hz05	26.0	17.3	0.46	3.93	0.00	0.00	2.78	2.58
hz06	75.4	73.8	0.31	3.54	3.43	3.71	1.39	2.04
hz07	92.0	84.9	0.48	3.22	4.58	4.44	2.96	1.60
hz08	88.0	75.5	0.43	3.58	4.31	3.82	2.50	2.10
hz09	46.3	37.7	0.70	3.43	1.41	1.34	5.00	1.89
hz10	72.6	61.8	0.46	3.32	3.23	2.92	2.78	1.74
hz11	84.0	70.4	0.32	3.14	4.03	3.48	1.48	1.49
hz12	52.0	35.3	0.18	2.47	1.81	1.18	0.19	0.56
hz13	78.0	54.2	0.54	3.80	3.61	2.42	3.52	2.40
hz14	84.8	78.6	0.60	4.39	4.08	4.02	4.07	3.22
hz15	70.0	71.0	0.50	4.82	3.06	3.52	3.15	3.82
hz16	90.6	87.5	0.36	3.76	4.49	4.61	1.85	2.35
hz17	55.3	51.2	0.42	3.76	2.03	2.22	2.41	2.35
hz18	42.0	33.0	0.38	3.22	1.11	1.03	2.04	1.60
hz19	68.6	61.2	0.42	3.29	2.96	2.88	2.41	1.69
hz20	86.9	59.6	0.66	3.44	4.23	2.77	4.63	1.90
hz21	89.1	73.8	0.30	3.04	4.38	3.71	1.30	1.35
hz22	38.2	31.4	0.39	3.28	0.85	0.92	2.13	1.68
hz23	64.9	55.0	0.20	2.07	2.70	2.47	0.37	0.00
hz24	62.7	53.4	0.35	3.24	2.55	2.37	1.76	1.63
hz25	51.0	40.9	0.57	3.87	1.74	1.55	3.80	2.50
hz26	80.0	62.3	0.47	3.41	3.75	2.95	2.87	1.86
hz27	58.0	46.0	0.34	3.63	2.22	1.88	1.67	2.17
hz28	70.0	59.4	0.54	4.39	3.06	2.76	3.52	3.22
hz29	98.0	93.5	0.41	5.67	5.00	5.00	2.31	5.00
hz30	36.0	21.5	0.53	3.94	0.69	0.28	3.43	2.60
hz31	34.8	28.9	0.36	2.96	0.61	0.76	1.85	1.24
权重值					0.255	0.309	0.261	0.174

2.3 综合评价

经公式（3）和（4）计算出各材料耐盐性得分见表 3。得分在 0～1 分的有 1 份材料，为 hz12；得分在 1～2 分的有 10 份材料；得分在 2～3 分的有 10 份材料；得分在 3～4 分的有 9 份材料；得分超过 4 分的有 1 份。

表3　各材料耐盐性综合评价结果

材料编号	评价得分	材料编号	评价得分	材料编号	评价得分
hz01	1.90	hz12	0.97	hz23	1.55
hz02	1.54	hz13	3.01	hz24	2.13
hz03	1.96	hz14	3.91	hz25	2.35
hz04	3.94	hz15	3.36	hz26	2.94
hz05	1.18	hz16	3.46	hz27	1.96
hz06	2.74	hz17	2.24	hz28	3.11
hz07	3.59	hz18	1.41	hz29	4.30
hz08	3.30	hz19	2.57	hz30	1.61
hz09	2.41	hz20	3.48	hz31	1.09
hz10	2.76	hz21	2.84		
hz11	2.75	hz22	1.35		

3　结论

（1）在芽期，发芽率和发芽指数是反映种子发芽速度和活力的重要指标，发芽指数不同证明种子活力不同，在同一盐胁迫环境下，具有较高发芽指数和发芽率的种质材料将具有更高的种子活力。利用芽期评价植物耐盐性是可行的。

（2）不同狼尾草种质材料对盐胁迫反应不同，材料间差异性大，有利于不同种质材料的筛选与研究。

（3）所有材料中，以编号为hz29的种质耐盐性最好，hz04、hz14、hz07和hz20也具有较好的耐盐胁迫能力。

10份狗牙根种质的耐盐性试验研究

黄　彬[1]　王　坚[1]　黄春琼[2]

（1.海南大学农学院草业科学系　2.中国热带农业科学院热带作物品种资源研究所）

摘要：本试验采用水培法，先对10份材料进行初筛选，然后依次用19g/L、22g/L、25g/L、28g/L和31g/L的NaCl营养液对10份狗牙根材料进行耐盐处理30d，再将该材料进行叶绿素、丙二醛、游离脯氨酸含量和POD活性的测定，通过图表对材料各生理指标的变化进行综合分析总结，结果表明10种材料都具有较高的耐盐性，其中山东A38、海南A195、海南A207为耐盐性较好的狗牙根种质，海南A71耐盐性相对较弱。

关键词：狗牙根；筛选；耐盐；生理指标

全世界盐渍化面积达到了9.55×10^8hm2，近10亿hm2，约占世界陆地面积的10%[1]。我国各类盐碱地面积约0.369亿hm²，是世界盐碱地大国之一[2]。人们曾试图通过合理排灌、淡水洗涤、施用改良剂、平地深翻、筑堤种植以及施用石膏等措施来改良土壤，但因其费用昂贵，土壤养分损失较多、浪费淡水资源、见效慢等原因未能大范围使用。随着生物科学发展，人们寄希望于通过提高植物耐盐性和发掘耐盐植物种质资源以培育耐盐转基因植物。多年来，国内外研究者在植物耐盐机制研究方面做了大量工作[3]，因此提高植物耐盐性，引种和驯化有价值的盐生植物，培养优良种质有更大的优越性，如费用少、见效快、利用土地的同时改良土地等，尤其在倡导不与粮食争土地的今天，开发选育耐盐性牧草资源具有广阔的发展前景[4]。

狗牙根为禾本科狗牙根属 C_4 型多年生草本植物有 9 种 1 变种，分布在我国的有 2 种 1 变种，即普通狗牙根［*Cynodon dactylon*（Linnaeus）Persoon］、弯穗狗牙根（*Cynodon arcuatus* J. S. Presl ex Presl）和双花狗牙根（*Cynodon dactylon* var. *biflorus* Merino)[5,6]因具有繁殖力强，抗旱，抗盐碱，耐践踏色泽好等优点被国内外广泛用于建植运动场公园及固土护坡[7]。我国野生狗牙根资源非常丰富，据资料记载狗牙根有较强的耐盐性但种质之间存在差异，这就为选育耐盐狗牙根种质提供了可能[8,9]。本试验以采自国内 4 个省份及国外的 10 份狗牙根材料为研究对象，通过耐盐性试验，筛选出耐盐狗牙根种质，丰富我国狗牙根育种材料。

1　材料与方法

1.1　试验材料

试验以 10 份狗牙根为研究对象，材料来自海南省儋州市中国热带农业科学院热带作物品种资源研究所试验基地。

1.2　育苗

2009 年 3 月在中国热带农业科学院热带作物品种资源研究所牧草基地，每份材料种植成方形小区，重复 3 次，待狗牙根长成坪，选取小区中健壮狗牙根作为材料，剪去大部分根系并剔除枯叶，扦插于装有同样重量的沙和肥料混合基质的育苗杯中，每份材料育 50 杯，每杯育 3～5 株，按常规统一进行浇水管理，待植株生长稳定修剪整齐移入装有营养液的泡沫箱中。

1.2.1　营养液培养

采用荷格伦特营养液对植株进行水培，每个泡沫箱加营养液 20L，将苗修剪整齐，去掉枯叶插在泡沫板上固定，放入泡沫箱中，每份材料 3 个重复，每个重复 10 株。

1.2.2　盐处理

培养液的 NaCl 质量分数用化学纯 NaCl 调节。参试材料先在无盐营养液中生长 10d，待植株生长稳定后再进行盐处理，盐处理期间每隔 5d 观察记录植株叶片萎蔫、叶色变化、植株存活数等情况并及时补充因蒸发而损失的水分。

1.2.3　筛选处理

1.2.3.1　初选

所有参试材料在 NaCl 质量分数为 20g/L 的培养液中处理 30d 后，观察并记录盐害情况，更换营养液，重新将营养液中的 NaCl 质量分数提高到 26g/L，30d 后观察并记录盐害情况，再次更换营养液，并将营养液中 NaCl 质量分数提高到 31g/L 继续培养 30d。

1.2.3.2　复选

将 10 份耐盐狗牙根进行不同 NaCl 质量分数梯度复选，以进一步评价其耐盐程度，采用双因子随机区组试验，盐处理质量分数为 0（对照）、19g/L、22g/L、25g/L、28g/L 和 31g/L 不同盐质量分数梯度，继续培养 30d 进行复选。

1.3　试验指标测定

1.3.1　叶绿素含量测定

称取新鲜叶片 0.2g，放入研钵中加入 2mL 体积分数为 95％乙醇，研成匀浆，再加乙醇 10mL，继续研磨至变白，静止 3～5min，过滤到 25mL 棕色容量瓶中，用乙醇定容，以体积分数为 95％的乙醇为空白，在波长 665nm、649nm 和 470nm 下测定吸光度。

1.3.2 游离脯氨酸含量测定

取新鲜叶片 0.2g，放入试管中，加 5mL 质量分数为 3％的磺基水杨酸溶液，沸水浴提取 10min，冷却后以 3 000r/min 离心 10min，吸取上清液 2mL，加 2mL 冰乙酸和 3mL 显色液，于沸水浴中加热 1h，冷却后向各管加入 5mL 甲苯，充分振荡，以萃取红色物质。静置待分层后吸取甲苯层，以甲苯为对照在波长 520nm 下比色。从标准曲线中查出测定游离脯氨酸的含量，按下式计算样品中游离脯氨酸鲜重的质量分数：

$$样品中游离脯氨酸的质量分数 = \frac{C \times V}{a \times W}$$

式中：C——提取液中游离脯氨酸的质量分数（μg），由标准曲线求得；

V——提取液总体积（mL）；

a——测定时所吸取的体积（mL）；

W——样品重（g）。

1.3.3 丙二醛（MDA）含量的测定

取新鲜叶片 0.5g，加入 2mL 质量分数为 10％的三氯乙酸（TCA）和少量石英砂，研磨至匀浆，再加 4mL TCA 进一步研磨，匀浆在 4 000r/min 离心 10min。吸取离心的上清液（对照加 2mL 蒸馏水），加入 2mL 质量分数为 0.6％TBA 溶液，混匀，将混合物置于沸水浴上反应 15min，迅速冷却后离心。取上清液测定 450nm、532nm 和 600nm 下的消光度。按下式计算样品中丙二醛的质量摩尔浓度：

$$MDA 浓度 = 6.45 \times (A_{532} - A_{600}) - 0.56 \times A_{450}$$

$$MDA 质量摩尔浓度 = \frac{c \times N}{W}$$

式中：c——MDA 的浓度（$\mu mol/L$）；

N——提取液体积（mL）；

W——植物组织鲜样（g）。

1.3.4 过氧化物酶（POD）活性测定

称取植物叶片 0.5g，加入预冷的 20mmol/L KH_2PO_3 溶液 10mL，于研钵中研磨成浆，以 4 000r/min 离心 15min，收集上清液，低温保存。取比色杯 2 只，在其中一只倒入 3mL 反应混合液，1mL 酶液，立即开启秒表计时，测定 470nm 出吸光值，每隔 1min 读数一次。按下式计算样品中过氧化物酶活性：

$$\Delta OD_{470} = \frac{OD_{470F} - OD_{470I}}{t_F - t_I}$$

式中：ΔOD_{470}——每分钟反应混合物吸光度的变化值；

OD_{470F}——反应混合物吸光度终止值；

OD_{470I}——反应混合物吸光度初始值；

t_F——反应终止时间；

t_I——反应初始时间。

$$U = \frac{\Delta OD_{470} \times V}{V_S \times m}$$

式中：U——过氧化物酶活性；

V——样品提取液总体积（mL）；

V_S——测定是所取样品提取液体积（mL）；

m——样品质量（g）。

1.3.5 数据处理

采用 Excel 2003 和 SAS 9.0 软件进行统计分析

2 结果与分析

2.1 不同 NaCl 质量分数梯度盐害情况

将 10 份耐盐种质进行不同 NaCl 质量分数梯度复选，盐害情况见表 1。

表 1 复选不同 NaCl 质量分数下狗牙根盐害情况

地区	材料编号	19g/L	22g/L	25g/L	28g/L	31g/L
海南	A38	无症状	轻度盐害，约 1/3 叶尖、叶缘失水萎蔫	极度盐害，所有叶片叶尖及叶缘焦枯，面积达 1/2 以上	重度盐害，约 2/3 叶尖和叶缘失水萎蔫并有焦枯，焦枯面积约达 1/3	全部枯死
海南	A71	无症状	无明显盐害症状	中度盐害，约 1/2 的叶尖和叶缘失水萎蔫并有焦枯	植株全部枯死	全部枯死
浙江	A120	无症状	无明显盐害症状	重度盐害，约 2/3 叶尖和叶缘失水萎蔫并有焦枯，焦枯面积约达 1/3	植株全部枯死	全部枯死
浙江	A157	无症状	无明显盐害症状	重度盐害，约 2/3 叶尖和叶缘失水萎蔫并有焦枯，焦枯面积约达 1/3	植株全部枯死	全部枯死
浙江	A158	无症状	无明显盐害症状	中度盐害，约 1/2 的叶尖和叶缘失水萎蔫并有焦枯	重度盐害，约 2/3 叶尖和叶缘失水萎蔫并有焦枯，焦枯面积约达 1/3	全部枯死
泰国	A172	无症状	无盐害症状	中度盐害，约 1/2 的叶尖和叶缘失水萎蔫并有焦枯	重度盐害，约 2/3 叶尖和叶缘失水萎蔫并有焦枯，焦枯面积约达 1/3	全部枯死
海南	A195	无症状	轻度盐害，约 1/3 的叶尖和叶缘失水萎蔫	中度盐害，约 1/2 的叶尖和叶缘失水萎蔫并有焦枯	重度盐害，约 2/3 叶尖和叶缘失水萎蔫并有焦枯，焦枯面积约达 1/3	全部枯死
福建	A200	无症状	无明显盐害症状	重度盐害，约 2/3 叶尖和叶缘失水萎蔫并有焦枯，焦枯面积约达 1/3	植株全部枯死	全部枯死
海南	A207	无症状	轻度盐害，约 1/3 的叶尖和叶缘失水萎蔫	中度盐害，约 1/2 的叶尖和叶缘失水萎蔫并有焦枯	重度盐害，约 2/3 叶尖和叶缘失水萎蔫并有焦枯，且面积约达 1/3	全部枯死
广东	A213	无症状	轻度盐害，约 1/3 叶尖和叶缘失水萎蔫	极度盐害，所有叶片叶尖及叶缘焦枯，面积达 1/2 以上	植株全部枯死	全部枯死

从表 1 可以看出 10 份种质在不同 NaCl 质量分数梯度处理 30d 后的形态变化，NaCl 质量分数为 19g/L 时，所有种质均无盐害症状；NaCl 质量分数为 22g/L 时，部分种质出现轻度盐害症状，叶尖叶缘有轻微的萎蔫；NaCl 质量分数为 25g/L 时，所有种质均表现出明显的盐害症状，A38 和 A213 种质出现了极度盐害，叶片大面积焦枯，A200 等 3 份种质出现了重度盐害，叶约 2/3 尖和叶缘失水萎蔫并有焦枯，约 1/3 叶面积焦枯，A207 等 5 份种质为中度盐害，约 1/2 的叶尖和叶缘失水萎蔫并有焦枯；NaCl 质量分数为 28g/L 时，A71 等 5 份种质已经枯死，A38 等 5 份种质仍存活，但都达到了重度盐害，已经接近死亡；NaCl 质量分数为 31g/L 时，种质全部枯死。

2.2 不同 NaCl 质量分数对狗牙根叶绿素含量的影响

试验结果表明，在没有盐害的情况下，A38、A172、A195、A207、A212 的叶绿素含量较高，随着 NaCl 质量分数的增加，叶绿素含量呈现减少的趋势，不同 NaCl 质量分数下 A38 和 A195 叶绿素含量变化幅度较小。在 28g/L NaCl 质量分数时，各狗牙根种质叶绿素含量均最低。

表 2　不同 NaCl 质量分数下 10 种狗牙根的叶绿素含量（mg/g）

材料编号	对照	19g/L	22g/L	25g/L	28g/L
A38	4.56	3.75	3.43	3.41	—
A71	3.59	3.44	2.94	1.75	1.44
A120	3.69	3.66	3.21	2.35	—
A157	4.10	3.36	3.16	2.78	—
A158	3.71	3.04	2.85	2.36	2.33
A172	4.96	3.24	2.81	2.43	1.98
A195	4.29	4.18	3.95	2.44	2.17
A200	3.80	2.89	2.63	2.55	—
A207	4.33	3.01	2.75	2.74	2.35
A213	4.28	4.03	3.79	1.89	—

2.3　不同 NaCl 质量分数对狗牙根脯氨酸含量的影响

　　试验结果表明，不同质量分数的 NaCl 胁迫下，各狗牙根中的游离脯氨酸积累量均比对照增加，NaCl 质量分数在 19～22g/L 时，游离脯氨酸含量波动不明显，在 NaCl 质量分数在 22～25g/L 时，游离脯氨酸含量变化明显，A38 和 A172 在 NaCl 质量分数增加同时游离脯氨酸变化幅度较小。

表 3　不同 NaCl 质量分数下 10 种狗牙根的游离脯氨酸含量（μg/g）

材料编号	对照	19g/L	22g/L	25g/L	28g/L
A38	83.45	828.27	869.66	922.21	—
A71	41.91	329.36	545.18	918.00	882.23
A120	52.23	536.18	632.57	787.27	—
A157	45.75	552.73	611.90	939.13	—
A158	51.39	499.75	576.01	932.91	864.39
A172	78.41	698.98	787.99	933.80	868.27
A195	64.84	311.01	369.14	934.25	855.37
A200	45.63	424.28	529.11	915.46	—
A207	80.21	689.85	888.26	921.19	819.41
A213	74.33	639.68	875.11	930.62	—

2.4　不同 NaCl 质量分数对狗牙根丙二醛含量的影响

　　试验结果表明，不同质量分数的 NaCl 胁迫下，各狗牙根种质的丙二醛含量均逐渐增加，其中随着 NaCl 质量分数升高。

表 4　不同 NaCl 质量分数下 10 种狗牙根的丙二醛含量（μmol/L）

材料编号	对照	19g/L	22g/L	25g/L	28g/L
A38	48.79	57.63	60.39	93.19	—
A71	73.48	85.42	96.67	103.91	106.47
A120	47.78	76.85	81.03	97.27	—
A157	35.77	55.01	60.39	63.08	—

（续）

材料编号	对照	19g/L	22g/L	25g/L	28g/L
A158	34.67	52.82	59.89	64.17	67.12
A172	26.90	45.06	50.47	52.25	58.16
A195	61.42	95.14	100.33	105.00	109.61
A200	50.24	74.47	82.92	90.69	—
A207	72.83	96.00	108.79	119.23	121.61
A213	47.77	81.03	95.37	115.38	—

2.5 不同NaCl质量分数对狗牙根过氧化物酶活性的影响

随着NaCl质量分数增加，除材料A71外，其他各狗牙根资料中的过氧化物酶活性在19～25g/L NaCl质量分数范围内均比对照增加，在28g/L NaCl质量分数时活性下降，其中材料A38、A120、A157、A200、A213检测不到活性。

表5 不同NaCl质量分数下10种狗牙根过氧化物酶活性 [u/(g·min)]

材料编号	对照	19g/L	22g/L	25g/L	28g/L
A38	14 714.07	15 881.48	16 337.78	18 352.59	—
A71	16 900.74	15 950.62	14 858.27	14 151.11	13 742.84
A120	8 886.91	11 911.11	14 133.33	14 850.37	—
A157	5 250.37	12 112.59	12 604.44	14 249.88	—
A158	11 792.59	13 054.81	16 049.38	15 962.47	14 897.78
A172	10 801.48	11 662.22	11 838.02	14 423.70	9 487.41
A195	9 882.47	11 822.22	13 979.26	9 137.78	10 903.70
A200	12 696.30	15 982.22	17 054.81	16 904.69	—
A207	10 832.59	12 732.84	14 951.11	11 996.05	10 601.48
A213	10 020.74	12 077.04	14 295.31	12 296.30	—

3 讨论

由试验结果得知，狗牙根是一种耐盐性植物，NaCl质量分数在19g/L时，所有种质均没有盐害症状；NaCl质量分数在22g/L时部分种质出现轻度盐害症状，仍能够正常生长；当NaCl质量分数进一步增加时，狗牙根生长开始减慢，并出现了明显的盐害症状，叶尖叶缘有中度的萎蔫，并有部分焦枯；当NaCl质量分数增加到28g/L时，各种质狗牙根基本停止生长，达到了重度盐害以上；当NaCl质量分数增加到31g/L时，狗牙根已全部死亡。这表明高浓度的盐胁迫抑制了狗牙根的生长。

大多数情况下，植物受到盐胁迫时，植物细胞内叶绿素含量呈现下降趋势，该试验种质筛选的10份狗牙根中，在不同的NaCl质量分数区间里叶绿素变化幅度不一，但总体变化幅度相差不大。另外植物受到胁迫时，往往造成植物生长受阻和组织受害，植物体内则产生一些物质来减轻这些伤害，如脯氨酸、丙二醛、过氧化物酶等[9-11]。脯氨酸是植物体内的渗透调节物质，对于植物适应逆境，减轻逆境中所受伤害起着非常重要的作用。由试验分析结果可以看出脯氨酸和丙二醛含量随着NaCl质量分数增加而升高，在高NaCl质量分数下，增加的幅度也增大，丙二醛的含量与脯氨酸呈现相似的变化趋势。试验结果表明，NaCl质量分数高时，狗牙根细胞的膜系统可能受到了伤害，已经不能合成更多的脯氨酸和丙二醛来维持渗透平衡。另外，各种质的狗牙根中过氧化物酶活性随着 NaCl 质量分数增加呈现先增加后减少的趋势，说明在高 NaCl 质量分数胁迫超过了植株的自身忍耐程度，过氧化物酶活性下降，不能有效的清除氧自由基，从而启动膜脂过氧化作用，破坏了膜结构，这可能是造成盐害的重要原因[12]。

4   结论

通过初筛选、复筛选和各项生理指标的综合评定，得出该 10 份种质中山东 A38、海南 A195、海南 A207 为耐盐性较好的狗牙根种质，海南 A71 相对耐盐性较弱。

参 考 文 献

[1] 汪本勤 . 植物耐盐机制研究进展 [J]. 河北农业科学，2007，11（3）：15 - 17.

[2] 徐明岗，李菊梅，李志杰 . 利用耐盐植物改善盐土区农业环境 [J]. 中国土壤与肥料，2006（3）：6 - 7.

[3] 高继平，林鸿宣 . 水稻耐盐机理研究的重要进展——耐盐数量性状基因 SKC1 的研究 [J]. 生命科学，2005，17（6）：563 - 565.

[4] 谢振宇，杨光穗 . 牧草耐盐性研究进展 [J]. 草业科学，2003（8）：11 - 17.

[5] TALIAFERRO C M. Diversity and Vulnerability of Bermuda Turfgrass Species [J]. Crop Science，1995，35（2）：327 - 332.

[6] Flora of China Editorial Committee. Flora of China [J]. Beijing：Science Press，2006：492 - 493.

[7] 王赞，吴彦奇，毛凯 . 狗牙根研究进展 [J]. 草业科学，2001，18（5）：37 - 41.

[8] 翟凤林，曹鸣庆 . 植物的耐盐性及其改良 [M]. 北京：中国农业出版社，1998.

[9] 王红玲，阿不来提·阿不都热依木，齐曼 . Na_2SO_4 胁迫下狗牙根 K^+、Na^+ 离子分布及其抗盐性的评价 [J]. 中国草地学报，2004，26（5）：37 - 42.

[10] Foyer C H. Ascorbic scid [M] //AIscher RG，Hess JL. Antioxidants in higher plants. Boca Raton：CRC Press，1993：31 - 58.

[11] 王瑞刚，陈少良，刘力源，等 . 盐胁迫下 3 种杨树的抗氧化能力与耐盐性研究 [J]. 北京林业大学学报，2005，27（3）：86 - 89.

[12] 郝再彬，苍晶，徐仲 . 植物生理实验 [M]. 哈尔滨：哈尔滨工业大学出版社，2004.

第二部分　豆　　科

70 份苜蓿种质苗期耐盐性评价

王 瑜 袁庆华 刘 芳

（中国农业科学院北京畜牧兽医研究所）

摘要： 采用盆栽法，利用存活率、株高、地上生物量、游离脯氨酸含量、细胞膜透性等指标对 70 份苜蓿材料在盐胁迫下的形态与生理响应进行研究，并利用隶属度平均值法对 70 份苜蓿进行综合评价。盐处理设置 4 个浓度梯度，依次为 0、0.3%、0.4%、0.5%，每个处理 3 个重复。研究结果表明：存活率、株高、地上生物量随盐浓度升高而降低；细胞膜透性与游离脯氨酸含量随盐浓度升高而升高；根据隶属度平均值对 70 份苜蓿材料进行耐盐性排序，其中耐盐性较强的材料有 0425、98-4、98-12、97-45，耐盐性较弱的材料有 2225、2735、0585。

盐碱地开发利用已成为当前农牧业发展面临的问题之一。根据联合国教科文组织（UNESCO）和联合国粮食及农业组织（FAO）不完全统计，全世界盐碱地面积约 9.54 亿 hm^2。根据我国第二次土壤普查，我国盐碱地面积约 3 513 万 hm^2，主要分布在华北、西北和东北这些干旱和半干旱地区。作为重要的栽培牧草，在我国农业结构调整中，苜蓿是大力发展的饲料作物之一。耐盐苜蓿的种植对于合理开发盐碱地有重要意义。

苜蓿苗期对土壤盐分比较敏感，苗期的生长状况决定了整个生育期的生长、发育，因此苗期是耐盐性鉴定的关键时期。本研究采用盆栽试验，对来自国内外的 70 份苜蓿材料进行盐胁迫处理，研究盐胁迫下苜蓿材料存活率、株高、地上生物量、细胞膜透性、游离脯氨酸含量等形态与生理指标的变化，并根据各指标对其耐盐性进行综合评价，以期筛选出一批耐盐性较强的苜蓿材料，为培育新的耐盐种质以及盐碱地的开发利用奠定基础。

1 材料与方法

1.1 供试材料

70 份苜蓿种质材料的名称及其来源见表 1，试验在中国农业科学院北京畜牧兽医研究所温室进行。

表 1 70 份苜蓿材料及其来源

序号	编号	种质名	原产地	序号	编号	种质名	原产地
1	0134	苏联黄花	苏联	10	0585	什花苜蓿	波兰
2	0216	attantic	美国	11	0649	法口苜蓿	英国
3	0220	苜蓿	苏联	12	0725	兴平苜蓿	中国兴平
4	0306	苜蓿	德国	13	0731	苏联2号	苏联
5	0332	Arizona	美国	14	1134	苜蓿	澳大利亚
6	0414	苜蓿	苏联	15	1189	晋南苜蓿	中国山西
7	0425	沧果苜蓿	中国河北	16	1193	察南	中国河北
8	0468	苜蓿	中国山西	17	1414	紫花苜蓿	苏联
9	0470	苜蓿	中国山西	18	1482	紫花苜蓿	保加利亚

（续）

序号	编号	种质名	原产地	序号	编号	种质名	原产地
19	1643	埃及苜蓿		45	84-802	帕拉维沃	澳大利亚
20	1704	紫苜蓿	加拿大	46	86-258	安斯塔	美国
21	1797	紫花苜蓿	日本	47	86-386	明托苜蓿	加拿大
22	1872	紫花苜蓿	英国	48	88-42	钻石苜蓿	美国
23	1892	紫花苜蓿	法国	49	88-43	苜蓿 GT-58	美国
24	2216	陕西苜蓿	中国陕西	50	88-44	PG 塞特苜蓿	美国
25	2225	甘肃苜蓿	中国甘肃	51	88-45	马里科巴苜蓿	美国
26	2329	39 号苜蓿		52	92-203	紫花苜蓿	匈牙利
27	2330	内蒙古苜蓿	中国内蒙古	53	92-206	紫花苜蓿	摩洛哥
28	2543	昌黎苜蓿		54	93-10	P-23	美国
29	2735	陇中苜蓿	中国甘肃	55	93-3	维纳马	美国
30	2736	淮阴苜蓿		56	93-7	紫花苜蓿	美国
31	2758	中苜一号	中国北京	57	94-30	FRLUI1	德国
32	2760	准格尔	中国内蒙古	58	97-45	麦尔迪肯	加拿大
33	72-10	杂种苜蓿	加拿大	59	98-10	多叶蓿 BC-7	加拿大
34	74-28	紫苜蓿	法国	60	98-12	多叶 BC-9	加拿大
35	75-43	萨兰斯	美国	61	98-13	多叶 8920	加拿大
36	78-23	普列洛夫卡	捷克	62	98-2	多叶 FD4	加拿大
37	80-196	紫花苜蓿	美国	63	98-3	多叶 FD5	加拿大
38	80-70	苜蓿 C/W5	美国	64	98-4	多叶 BC-1	加拿大
39	80-74	紫花苜蓿	日本	65	98-5	多叶 BC-2	加拿大
40	81-44	特莱克苜蓿	加拿大	66	98-6	多叶 BC-3	加拿大
41	81-85	雷西斯苜蓿	丹麦	67	98-7	多叶 BC-4	加拿大
42	83-1	瑞蕾苜蓿	美国	68	98-8	多叶 BC-5	加拿大
43	83-225	阿佩克斯	加拿大	69	98-9	多叶 BC-6	加拿大
44	83-250	里格尔苜蓿	加拿大	70	中-621	紫花苜蓿	中国北京

1.2 试验方法

取大田土壤（非盐碱），去掉石块、杂质，过筛，备用。采用随机取样法，取少量土壤测定土壤水分含量以计算装盆土壤干重。花盆规格为高 12.5cm，底径 12cm，口径 15.5cm，每盆装土 1.5kg，每份材料装土 12 盆。苜蓿种子在 25℃培养箱内发芽 2～3d，取出后按照每盆 13 株点苗、覆土，出苗后进行间苗，每盆留生长整齐一致、分布均匀的 10 棵幼苗。待幼苗长到三叶期时进行加盐处理，按每盆土样干重的 0（对照）、0.3％、0.4％、0.5％计算出各浓度处理所需要的 NaCl 用量，将其溶解到一定量的自来水中对苜蓿幼苗进行盐处理。盐处理后应及时补充蒸发的水分，维持土壤含水量恒定。

1.3 耐盐性指标的测定

1.3.1 存活率

盐处理后 30d 测定。记录每盆中存活植株的数目，为存活苗数。

$$存活率 = \frac{存活苗数}{10} \times 100\%$$

$$相对存活率 = \frac{存活率}{对照存活率}$$

1.3.2　株高

盐处理后 30d 测定。用直尺测定每棵苗从土壤层到最长叶叶尖的长度，以每盆中 10 棵苗的平均值作为株高。

$$相对株高 = \frac{盐处理植株的株高}{对照植株的株高}$$

1.3.3　地上生物量

盐处理后 30d 测定。用刀片或剪刀沿土层割取植株地上部，105℃杀青，80℃烘干过夜，干燥器中冷却至室温后称重（精确到 0.001）即为地上生物量。

$$相对地上生物量 = \frac{处理地上生物量}{对照地上生物量}$$

1.3.4　游离脯氨酸含量

盐处理后 15d 测定，参照邹琦的磺基水杨酸法[1]。

$$相对游离脯氨酸 = \frac{处理游离脯氨酸}{对照游离脯氨酸}$$

1.3.5　相对电导率

盐处理后 15d 测定。取苜蓿叶片 0.2g，放入试管中，加去离子水 10mL，25℃保温 5h 并轻轻振荡数次，用 DDS-Ⅱ型电导仪测定电导值，记为 L_1，然后将其置于沸水浴中煮沸 20min，冷却至室温后再次测定电导值，记为 L_2。

$$相对电导率 = \frac{L_1}{L_2}$$

1.3.6　数据处理与统计分析

应用 Excel 2003，采用模糊数学中的隶属函数法[2]综合比较分析，对 70 份苜蓿各项耐盐指标的隶属函数值进行累加，求取平均值，并进行苜蓿材料间的比较，以评定耐盐性，计算方法如下。

（1）求出各指标的隶属函数值。

如果某一指标与耐盐性呈正相关，则：

$$X(u) = (X - X_{min})/(X_{max} - X_{min})$$

如果某一指标与耐盐性呈负相关，则：

$$X(u) = 1 - (X - X_{min})/(X_{max} - X_{min})$$

式中，X 为各苜蓿材料某一指标的测定值，X_{max} 为所有苜蓿材料某一指标测定值中的最大值；X_{min} 为所有苜蓿材料某一指标测定值中的最小值。

（2）把每份苜蓿材料各耐盐性指标的隶属函数值进行累加，计算其平均值（Δ）。

2　结果与分析

2.1　不同盐浓度对存活率、株高、地上生物量的影响

70 份苜蓿材料的相对存活率见表 2。从表中可以看出，随着盐浓度的升高，苜蓿材料的相对存活率明显下降，且不同苜蓿材料在不同盐浓度下相对存活率存在显著差异。对照组中苜蓿存活率均为100%；0.3%盐浓度下，70 份苜蓿材料的相对存活率为 30.77%～95.83%；0.4%盐浓度下，70 份苜蓿材料的相对存活率为 0～89.29%，2 份材料在此浓度下植株完全死亡；0.5%盐浓度下，70 份苜蓿材料的相对存活率为 0～40.0%，39 份材料在此浓度下植株完全死亡。

表 2 不同盐浓度下 70 份苜蓿材料的相对存活率（%）

编号	0.3%	0.4%	0.5%	编号	0.3%	0.4%	0.5%
0134	55.56	11.11	0.00	78-23	74.04	36.00	4.00
0216	52.17	0.00	0.00	80-196	75.00	29.41	0.00
0220	72.41	30.30	0.00	80-70	76.47	24.00	0.00
0306	30.77	13.04	0.00	80-74	55.00	33.33	0.00
0332	75.00	28.13	10.00	81-44	68.00	32.00	0.00
0414	86.06	29.83	3.53	81-85	88.24	22.22	0.00
0425	84.00	8.00	3.45	83-1	79.17	42.86	0.00
0468	38.46	19.35	0.00	83-225	73.33	11.76	3.85
0470	81.19	64.09	0.00	83-250	79.30	23.04	0.00
0585	33.33	3.33	0.00	84-802	60.00	47.83	14.29
0649	80.77	41.94	9.68	86-258	89.29	55.56	10.00
0725	74.19	9.38	0.00	86-386	53.33	54.84	18.75
0731	62.16	12.50	8.57	88-42	71.33	61.17	9.97
1134	92.88	13.64	0.00	88-43	84.21	75.00	3.33
1189	78.13	13.79	3.45	88-44	71.21	65.21	7.67
1193	66.67	3.45	3.85	88-45	91.43	17.86	0.00
1414	95.83	20.83	0.00	92-203	66.67	7.14	0.00
1482	50.00	14.71	0.00	92-206	81.48	50.00	20.69
1643	64.00	50.00	40.00	93-10	78.13	57.14	3.33
1704	95.63	63.95	0.00	93-3	73.95	66.67	4.37
1797	85.71	42.86	3.85	93-7	90.48	65.38	8.33
1872	80.65	48.15	0.00	94-30	75.20	68.03	3.25
1892	87.10	41.38	20.69	97-45	70.00	42.86	0.00
2216	72.12	8.01	0.00	98-10	86.96	36.36	4.00
2225	56.00	14.29	0.00	98-12	82.16	39.13	0.00
2329	62.07	25.00	25.93	98-13	77.14	26.67	3.33
2330	80.65	15.38	0.00	98-2	75.86	39.29	0.00
2543	59.38	0.00	0.00	98-3	87.27	10.07	0.00
2735	45.16	6.25	0.00	98-4	85.71	21.74	0.00
2736	78.79	37.14	3.13	98-5	65.52	17.24	6.90
2758	48.00	51.85	11.11	98-6	80.77	21.88	10.00
2760	41.18	38.10	0.00	98-7	57.14	48.15	0.00
72-10	56.67	24.14		98-8	81.82	38.46	0.00
74-28	33.33	33.33	0.00	98-9	65.38	89.29	20.00
75-43	85.00	26.32	0.00	中-621	44.44	16.67	0.00

　　70 份苜蓿材料的相对株高见表 3。随着盐浓度增加，相对株高呈明显下降趋势。0.3% 盐浓度下，70 份材料的相对株高为 0.49～1.81，其中，有 23 份材料优于对照；0.4% 盐浓度下，70 份材料的相对株高为 0～1.55，其中，有 22 份材料优于对照；0.5% 盐浓度下，70 份材料的相对株高为 0～0.89，均

低于对照。

表 3　不同盐浓度下 70 份苜蓿材料的相对株高

编号	0.3%	0.4%	0.5%	编号	0.3%	0.4%	0.5%
0134	0.84	0.56	0.00	78-23	1.01	0.77	0.36
0216	1.19	0.00	0.00	80-196	1.06	0.68	0.00
0220	0.85	0.92	0.00	80-70	0.75	0.76	0.00
0306	1.17	0.54	0.00	80-74	1.01	0.90	0.00
0332	0.84	1.44	0.52	81-44	0.49	0.57	0.00
0414	0.97	1.50	0.50	81-85	0.65	0.69	0.00
0425	0.64	0.30	0.21	83-1	0.85	0.71	0.00
0468	0.77	1.55	0.00	83-225	0.91	0.57	0.18
0470	0.78	0.72	0.00	83-250	0.75	1.00	0.00
0585	0.68	0.34	0.00	84-802	1.02	1.21	0.71
0649	0.80	1.08	0.28	86-258	1.02	1.14	0.32
0725	0.82	0.72	0.00	86-386	1.07	0.84	0.50
0731	0.81	0.33	0.19	88-42	1.05	0.82	0.32
1134	0.89	0.51	0.00	88-43	1.05	0.86	0.26
1189	0.82	0.90	0.24	88-44	0.78	0.80	0.18
1193	1.17	0.49	0.28	88-45	0.61	1.16	0.00
1414	0.69	1.01	0.00	92-203	0.64	0.59	0.00
1482	0.81	0.91	0.00	92-206	0.83	0.80	0.56
1643	1.08	1.00	0.86	93-10	0.64	0.82	0.36
1704	0.85	1.24	0.00	93-3	0.71	1.13	0.34
1797	0.60	0.60	0.17	93-7	0.96	0.91	0.27
1872	0.75	0.96	0.00	94-30	0.83	0.73	0.29
1892	0.68	0.86	0.58	97-45	0.55	0.75	0.00
2216	1.03	0.35	0.00	98-10	0.66	0.62	0.15
2225	1.37	0.81	0.00	98-12	0.90	1.40	0.00
2329	0.89	1.13	0.37	98-13	0.90	1.27	0.41
2330	0.86	1.11	0.00	98-2	1.09	1.23	0.00
2543	1.02	0.00	0.00	98-3	0.79	0.34	0.00
2735	0.93	0.47	0.00	98-4	1.62	1.50	0.00
2736	0.79	0.89	0.30	98-5	1.12	0.76	0.76
2758	1.81	1.52	0.29	98-6	0.80	0.63	0.65
2760	0.92	1.15	0.00	98-7	1.17	0.76	0.00
72-10	1.12	1.02	0.00	98-8	0.57	0.72	0.00
74-28	1.71	1.45	0.00	98-9	1.00	0.69	0.89
75-43	1.05	0.59	0.00	中-621	0.86	0.37	0.00

　　70 份苜蓿材料的相对地上生物量见表 4。盐处理对苜蓿相对地上生物量影响显著，随着盐浓度升高，苜蓿相对地上生物量呈明显下降趋势，且各材料之间存在显著差异。0.3%盐浓度下，70 份材料的

相对地上生物量为0.23～1.63，其中，有9份材料优于对照；0.4%盐浓度下，70份材料的相对地上生物量为0～1.23，其中，有2份材料优于对照；0.5%盐浓度下，70份材料的相对地上生物量为0～0.23，与对照间存在极显著差异，均低于对照。

表4　不同盐浓度下70份苜蓿材料的相对地上生物量

编号	0.3%	0.4%	0.5%	编号	0.3%	0.4%	0.5%
0134	0.55	0.13	0.00	78-23	0.85	0.30	0.03
0216	0.78	0.00	0.00	80-196	0.85	0.41	0.00
0220	1.00	0.32	0.00	80-70	0.60	0.49	0.00
0306	0.39	0.23	0.00	80-74	0.78	0.37	0.00
0332	0.81	0.49	0.10	81-44	0.89	0.54	0.00
0414	0.76	0.22	0.06	81-85	1.21	0.33	0.00
0425	0.86	0.13	0.05	83-1	0.85	0.60	0.00
0468	0.61	0.50	0.00	83-225	0.87	0.23	0.05
0470	0.78	0.56	0.00	83-250	0.91	0.34	0.00
0585	0.53	0.00	0.00	84-802	0.78	0.56	0.16
0649	0.81	0.57	0.15	86-258	0.86	0.81	0.03
0725	0.74	0.09	0.00	86-386	0.66	0.76	0.07
0731	0.67	0.17	0.10	88-42	0.72	0.64	0.00
1134	0.74	0.21	0.00	88-43	0.68	0.63	0.05
1189	0.70	0.16	0.00	88-44	0.65	0.57	0.06
1193	0.52	0.07	0.04	88-45	1.09	0.44	0.01
1414	0.80	0.46	0.00	92-203	0.69	0.10	0.00
1482	0.53	0.25	0.00	92-206	0.76	0.43	0.18
1643	0.95	0.59	0.21	93-10	1.10	0.87	0.10
1704	1.02	0.70	0.00	93-3	0.85	0.80	0.05
1797	0.79	0.33	0.04	93-7	0.89	0.69	0.15
1872	0.60	0.46	0.00	94-30	0.79	0.74	0.07
1892	0.88	0.43	0.18	97-45	0.86	0.37	0.00
2216	0.74	0.21	0.00	98-10	0.93	0.50	0.00
2225	0.68	0.25	0.00	98-12	1.16	0.88	0.00
2329	0.73	0.40	0.17	98-13	0.98	0.30	0.00
2330	0.91	0.26	0.00	98-2	0.83	0.59	0.00
2543	0.59	0.00	0.00	98-3	0.86	0.04	0.00
2735	0.38	0.06	0.00	98-4	1.63	0.66	0.00
2736	0.61	0.34	0.02	98-5	0.80	0.24	0.12
2758	0.23	0.46	0.03	98-6	0.71	0.20	0.07
2760	1.14	1.23	0.00	98-7	1.20	1.09	0.00
72-10	0.66	0.42	0.00	98-8	0.82	0.57	0.00
74-28	0.50	0.25	0.00	98-9	0.80	0.86	0.23
75-43	0.74	0.22	0.00	中-621	1.17	0.34	0.00

2.2 不同盐浓度对游离脯氨酸含量、细胞膜透性的影响

盐处理后 70 份苜蓿材料的游离脯氨酸含量相对值见表 5。0.3%盐浓度下，70 份材料的游离脯氨酸含量相对值为 0.07～9.22，其中，38 份材料游离脯氨酸含量相对值高于对照，占总量的 54.3%；0.4%盐浓度下，70 份材料的游离脯氨酸含量相对值为 0.42～8.98，其中，43 份材料游离脯氨酸含量相对值高于对照，占总量的 61.4%；0.5%盐浓度下，处理 15d 后 22 份材料植株完全死亡，剩余 48 份材料游离脯氨酸含量相对值为 0.44～25.91，其中，32 份材料游离脯氨酸含量相对值高于对照，占存活材料的 66.6%。由此可见，随着盐浓度增加，苜蓿材料中游离脯氨酸含量相对值呈上升趋势，且不同材料间游离脯氨酸含量相对值的变化存在显著差异。

表 5　不同盐浓度下 70 份苜蓿材料游离脯氨酸含量相对值

编号	0.3%	0.4%	0.5%	编号	0.3%	0.4%	0.5%
0134	1.21	1.56	—	2760	0.68	2.32	3.39
0216	0.59	0.91	5.64	72-10	0.94	0.89	—
0220	1.26	0.83	2.53	74-28	1.92	2.99	—
0306	1.44	2.98	25.91	75-43	0.70	0.54	0.54
0332	0.83	1.16	1.29	78-23	0.88	1.08	1.26
0414	0.88	1.64	10.43	80-196	0.68	0.42	—
0425	1.60	3.13	0.95	80-70	0.97	1.32	—
0468	1.23	0.99	17.81	80-74	9.22	3.84	—
0470	1.62	3.85	5.92	81-44	0.64	0.55	—
0585	1.03	0.54	0.72	81-85	1.17	1.14	—
0649	1.43	3.86	4.98	83-1	1.35	0.97	—
0725	1.09	1.27	—	83-225	1.40	1.36	0.53
0731	6.38	8.98	12.30	83-250	0.73	0.84	—
1134	3.05	3.27	—	84-802	0.61	6.77	7.84
1189	0.49	0.77	0.63	86-258	0.63	2.92	7.22
1193	0.53	4.43	3.74	86-386	1.11	4.42	3.11
1414	1.06	0.84	0.71	88-42	1.95	1.25	4.95
1482	1.46	2.16	—	88-43	0.93	0.95	0.44
1643	0.20	0.66	0.88	88-44	1.12	3.48	6.88
1704	0.80	0.96	0.97	88-45	0.60	0.83	0.61
1797	1.65	3.72	4.91	92-203	1.54	5.72	—
1872	0.51	0.46	—	92-206	1.93	4.61	4.16
1892	0.59	0.85	1.35	93-10	0.74	0.98	1.28
2216	1.33	2.30	—	93-3	1.60	1.59	2.06
2225	1.16	1.59	—	93-7	0.37	0.73	3.53
2329	2.19	3.18	5.19	94-30	1.41	1.74	3.92
2330	0.65	0.51	0.58	97-45	3.07	1.55	1.29
2543	0.37	0.54	0.67	98-10	2.41	0.47	—
2735	1.56	1.38	—	98-12	0.31	4.52	3.29
2736	1.46	3.84	4.66	98-13	0.95	0.55	0.98
2758	1.73	1.18	0.90	98-2	0.70	1.17	—

（续）

编号	0.3%	0.4%	0.5%	编号	0.3%	0.4%	0.5%
98 - 3	0.63	0.55	—	98 - 7	1.89	1.79	3.74
98 - 4	0.07	0.80	1.55	98 - 8	1.08	1.16	1.75
98 - 5	0.19	3.21	0.96	98 - 9	1.21	2.03	5.56
98 - 6	1.47	1.66	1.80	中 - 621	1.83	1.84	—

盐处理后，70 份苜蓿材料的电导率相对值见表 6。随着盐浓度增加，苜蓿材料的电导率相对值呈上升趋势，且不同材料间存在显著差异。0.3%盐浓度下，70 份材料的电导率相对值为 0.91～6.29，只有 1 份材料的电导率低于对照；0.4%盐浓度下，70 份材料的电导率相对值为 0.85～7.43，只有 1 份材料低于对照；0.5%盐浓度下，19 份材料植株完全死亡，其余 51 份材料电导率相对值为 1.19～7.40，均高于对照。

表 6　不同盐浓度下 70 份苜蓿材料电导率相对值

编号	0.3%	0.4%	0.5%	编号	0.3%	0.4%	0.5%
0134	2.37	2.74	3.57	2735	3.39	4.38	3.46
0216	1.39	1.59	1.72	2736	1.37	2.96	3.45
0220	4.26	4.08	5.66	2758	1.71	2.39	2.79
0306	1.79	1.85	2.29	2760	1.68	2.21	2.73
0332	1.29	1.76	2.09	72 - 10	2.17	3.77	—
0414	1.98	2.97	3.77	74 - 28	2.69	3.00	
0425	1.52	1.78	2.07	75 - 43	1.49	3.47	3.64
0468	2.50	2.46	3.57	78 - 23	1.63	2.49	2.37
0470	1.82	2.96	3.73	80 - 196	1.34	3.68	—
0585	6.29	5.78	—	80 - 70	4.59	4.98	
0649	3.01	2.57	3.86	80 - 74	4.28	3.04	3.52
0725	1.32	1.77	1.86	81 - 44	5.37	7.43	
0731	1.54	1.42	1.49	81 - 85	2.27	1.64	
1134	2.12	1.84	2.14	83 - 1	1.18	2.20	
1189	1.15	1.12	1.94	83 - 225	1.94	2.14	
1193	1.99	3.86	3.22	83 - 250	1.51	0.85	
1414	1.80	4.64	7.40	84 - 802	1.96	1.76	1.19
1482	2.07	1.96	—	86 - 258	2.30	3.97	4.07
1643	2.21	2.15	2.47	86 - 386	1.68	1.79	2.59
1704	2.38	5.43	5.42	88 - 42	1.25	1.95	2.67
1797	1.64	3.80	1.74	88 - 43	1.63	2.21	2.45
1872	4.01	4.35	—	88 - 44	1.48	1.13	1.99
1892	1.31	1.73	3.04	88 - 45	1.90	3.23	3.82
2216	2.03	2.40	—	92 - 203	1.90	4.03	—
2225	5.21	4.35	—	92 - 206	1.49	2.06	2.49
2329	2.97	3.39	3.35	93 - 10	2.50	3.00	
2330	2.06	2.39	—	93 - 3	1.59	1.41	2.26
2543	3.51	4.41	2.91	93 - 7	3.21	3.15	3.31

（续）

编号	0.3%	0.4%	0.5%	编号	0.3%	0.4%	0.5%
94-30	3.03	3.03	3.66	98-4	1.94	1.69	2.67
97-45	1.63	2.04	2.53	98-5	2.18	3.83	3.46
98-10	2.09	2.05	2.46	98-6	2.80	3.64	4.09
98-12	2.72	4.10	4.66	98-7	1.79	1.94	2.99
98-13	2.32	3.31	3.72	98-8	2.80	5.23	5.00
98-2	0.91	1.30	—	98-9	1.49	1.50	3.13
98-3	1.40	2.15	2.25	中-621	2.71	3.25	—

2.3　综合评价

采用 0.3% 盐浓度下的各项指标隶属度平均值全面综合地衡量苜蓿的耐盐性状。70 份苜蓿材料在形态指标和生理指标隶属度上差异明显（表 7）。从形态指标（存活率、株高、地上生物量）和生理指标（游离脯氨酸含量、电导率相对值）综合来看，0425、98-4、98-12、97-45 这 4 份材料的隶属度较大，平均值都在 0.6489 及以上，其中 0425 的综合耐盐性最强，隶属度平均值为 0.7129；2225、2735、0585 这 3 份材料的隶属度平均值均低于 0.3，耐盐性最弱。根据隶属函数平均值（△）对各材料耐盐性进行分级：Ⅰ级，△>0.6，0425、98-4 等 9 份材料；Ⅱ级，0.4<△<0.6，98-13、1704 等 48 份材料；Ⅲ级，△<0.4，2225、2735 等 13 份材料。

表 7　70 份苜蓿材料耐盐性指标隶属度及综合评价

编号	存活率	电导率	游离脯氨酸	株高	地上生物量	平均值	排名
0425	0.8453	0.8872	1.0000	0.2485	0.5837	0.7129	1
98-4	0.8332	0.8099	0.3876	0.5799	0.7480	0.6717	2
98-12	0.8068	0.6647	0.4405	0.4449	0.9486	0.6611	3
97-45	0.6103	0.8665	0.9303	0.2577	0.5795	0.6489	4
88-43	0.8363	0.8669	0.5240	0.5532	0.3657	0.6292	5
80-196	0.7492	0.9207	0.3229	0.5612	0.5684	0.6245	6
1134	0.5354	0.7763	0.9246	0.4372	0.4374	0.6222	7
98-5	0.4557	0.7646	0.7063	0.6310	0.5149	0.6145	8
98-2	0.6848	1.0000	0.2197	0.5862	0.5516	0.6085	9
98-13	0.7062	0.7389	0.3547	0.4244	0.7323	0.5913	10
1704	0.8854	0.7281	0.0958	0.4079	0.7846	0.5804	11
86-258	0.9120	0.7415	0.1340	0.5306	0.5790	0.5794	12
88-42	0.5948	0.9377	0.3724	0.5606	0.4082	0.5747	13
1892	0.8633	0.9265	0.1927	0.2792	0.6081	0.5740	14
1643	0.4986	0.7589	0.3321	0.5808	0.6916	0.5724	15
0731	0.4874	0.8842	0.7491	0.3716	0.3471	0.5679	16
88-45	0.9198	0.8174	0.0031	0.2320	0.8642	0.5673	17
92-206	0.7773	0.8927	0.3080	0.3922	0.4588	0.5658	18
93-7	0.9069	0.5730	0.1532	0.4857	0.6209	0.5479	19
93-10	0.7408	0.7046	0.1636	0.2461	0.8809	0.5472	20
75-43	0.8395	0.8938	0.0000	0.5600	0.4376	0.5462	21

（续）

编号	存活率	电导率	游离脯氨酸	株高	地上生物量	平均值	排名
1414	1.0000	0.8361	0.0907	0.2840	0.5129	0.5448	22
1797	0.8338	0.8651	0.3110	0.2176	0.4958	0.5447	23
98 - 10	0.8381	0.7823	0.1689	0.2584	0.6745	0.5444	24
98 - 3	0.7773	0.9103	0.0590	0.3604	0.5907	0.5395	25
83 - 1	0.7472	0.9513	0.0070	0.4040	0.5732	0.5366	26
78 - 23	0.6533	0.8673	0.0647	0.5272	0.5677	0.5361	27
2330	0.7525	0.7872	0.0646	0.4130	0.6504	0.5335	28
98 - 7	0.4126	0.8373	0.3941	0.0000	1.0000	0.5288	29
0332	0.6764	0.9309	0.1011	0.3985	0.5190	0.5252	30
0470	0.6922	0.8307	0.2371	0.3499	0.4868	0.5193	31
1189	0.7350	0.9558	0.1246	0.3811	0.3872	0.5167	32
93 - 3	0.6002	0.8752	0.2227	0.3009	0.5784	0.5155	33
83 - 250	0.6861	0.8886	0.0683	0.2760	0.6402	0.5118	34
98 - 9	0.5153	0.8923	0.0864	0.5207	0.5117	0.5053	35
2329	0.4842	0.6182	0.5245	0.4360	0.4235	0.4973	36
2216	0.5910	0.7924	0.1236	0.5403	0.4360	0.4967	37
0414	0.6952	0.8028	0.0248	0.4935	0.4584	0.4950	38
0216	0.2837	0.9110	0.1019	0.6615	0.4919	0.4900	39
2760	0.1261	0.8578	0.0772	0.4593	0.9251	0.4891	40
0725	0.6588	0.9249	0.0368	0.3814	0.4414	0.4887	41
中- 621	0.0860	0.6655	0.3080	0.4151	0.9657	0.4881	42
0649	0.7636	0.6107	0.1636	0.3692	0.5222	0.4859	43
2736	0.7361	0.9155	0.1334	0.3566	0.2830	0.4849	44
81 - 85	0.8795	0.7485	0.0859	0.2562	0.4407	0.4821	45
84 - 802	0.4446	0.8058	0.0889	0.5361	0.4813	0.4713	46
98 - 6	0.7196	0.6494	0.2238	0.3640	0.3965	0.4707	47
94 - 30	0.6286	0.6073	0.1218	0.3899	0.5018	0.4499	48
0220	0.6160	0.3770	0.0957	0.4021	0.7559	0.4493	49
2758	0.2491	0.8516	0.0341	1.0000	0.0966	0.4463	50
92 - 203	0.5431	0.8171	0.2237	0.2494	0.3816	0.4430	51
88 - 44	0.5871	0.8955	0.0449	0.3514	0.3244	0.4407	52
98 - 8	0.7718	0.6484	0.0308	0.1892	0.5400	0.4360	53
80 - 74	0.4597	0.3743	0.3229	0.5261	0.4831	0.4332	54
72 - 10	0.4098	0.7662	0.0227	0.6133	0.3420	0.4308	55
1193	0.5415	0.8006	0.2317	0.3630	0.1751	0.4224	56
83 - 225	0.0630	0.8089	0.1798	0.4531	0.5960	0.4202	57
2543	0.4178	0.5179	0.2271	0.5328	0.2554	0.3902	58
86 - 386	0.2807	0.8570	0.0239	0.3883	0.3414	0.3783	59
1482	0.3188	0.7845	0.2154	0.3779	0.1770	0.3747	60

（续）

编号	存活率	电导率	游离脯氨酸	株高	地上生物量	平均值	排名
1872	0.7525	0.4238	0.0611	0.3306	0.2689	0.3674	61
0134	0.3768	0.7285	0.0935	0.3966	0.2028	0.3597	62
80-70	0.7626	0.3161	0.0104	0.3308	0.2689	0.3378	63
74-28	0.0516	0.6695	0.2414	0.5722	0.1455	0.3360	64
0306	0.0000	0.8364	0.0870	0.6462	0.0103	0.3160	65
81-44	0.5259	0.1711	0.0722	0.1457	0.6209	0.3072	66
0468	0.1289	0.7053	0.0571	0.3443	0.2804	0.3032	67
2225	0.3493	0.2007	0.0765	0.3812	0.3663	0.2748	68
2735	0.1567	0.5402	0.1611	0.4631	0.0000	0.2642	69
0585	0.0258	0.0000	0.1720	0.2752	0.1838	0.1314	70

3 结论与讨论

随着盐浓度增加，苜蓿的存活率、株高、地上生物量等形态指标均呈下降趋势。游离脯氨酸含量与电导率则呈上升趋势，不同材料间存在显著差异。

植物的耐盐性是一个受多种因素影响的较为复杂的综合性状，多种因素综合作用才能促使植物形成耐盐性。存活率、株高、生物量是评价耐盐性强弱最直观有效的形态指标，游离脯氨酸含量与电导率则从细胞水平上反映了苜蓿材料对盐胁迫的生理响应。本研究综合利用存活率、株高、地上生物量、游离脯氨酸含量、电导率等5项指标，对70份苜蓿材料进行耐盐性进行综合评价，筛选出耐盐性较强的苜蓿材料4份，分别为0425、98-4、98-12、97-45，耐盐性较弱的苜蓿材料3份，分别为2225、2735、0585。

参 考 文 献

[1] 邹琦. 植物生理学实验指导 [M]. 北京：中国农业出版社，2000.
[2] 张华新，宋丹，刘正祥. 盐胁迫下11个树种生理特性及其耐盐性研究 [J]. 林业科学研究，2008，21（2）：168-175.

紫花苜蓿种质耐盐性综合评价及盐胁迫下的生理反应

李 源[1,2] 刘贵波[2] 高洪文[1] 孙桂枝[1] 赵海明[2] 谢 楠[2]

（1. 中国农业科学院北京畜牧兽医研究所 2. 河北省农林科学院旱作农业研究所河北省农作物抗旱研究重点实验室）

摘要：以中首1号为对照，对来自俄罗斯的18份紫花苜蓿种质的耐盐性进行了综合评价，并对盐胁迫下的生理反应进行了初步研究。结果表明，运用标准差系数赋予权重法进行综合评价，不但考虑了不同指标的权重，还定量地鉴定出了每份材料的耐盐能力，比聚类分析的结果更具科学合理性，试验筛选出M7、M9、M15、810共4份耐盐性强的种质。在此基础上，进一步探讨了盐胁迫下的生理反应，除叶水势随着盐浓度增加呈下降趋势外，游离脯氨酸含量、可溶性糖含量、细胞膜透性、丙二醛含量、水分饱和亏缺则呈上升趋势，且不同材料变化幅度不同。可溶性糖含量、细胞膜透性、丙二醛含量、水分饱和亏缺和叶水势等指标很好地反映了材料间耐盐性的差异，可直接作为耐盐评价的鉴定指标。

    关键词：紫花苜蓿；苗期；耐盐性；综合评价；生理反应

    土壤盐渍化是全球性的问题，全世界盐渍土壤的面积约占陆地面积的 7.6%，在我国盐渍土约有 0.7 亿 hm²，并随着生态环境恶化和不合理地开发利用，仍在进一步扩大。如何开发利用如此大面积的盐碱地资源，对发展国民经济有着重要战略意义。苜蓿（*Medicago sativa* L.）为中等耐盐碱豆科植物，加强耐盐苜蓿品种的选育，对开发利用盐碱地、发展畜牧业具有举足轻重的作用，而苜蓿种质耐盐性的评价鉴定是选育耐盐品种的基础。在苜蓿种质耐盐性综合评价的研究中，AL‑khatib 认为苗期是耐盐鉴定最佳时期[1]。刘春华等[2]将 69 个苜蓿种质的耐盐性分为 3 类，耿华珠等[3]综合评价了 50 多份苜蓿种质的苗期耐盐性，这些研究只是初步筛选出了相对耐盐的种质，而对每份材料的耐盐能力并没有做出定量评价，且在评价过程中均采用了等权重法，忽略了不同指标在耐盐性上的权重不同问题；此外，盐胁迫会导致植物正常的生理、生化活动受到影响[4-6]，桂枝等[7]用游离脯氨酸含量和超氧化物歧化酶活性探讨了 6 个苜蓿种质的耐盐性，张永峰和殷波[8]对混合盐碱胁迫下紫花苜蓿保护酶活性的变化及丙二醛积累进行了研究，这些研究多集中于耐盐性有关的单项理化指标上，缺乏系统性研究。本研究用到的 18 份苜蓿种质的耐盐性国内外未见报道，本研究以中苜 1 号为对照，对从俄罗斯引进的 18 份苜蓿种质设置不同盐浓度胁迫，运用聚类分析、标准差系数赋予权重法进行苗期耐盐性综合评价，在此基础上，选取 4 份典型种质对盐胁迫下的生理反应从渗透调节、膜系统、水分生理等三方面进行初步研究。在指标权重分析的基础上定量评价出每份材料的耐盐能力，同时对盐胁迫下的生理反应进行系统研究，为苜蓿耐盐育种和资源开发提供科学依据。

1 材料与方法

1.1 试验材料

    供试材料共 19 份，其中对照（CK）为中苜 1 号，其余 18 份为从俄罗斯引进的材料，由中国农业科学院北京畜牧兽医研究所牧草资源室提供。

1.2 试验方法

    试验于 2007 年 11 月至 2008 年 1 月在河北省农林科学院旱作节水试验站智能化温室中进行。选用试验田土壤，去掉杂质、捣碎过筛。随机取样法取少量土壤测定土壤水分和盐分。将过筛后的土壤装入无孔的塑料花盆中（盆高 12.5cm，底径 12.0cm，口径 15.5cm），每盆装大田土 1.5kg（干土），装土时，根据实际测定的土壤含水量（13.6%）来确定装入盆中土的重量。2007 年 11 月 10 日播种，出苗后间苗，两叶期定苗，每盆保留长势一致、均匀分布的苗 10 棵。2007 年 12 月 20 日苗生长到三叶期开始进行耐盐处理，按每盆土壤干重的 0（CK）、0.3%、0.4%、0.5%、0.6% 计算好所需加入的化学纯 NaCl 量，溶解到一定量的自来水中配制盐溶液，对照加等量自来水，盐处理后及时补充蒸发的水分，使盐处理后的土壤含水量维持在田间持水量的 70% 左右。每处理 6 次重复，其中 3 次重复进行形态指标测定，另外 3 次重复进行生理生化指标测定，盐处理 30d 后开始测定指标。试验测得大田土壤全盐量为 0.048%，忽略不计。

1.3 测定内容与方法

    测定幼苗的株高，统计植株存活率，烘干法测定生物量。存活率＝（盐处理后存活苗数/原幼苗总数）×100%；生物量＝地上干物质重量＋地下干物质重量；酸性茚三酮法测定游离脯氨酸含量，苯酚比色法测定可溶性糖含量，电导法测定细胞膜透性，硫代巴比妥酸法测定丙二醛含量，烘干称重法测定水分饱和亏缺，小叶流法测定叶水势。

1.4 数据处理及评价方法

单项指标耐盐系数（a）用下面公式计算：

$$a = （不同浓度处理下平均测定值 / 对照测定值）×100\%$$

运用 SAS 9.0 进行方差分析，综合评价采用聚类分析和标准差系数赋予权重法，其中标准差系数赋予权重法计算方法如下。

1.4.1 数据标准化

运用隶属函数对各指标进行标准化处理：

$$\mu(X_j) = \frac{X_j - X_{min}}{X_{max} - X_{min}} \tag{1}$$

$$\mu(X_j) = \frac{X_{max} - X_j}{X_{max} - X_{min}} \tag{2}$$

式中：X_j 表示第 j 个综合指标值（$j=1, 2, \cdots, n$）；X_{min} 表示第 j 个综合指标的最小值；X_{max} 表示第 j 个综合指标的最大值，指标与耐盐性呈正相关用隶属函数公式（1）计算隶属函数值，指标与耐盐性呈负相关用反隶属函数公式（2）计算隶属函数值。

1.4.2 权重确定

采用标准差系数法（S），用公式（3）计算标准差系数 V_j，公式（4）归一化后得到各指标的权重系数 W_j。

$$V_j = \frac{\sqrt{\sum_{i=1}^{n}(X_{ij} - \overline{X_j})^2}}{\overline{X_j}} \tag{3}$$

$$W_j = \frac{V_j}{\sum_{j=1}^{m}V_j} \tag{4}$$

1.4.3 综合评价值

用公式（5）计算各品种的综合评价值。

$$D = \sum_{j=1}^{n}[\mu(X_j) \cdot W_j] \quad (j=1,2,\cdots,n) \tag{5}$$

式中：D 为各供试材料的综合评价值。

2 结果与分析

2.1 紫花苜蓿种质苗期耐盐性综合评价

2.1.1 盐胁迫对苜蓿存活率、株高、生物量和相对电导率的影响

盐胁迫下 19 份苜蓿种质的综合评价指标的统计值如表 1 所示。结果表明，除叶片相对电导率随着盐浓度的增加呈上升趋势外，供试材料的存活率、株高、生物量则呈下降趋势。方差分析表明，相同材料在不同处理下表现出显著性差异，不同材料在相同处理下也表现出显著性差异（$P<0.05$）。19 份苜蓿种质的耐盐系数得出（表 2），不同材料在相同指标下的耐盐系数表现出显著性差异，相同材料在不同指标下的耐盐系数也表现出显著性差异（$P<0.05$）。分析表明，如果仅用各单项指标进行评价，难以反映出不同材料真实的耐盐性，运用多指标进行综合评价才能使试验结果更具科学合理性。

表 1 盐胁迫下各耐盐性综合评价指标的统计值

材料编号	存活率 (%)					株高 (cm)					生物量 (g)					相对电导率 (%)				
	0	0.3%	0.4%	0.5%	0.6%	0	0.3%	0.4%	0.5%	0.6%	0	0.3%	0.4%	0.5%	0.6%	0	0.3%	0.4%	0.5%	0.6%
M1	100^a	100^a	93.3^{abc}	83.3^{ab}	36.7^{cdef}	2.7^i	2.4^{ij}	2.2^f	2.0^e	1.6^f	0.41^k	0.27^{hi}	0.21^{gh}	0.20^e	0.17^{fg}	4.3^{ab}	7.4^{abc}	9.3^{defgh}	12.7^{cdefg}	19.7^{abcdef}
M2	100^a	100^a	90.0^{abc}	76.7^{abc}	26.7^{defgh}	4.7^{gh}	4.3^{fgh}	4.3^d	4.0^d	3.9^d	0.64^{ij}	0.35^h	0.30^{gh}	0.28^{de}	0.22^{defg}	2.6^b	9.3^{abc}	15.0^{abcd}	17.2^{abcd}	20.7^{abcdef}
M3	100^a	100^a	60.0^f	26.7^e	20.0^{efgh}	5.9^{fg}	4.0^{gh}	3.1^{ef}	2.9^e	2.9^e	0.59^j	0.46^{gh}	0.27^{gh}	0.22^e	0.20^{efg}	5.3^{ab}	14.8^{ab}	15.5^{abc}	23.4^a	26.2^{abcd}
M4	100^a	100^a	80.0^{cde}	36.7^{de}	23.3^{efgh}	3.3^h	3.3^{ij}	2.5^f	2.3^e	2.2^{ef}	0.33^k	0.22^i	0.09^h	0.16^e	0.08^g	4.3^{ab}	7.4^{abc}	10.6^{cdefgh}	14.1^{bcdefg}	29.8^a
M5	100^a	100^a	93.3^{abc}	73.3^{abc}	46.7^{bcdef}	12.9^b	8.9^{ab}	7.8^{bc}	7.1^b	6.8^a	1.64^a	1.23^a	0.70^{bc}	0.52^{ab}	0.35^{abcd}	4.5^{ab}	16.1^a	18.5^a	23.3^a	26.9^{abc}
CK	100^a	100^a	100.0^a	80.0^{abc}	53.3^{abcde}	15.6^a	9.7^a	9.0^a	8.2^a	6.8^a	1.43^b	1.01^b	0.99^a	0.68^a	0.49^a	5.6^a	14.3^{ab}	17.1^{ab}	21.5^{ab}	24.6^{abcde}
M6	100^a	100^a	100.0^a	96.7^a	80.0^a	9.9^d	6.8^d	7.0^c	6.6^b	6.0^{abc}	1.11^{de}	0.76^{cde}	0.64^{bcde}	0.55^{ab}	0.43^{abc}	3.5^b	6.8^c	7.5^{gh}	12.5^{cdefg}	16.4^{ef}
M7	100^a	100^a	96.7^{ab}	86.7^{ab}	70.0^{ab}	11.3^c	8.6^{bc}	8.5^{ab}	7.4^{ab}	6.5^{ab}	0.92^{fgh}	0.76^{cde}	0.68^{bcd}	0.54^{ab}	0.39^{abc}	4.4^{ab}	7.0^{abc}	$13.7^{abcdefg}$	15.3^{bcdefg}	17.8^{bcdef}
M8	100^a	100^a	100.0^a	83.0^{abc}	63.3^{abc}	10.5^c	8.3^{bc}	8.3^{ab}	7.4^{ab}	6.6^{ab}	1.40^{bc}	0.91^{bc}	0.69^{bcd}	0.57^{ab}	0.38^{abc}	3.9^b	5.7^c	6.7^h	8.2^{fgh}	11.9^f
M9	100^a	100^a	100.0^a	80.0^{abc}	43.3^{bcdefg}	10.6^c	8.4^{bc}	7.0^c	6.5^b	6.3^{ab}	0.86^{gh}	0.65^{ef}	0.55^{cde}	0.44^{bcd}	0.43^{abc}	5.4^{ab}	6.3^c	7.9^{fgh}	9.8^{defg}	15.2^{ef}
M10	100^a	100^a	96.7^{ab}	80.0^{abc}	30.0^{cdefgh}	11.8^{bc}	7.9^{bc}	7.3^{bc}	6.9^b	5.7^{bc}	1.07^{ef}	0.73^{def}	0.63^{bcde}	0.56^{ab}	0.33^{abcd}	5.5^{ab}	6.3^c	7.3^{gh}	9.6^{defg}	16.8^{cdef}
810	100^a	100^a	70.0^{ef}	43.3^{de}	13.3^{gh}	8.6^e	8.1^{bc}	7.5^{bc}	6.6^b	5.3^c	1.03^{ef}	0.87^{bcd}	0.76^b	0.52^{ab}	0.51^{ab}	5.0^{ab}	12.4^{abc}	15.8^{abc}	17.6^{abcd}	22.6^{abcdef}
M11	100^a	100^a	83.3^{bcde}	63.3^{bcd}	3.3^h	11.0^{cd}	7.7^{cd}	6.8^{cd}	5.4^c	5.3^c	1.01^{efg}	0.80^{bcd}	0.44^{ef}	0.46^{ab}	0.28^{abcd}	4.7^{ab}	6.7^c	7.3^{gh}	7.5^{gh}	15.1^{ef}
M12	100^a	100^a	70.0^{ef}	40.0^{de}	36.7^{cdefg}	6.1^{ef}	4.0^{gh}	3.1^{ef}	2.9^e	2.8^e	0.39^k	0.32^{hi}	0.20^{gh}	0.22^e	0.18^{fg}	4.8^{ab}	10.8^{abc}	14.2^{abcde}	$15.7^{abcdefg}$	27.6^{ab}
M13	100^a	100^a	93.3^{abc}	76.7^{abc}	23.3^{efgh}	7.5^e	5.1^{efg}	4.8^d	4.1^d	4.0^d	1.11^{de}	0.86^{bcd}	0.65^{bcd}	0.53^{ab}	0.35^{abcde}	5.4^{ab}	8.4^{bc}	10.9^{bcdefg}	11.5^{cdefg}	14.5^{ef}
M14	100^a	100^a	86.7^{abcd}	80.0^{abc}	60.0^{abcd}	7.7^e	5.4^e	4.5^d	4.1^d	4.0^d	0.99^{efg}	0.58^{fg}	0.53^{de}	0.52^{ab}	0.37^{abcd}	4.9^{ab}	12.2^{abc}	$14.0^{abcdefg}$	14.4^{bcdefg}	15.3^{ef}
M15	100^a	100^a	100.0^a	80.0^{abc}	16.7^{fgh}	6.4^{ef}	5.2^{ef}	5.0^d	5.0^{cd}	4.0^d	0.82^{hi}	0.84^{cd}	0.58^{cde}	0.46^{bc}	0.30^{cdef}	5.0^{ab}	5.9^c	7.4^{gh}	10.5^{cdefg}	15.8^{def}
M16	100^a	100^a	93.3^{abc}	86.7^{ab}	66.7^{abc}	6.6^{ef}	4.8^{fgh}	4.8^{de}	4.6^{cd}	4.4^d	1.26^{cd}	0.82^{cd}	0.63^{bcde}	0.47^{cde}	0.39^{abcd}	4.2^{ab}	8.5^{bc}	11.7^{bcdefg}	14.4^{bcdefg}	16.5^{cdef}
M17	100^a	100^a	73.3^{de}	60.0^{bcd}	23.3^{efgh}	5.8^{fg}	4.4^{fgh}	4.2^{de}	5.1^c	4.1^d	0.79^h	0.38^h	0.33^{fg}	0.37^{cde}	0.22^{def}	4.2^{ab}	11.5^{bc}	11.8^{bcdefg}	16.5^{bcdefg}	20.5^{abcdef}
平均	100^a	100^a	88.4^b	70.2^c	38.8^d	8.4^a	6.2^b	5.7^c	5.2^d	4.7^e	0.94^a	0.67^b	0.53^c	0.43^d	0.32^e	4.6^a	9.1^b	11.3^c	14.0^d	19.2^e

注：同列不同小写字母表示材料间差异显著（$P<0.05$）；最后一行不同小写字母表示处理间差异显著（$P<0.05$）；下同。

表 2　盐胁迫下综合评价指标的耐盐系数

材料编号	存活率	株高	生物量	相对电导率
M1	78.3±3.82^{cde}	76.1±4.54^{abc}	52.3±6.39^{defg}	286.5±11.14^{e}
M2	73.3±3.82^{ef}	88.3±8.53^{a}	45.1±3.35^{gh}	587.8±7.68^{a}
M3	51.7±7.64^{h}	55.0±6.49^{gh}	48.7±3.21^{efgh}	374.0±8.33^{c}
M4	60.0±8.21^{gh}	77.9±6.11^{abc}	48.5±6.47^{efgh}	363.9±9.75^{cd}
M5	78.3±2.88^{cde}	59.4±4.92^{defgh}	42.5±2.84^{h}	455.6±8.52^{b}
CK	83.3±3.82^{bcd}	54.0±5.61^{gh}	55.5±3.06^{bcde}	267.2±8.87^{ef}
M6	94.2±1.44^{a}	65.3±4.71^{cdefg}	53.4±4.04^{bcdef}	307.0±7.02^{cde}
M7	88.3±1.44^{ab}	68.8±5.21^{bcdef}	64.2±2.26^{a}	306.5±7.89^{de}
M8	86.6±2.88^{abc}	72.8±5.68^{bcd}	45.5±1.91^{fgh}	209.1±5.25^{efg}
M9	80.8±6.29^{bcde}	66.7±4.79^{bcdefg}	60.4±2.56^{abc}	182.0±9.79^{h}
M10	76.7±6.29^{de}	58.8±5.77^{efgh}	52.7±3.81^{cdefg}	183.4±11.19^{h}
810	56.7±6.29^{gh}	79.6±6.21^{ab}	64.4±6.63^{a}	252.9±7.72^{efg}
M11	62.5±6.61^{g}	57.1±5.23^{fgh}	49.9±4.72^{efgh}	196.0±12.11^{gh}
M12	61.7±3.82^{g}	52.1±6.24^{h}	61.4±4.22^{ab}	357.6±9.06^{cd}
M13	73.3±5.20^{ef}	59.8±3.04^{defgh}	54.1±4.97^{bcde}	210.9±5.91^{efg}
M14	81.7±3.82^{bcde}	58.3±3.48^{efgh}	50.2±6.67^{efgh}	288.3±11.23^{e}
M15	74.2±2.88^{de}	75.4±6.04^{abc}	59.3±8.27^{abcd}	197.8±9.35^{gh}
M16	86.7±3.82^{abc}	69.9±5.61^{bcdef}	46.0±3.33^{efgh}	302.0±8.92^{de}
M17	64.2±9.27^{fg}	71.8±6.50^{bcde}	40.4±3.18^{hi}	361.8±8.99^{cd}

2.1.2　聚类分析不同材料的耐盐性

以表 2 中各单项指标的耐盐系数为依据，对其进行标准化处理，以欧氏距离的平方为相似尺度，采用离差平方和（WARD）法对数据进行聚类分析，聚类结果如图 1 所示。

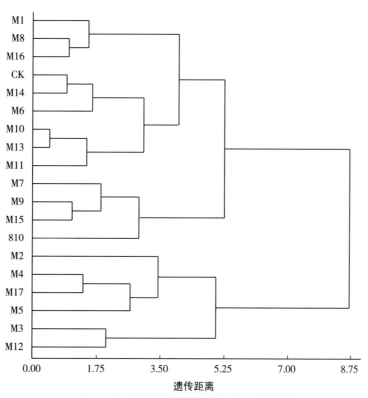

图 1　19 份紫花苜蓿种质耐盐性的分级聚类图

根据聚类输出结果，可将供试紫花苜蓿种质的耐盐性分为强、中、弱、差四大类。第一类材料是 M7、M9、M15、810；第二类材料是 M1、M8、M16；第三类材料是 CK、M14、M6、M10、M13、M11；第四类材料是 M2、M4、M17、M5、M3、M12。

2.1.3 标准差系数赋予权重法分析不同材料的耐盐性

聚类分析法结果将供试种质的耐盐性分为强、中、弱、差四大类，而每份材料之间的耐盐能力无法定量比较，且聚类分析法是一种等权重的综合评价方法，而实际上不同指标在评价耐盐性上的权重是不同的。

本研究采用标准差系数赋予权重法对 19 份苜蓿材料进行了耐盐性评价，综合评价结果见表 3。表中综合评价值代表了各材料的耐盐性，其中，材料 M7 的综合评价值最大，表明该材料耐盐性最强。评价结果与聚类分析的结果基本一致，而有些材料比如 M6 在这两种方法下评价结果不同，这种差异很可能是考虑权重的影响导致的结果。

表3　各材料隶属函数值、权重、综合评价值

材料编号	隶属函数值				综合评价值
	存活率	株高	生物量	相对电导率	
M1	0.627	0.666	0.494	0.743	0.623
M2	0.509	1.000	0.194	0.000	0.496
M3	0.000	0.081	0.347	0.527	0.208
M4	0.195	0.716	0.337	0.552	0.459
M5	0.627	0.203	0.089	0.326	0.295
CK	0.744	0.053	0.629	0.790	0.500
M6	1.000	0.367	0.543	0.692	0.623
M7	0.862	0.463	0.990	0.693	0.743
M8	0.821	0.574	0.214	0.933	0.595
M9	0.685	0.405	0.832	1.000	0.689
M10	0.587	0.186	0.511	0.997	0.506
810	0.117	0.763	1.000	0.825	0.683
M11	0.254	0.139	0.397	0.966	0.374
M12	0.235	0.000	0.876	0.567	0.391
M13	0.509	0.214	0.569	0.929	0.501
M14	0.705	0.171	0.407	0.738	0.459
M15	0.529	0.645	0.789	0.961	0.709
M16	0.823	0.494	0.232	0.704	0.537
M17	0.293	0.546	0.000	0.557	0.337
权重	0.242	0.319	0.275	0.165	

2.2 盐胁迫下紫花苜蓿的生理反应

2.2.1 盐胁迫下游离脯氨酸和可溶性糖含量的变化

对游离脯氨酸含量研究表明，在正常生长（CK）状态下，4 份种质游离脯氨酸含量差异不显著（$P >$ 0.05），随着盐浓度增加，游离脯氨酸含量呈增加趋势。在同一胁迫处理下，耐盐性强的种质 M7 的游离脯氨酸含量总是低于耐盐性弱的种质 M5，且耐盐性强的种质游离脯氨酸含量增加幅度低于耐盐性弱的种质（图 2），游离脯氨酸积累量与材料的耐盐性呈负相关，这与 Haro 等（1993）研究结果一致。可

溶性糖含量研究表明，在正常生长（CK）状态下，4份种质可溶性糖含量差异不显著（$P>0.05$），随着盐浓度增加，可溶性糖含量呈增加趋势，种质M7的可溶性糖含量在0.5%NaCl胁迫下急剧增加，且增加幅度最大，而后出现下降趋势，其余3份种质可溶性糖含量积累量呈缓慢增加趋势，在整个胁迫过程中，材料M5可溶性糖增加幅度最小。

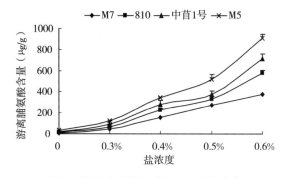

图2 盐胁迫下游离脯氨酸含量的变化

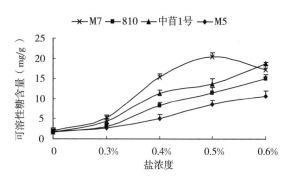

图3 盐胁迫下可溶性糖含量的变化

2.2.2 盐胁迫下相对电导率和丙二醛含量的变化

盐胁迫下细胞膜透性可以反映细胞膜受损伤的程度，数值越大细胞膜受到的伤害也越大。丙二醛是膜脂过氧化的主要产物，其含量高低是反映膜脂过氧化强弱的重要指标。对细胞膜透性的研究表明，在正常生长（CK）状态下，4份种质的细胞膜相对透性差异不显著（$P>0.05$），随着盐浓度增加，不同种质的细胞膜相对透性呈上升趋势（图4），在同一胁迫处理下，种质M7细胞膜相对透性总是低于种质M5，且种质M7的细胞膜相对透性在整个胁迫处理过程中变化幅度最小。在正常生长状态下（CK），4份种质MDA含量差异不显著（$P>0.05$），随着盐胁迫浓度增加，供试材料的丙二醛含量急剧增加（图5），不同材料增加幅度不同。

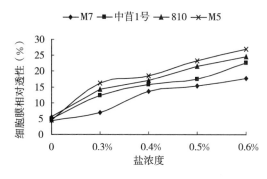

图4 盐胁迫下细胞膜相对透性的变化

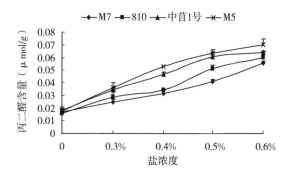

图5 盐胁迫下丙二醛含量的变化

2.2.3 盐胁迫下水分饱和亏缺和叶水势的变化

水分是植物生长的一个重要限制因子，当植物体内水分供应不足，水分饱和亏缺可反应出植物的需水状况。叶水势是植物根系吸水及水分从植物体向外扩散的关键因素，是衡量植物抗逆生理的一个重要指标。在正常生长（CK）状态下，4份种质的水分饱和亏缺值差异不显著（$P>0.05$），随着盐胁迫浓度增加，不同材料水分饱和亏缺值均有不同程度增加（图6），其中种质M5的水分饱和亏缺值增加幅度最大，而种质M7增加幅度最小，方差分析表明，相同盐胁迫下种质M7水分饱和亏缺值与其他3份材料呈显著性差异（$P<0.05$）。4份种质在正常生长状态（CK）下叶水势间差异不显著（$P>0.05$），在$-0.39\sim-0.32$MPa，随着盐胁迫程度进一步加重，不同材料间叶水势均有不同幅度下降，种质M7的叶水势下降幅度大于种质M5（图7）。植物通过叶水势大幅度降低来增强其吸水能力以维持生长所需要的膨压，叶水势的下降可能与叶片水分饱和亏缺升高有关，也可能与游离脯氨酸含量、可溶性糖含量大量积累有关。

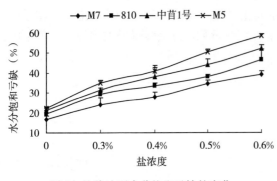

图 6　盐胁迫下水分饱和亏缺的变化

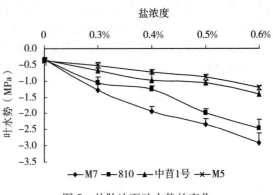

图 7　盐胁迫下叶水势的变化

3　讨论

植物在盐胁迫下表现耐盐性是一个复杂的过程，其耐盐能力的大小是多种代谢活动的综合表现，仅用单项指标对材料间耐盐性进行评价尚有一定的局限性，运用综合评价法能有效地反映出不同材料的耐盐性。本研究运用聚类分析法和标准差系数赋予权重法两种综合评价方法比较分析了供试种质的耐盐性。聚类分析法只是将供试种质的耐盐性分为强、中、弱、差四大类，无法定量比较每份材料之间的耐盐能力，且忽视了不同指标的权重，评价结果有一定的局限性；而标准差系数赋予权重法不但考虑了不同指标的权重，还进一步鉴定出了每份材料的耐盐能力，比聚类分析的结果更具科学合理性。

渗透调节是植物适应盐碱胁迫的一种重要调节机制。游离脯氨酸和可溶性糖作为两种主要的渗透调节物质在渗透调节中起着重要作用。本研究得出，这两种渗透调节物质在整个盐胁迫进程中呈上升趋势，说明紫花苜蓿可通过渗透调节来适应逆境，材料 M7 的可溶性糖含量在胁迫后期停止积累，这说明了渗透调节作用是有限度的。脯氨酸含量与植物耐盐性的关系的问题：Sanada 等（1995）研究认为脯氨酸的积累是植物为了适应盐胁迫而采取的一种保护性措施；Poustini 等（2007）研究表明脯氨酸可能和耐盐性无关，只在渗透调节方面发挥很小的作用；周广生等（2003）研究认为脯氨酸的积累量与耐盐性呈负相关，因而认为脯氨酸积累可能是植物受到盐害的结果。本研究结果支持后者即脯氨酸积累量与耐盐性呈负相关。耐盐性弱的种质 M5 脯氨酸积累量远高于耐盐性强的种质 M7，并且随盐浓度增加，材料 M5 中脯氨酸含量增加幅度大于材料 M7 的增加幅度，所以脯氨酸积累的快慢能体现植物对盐胁迫反应的敏感程度，而脯氨酸含量的高低不能反映其耐盐程度。建议以脯氨酸含量积累的快慢作为植物耐盐性鉴定的参考指标。而可溶性糖含量、细胞膜透性、丙二醛含量、水分饱和亏缺和叶水势等指标很好地反映了材料间耐盐性的差异，可直接作为耐盐评价的鉴定指标。

耐盐性受遗传基础和环境因素的制约，常因生理过程的复杂性、环境因子的多变性和两者互作的综合性而异，因此，不同种甚至是同一种不同生态型植物之间耐盐性也存在很大的差异。本研究对供试苜蓿种质采用了 NaCl 单盐处理，缺陷是离子组成与大田试验情况相差甚远，试验鉴定结果有待进一步研究，建议今后研究重点应建立在生产实践的基础上，找出具有普遍性、稳定性及适用性的耐盐性鉴定方法。

4　结论

通过对从俄罗斯引进的 18 份紫花苜蓿种质的耐盐性研究，运用标准差系数赋予权重法对所有材料进行耐盐性排序，筛选出 M7、M9、M15、810 共 4 份耐盐性强的种质，评价结果与实际观测基本一致。根据耐盐性评价结果，选取 4 份典型种质进行了生理特性变化研究，发现除叶水势随着盐浓度的增加呈现下降趋势外，游离脯氨酸含量、可溶性糖含量、细胞膜透性、丙二醛含量、水分饱和亏缺均呈现上升趋势，这些生理生化指标对盐胁迫响应灵敏，且耐盐性不同的材料之间差异明显，很好地反映了材料间耐盐性的差异，可直接作为耐盐评价的鉴定指标。

参 考 文 献

[1] ALKHATIBM，NCNEILLY T，COLLINS J C. The potential of selection and breeding for improved salt tolerance in Lucerne [J]. Ephytica，1993，65：43-51.

[2] 刘春华，张文淑. 六十九个苜蓿品种耐盐性及其两个耐盐生理指标的研究 [J]. 牧草与饲料，1992 (4)：1-6.

[3] 耿华珠，李聪，李茂森. 苜蓿耐盐性鉴定初报 [J]. 中国草地学报，1990，2：67-69.

[4] 张远兵，刘爱荣，方蓉. 外源一氧化氮对镉胁迫下黑麦草生长和抗氧化酶活性的影响 [J]. 草业学报，2008，17 (4)：57-64.

[5] HARE P D，CRESS W A，VAN STADEN J. Dissecting the roles of osmolyte accumulation during stress [J]. Plant Cell and Environment，1998，21 (6)：535-553.

[6] 张新虎，何静，沈惠敏. 苍耳提取物对番茄灰霉病菌的抑制作用及抑菌机理初探 [J]. 草业学报，2008，17 (3)：99-104.

[7] 桂枝，高建明，袁庆华. 6个紫花苜蓿品种的耐盐性研究 [J]. 华北农学报，2008，23 (1)：133-137.

[8] 张永峰，殷波. 混合盐碱胁迫对苗期紫花苜蓿抗氧化酶活性及丙二醛含量的影响 [J]. 草业学报，2009，18 (1)：46-50.

60 份苜蓿种质苗期耐盐性研究

景启美　景艳霞　袁庆华

（中国农业科学院北京畜牧兽医研究所）

摘要：本文通过苗期盆栽试验，对 60 份苜蓿材料在不同的盐分梯度（0、0.3%、0.4%、0.5%）胁迫下形态指标（存活率、相对株高、相对生物量）和生理指标（细胞膜透性、游离脯氨酸含量）进行测定，并利用 0.3% 盐浓度下 5 个指标值以及隶属度平均值对 60 份苜蓿进行了耐盐性综合评价。结果表明：存活率、相对株高、相对生物量随盐浓度升高而降低；游离脯氨酸含量随盐浓度升高而升高；细胞膜透性变化差异较大。60 份苜蓿中耐盐性好的苜蓿材料有 2846、0104、2713、79-209 和 2757，耐盐性极差的材料有 79-77、84-890、87-6、0269。

关键词：苜蓿；耐盐性；综合评价

苜蓿属植物是一种全球性栽培、适应性广、营养价值高、适口性优良的饲料作物，有"牧草之王"之美誉，全世界约有 65 种。我国现有苜蓿面积为 1 227hm²，居世界第 6 位。苜蓿也可以作为绿肥、轮作倒茬作物、护地固土和草坪绿化观赏植物。由于环境变化和土地的不良使用，使得土地盐碱化趋势加剧，土壤盐碱化成为农业生产的主要威胁之一。据统计，全世界约有 2 667 万 hm² 土地已不同程度盐碱化，约占灌溉农田的 1/3。在盐碱土上种植绿肥植物和水稻，改良盐碱土壤的研究已取得一定成效[1]。

苜蓿在苗期对土壤盐分比较敏感，苗期生长好坏决定整个生育期的生长，而且单盐毒害作用比复盐大[2]，本试验采用单盐盆栽模拟胁迫条件，在苗期对来自国内外的 60 个苜蓿种质材料的耐盐性进行了研究，以期鉴定筛选出一批耐盐性较强的苜蓿种质，为苜蓿耐盐性的进一步研究提供基础数据。

1 材料与方法

1.1 试验材料

选择来源于国内外的 60 个苜蓿种质材料，种子名录及来源见表 1。

表 1 苜蓿种子材料名录及来源

序号	编号	种质名称	来源地	序号	编号	种质名称	来源地
1	84 - 890	树苜蓿	澳大利亚	31	89 - 12	灌溉	保加利亚
2	0058	沂阳	中国陕西	32	93 - 16	韦拉马	美国
3	79 - 138	法金内	丹麦	33	74 - 23	切罗克	美国
4	83 - 228	格拉切尔	加拿大	34	中畜-036	密序苜蓿	中国新疆
5	2846	草原 3 号杂花苜蓿	中国内蒙古	35	96 - 16	格林	美国
6	73 - 15	塞尔顿	美国	36	2761	敖汉	中国内蒙古
7	2713	北疆苜蓿	中国新疆	37	2757	803 苜蓿	苏联
8	0104	克利末苜蓿	美国	38	0137	42 号苜蓿	苏联
9	94 - 31	FRLUH2	德国	39	74 - 130	杜普梯	日本
10	中畜-843	杂花苜蓿	中国青海	40	2218	和阗大叶苜蓿	新疆
11	0632	苜蓿	中国陕西宝鸡	41	87 - 109	氮素苜蓿	美国
12	2734	陇东苜蓿	中国镇原县方山乡	42	2219	呼图壁	中国新疆
13	1135	杂种苜蓿		43	92 - 208	516898	摩洛哥
14	0171	密鲁苜蓿	美国	44	87 - 6	A86002 - 3	阿根廷
15	0130	苜蓿	苏联	45	0062	武功	中国陕西
16	0060	乾县苜蓿	中国陕西	46	2005 - 2	皇冠	
17	2671	偏关苜蓿	中国山西	47	0454	定襄苜蓿	中国山西
18	2712	新疆大叶	中国新疆	48	2224	陕西	中国陕西
19	0440	运城苜蓿	中国运城	49	0629	西宁	中国青海
20	80 - 22	伊鲁瑰斯	美国	50	0217	哥萨克	美国
21	0456	永济	中国山西	51	0467	紫花苜蓿	中国山西
22	0994	苜蓿	日本	52	92 - 198	467901 苜蓿	美国
23	0269	兰花	苏联	53	2287	中山 1 号	中国江西
24	90 - 14	526 苜蓿	苏联	54	86 - 385	格洛里	加拿大
25	0822	熊岳紫花苜蓿	中国辽东	55	73 - 14	莫欧佩69	美国
26	0326	杂种	匈牙利	56	0059	咸阳	中国陕西
27	2608	蔚县	中国河北	57	73 - 16	安古斯	加拿大
28	83 - 384	101 苜蓿	加利福尼亚	58	0208	长武	中国陕西
29	79 - 77	皮克斯塔	加拿大	59	0128	公农 1 号	
30	79 - 209	Lucerne	英国	60	0163	印第安苜蓿	美国

1.2 试验方法

取大田土壤，去掉石块、杂质，捣碎过筛，将过筛后的土壤装入无孔塑料花盆（高 12.5cm、底径 12cm、口径 15.5cm）中，每盆装土 1.5kg，同时测定土壤含水率以确定实际装入干土重。2008 年 3 月 6 日播种，每盆播种 20～30 粒种子，出苗后间苗，二叶期之前定苗，每盆留生长整齐一致、分布均匀的

10 棵苗。在苗的三至四叶期，进行加盐处理，按每盆土样干重的 0.3‰加化学纯的 Nacl 进行盐处理。

盐处理后及时补充蒸发的水分，使土壤含水量维持不变。于盐处理 30d 时，观测记录各处理植株的存活苗数、株高、植株干重、游离脯氨酸含量及细胞膜透性。

1.3　耐盐性指标的测定

1.3.1　存活率

在加盐后 30d，观察每盆中存活植株的数目，记作存活苗数。存活率＝存活苗数/10。相对存活率＝盐处理存活率/对照存活率×100。

1.3.2　株高

在加盐后 30d，用直尺测定每棵苗从土壤层到最长叶叶尖的长度，以每盆中 10 棵苗的平均值作为株高。相对株高＝盐处理植株的株高/对照植株的株高×100％。

1.3.3　生物量

生物量包括鲜重和干重。加盐后 30d，用刀片或剪刀沿土层割取地上部，称量其鲜重（精确到 0.001）。以每盆中所有植株的地上部分的总鲜重作为该材料的地上生物量鲜重。干重是将鲜草在 105℃下杀青，80℃下烘干过夜，在干燥器中冷却到室温后用天平称重（精确到 0.001）。相对生物量＝盐处理植株生物量/对照植株生物量×100。

1.3.4　游离脯氨酸的测定

采用磺基水杨酸法[3]测定植物的游离脯氨酸含量。

标准曲线制作：制备 $1\mu g/mL$、$2\mu g/mL$、$3\mu g/mL$、$4\mu g/mL$、$5\mu g/mL$、$6\mu g/mL$ 的游离脯氨酸溶液，取 6 只试管，分别吸取 2mL 不同浓度的游离脯氨酸溶液，再分别加入 2mL 的冰醋酸和酸性茚三酮溶液，每管在沸水中加热 30min，冷却至室温，每管再分别加入 4mL 甲苯，充分摇匀，以萃取红色物质，萃取后避光静置 4h。分层后吸取上层萃取液，用 721 分光光度计在 520nm 波长下测定消光值。以游离脯氨酸含量为横坐标，消光值为纵坐标，绘制标准曲线，求线性回归方程。

取不同盐浓度处理 15d 后的苜蓿叶片 0.2g，剪碎，分别置于大试管中，加入 3％的磺基水杨酸 5mL。加盖并将试管放入沸水浴中提取 15min。取出试管，冷却至室温，吸取上清液 2mL，采用与游离脯氨酸标准溶液相同的方法进行显色测定。读取样品的消光值。每个样品读取 3 次，将 3 次读数的平均值作为该样品的光密度值，从标准曲线上查出样品液中游离脯氨酸浓度。计算游离脯氨酸的含量。每个材料重复 3 次。

$$游离脯氨酸含量 = \frac{C \times V}{a \times W}$$

式中：C——提取液中游离脯氨酸浓度（μg），由标准曲线求得；

V——提取液总体积（mL）；

a——测定时所吸取的体积（mL）；

W——样品重（g）。

1.3.5　细胞膜透性的测定

按照电导法分别测定细胞膜透性。取不同盐浓度处理 15d 的苜蓿 0.2g，放入大试管中。加入去离子水 10mL，25℃保温 5h 并轻轻振荡数次，用 DDS‑Ⅱ型电导仪测定电导值。试验材料在沸水浴中煮沸 20min 后冷却至室温，再次测定电导值。每个材料重复 3 次。

$$细胞膜相对透性 = \frac{L_1}{L_2} \times 100\%$$

式中：L_1——叶片杀死前外渗液的电导值；

L_2——叶片杀死后外渗液的电导值。

文中均采用相对值，是各项试验指标与对照的比值。

2 结果分析

2.1 盐胁迫处理 30d 的存活率

从表 2 可以看出在不同盐浓度下苜蓿存活率差异明显。在对照组中，苜蓿存活率均为 100%。在 0.5% 的盐浓度下，60 份材料中只有 8 份材料（比例为 13.3%）有存活的植株，最高存活率仅为 16.67%。表明 0.5% 盐浓度的环境对苜蓿有明显毒害作用。

在 0.4% 盐浓度下，60 份材料存活率范围从 6.67%～67.52% 不等，表明苜蓿的耐盐性不同。在 0.3% 的盐浓度下苜蓿材料的存活率相对较高，存活率低于 50% 的只有两种 0269、1135，但其存活率也高于 40%，除此之外，18 份材料的存活率在 90% 以上。材料 0058 存活率最高，受害最轻，其中，在 0.3% 盐浓度下存活率为 100%，0.4% 盐浓度下存活率为 67.52%，0.5% 盐浓度下存活率为 13.33%。

表 2 不同盐浓度下苜蓿材料的存活率（%）

编号	0.3%	0.4%	0.5%	编号	0.3%	0.4%	0.5%
1135	42.96	28.33	13.33	0467	70.63	20.45	0
2218	81.82	16.67	0	0629	77.06	42.73	0
2219	91.11	64.17	16.67	0632	97.22	53.33	0
2224	83.33	48.11	0	0822	63.89	32.33	0
2287	79.96	30	0	0994	75.24	34.44	0
2608	83.5	23.33	0	2005 - 2	78.86	41.56	0
2671	90.56	30	0	73 - 14	61.11	46.35	0
2712	82.99	65.45	0	73 - 15	74.36	53.33	13.33
2713	80	13.1	0	73 - 16	81.11	16.67	0
2734	96.17	58.18	10	74 - 130	72.05	53.33	0
2757	84.24	50.15	0	74 - 23	75.69	43.33	0
2761	90	36.67	0	79 - 138	86.3	30	10
2846	95.83	60.62	13.33	79 - 209	92.96	20	0
0058	100	67.52	13.33	79 - 77	68.98	16.67	0
0059	93.89	32.12	0	80 - 22	85.56	26.67	0
0060	88.08	35.56	0	83 - 228	66.35	33.94	0
0062	93.94	51.72	0	83 - 384	90.48	21.67	0
0104	97.44	65.76	0	84 - 890	61.48	16.67	0
0128	93.94	23.33	0	86 - 385	64.72	31.33	0
0130	94.66	32.87	0	87 - 109	100	29.29	0
0137	80.45	35.56	6.67	87 - 6	64.29	10	0
0163	81.84	43.33	0	89 - 12	88.57	40	0
0171	89.81	46.67	0	90 - 14	76.88	30	0
0208	71.96	25.71	0	92 - 198	74.44	37.78	0
0217	68.98	20	0	92 - 208	61.11	10	0
0269	42.86	16.67	0	93 - 16	100	10	0
0326	80	10	0	94 - 31	96.3	40.67	0
0440	80.3	15.56	0	96 - 16	100	10.37	0
0454	100	38.96	0	中 - 036	88.43	6.67	0
0456	79.04	6.67	0	中 - 843	87.21	30.95	0

2.2　盐胁迫处理30d的相对株高

　　表3列出不同盐浓度处理下苜蓿材料的相对株高。由表中数据可以看出，随着盐浓度增加，苜蓿相对株高明显下降。在0.3%盐浓度下，与对照相比株高下降20.84%～61.47%，平均下降45.35%，其中降幅最小的是74-130。在0.4%盐浓度下，相对株高范围为7.93%～66.21%，其中，相对株高低于50%的有50份。在0.5%盐浓度下，除材料2219外，存活的苜蓿材料的株高均不足对照的1/2。

表3　不同盐浓度下相对株高（%）

编号	0.3%	0.4%	0.5%	编号	0.3%	0.4%	0.5%
1135	62.79	48.87	36.80	0467	45.27	26.47	—
2218	51.16	43.63	—	0629	51.41	22.63	—
2219	68.26	66.21	57.17	0632	44.91	41.67	—
2224	55.12	31.61	31.38	0822	69.65	30	—
2287	61.16	30	—	0994	51.57	33.51	—
2608	49.38	48.29	—	2005-2	48.45	27.13	—
2671	49.63	26.35	—	73-14	57.18	22.63	—
2712	72.71	57.42	—	73-15	52.83	50.91	33.46
2713	63.11	31.00	—	73-16	64.71	34	—
2734	61.66	44.48	32.09	74-130	79.16	47.51	—
2757	54.92	31.89	—	74-23	52.62	52.27	—
2761	50.36	46.78	—	79-138	57.57	50.48	34.59
2846	64.97	48.25	33.47	79-209	63.77	33.59	—
0058	54.56	44.03	37.56	79-77	43.61	33.11	—
0059	54.62	34.52	—	80-22	43.21	27.12	—
0060	50.14	38.10	—	83-228	51.12	25.77	—
0062	50.44	48.28	—	83-384	44.75	42.45	—
0104	54.70	52.41	—	84-890	38.53	23.85	—
0128	57.25	42.00	—	86-385	47.18	26.67	—
0130	57.59	50.29	—	87-109	67.57	28.43	—
0137	47.91	31.66	20.12	87-6	45.30	25.52	—
0163	57.84	51.26	—	89-12	53.79	30.03	—
0171	57.31	50.81	—	90-14	51.20	26.69	—
0208	58.89	44.89	—	92-198	53.21	27.88	—
0217	57.61	40	—	92-208	61.68	42.32	—
0269	47.19	16.77	—	93-16	49.31	38.41	—
0326	42.16	7.93	—	94-31	63.25	43.13	—
0440	57.24	54.63	—	96-16	61.58	37.05	—
0454	47.80	27.72	—	中-036	47.00	26.68	—
0456	52.05	16.77	—	中-843	46.82	43.69	—

　　注：表中"—"表示由于原材料不足无法测定数值。

2.3　盐胁迫处理30d相对生物量

　　盐浓度对苜蓿材料生物量的影响很大。随着盐浓度升高，苜蓿的生物量明显下降。在0.3%盐浓度下，苜蓿材料鲜重相对值大于 50 的有 34 份，其中有 5 份材料大于 80，鲜重相对值最大的为 2712，高达 89.66。0.4％盐浓度下苜蓿材料鲜重相对值最大的为 2712，高达 44.51。

在 0.3％盐浓度下，苜蓿材料干重相对值变化范围为 14.62～96.92，最大为 0208；在 0.4％盐浓度下，变化范围为 34.91～0.66；0.5％盐浓度下为 0～21.45。仅从不同盐浓度下苜蓿干重变化的范围值就可以看出，盐浓度增加明显导致了苜蓿的产量降低。

表 4　不同盐浓度下苜蓿生物量相对值

编号	鲜重相对值			干重相对值		
	0.3％	0.4％	0.5％	0.3％	0.4％	0.5％
1135	19.44	16.64	0	19.26	14.81	0
2218	62.33	2.08	0	71.05	0.66	0
2219	65.29	32.26	31.35	61.45	22.12	21.45
2224	46.45	17.26	5.18	42.94	17.29	0.58
2287	54.26	22.30	0	51.02	18.62	0
2608	47.49	10.89	0	43.40	15.09	0
2671	57.75	9.41	0	54.13	0.92	0
2712	89.66	44.51	0	80.19	34.91	0
2713	46.58	7.63	0	52.44	7.93	0
2734	86.26	23.23	0	90.84	20.61	0
2757	57.75	17.09	0	61.83	26.72	0
2761	59.69	15.42	0	64.00	20.00	0
2846	65.38	23.20	0	71.29	5.94	0
0058	49.01	19.62	2.77	39.85	18.39	1.53
0059	50.41	9.42	0	46.34	11.22	0
0060	74.91	2.14	0	65.49	3.54	0
0062	53.58	22.32	0	44.39	23.98	0
0104	68.73	33.83	0	85.17	25.85	0
0128	66.96	20.43	0	72.46	24.55	0
0130	78.04	12.61	0	52.53	5.99	0
0137	26.36	5.27	3.04	32.65	7.14	1.02
0163	51.45	18.08	0	44.44	19.19	0
0171	52.85	26.49	0	67.29	33.64	0
0208	70.64	4.16	0	96.92	4.62	0
0217	40.51	5.75	0	36.31	1.68	0
0269	34.22	3.12	0	21.00	1.32	0
0326	34.76	2.86	0	33.67	5.10	0
0440	55.61	7.54	0	65.77	4.50	0
0454	41.29	6.56	0	40.79	3.95	0
0456	80.18	2.15	0	93.20	2.91	0
0467	32.99	1.74	0	40.11	1.10	0
0629	45.06	10.92	0	58.77	12.28	0
0632	44.23	14.49	0	37.35	11.45	0
0822	73.72	13.14	0	82.14	3.57	0

（续）

编号	鲜重相对值			干重相对值		
	0.3%	0.4%	0.5%	0.3%	0.4%	0.5%
0994	23.92	15.12	0	27.19	15.79	0
2005-2	30.74	2.76	0	30.63	0.90	0
73-14	27.38	0.79	0	27.08	1.04	0
73-15	68.81	14.01	17.18	55.37	11.86	3.39
73-16	88.74	4.96	0	91.21	9.89	0
74-130	85.23	29.92	0	72.88	29.66	0
74-23	54.69	19.38	0	39.47	12.41	0
79-138	42.17	13.20	5.22	36.20	13.50	3.68
79-209	60.73	1.54	0	59.70	0.75	0
79-77	24.25	4.93	0	21.60	1.85	0
80-22	41.97	4.99	0	37.76	4.90	0
83-228	40.88	24.21	0	38.40	25.60	0
83-384	24.86	9.76	1.84	25.45	14.55	1.82
84-890	28.37	6.82	0	26.13	10.81	0
86-385	68.69	10.75	0	70.73	2.44	0
87-109	59.98	5.70	0	65.97	7.33	0
87-6	16.92	8.65	0	14.62	7.02	0
89-12	61.97	1.92	0	77.45	3.92	0
90-14	54.16	8.86	0	46.94	6.80	0
92-198	30.69	5.74	0	14.74	8.42	0
92-208	51.16	2.33	0	58.54	1.22	0
93-16	75.29	4.37	0	68.06	4.17	0
94-31	49.03	9.71	0	35.93	14.37	0
96-16	69.45	10.48	0	72.44	9.45	0
中-036	45.62	4.10	0	53.61	5.15	0
中-843	51.48	9.11	0	48.48	7.07	0

2.4 盐胁迫处理 15d 细胞膜透性及游离脯氨酸含量

由表5中数据可以看出各材料间不同盐浓度下细胞膜相对透性存在较大差异，细胞膜相对透性随着盐浓度增加而加大。各材料间细胞膜透性的增加幅度不同，从而反映出不同材料间耐盐性的差异。在0.3%盐浓度下，细胞膜相对透性变化范围为0.727～5.1。其中79-209细胞膜相对透性最大；80-22细胞膜相对透性为1.002，最接近1，耐盐性最强。在0.4%盐浓度下，细胞膜相对透性变化范围为1.155～5.867。

表5中所列出了不同盐浓度下苜蓿材料游离脯氨酸含量相对值。从表中可以看出，盐浓度增加，游离脯氨酸含量也增加，且不同材料间差异明显。在0.3%盐浓度下，与对照相比，游离脯氨酸含量相对值变化范围为1.004～5.567，其中，材料2671游离脯氨酸含量相对值最大。0467游离脯氨酸含量增加最大，表明仅从游离脯氨酸角度来说，其耐盐性最大。

表5 不同盐浓度下细胞膜相对透性及游离脯氨酸含量相对值

编号	细胞膜相对透性		游离脯氨酸含量相对值		编号	细胞膜相对透性		游离脯氨酸含量相对值	
	0.3%	0.4%	0.3%	0.4%		0.3%	0.4%	0.3%	0.4%
1135	1.99	2.82	2.026	0.891	0467	2.044	2.435	5.567	5.899
2218	1.813	1.979	2.819	3.592	0629	3.102	3.303	2.242	3.987
2219	1.562	1.583	1.011	1.7	0632	4.204	5.325	3.733	5.567
2224	1.236	1.766	1.314	1.431	0822	1.319	1.824	3.322	1.324
2287	2.729	2.849	1.163	1.672	0994	1.712	2.032	2.387	1.116
2608	2.155	2.633	1.822	2.598	2005-2	0.730	1.580	1.922	3.008
2671	1.845	1.846	1.455	3.011	73-14	1.239	1.541	2.131	1.009
2712	1.412	1.649	1.761	1.704	73-15	1.437	1.681	1.974	3.112
2713	4.526	4.548	3.943	1.458	73-16	2.125	2.42	2.307	3.365
2734	1.362	1.418	1.439	4.178	74-130	1.112	1.29	1.132	1.853
2757	3.407	4.613	4.252	5.736	74-23	1.603	1.876	1.122	1.303
2761	4.576	4.745	1.345	1.612	79-138	1.561	1.908	1.351	1.521
2846	3.386	4.238	3.38	7.057	79-209	5.1	5.867	1.039	1.961
0058	1.498	1.768	1.93	2.842	79-77	1.138	3.325	1.004	1.877
0059	1.702	1.944	1.685	2.573	80-22	1.002	2.167	2.049	1.775
0060	2.641	3.207	3.642	4.552	83-228	2.834	4.211	2.665	0.987
0062	2.556	3.588	1.937	3.112	83-384	0.814	3.57	1.062	2.132
0104	4.098	4.45	2.29	4.785	84-890	1.357	1.445	1.634	0.813
0128	1.657	1.807	1.117	1.605	86-385	2.549	3.329	2.893	1.112
0130	1.568	2.059	1.025	2.364	87-109	1.231	1.814	1.578	1.968
0137	3.373	4.08	1.548	1.940	87-6	0.727	1.262	1.118	1.658
0163	2.792	3.552	1.683	2.172	89-12	1.562	1.719	2.168	2.667
0171	2.119	2.249	1.56	2.699	90-14	1.275	1.626	1.083	1.803
0208	2.42	2.494	3.692	1.420	92-198	3.073	4.511	2.552	3.332
0217	1.106	1.155	1.434	1.996	92-208	2.582	3.912	2.471	2.750
0269	1.055	1.16	1.909	2.875	93-16	2.14	2.905	1.161	1.548
0326	1.121	1.53	1.102	2.956	94-31	3.011	3.222	1.409	1.853
0440	1.64	1.843	1.188	1.997	96-16	2.702	4.288	1.694	2.332
0454	2.108	2.802	1.182	2.121	中-036	3.081	3.539	2.655	3.102
0456	3.616	3.956	1.111	2.098	中-843	3.952	4.823	3.317	4.012

2.5 60份材料耐盐性的综合评价

与耐盐性相关的性状在不同苜蓿材料中表现不同，因此应综合各个性状对材料进行评价。本试验采用隶属度平均值进行综合评价。

先求出各指标的隶属函数值。

如果某一指标与耐盐性呈正相关，则：

$$X(u) = \frac{X - X_{min}}{X_{max} - X_{min}}$$

如果某一指标与耐盐性呈负相关,则:

$$X(u) = 1 - \frac{X - X_{\min}}{X_{\max} - X_{\min}}$$

式中,X 为各苜蓿种质某一指标的测定值,$X_{\max}$ 为各苜蓿种质某一指标测定值中的最大值,$X_{\min}$ 为该指标测定值中的最小值。

然后把每份苜蓿材料0.3%盐浓度下各耐盐性指标的隶属度函数值累加,计算其平均值(△),进行综合排名后的数据处理结果见表6。

表6 0.3%盐浓度下苜蓿种质材料苗期耐盐性综合评价

编号	游离脯氨酸	存活率	株高	电导率	干重	隶属度平均值	名次
2846	0.521	0.927	0.651	0.582	0.689	0.674	1
0104	0.282	0.955	0.398	0.755	0.857	0.650	2
2713	0.644	0.650	0.605	0.860	0.460	0.644	3
79 - 209	0.008	0.877	0.621	1.000	0.548	0.611	4
2757	0.712	0.724	0.403	0.587	0.574	0.600	5
0208	0.589	0.509	0.501	0.346	1.000	0.589	6
96 - 16	0.151	1.000	0.567	0.415	0.703	0.567	7
73 - 16	0.286	0.669	0.644	0.274	0.931	0.561	8
0632	0.598	0.951	0.157	0.781	0.276	0.553	9
0060	0.578	0.791	0.286	0.400	0.618	0.535	10
2761	0.075	0.825	0.291	0.872	0.600	0.533	11
中- 843	0.507	0.776	0.204	0.720	0.411	0.524	12
2734	0.095	0.933	0.569	0.088	0.926	0.522	13
2712	0.166	0.702	0.841	0.100	0.797	0.521	14
0456	0.023	0.633	0.333	0.638	0.955	0.516	15
0822	0.508	0.368	0.766	0.077	0.820	0.508	16
87 - 109	0.126	1.000	0.715	0.056	0.624	0.504	17
94 - 31	0.089	0.935	0.608	0.490	0.259	0.476	18
中- 036	0.362	0.798	0.208	0.507	0.474	0.470	19
89 - 12	0.255	0.800	0.376	0.137	0.763	0.466	20
0171	0.122	0.822	0.462	0.273	0.640	0.464	21
2219	0.002	0.844	0.732	0.137	0.569	0.457	22
2218	0.398	0.682	0.311	0.198	0.686	0.455	23
74 - 130	0.028	0.511	1.000	0.027	0.708	0.455	24
0128	0.025	0.894	0.461	0.160	0.703	0.448	25
0629	0.271	0.599	0.317	0.512	0.536	0.447	26
93 - 16	0.034	1.000	0.265	0.278	0.649	0.445	27
0467	1.000	0.486	0.166	0.254	0.310	0.443	28
0062	0.204	0.894	0.293	0.379	0.362	0.426	29
92 - 208	0.321	0.319	0.570	0.386	0.534	0.426	30
0163	0.149	0.682	0.475	0.437	0.362	0.421	31
2287	0.035	0.649	0.557	0.421	0.442	0.421	32
86 - 385	0.414	0.383	0.213	0.378	0.682	0.414	33

（续）

编号	游离脯氨酸	存活率	株高	电导率	干重	隶属度平均值	名次
0058	0.203	1.000	0.395	0.121	0.307	0.405	34
0059	0.149	0.893	0.396	0.171	0.385	0.399	35
0130	0.005	0.907	0.469	0.138	0.461	0.396	36
0440	0.040	0.655	0.460	0.156	0.622	0.387	37
2671	0.099	0.835	0.273	0.206	0.480	0.379	38
0454	0.039	1.000	0.228	0.270	0.318	0.371	39
83 - 228	0.364	0.411	0.310	0.447	0.289	0.364	40
0137	0.119	0.658	0.231	0.579	0.219	0.361	41
2608	0.179	0.711	0.267	0.281	0.350	0.358	42
92 - 198	0.339	0.553	0.361	0.505	0.001	0.352	43
73 - 15	0.213	0.551	0.352	0.106	0.495	0.343	44
79 - 138	0.076	0.760	0.469	0.136	0.262	0.341	45
2005 - 2	0.201	0.430	0.239	0.630	0.195	0.339	46
2224	0.068	0.708	0.408	0.057	0.344	0.317	47
0994	0.303	0.567	0.321	0.173	0.153	0.303	48
74 - 23	0.026	0.575	0.347	0.147	0.302	0.279	49
90 - 14	0.017	0.595	0.312	0.067	0.393	0.277	50
80 - 22	0.229	0.747	0.115	0.000	0.281	0.274	51
0217	0.094	0.457	0.470	0.025	0.264	0.262	52
73 - 14	0.247	0.319	0.459	0.058	0.151	0.247	53
83 - 384	0.013	0.833	0.153	0.046	0.132	0.235	54
1135	0.224	0.002	0.597	0.241	0.056	0.224	55
0326	0.021	0.650	0.089	0.029	0.231	0.204	56
79 - 77	0.000	0.457	0.125	0.033	0.085	0.140	57
84 - 890	0.138	0.326	0.000	0.087	0.140	0.138	58
87 - 6	0.025	0.375	0.167	0.067	0.000	0.127	59
0269	0.198	0.000	0.213	0.013	0.078	0.100	60

由表 6 综合评价结果可知，苜蓿材料耐盐性整体差别较大，其隶属度平均值变化范围为 0.1～0.674。耐盐性最强的是 2846（草原 3 号杂花苜蓿），其次是 0104、2713、79 - 209、2757。耐盐性最差的是 0269，其次是 87 - 6、84 - 890、79 - 77。隶属度平均值大于 0.5 的有 17 份材料，其中 5 份大于或等于 0.6；小于 0.3 的有 12 份材料，其中 4 份小于 0.2。

3 结论与讨论

在植物耐盐性评价中，常采用存活苗数、株高、鲜重和干重等形态指标。随着盐浓度升高苜蓿的存活率、株高、鲜重和干重明显下降，这说明高浓度的盐明显抑制植物的生长。在 0.5％盐浓度下，只有 13.3％的苜蓿材料有活的植株，最高存活率仅为 16.67％。在 0.4％的盐浓度下，60 份材料全部存活。在 0.3％的盐浓度下，不同的苜蓿材料有不同的存活率，表明苜蓿的耐盐性不同。在随盐浓度升高，植株的株高明显降低，在 0.5％的盐浓度下，存活植株 9 株，除 2219 外，其余存活植株高均低于对照的 1/2。在 0.5％盐浓度下，存活材料的干重仅为对照的 0.58％～21.45％。

游离脯氨酸是植株抵抗盐环境的产物。游离脯氨酸含量随着盐浓度增加而增加。在0.3％盐浓度下，与对照相比，游离脯氨酸含量相对值变化范围为1.004～5.567；在0.4％盐浓度下，变化范围为0.891～7.057。细胞膜相对透性的变化反应了苜蓿材料受盐毒害的程度。在0.3％盐浓度下，细胞膜相对透性的变化范围为0.727～5.1，细胞膜相对透性越大，表明材料受毒害的程度越大。

利用隶属度平均值进行综合比较，60份材料中5份耐盐性强的材料首先是2846，隶属度平均值为0.674，其次是0104、2713、79 - 209、2757。耐盐性极差的4份材料有79 - 77、84 - 890、87 - 6、0269，最小隶属度平均值为0.100，与最大隶属度平均值相差0.574。其余耐盐性居于中间的材料之间耐盐性差异明显。

参 考 文 献

[1] 杨涓，许兴. 盐胁迫下植物有机渗透调节物质积累的研究进展 [J]. 宁夏农学院学报，2003，24（4）：86 - 91.

[2] 刘春华，张文淑. 六十九个苜蓿品种耐盐性及二个耐盐生理指标的研究 [J]. 草业科学，1993，10（6）：16 - 22.

[3] 邹琦. 植物生理学实验指导 [M]. 北京：中国农业出版社，2000.

苜蓿属种质苗期耐盐性综合评价

吴欣明[1] 王运琦[1] 刘建宁[1] 高洪文[2] 王 赞[2] 石永红[1] 郭璞[1]

（1. 山西省农业科学院畜牧兽医研究所　2. 中国农业科学院北京畜牧兽医研究所）

摘要： 以引进的19份苜蓿属种质为材料，采用5种不同浓度NaCl进行温室苗期耐盐性评价试验。结果表明，地上生物量、地下生物量、株高这3项指标随盐胁迫浓度增加都呈现递减趋势。且浓度间差异极显著（$P < 0.01$）。0.3％盐浓度偏小，不足以反映盐胁迫程度。而0.6％盐浓度偏大，导致试验后期大部分幼苗枯萎、死亡，不适合作为引进紫花苜蓿耐盐性评价盐浓度。根据耐盐性综合评价值，将19份材料划分为3个层次：ZXY06P - 1622、ZXY06P - 1742、ZXY06P - 1810、ZXY06P - 1961、ZXY06P - 2192、ZXY06P - 2292这6份材料综合评价值均在0.6以上，属耐盐材料；ZXY06P - 1639、ZXY06P - 1794、ZXY06P - 1805、ZXY06P - 1947、ZXY06P - 2175、ZXY06P - 2217、ZXY06P - 2234、ZXY06P - 2247这7份材料综合评价值均在0.4以上，属中等耐盐材料，其他6份材料综合评价值均在0.4以下，属敏盐材料。

关键词： 苜蓿属；耐盐性；综合评价

土壤盐渍化对威胁农业生产是一个全球性问题。据统计，全世界盐渍化土壤约10亿 hm²，约占陆地总面积的10％，我国约有盐渍化土2 600万 hm²[1]。而且随着全球生态环境不断恶化和人们不合理地开发利用，次生盐碱化土壤面积不断扩大，给农业生产造成重大损失。因此，开发及选育耐盐碱牧草资源，具有广阔的发展前景。而通过苗期耐盐性综合评价，是充分利用牧草种质资源及培育耐盐能力较强牧草新种质的前提。据大量报道[2-4]对不同种牧草进行耐盐性研究，得出植物在种子萌发期和幼苗期对盐分较敏感且易于操控的结论，这对于耐盐性评价更具有实际意义。

苜蓿属（Medicago L.）为豆科一年或多年生植物，因其在牧草与饲料作物中具有产草量高、适口性好、生物固氮能力强等特点，在国内外素有"牧草之王"的美称[5,6]。苜蓿属中等耐盐碱豆科植物[7]，在中性或轻度盐碱土壤中生长良好，因此，研究其耐盐性不仅能提高盐碱地的利用率，改良盐碱地，而且可以提供大量优质的蛋白饲草，对于发展畜牧业具有举足轻重的作用。

1 材料与方法

1.1 试验材料

试验材料共 19 份，自国外引进的野生苜蓿属种质资源（表1），种子由中国农业科学院北京畜牧兽医研究所牧草资源室提供。

表 1 材料编号及来源

材料编号	名称	来源	材料编号	名称	来源
ZXY06P-1622	蓝花苜蓿	俄罗斯达格斯坦	ZXY06P-1877	蓝花苜蓿	俄罗斯乌拉尔斯克
ZXY06P-1639	蓝花苜蓿	俄罗斯达格斯坦	ZXY06P-1947	蓝花苜蓿	俄罗斯阿塞拜疆
ZXY06P-1689	蓝花苜蓿	俄罗斯伏尔加格勒州	ZXY06P-1961	蓝花苜蓿	俄罗斯阿塞拜疆
ZXY06P-1720	蓝花苜蓿	俄罗斯斯塔夫罗波尔	ZXY06P-2175	大花苜蓿	俄罗斯阿克秋宾斯克
ZXY06P-1742	蓝花苜蓿	俄罗斯斯塔夫罗波尔	ZXY06P-2192	大花苜蓿	俄罗斯阿克秋宾斯克
ZXY06P-1794	蓝花苜蓿	俄罗斯古里耶夫	ZXY06P-2217	大花苜蓿	俄罗斯阿克秋宾斯克
ZXY06P-1805	蓝花苜蓿	俄罗斯古里耶夫	ZXY06P-2234	大花苜蓿	俄罗斯阿克秋宾斯克
ZXY06P-1810	蓝花苜蓿	俄罗斯古里耶夫	ZXY06P-2247	大花苜蓿	俄罗斯阿克秋宾斯克
ZXY06P-1824	蓝花苜蓿	俄罗斯古里耶夫	ZXY06P-2292	大花苜蓿	俄罗斯
ZXY06P-1844	蓝花苜蓿	俄罗斯乌拉尔斯克			

1.2 试验方法

本研究于 2007 年 11 月至 2008 年 1 月在山西省农业科学院畜牧兽医研究所绿原草业研究发展中心温室进行。选用试验田土壤，去掉杂质、捣碎过筛，随机取样法取少量土壤测定土壤水分和盐分。将过筛后的土壤装入无孔的塑料花盆中（盆高 12.5cm，底径 12.0cm，口径 15.5cm），每盆装大田土 1.5kg（干土），装土时，根据实际测定的土壤含水量确定装入盆中土的重量。2007 年 11 月 15 日播种，出苗后间苗，两叶期定苗，每盆保留长势一致、均匀分布的苗 10 棵。2007 年 12 月 25 日苗生长到三叶期开始进行耐盐处理，按每盆土壤干重的 0（CK）、0.3％、0.4％、0.5％、0.6％计算好所需加入的化学纯 NaCl 量，溶解到一定量的自来水中配制盐溶液，对照加等量自来水，盐处理后及时补充蒸发的水分，使盐处理后的土壤含水量维持在 70％左右。试验共设 5 个处理，1 个空白对照。每处理 6 个重复，其中 3 盆测定形态指标，另外 3 盆测定生理指标，盐处理 30d 后开始测定指标。试验测得大田土壤全盐量为 0.052％，可忽略不计。

1.3 指标测定

1.3.1 地上生物量和地下生物量

盐处理后 30d，用剪刀齐土壤表面剪取植株地上部分，用自来水洗净后，105℃杀青（0.5h），85℃下烘干（12h）至恒重，记取干重（精确到 0.001g），3 盆材料地上生物量干重的平均值作为地上生物量干重。将花盆中的土壤用纱布过滤冲洗，收集地下部分，挑出杂质，105℃杀青（0.5h），85℃下烘干（12h）至恒重，记取干重（精确到 0.001g），3 盆材料地下生物量干重的平均值作为地下生物量干重。生物量＝地上生物量＋地下生物量。

1.3.2 细胞膜透性

取幼苗叶片 0.2g，采用电导法测定细胞膜透性。

1.3.3 株高

用直尺测定每株幼苗的垂直高度，每盆测定 3 株，共测定 3 盆，取其平均值。

1.4　数据处理

单项指标耐盐系数（a）用下面公式计算：

$a=$（不同浓度处理下平均测定值/对照测定值）$\times 100\%$。运用 DPS 进行方差分析，标准差系数法赋予权重，隶属函数法求出耐盐性综合评价值，进行耐盐性排序。

2　结果与分析

2.1　盐胁迫对苜蓿地上生物量的影响及耐盐系数

由表 2 的结果可看出，随着盐胁迫浓度增加，苜蓿地上生物量在降低。地上生物量与盐浓度呈负相关。各浓度间差极显著（$P<0.01$），从这一点证实盐胁迫对非盐生植物最显著的特征是抑制植物的生长作用。从材料间分析 ZXY06P-2192、ZXY06P-2217、ZXY06P-2234、ZXY06P-2247、ZXY06P-2292 这 5 份材料在对照和 0.3% 浓度下，具有较高的地上生物量，且这 5 份都为大花苜蓿，可见在对照和低盐浓度环境下，大花苜蓿具有较高的地上生物量，在高盐环境下两种苜蓿表现差异不明显，仅仅有 ZXY06P-2247、ZXY06P-2217、ZXY06P-1824、ZXY06P-1877 在 0.5% 盐浓度下表现较高地上生物量与其他材料有显著差异（$P<0.05$）。

表 2　盐胁迫对苜蓿地上生物量（g）的影响及耐盐系数（%）

材料编号	CK	0.3%	0.4%	0.5%	0.6%	耐盐系数
ZXY06P-1622	1.11^{gh}	1.02^{cde}	0.75^{efg}	0.61^{d}	0.29^{abc}	64.19
ZXY06P-1639	0.85^{h}	0.84^{e}	0.75^{efg}	0.67^{d}	0.3^{abc}	75.29
ZXY06P-1689	1.04^{gh}	0.98^{cde}	0.84^{defg}	0.78^{bcd}	0.36^{abc}	71.15
ZXY06P-1720	1.11^{fgh}	1.11^{bcde}	0.86^{defg}	0.77^{cd}	0.28^{abc}	68.02
ZXY06P-1742	1.13^{fg}	1.10^{bcde}	0.88^{defg}	0.73^{cd}	0.24^{abc}	65.27
ZXY06P-1794	1.02^{gh}	0.88^{e}	0.64^{g}	0.63^{d}	0.32^{abc}	60.54
ZXY06P-1805	1.01^{gh}	0.93^{de}	0.7^{fg}	0.64^{d}	0.29^{abc}	63.37
ZXY06P-1810	1.22^{efg}	0.99^{cde}	0.92^{defg}	0.89^{abcd}	0.44^{ab}	66.39
ZXY06P-1824	1.23^{efg}	1.43^{a}	1.31^{a}	1.11^{a}	0.52^{a}	88.82
ZXY06P-1844	1.42^{cde}	1.21^{abcd}	1.12^{abcd}	0.90^{abcd}	0.42^{abc}	64.26
ZXY06P-1877	1.34^{def}	1.23^{abc}	1.12^{abcd}	1.05^{ab}	0.36^{abc}	70.15
ZXY06P-1947	1.02^{h}	0.98^{cde}	0.94^{cdef}	0.82^{bcd}	0.24^{abc}	73.03
ZXY06P-1961	1.45^{cde}	0.93^{de}	0.86^{defg}	0.83^{bcd}	0.27^{abc}	49.83
ZXY06P-2175	1.34^{def}	1.01^{cde}	0.96^{cdef}	0.67^{d}	0.25^{abc}	53.92
ZXY06P-2192	1.54^{bcd}	1.08^{cde}	0.8^{efg}	0.81^{bcd}	0.14^{c}	45.94
ZXY06P-2217	1.67^{abc}	1.11^{bcde}	1.02^{bcde}	1.00^{abc}	0.38^{abc}	52.54
ZXY06P-2234	1.8^{ab}	1.37^{ab}	1.25^{ab}	0.89^{abcd}	0.2^{bc}	51.53
ZXY06P-2247	1.84^{a}	1.21^{abcd}	1.20^{abc}	1.16^{a}	0.4^{abc}	53.94
ZXY06P-2292	1.6^{abcd}	1.19^{abcd}	1.09^{abcd}	0.75^{cd}	0.42^{abc}	53.91
平均	1.3^{aA}	1.08^{bB}	0.95^{cC}	0.83^{dD}	0.32^{eE}	

注：同行中具有不同字母表示差异显著（小写字母表示，$P<0.05$），或差异极显著（$P<0.01$）。余同。

2.2 盐胁迫对苜蓿地下生物量的影响及耐盐系数

由表3结果可见和地上生物量表现相同，随盐胁迫浓度增加地下生物量呈递减趋势。且各浓度间差异极显著。从地上和地下生物量变化情况看，地下生物量平均下降幅度达到90%以上。表明地下生物量受害情况要大于地上生物量。从材料间比较，在0.3%和对照情况下，大花苜蓿地下生物量要大于蓝花苜蓿，有较发达的根系，可产生更高的地上生物量。

表3　盐胁迫对苜蓿地下生物量（g）的影响及耐盐系数（%）

材料编号	CK	0.3%	0.4%	0.5%	0.6%	耐盐系数
ZXY06P - 1622	0.46^efg	0.35^g	0.23^h	0.19^def	0.01^a	42.39
ZXY06P - 1639	0.44^fg	0.39^efg	0.33^defgh	0.12^ef	0.02^a	48.86
ZXY06P - 1689	0.47^defg	0.38^fg	0.32^defgh	0.28^bcde	0.02^a	53.19
ZXY06P - 1720	0.44^fg	0.43^defg	0.29^fgh	0.22^cdef	0.03^a	40.91
ZXY06P - 1742	0.41^g	0.33^g	0.26^gh	0.10^f	0.03^a	43.90
ZXY06P - 1794	0.50^fg	0.45^cdefg	0.31^efgh	0.13^ef	0.03^a	46.00
ZXY06P - 1805	0.59^bcdef	0.47^cdef	0.38^cdefgh	0.21^def	0.04^a	46.61
ZXY06P - 1810	0.69^abc	0.59^abcd	0.41^cdefg	0.35^abcd	0.04^a	50.36
ZXY06P - 1824	0.69^abc	0.68^ab	0.52^abc	0.35^abcd	0.01^a	56.52
ZXY06P - 1844	0.64^abcd	0.61^abc	0.37^cdefgh	0.31^abcd	0.01^a	50.78
ZXY06P - 1877	0.57^cdefg	0.49^cdefg	0.5^abcd	0.39^abcd	0.01^a	60.96
ZXY06P - 1947	0.47^efg	0.42^defg	0.4^cdefgh	0.21^def	0.01^a	55.32
ZXY06P - 1961	0.56^cdefg	0.56^abcde	0.43^cdefg	0.30^abcd	0.02^a	88.75
ZXY06P - 2175	0.61^bcdef	0.47^cdefg	0.43^cdefg	0.33^abcd	0.02^a	51.23
ZXY06P - 2192	0.59^bcdef	0.54^bcdef	0.47^bcde	0.26^abcd	0.02^a	54.66
ZXY06P - 2217	0.76^ab	0.72^a	0.61^ab	0.44^ab	0.02^a	58.88
ZXY06P - 2234	0.79^a	0.66^ab	0.65^a	0.45^ab	0.01^a	56.01
ZXY06P - 2247	0.75^ab	0.67^ab	0.53^abc	0.48^a	0.04^a	57.33
ZXY06P - 2292	0.63^abcde	0.55^abcdef	0.45^bcdef	0.35^abcd	0.07^a	56.35
平均	0.58^A	0.51^B	0.42^C	0.28^D	0.03^E	

2.3 盐胁迫对细胞膜透性的影响和耐盐系数

细胞膜是植物有机体与外界环境的屏障，盐胁迫首先直接影响细胞膜，盐胁迫对植物的伤害在很大程度上是通过破坏细胞膜的生理功能引起的，所以通常情况下，盐胁迫处理后，耐盐种质细胞膜遭到严重破坏，表现为细胞膜透性大。对这一指标本研究与黄俊轩、刘香萍等人（2007）研究结果一致，随盐浓度增加，细胞膜相对透性增大。从材料分析可见（表4），在低浓度条件的盐胁迫下，材料间细胞膜相对透性差异不明显，在高浓度条件的盐胁迫下则差异显著（$P<0.05$）。

表4　盐胁迫对苜蓿细胞膜相对透性（%）的影响及耐盐系数（%）

材料编号	CK	0.3%	0.4%	0.5%	耐盐系数
ZXY06P - 1622	5.55^a	6.77^ab	7.13^d	26.65^abc	243.54
ZXY06P - 1639	5.97^a	9.76^ab	10.85^cd	20.15^bcde	227.58
ZXY06P - 1689	6.68^a	8.09^ab	10.00^cd	11.04^f	145.36

（续）

材料编号	CK	0.3%	0.4%	0.5%	耐盐系数
ZXY06P-1720	5.66[a]	11.15[ab]	14.59[bcd]	14.61[def]	237.63
ZXY06P-1742	6.24[a]	8.75[ab]	14.12[bcd]	25.55[abc]	258.65
ZXY06P-1794	6.31[a]	8.5[ab]	8.91[d]	18.47[cdef]	189.54
ZXY06P-1805	7.19[a]	9.44[ab]	17.70[abc]	18.79[cdef]	212.93
ZXY06P-1810	6.93[a]	14.97[a]	19.69[ab]	28.07[ab]	301.73
ZXY06P-1824	7.70[a]	9.62[ab]	12.64[bcd]	13.24[ef]	153.68
ZXY06P-1844	10.60[a]	14.88[a]	14.82[bcd]	23.43[abc]	167.08
ZXY06P-1877	4.97[a]	8.58[a]	9.10[d]	11.27[f]	194.16
ZXY06P-1947	4.57[a]	6.03[b]	7.47[d]	21.71[abcd]	256.82
ZXY06P-1961	3.52[a]	8.81[ab]	9.50[cd]	23.91[abc]	399.81
ZXY06P-2175	6.22[a]	7.15[ab]	7.78[d]	18.62[cdef]	179.80
ZXY06P-2192	3.34[a]	8.05[ab]	8.53[d]	12.67[ef]	291.92
ZXY06P-2217	5.52[a]	10.08[ab]	10.68[cd]	21.95[abcd]	257.91
ZXY06P-2234	7.48[a]	9.66[ab]	11.06[cd]	24.81[abc]	202.90
ZXY06P-2247	5.46[a]	9.78[ab]	12.27[bcd]	14.12[def]	220.81
ZXY06P-2292	6.65[a]	9.94[ab]	24.33[a]	28.82[a]	316.24
平均	6.13[D]	9.47[C]	12.17[B]	19.89[A]	

2.4 盐胁迫对苜蓿株高影响及耐盐系数

盐处理对苜蓿株高影响显著。随着盐浓度增加，株高呈递减趋势，各盐浓度间差异极显著。从材料间分析可见（表5），ZXY06P-1720、ZXY06P-1805、ZXY06P-1810、ZXY06P-1824、ZXY06P-1947、ZXY06P-2217、ZXY06P-2234变化率较小，具有较高的耐盐性。

表5 盐胁迫对苜蓿株高（cm）的影响及耐盐系数（%）

材料编号	CK	0.3%	0.4%	0.5%	0.6%	耐盐系数
ZXY06P-1622	15.00[abc]	11.17[c]	10.83[bc]	7.00[c]	0.00[a]	48.33
ZXY06P-1639	13.83[bc]	12.00[bc]	9.87[bc]	9.8[abc]	1.83[a]	60.56
ZXY06P-1689	14.40[bc]	14.93[abc]	12.47[abc]	11.90[a]	0.00[a]	68.23
ZXY06P-1720	13.00[c]	14.87[abc]	12.73[abc]	10.23[abc]	3.50[a]	79.48
ZXY06P-1742	17.2[ab]	12.07[bc]	10.93[bc]	7.77[bc]	1.00[a]	46.18
ZXY06P-1794	15.00[abc]	12.43[bc]	10.23[bc]	10.07[abc]	1.67[a]	57.33
ZXY06P-1805	13.83[bc]	15.00[abc]	10.77[bc]	10.97[abc]	2.60[a]	71.11
ZXY06P-1810	14.60[abc]	11.53[bc]	10.40[bc]	9.93[abc]	2.50[a]	58.84
ZXY06P-1824	16.57[abc]	15.33[ab]	11.43[abc]	11.17[ab]	2.90[a]	61.60
ZXY06P-1844	14.67[abc]	15.37[ab]	13.10[abc]	12.33[a]	0.00[a]	69.53
ZXY06P-1877	13.73[bc]	14.97[abc]	13.60[ab]	10.07[abc]	1.33[a]	72.78
ZXY06P-1947	16.17[abc]	12.60[abc]	12.57[abc]	10.67[abc]	3.00[a]	60.05
ZXY06P-1961	16.17[abc]	14.13[abc]	9.13[c]	8.53[abc]	1.17[a]	50.96
ZXY06P-2175	13.77[bc]	14.87[abc]	11.83[abc]	8.37[abc]	2.67[a]	68.52
ZXY06P-2192	15.13[abc]	14.40[abc]	9.43[c]	11.30[ab]	1.73[a]	60.91

（续）

材料编号	CK	0.3%	0.4%	0.5%	0.6%	耐盐系数
ZXY06P-2217	15.4[abc]	13.30[abc]	11.70[abc]	9.1[abc]	3.00[a]	60.23
ZXY06P-2234	17.83[ab]	16.60[a]	15.00[a]	10.73[abc]	3.00[a]	63.56
ZXY06P-2247	18.5[a]	12.23[bc]	12.03[abc]	12.07[a]	2.77[a]	52.84
ZXY06P-2292	15.77[abc]	14.63[abc]	9.37[c]	9.4[abc]	2.6[a]	57.07
平均	15.29[A]	13.81[B]	11.44[C]	10.07[D]	1.96[E]	

2.5 综合评价

本研究采用隶属函数法对 19 份苜蓿材料进行了耐盐性评价，隶属函数计算方法如下。

①每份材料各综合指标的隶属函数值用公式（1）和（2）求得。

$$\mu(X_j) = \frac{X_j - X_{min}}{X_{max} - X_{min}} \tag{1}$$

$$\mu(X_j) = \frac{X_{max} - X_j}{X_{max} - X_{min}} \tag{2}$$

式中：X_j 表示第 j 个综合指标值（$j=1, 2, \cdots n$）；X_{min} 表示第 j 个综合指标的最小值；X_{max} 表示第 j 个综合指标的最大值；指标与耐盐性呈正相关用隶属函数公式（1）计算隶属函数值，指标与耐盐性呈负相关用反隶属函数公式（2）计算隶属函数值。

②采用标准差系数法（S），用公式（3）计算标准差系数 V_j，公式（4）归一化后得到各指标的权重系数 W_j。

$$V_j = \frac{\sqrt{\sum_{i=1}^{n}\left(X_{ij} - \overline{X_j}\right)^2}}{\overline{X_j}} \tag{3}$$

$$W_j = \frac{V_j}{\sum_{j=1}^{m} V_j} \tag{4}$$

③用公式（5）计算各种质的综合评价值。

$$D = \sum_{j=1}^{n}\left[\mu(X_j) \cdot W_j\right] \quad (j=1, 2, \cdots n) \tag{5}$$

式中：D 为各供试材料的综合评价值。运用隶属函数法计算出的综合评价值见表 6。

表6　各材料的隶属函数值、权重和综合评价值

材料编号	评价指标				隶属函数				综合评价值
	地上生物量（g）	地下生物量（g）	株高（cm）	细胞膜相对透性（%）	地上生物量	地下生物量	株高	细胞膜相对透性	
ZXY06P-1622	64.19	42.39	48.33	243.54	0.574	0.969	0.935	0.386	0.660
ZXY06P-1639	75.29	48.86	60.56	227.58	0.316	0.834	0.568	0.323	0.465
ZXY06P-1689	71.15	53.19	68.23	145.36	0.412	0.743	0.338	0.000	0.292
ZXY06P-1720	68.02	40.91	79.48	237.63	0.485	1.000	0.000	0.363	0.397
ZXY06P-1742	65.27	43.90	46.18	258.65	0.549	0.938	1.000	0.445	0.688
ZXY06P-1794	60.54	46.00	57.33	189.54	0.660	0.894	0.665	0.174	0.518
ZXY06P-1805	63.37	46.61	71.11	212.93	0.594	0.881	0.251	0.266	0.430
ZXY06P-1810	66.39	50.36	58.84	301.73	0.523	0.802	0.620	0.615	0.628

（续）

材料编号	评价指标				隶属函数				综合评价值
	地上生物量（g）	地下生物量（g）	株高（cm）	细胞膜相对透性（%）	地上生物量	地下生物量	株高	细胞膜相对透性	
ZXY06P-1824	88.82	56.52	61.60	153.68	0.000	0.674	0.537	0.033	0.255
ZXY06P-1844	64.26	50.78	69.53	167.08	0.573	0.794	0.299	0.085	0.357
ZXY06P-1877	70.15	60.96	72.78	194.16	0.435	0.581	0.201	0.192	0.308
ZXY06P-1947	73.03	55.32	60.05	256.82	0.368	0.699	0.583	0.438	0.502
ZXY06P-1961	49.83	88.75	50.96	399.81	0.909	0.000	0.856	1.000	0.791
ZXY06P-2175	53.92	51.23	68.52	179.80	0.814	0.784	0.329	0.135	0.434
ZXY06P-2192	45.94	54.66	60.91	291.92	1.000	0.713	0.558	0.576	0.687
ZXY06P-2217	52.54	58.88	60.23	257.91	0.846	0.624	0.578	0.442	0.595
ZXY06P-2234	51.53	56.01	63.56	202.90	0.870	0.684	0.478	0.226	0.503
ZXY06P-2247	53.94	57.33	52.84	220.81	0.813	0.657	0.800	0.297	0.595
ZXY06P-2292	53.91	56.35	57.07	316.24	0.814	0.677	0.673	0.672	0.707
权重					0.217	0.156	0.256	0.375	

牧草耐盐性是复杂的生理性状，不同时期耐盐性不同，以单一指标直接评价耐盐性难以全面反映植物耐盐能力，因此采用生物量等4项指标计算苜蓿苗期耐盐能力的综合评价值，以消除材料间的固有差异。结果如表6所示，ZXY06P-1622、ZXY06P-1742、ZXY06P-1810、ZXY06P-1961、ZXY06P-2192、ZXY06P-2292这6份材料的综合评价值均在0.6以上，属耐盐材料。ZXY06P-1639、ZXY06P-1794、ZXY06P-1805、ZXY06P-1947、ZXY06P-2175、ZXY06P-2217、ZXY06P-2234、ZXY06P-2247这8份材料的综合评价值均在0.4以上，属中等耐盐材料。其他5份材料的综合评价值均在0.4以下，属敏盐材料。

3 结论与讨论

植物在土壤盐分过多的条件下表现为吸水困难，生物膜受破坏，呼吸速率下降，叶绿素破坏，最终引起地上部分生长下降，叶片脱落，根系受到抑制等表型的破坏。Mccoy（1987）、Al-Khatib等（1993）人认为，在苗期进行耐盐性评价是一种非常可行的评价方式，且最经济。从耐盐浓度比较来看，0.3%盐浓度虽与对照差异显著，但不足以反映材料间耐盐性差异；而0.6%盐浓度下，在试验中后期大部分材料枯黄甚至死亡。对于本试验所选的19份材料而言，盐浓度偏大会造成细胞膜透性无法测定和株高为0cm的现象。因此宜选用0.4%、0.5%处理作为大量评价鉴定盐浓度。在此基础上可进一步细化盐浓度评价和耐盐浓度阈值。从生长指标分析，随着盐胁迫浓度增加，生长指标都存在不同程度的递减趋势。且浓度越高，下降幅度越大。从细胞膜相对透性分析可见，随盐胁迫浓度加大，细胞膜透性在增大。植物在盐胁迫下表现出的耐盐性是一个复杂的性状，植物耐盐能力的大小是多种代谢过程的综合表现，如果只根据单一指标来评价植物的耐盐性高低，不能客观地反映植物真实的耐盐性。因此，只有通过多种指标的综合评价分析才能客观地反映牧草真实的耐盐性。根据综合评价值可以得出耐盐性的顺序为：ZXY06P-1961＞ZXY06P-2292＞ZXY06P-1742＞ZXY06P-2192＞ZXY06P-1622＞ZXY06P-1810＞ZXY06P-2217＝ZXY06P-2247＞ZXY06P-1794＞ZXY06P-2234＞ZXY06P-1947＞ZXY06P-1639＞ZXY06P-2175＞ZXY06P-1805＞ZXY06P-1720＞ZXY06P-1844＞ZXY06P-1877＞ZXY06P-1689＞ZXY06P-1824。

参 考 文 献

[1] 王素平，李娟，郭世荣，等. NaCl 胁迫对黄瓜幼苗植株生长和光合特性的影响 [J]. 西北植物学报，2006，26 (3)：455‐461.

[2] 翁森红，徐恒刚. 可在内陆盐碱地上推广的几种禾本科牧草的评价 [J]. 四川草原，1997 (1)：5‐6.

[3] 刘春华，张文淑. 六十九个苜蓿品种耐盐性及其两个耐盐生理指标的研究 [J]. 草业科学，1993，10 (6)：16‐22.

[4] RUMBAUGH M D. Germination Inhibition of Alfalfa by Two Component Salt Mixture [J]. Crop Science，1993 (81)：197‐202.

[5] 李启文. 紫花苜蓿品种的品比试验 [J]. 草原与草坪，2005 (5)：64‐65.

[6] 康爱民，龙瑞军，师尚礼，等. 苜蓿的营养与饲用价值 [J]. 草原与草坪，2002 (3)：3l‐33.

[7] 桂枝. 紫花苜蓿耐盐性的研究进展 [J]. 天津农学院学报，2005，12 (4)：35‐39.

19 份紫花苜蓿苗期耐盐性综合评价

李　源[1,2]　王　赞[2]　高洪文[2]　刘贵波[1]　王艳慧[3]

（1. 河北省农林科学院旱作农业研究所　2. 中国农业科学院北京畜牧兽医研究所

3. 兰州大学草地农业科技学院）

摘要： 以中苜 1 号为对照，对来自俄罗斯的 19 份苜蓿种质资源，在 0.3%、0.4%、0.5%、0.6% 盐浓度胁迫下，通过测定存活率、株高、生物量、叶片伤害率等形态和生理指标，采用隶属函数法和标准差系数赋予权重法进行耐盐性综合评价。结果表明：供试材料在 0.3%、0.4%、0.5%、0.6% 盐浓度胁迫下存活率分别为 100%、60%～100%、26.7%～96.7%、3.3%～80%，根据耐盐性综合评价值得出供试材料耐盐性顺序为 M7＞M15＞M9＞810＞M1＞M6＞M8＞M16＞M10＞M13＞中苜 1 号＞M2＞M4＞M14＞M12＞M11＞M17＞M5＞M3。

关键词： 紫花苜蓿；苗期；耐盐性；综合评价

　　土壤盐渍化是全球性的问题，据联合国教科文组织（UNESCO）和联合国粮食及农业组织（FAO）的不完全统计，全世界盐渍土壤的面积约占世界陆地面积的 7.6%[1]。在我国盐渍土面积约有 0.7 亿 hm²，分布于全国许多地区，并随着生态环境恶化和不合理地开发利用仍在进一步扩大[2,3]。开发利用如此大面积的盐碱地资源，对发展国民经济有着重要战略意义[4]。紫花苜蓿（*Medicago sativa*）通常被称为苜蓿，为豆科一年或多年生植物，以多年生种质最多，因其在牧草与饲料作物中具有产草量高、适口性好、生物固氮能力强等特点，在国内外素有"牧草之王"的美称[5,6]。苜蓿属中等耐盐碱豆科植物，在中性或轻度盐碱土壤中生长良好，但当土壤含盐量超过 0.3% 时，苜蓿的生长发育明显受到抑制[7]。加强耐盐苜蓿种质的选育对开发利用盐碱地、发展畜牧业具有举足轻重的作用。本研究以中苜 1 号为对照，对从俄罗斯引进的 18 份苜蓿种质资源采用不同盐浓度进行苗期耐盐性鉴定，旨在为苜蓿耐盐育种和资源开发提供科学依据。

1　材料与方法

1.1　试验材料

　　试验材料共 19 份，其中对照 1 份为中苜 1 号，其余 18 份为从俄罗斯引进的材料，由中国农业科学院北京畜牧兽医研究所牧草资源室提供。

1.2　试验方法

本研究于 2007 年 11 月至 2008 年 1 月在河北省农林科学院旱作节水试验站智能化温室中进行。选用试验田土壤，去掉杂质、捣碎过筛。随机取样法取少量土壤测定土壤水分和盐分。将过筛后的土壤装入无孔的塑料花盆中（盆高 12.5cm，底径 12.0cm，口径 15.5cm），每盆装大田土 1.5kg（干土），装土时根据实际测定的土壤含水量（13.6%）来确定装入盆中土的重量。2007 年 11 月 10 日播种，出苗后间苗，两叶期定苗，每盆保留长势一致、均匀分布的苗 10 棵。2007 年 12 月 20 日苗生长到三叶期开始进行耐盐处理，按每盆土壤干重的 0（CK）、0.3%、0.4%、0.5%、0.6% 计算好所需加入的化学纯 NaCl 量，溶解到一定量的自来水中配制盐溶液，对照加等量自来水，盐处理后及时补充蒸发的水分，使盐处理后的土壤含水量维持在 70% 左右。试验共设 5 个处理，1 个空白对照。每处理 6 个重复，其中 3 盆测定形态指标，另外 3 盆测定生理生化指标，盐处理 30d 后开始测定指标。试验测得大田土壤全盐量为 0.062%，可忽略不计。

1.3　指标测定

1.3.1　存活率

观察每盆中存活植株的数目，记作存活苗数，根据材料叶心是否枯黄判断植株死亡与否。存活率＝盐处理后存活苗数/原幼苗总数×100%。

1.3.2　株高

用直尺测定每株幼苗的垂直高度，每盆测定 3 株，共测定 3 盆，取其平均值。

1.3.3　生物量

盐处理后 30d，用剪刀齐土壤表面剪取植株地上部分，用自来水洗净后，105℃杀青（0.5h），85℃下烘干（12h）至恒重，记取干重（精确到 0.001g），3 盆材料地上生物量干重的平均值作为地上生物量干重。将花盆中的土壤用纱布过滤冲洗，收集地下部分，挑出杂质，105℃杀青（0.5h），85℃下烘干（12h）至恒重，记取干重（精确到 0.001g），3 盆材料地下生物量干重的平均值作为地下生物量干重。生物量＝地上生物量＋地下生物量。

1.3.4　细胞膜伤害率

取幼苗叶片 0.2g，采用电导法[8]测定细胞膜伤害率。

1.4　数据处理

单项指标耐盐系数（a）用下面公式计算：$a = \dfrac{\text{不同浓度处理下平均测定值}}{\text{对照测定值}} \times 100\%$。

运用 SAS 9.0 进行方差分析，标准差系数法赋予权重，隶属函数法求出耐盐性综合评价值，进行耐盐性排序。

2　结果与分析

2.1　盐胁迫对苜蓿存活率的影响及耐盐系数

盐胁迫下，19 份苜蓿材料的存活率随着盐浓度增大呈现出下降趋势，不同苜蓿材料在不同盐浓度下的存活率详见表 1。在 0.3% 盐浓度胁迫下所有材料存活率都达到 100%；在 0.4% 盐浓度胁迫下，供试苜蓿材料存活率在 60%～100%，其中存活率依然达到 100% 的材料有 5 份，分别为 M6、M8、M9、M15 和对照中苜 1 号，材料的存活率在 80% 以上的有 15 份，存活率在 60%～80% 的材料有 5 份，分别是 M4（80.0%）、M17（73.3%）、810（70.0%）、M12（70.0%）、M3（60.0%）；随着盐浓度的进一步增加，在 0.5％盐浓度胁迫下，不同苜蓿材料的存活率在 26.7％～96.7％，M6 的存活率最高，为 96.7％，存活率大于 80％的材料有 5 份，对照中苜 1 号的存活率为 80.0％，存活率在 60％～80％的材料有 10 份，存活率低于 50％的有 4 份，存活率最低的材料是 M3 仅为 26.7％；0.6％盐浓度胁迫下所有材料的存活率分布在 3.3％～80％，存活率达 80％的仅有 1 份，为 M6，存活率在 60％～80％的材料有 5 份，对照中苜 1 号的存活率为 53.3％，存活率低于中苜 1 号的有 13 份。从不同苜蓿材料的耐盐系数可以看出，M6 的耐盐系数最高，为 94.2％，且材料 M6 在不同盐浓度梯度下的存活率均在 80％以上，说明材料 M6 是强耐盐性种质，中苜 1 号的耐盐系数为 83.3％，耐盐系数高于中苜 1 号的材料有 4 份，分别为 M6（94.2％）、M7（88.3％）、M16（86.7％）、M8（86.6％）。方差分析表明，随着盐浓度增加，相同材料在不同处理下表现出显著性差异，除低浓度 0.3％处理下存活率与对照差异不显著外（$P > 0.05$）外，在 0.4％、0.5％、0.6％盐浓度处理下，供试材料的存活率均与对照呈显著性差异（$P < 0.05$）；不同材料在相同处理下也表现出显著性差异，在 0.3％盐浓度处理下，供试材料存活率差异不显著（$P > 0.05$），而在其他盐浓度处理下，不同材料间的存活率表现出显著性差异（$P < 0.05$）。

表 1 不同盐胁迫处理下苜蓿存活率及耐盐系数（％）

材料编号	CK	0.3％	0.4％	0.5％	0.6％	耐盐系数
M1	100.0^a	100.0^a	93.3^{abc}	83.3^{ab}	36.7^{cdefg}	78.3
M2	100.0^a	100.0^a	90.0^{abc}	76.7^{abc}	26.7^{efgh}	73.3
M3	100.0^a	100.0^a	60.0^f	26.7^e	20.0^{fgh}	51.7
M4	100.0^a	100.0^a	80.0^{cde}	36.7^{de}	23.3^{efgh}	60.0
M5	100.0^a	100.0^a	93.3^{abc}	73.3^{abc}	46.7^{bcdef}	78.3
中苜 1 号	100.0^a	100.0^a	100.0^a	80.0^{abc}	53.3^{abcde}	83.3
M6	100.0^a	100.0^a	100.0^a	96.7^a	80.0^a	94.2
M7	100.0^a	100.0^a	96.7^{ab}	86.7^{ab}	70.0^{ab}	88.3
M8	100.0^a	100.0^a	100.0^a	83.0^{abc}	63.3^{abc}	86.6
M9	100.0^a	100.0^a	100.0^a	80.0^{abc}	43.3^{bcdefg}	80.8
M10	100.0^a	100.0^a	96.7^{ab}	80.0^{abc}	30.0^{defgh}	76.7
810	100.0^a	100.0^a	70.0^{ef}	43.3^{de}	13.3^{gh}	56.7
M11	100.0^a	100.0^a	83.3^{bcde}	63.3^{bcd}	3.3^h	62.5
M12	100.0^a	100.0^a	70.0^{ef}	40.0^{de}	36.7^{cdefg}	61.7
M13	100.0^a	100.0^a	93.3^{abc}	76.7^{abc}	23.3^{efgh}	73.3
M14	100.0^a	100.0^a	86.7^{abcd}	80.0^{abc}	60.0^{abcd}	81.7
M15	100.0^a	100.0^a	100.0^a	80.0^{abc}	16.7^{fgh}	74.2
M16	100.0^a	100.0^a	93.3^{abc}	86.7^{ab}	66.7^{abc}	86.7
M17	100.0^a	100.0^a	73.3^{def}	60.0^{bcd}	23.3^{efgh}	64.2
平均	100.0^A	100.0^A	88.4^B	70.2^C	38.8^D	

注：同列不同小写字母表示材料间差异显著（$P < 0.05$），同行不同大写字母表示处理间差异显著（$P < 0.05$）。

2.2 盐胁迫对苜蓿幼苗株高的影响及耐盐系数

盐胁迫下，苜蓿幼苗的生长受到明显抑制，随着盐胁迫浓度增加，所有供试材料幼苗株高呈下降趋势（表 2），方差分析显示，盐胁迫下苜蓿幼苗的株高显著低于对照（$P < 0.05$），尤其是中苜 1 号的株高在盐胁迫下极显著低于正常生长（$P < 0.01$）。不同盐胁迫处理间株高呈显著性差异（$P < 0.05$），相同处理下部分材料的幼苗株高呈现出显著性差异（$P < 0.05$）。苜蓿材料 M2 株高下降幅度较小，表明

耐盐性较强，M12 的耐盐系数最小，株高下降明显，说明其通过降低株高来适应盐胁迫环境。

表 2 不同盐胁迫处理下苜蓿幼苗株高及耐盐系数

材料编号	CK（cm）	0.3%（cm）	0.4%（cm）	0.5%（cm）	0.6%（cm）	耐盐系数（%）
M1	2.7[i]	2.4[j]	2.2[f]	2.0[e]	1.6[f]	76.1
M2	4.7[gh]	4.3[fgh]	4.3[d]	4.0[d]	3.9[d]	88.3
M3	5.9[fg]	4.0[gh]	3.1[ef]	2.9[e]	2.9[e]	55.0
M4	3.3[h]	3.3[ij]	2.5[f]	2.3[e]	2.2[ef]	77.9
M5	12.9[b]	8.9[ab]	7.8[bc]	7.1[b]	6.8[a]	59.4
中苜 1 号	15.6[a]	9.7[a]	9.0[a]	8.2[a]	6.8[a]	54.0
M6	9.9[d]	6.8[d]	6.7[c]	6.6[b]	6.0[abc]	65.3
M7	11.3[cd]	8.6[bc]	8.5[ab]	7.4[ab]	6.5[ab]	68.8
M8	10.5[cd]	8.3[bc]	8.3[ab]	7.4[ab]	6.6[ab]	72.8
M9	10.6[cd]	8.4[bc]	7.0[c]	6.5[b]	6.3[ab]	66.7
M10	11.8[bc]	7.9[bc]	7.3[bc]	6.9[b]	5.7[bc]	58.8
810	8.6[e]	8.1[bc]	7.5[bc]	6.6[b]	5.3[c]	79.6
M11	11.0[cd]	7.7[cd]	6.8[c]	5.4[c]	5.3[c]	57.1
M12	6.1[efg]	4.0[h]	3.1[ef]	2.9[e]	2.8[e]	52.1
M13	7.5[e]	5.1[efg]	4.8[d]	4.1[d]	4.0[d]	59.8
M14	7.7[e]	5.4[e]	4.5[d]	4.1[d]	4.0[d]	58.3
M15	6.4[ef]	5.2[ef]	5.0[d]	5.0[cd]	4.0[d]	75.4
M16	6.6[ef]	4.8[efgh]	4.8[d]	4.6[cd]	4.4[d]	69.9
M17	5.8[fg]	4.4[fgh]	4.2[de]	5.1[d]	4.1[d]	71.8
平均	8.4[A]	6.2[B]	5.7[C]	5.2[D]	4.7[E]	

注：同列不同小写字母表示材料间差异显著（$P<0.05$），同行不同大写字母表示处理间差异显著（$P<0.05$）。

2.3 盐胁迫对苜蓿生物量的影响及耐盐系数

苜蓿的生物量随着盐胁迫浓度增加呈现出下降趋势（表3），且不同盐胁迫处理下相同苜蓿材料的生物量呈显著性差异（$P<0.05$），相同处理下不同苜蓿材料间也呈现出显著性差异。盐胁迫下材料 810 总生物量下降幅度较小，表明其耐盐性较强；材料 M17 下降幅度较大，表明其耐盐性较差。盐胁迫下，对照中苜 1 号的耐盐系数为 55.5%，耐盐性高于对照的材料有 5 份：M15（66.6%）、810（64.4%）、M7（64.2%）、M9（60.4%）、M12（59.5%）。

表 3 不同盐胁迫处理下苜蓿生物量及耐盐系数

材料编号	CK（g）	0.3%（g）	0.4%（g）	0.5%（g）	0.6%（g）	耐盐系数（%）
M1	0.41	0.27	0.21	0.20	0.17	52.3
M2	0.64	0.35	0.30	0.28	0.22	45.1
M3	0.59	0.46	0.27	0.22	0.20	48.7
M4	0.33	0.22	0.09	0.16	0.08	41.0
M5	1.64	1.23	0.70	0.52	0.35	42.5
中苜 1 号	1.43	1.01	0.99	0.68	0.49	55.5

（续）

材料编号	CK（g）	0.3%（g）	0.4%（g）	0.5%（g）	0.6%（g）	耐盐系数（%）
M6	1.11	0.76	0.64	0.55	0.43	53.4
M7	0.92	0.76	0.68	0.54	0.39	64.2
M8	1.40	0.91	0.69	0.57	0.38	45.5
M9	0.86	0.65	0.55	0.44	0.43	60.4
M10	1.07	0.73	0.63	0.56	0.33	52.7
810	1.03	0.87	0.76	0.52	0.51	64.4
M11	1.01	0.80	0.44	0.46	0.28	48.7
M12	0.39	0.32	0.20	0.22	0.18	59.5
M13	1.11	0.86	0.65	0.53	0.35	54.1
M14	0.99	0.58	0.53	0.52	0.37	50.2
M15	0.82	0.84	0.58	0.46	0.30	66.6
M16	1.26	0.82	0.63	0.47	0.39	46.0
M17	0.79	0.38	0.33	0.37	0.22	41.1
平均	0.94A	0.67B	0.52C	0.44D	0.32E	

注：同行不同大写字母表示处理间差异显著（$P<0.05$）。

2.4 盐胁迫对苜蓿叶片伤害率的影响及耐盐系数

细胞电解质外渗是在胁迫下细胞膜受到伤害后细胞溶质向外渗漏的现象，其程度大小说明了细胞膜受破坏程度的大小[9]。盐胁迫下不同处理间叶片伤害率达到显著性差异，同一处理不同材料叶片伤害率呈显著性差异（$P<0.05$）。盐胁迫初期，在 0.3%盐浓度下，叶片伤害率较小，随着盐胁迫程度进一步加重，在 0.6%盐浓度下，供试材料叶片伤害率显著增加。盐胁迫下，M9 叶片伤害率随着盐浓度增大增加幅度最小，表明其耐盐性最强，M2 叶片伤害率随着盐浓度增大增加幅度最大，表明其耐盐性最差。

表 4 不同盐胁迫处理下苜蓿叶片伤害率及耐盐系数（%）

材料编号	CK	0.3%	0.4%	0.5%	0.6%	耐盐系数
M1	4.3	7.4	9.3	12.7	19.7	286.5
M2	2.6	9.3	15.0	17.2	20.7	587.8
M3	5.3	14.8	15.5	23.4	26.2	374.0
M4	4.3	7.4	10.6	14.1	29.8	363.9
M5	4.5	15.1	18.5	21.3	26.9	455.6
中苜 1 号	7.0	15.4	16.7	19.8	22.6	267.2
M6	3.5	6.8	7.5	12.5	16.4	307.0
M7	4.4	7.0	13.7	15.3	17.8	306.5
M8	3.9	5.7	6.7	8.2	11.9	209.1
M9	5.4	6.3	7.9	9.8	15.2	182.0
M10	5.5	6.3	7.3	9.6	16.8	183.4
810	4.2	7.3	9.1	11.3	14.6	252.9
M11	4.7	6.7	7.3	7.5	15.1	196.0
M12	4.8	10.8	14.2	15.7	27.6	357.6

（续）

材料编号	CK	0.3%	0.4%	0.5%	0.6%	耐盐系数
M13	5.4	8.4	10.9	11.5	14.5	210.9
M14	4.9	12.2	14.0	14.4	15.3	288.3
M15	5.0	5.9	7.4	10.5	15.8	197.8
M16	4.2	8.5	11.7	14.4	16.5	302.0
M17	4.2	11.5	11.8	16.5	20.5	361.8
平均	4.6A	9.1B	11.3C	14.0D	19.2E	

注：同行不同大写字母表示处理间差异显著。

2.5 综合评价

本研究采用隶属函数法对19份苜蓿材料进行了耐盐性评价，隶属函数计算方法如下[10]。

①每份材料各综合指标的隶属函数值用公式（1）和（2）求得。

$$\mu(X_j) = \frac{X_j - X_{\min}}{X_{\max} - X_{\min}} \tag{1}$$

$$\mu(X_j) = \frac{X_{\max} - X_j}{X_{\max} - X_{\min}} \tag{2}$$

式中：X_j 表示第 j 个综合指标值（$j=1$，2，$\cdots n$）；$X_{\min}$ 表示第 j 个综合指标的最小值；$X_{\max}$ 表示第 j 个综合指标的最大值。指标与耐盐性成正相关用隶属函数公式（1）计算隶属函数值，指标与耐盐性成负相关用反隶属函数公式（2）计算隶属函数值。

②采用标准差系数法（S），用公式（3）计算标准差系数 V_j，公式（4）归一化后得到各指标的权重系数 W_j。

$$V_j = \frac{\sqrt{\sum_{i=1}^{n}(X_{ij} - \overline{X_j})^2}}{\overline{X_j}} \tag{3}$$

$$W_j = \frac{V_j}{\sum_{j=1}^{m} V_j} \tag{4}$$

③用公式（5）计算各品种的综合评价值。

$$D = \sum_{j=1}^{n}[\mu(X_j) \cdot W_j] \quad (j=1,2,\cdots n) \tag{5}$$

式中：D 为各供试材料的综合评价值。运用隶属函数法计算出的综合评价值见表5。

表5 各材料隶属函数值、权重、综合评价值

材料编号	评价指标值				隶属函数值				综合评价值
	存活率	株高	生物量	伤害率	μ（1）	μ（2）	μ（3）	μ（4）	
M1	78.3	76.1	52.3	286.5	0.627	0.666	0.494	0.743	0.623
M2	73.3	88.3	45.1	587.8	0.509	1.000	0.194	0.000	0.496
M3	51.7	55.0	48.7	374.0	0.000	0.081	0.347	0.527	0.208
M4	60.0	77.9	48.5	363.9	0.195	0.716	0.337	0.552	0.459
M5	78.3	59.4	42.5	455.6	0.627	0.203	0.089	0.326	0.295
中苜1号	83.3	54.0	55.5	267.2	0.744	0.053	0.629	0.790	0.500
M6	94.2	65.3	53.4	307.0	1.000	0.367	0.543	0.692	0.623

（续）

材料编号	评价指标值				隶属函数值				综合评价值
	存活率	株高	生物量	伤害率	$\mu(1)$	$\mu(2)$	$\mu(3)$	$\mu(4)$	
M7	88.3	68.8	64.2	306.5	0.862	0.463	0.990	0.693	0.743
M8	86.6	72.8	45.5	209.1	0.821	0.574	0.214	0.933	0.595
M9	80.8	66.7	60.4	182.0	0.685	0.405	0.832	1.000	0.689
M10	76.7	58.8	52.7	183.4	0.587	0.186	0.511	0.997	0.506
810	56.7	79.6	64.4	252.9	0.117	0.763	1.000	0.825	0.683
M11	62.5	57.1	49.9	196.0	0.254	0.139	0.397	0.966	0.374
M12	61.7	52.1	61.4	357.6	0.235	0.000	0.876	0.567	0.391
M13	73.3	59.8	54.1	210.9	0.509	0.214	0.569	0.929	0.501
M14	81.7	58.3	50.2	288.3	0.705	0.171	0.407	0.738	0.459
M15	74.2	75.4	59.3	197.8	0.529	0.645	0.789	0.961	0.709
M16	86.7	69.9	46.0	302.0	0.823	0.494	0.232	0.704	0.537
M17	64.2	71.8	40.4	361.8	0.293	0.546	0.000	0.557	0.337
权重					0.242	0.319	0.275	0.165	

根据综合评价值可对供试苜蓿材料的耐盐性进行排序，其中，材料 M7 的综合评价值最大，表明该材料耐盐性最强。耐盐性排序为：M7＞M15＞M9＞810＞M1＞M6＞M8＞M16＞M10＞M13＞中苜 1 号＞M2＞M4＞M14＞M12＞M11＞M17＞M5＞M3（表 6）。

表 6　不同苜蓿材料耐盐性综合评价排序

材料编号	综合评价值	排序	材料编号	综合评价值	排序
M7	0.743	1	中苜 1 号	0.500	11
M15	0.709	2	M2	0.496	12
M9	0.689	3	M4	0.459	13
810	0.683	4	M14	0.459	14
M1	0.623	5	M12	0.391	15
M6	0.623	6	M11	0.374	16
M8	0.595	7	M17	0.337	17
M16	0.537	8	M5	0.295	18
M10	0.506	9	M3	0.208	19
M13	0.501	10			

3　结论与讨论

盐胁迫下的存活率分析得出：19 份苜蓿材料在 0.3％盐浓度盐胁迫下存活率均达到 100％；在 0.4％盐浓度胁迫下，存活率为 60％～100％，大于 80％的材料有 15 份；在 0.5％盐浓度胁迫下，存活率为 26.7％～96.7％，大于 80％的材料有 5 份；在 0.6％盐浓度胁迫下存活率为 3.3％～80.0％，存活率达 80％的材料仅有 1 份。以中苜 1 号为对照，在 0.3％盐浓度盐胁迫下，所有供试材料和中苜 1 号的存活率均达到 100％；在 0.4％盐浓度胁迫下，中苜 1 号的存活率依然为 100％，供试材料中有 4 份材料的存活率也达到 100％；在 0.5％盐浓度胁迫下，中苜 1 号的存活率为 80％，供试材料存活率高于对照的有 5 份；在 0.6% 盐浓度胁迫下，中苜 1 号的存活率为 53.3%，供试材料存活率高于对照的也是5 份。

耐盐性是一个较为复杂的综合性状，单一因素对耐盐性作用是微效的，大量因素的综合作用才促成了耐盐性的形成，仅用单项指标对材料间耐盐性进行评价尚有一定的局限性，运用综合评价法既消除了个别指标带来的片面性，又把耐盐性这一主观的、经验上的模糊判断进行数理统计的定量表达。本研究依据存活率、株高、生物量和叶片伤害率 4 个指标，利用隶属函数法求出耐盐性综合评价值，可以简单准确地对苜蓿苗期进行耐盐性评价。根据评价结果，材料 M7 的耐盐性最强，耐盐性高于对照中苜 1 号的材料有 10 份，材料 M3 的耐盐性最差。

盐胁迫下，供试苜蓿材料生长明显受到抑制，存活率、株高、生物量随着盐浓度增大，呈现不同程度的降低趋势，而叶片伤害率则逐渐增大。

参 考 文 献

[1] EPSTEIN E. Better Crops for Food [M]. London：Pit Man，1983：61.

[2] 谢振宇，杨光穗. 牧草耐盐性研究进展 [J]. 草业科学，2003 (8)：11-17.

[3] 翁森红，王承斌. 植物的耐盐性 [J]. 中国草地，1995 (4)：70-75.

[4] 王占升，朱汉，一前宣正. 牧草耐盐力及盐碱地引种试验 [J]. 中国草地，1995 (2)：38-42.

[5] 李启文. 紫花苜蓿品种的品比试验 [J]. 草原与草坪，2005 (5)：64-65.

[6] 康爱民，龙瑞军，师尚礼，等. 苜蓿的营养与饲用价值 [J]. 草原与草坪，2002 (3)：31-33.

[7] 梁峥，骆爱玲，赵原. 干旱和盐胁迫诱导甜菜叶中甜菜碱醛脱氢酶的积累 [J]. 植物生理学报，1996，22 (2)：19-22.

[8] 李合生. 植物生理生化实验原理和技术 [M]. 北京：高等教育出版社，2002.

[9] 刘世鹏，刘济明，陈宗礼. 模拟干旱胁迫对枣树幼苗的抗氧化系统和渗透调节的影响 [J]. 西北植物学报，2006，26 (9)：1781-1787.

[10] 周广生，梅方竹，朱旭彤. 小麦不同品种耐湿性生理指标综合评价及其预测 [J]. 中国农业科学，2003，36 (11)：1378-1382.

草木樨属牧草苗期耐盐性评价鉴定

吴欣明[1] 阳 曦[2] 王 赞[2] 高洪文[2] 王运琦[1] 孙桂芝[2] 李 源[2] 郭丹丹[2]

（1. 山西省农业科学院畜牧兽医研究所 2. 中国农业科学院畜牧研究所）

摘要：以 20 份自俄罗斯引进的野生草木樨属（*Melilotus* L.）牧草为材料，在 0.4%、0.5%、0.6% 盐浓度下进行温室苗期耐盐性试验，通过株高、存活率、地上生物量、细胞膜相对透性的测定和分析，采用权重分配法对其耐盐性进行综合评价鉴定。研究结果表明：在 0.4% 盐浓度下，材料存活率变化范围 55.6%～88.9%；在 0.6% 盐浓度下，存活率变化范围 17.8%～64.4%。其中白花草木樨（*Melilotus alba* Medic.）的耐盐性强于黄花草木樨 [*Melilotus officinalis*（L.）Desr.]。根据综合评价鉴定筛选出 C348、C365、C385 这 3 份耐盐性较强的草木樨属种质材料。

关键词：草木樨；NaCl 胁迫；耐盐评价鉴定；权重分配法

受气候变化和全球人口不断增长的影响，土地盐碱化、水土流失、大气污染成为日益严重的全球性三大环境问题。抑制土壤盐碱化，改良利用现有盐碱地的一条重要途径就是恢复植被，提高植被覆盖率，减少地表蒸发，增加土壤有机质含量。因此，研究植物耐盐性、筛选耐盐种质，提高植物耐盐能力具有重要的现实意义和理论意义。

草木樨属（Melilotus L.）牧草为一年生或二年生豆科草本，根系发达、固氮能力强，植株密集，覆盖度大，产草量较高。近些年，草木樨在农区实施间种、套种、复种，既能固氮、肥田，又可作为优质饲草以缓解农区饲草不足的问题，同时又能保持水土、防风、挡沙，具有很高的经济价值和生态价值。草木樨属牧草适应性很广，抗逆性强于紫花苜蓿（Madicago sativa L.），耐瘠薄、耐盐碱、耐寒，抗旱能力强，耐热能力中等。本研究通过对20份自俄罗斯引进的野生草木樨属牧草进行耐盐性评价鉴定，筛选出了耐盐性较强的材料，丰富耐盐牧草种质资源，为草木樨耐盐育种工作奠定了基础。

1　材料与方法

1.1　试验地点

苗期盆栽试验在山西省太原市国家农业科技园区温室内进行，生理生化指标的测定在山西省农业科学院设施农业生态实验室完成。

1.2　试验材料

20份引自俄罗斯野生草木樨属种质材料（表1）。

表1　试验材料及来源

编号	中文名	拉丁名	引进地区	编号	中文名	拉丁名	引进地区
C11	白花草木樨	*Melilotus alba* Medic.	俄罗斯	C316	白花草木樨	*Melilotus alba* Medic.	俄罗斯
C29	白花草木樨	*Melilotus alba* Medic.	俄罗斯	C335	白花草木樨	*Melilotus alba* Medic.	俄罗斯
C58	白花草木樨	*Melilotus alba* Medic.	俄罗斯	C348	白花草木樨	*Melilotus alba* Medic.	俄罗斯
C93	白花草木樨	*Melilotus alba* Medic.	俄罗斯	C355	白花草木樨	*Melilotus alba* Medic.	俄罗斯
C111	白花草木樨	*Melilotus alba* Medic.	俄罗斯	C365	白花草木樨	*Melilotus alba* Medic.	俄罗斯
C131	白花草木樨	*Melilotus alba* Medic.	俄罗斯	C385	白花草木樨	*Melilotus alba* Medic.	俄罗斯
C182	白花草木樨	*Melilotus alba* Medic.	俄罗斯	C397	白花草木樨	*Melilotus alba* Medic.	俄罗斯
C198	白花草木樨	*Melilotus alba* Medic.	俄罗斯	C414	黄花草木樨	*Melilotus officinalis*（L.）Desr.	俄罗斯
C217	白花草木樨	*Melilotus alba* Medic.	俄罗斯	C430	黄花草木樨	*Melilotus officinalis*（L.）Desr.	俄罗斯
C252	白花草木樨	*Melilotus alba* Medic.	俄罗斯	C477	黄花草木樨	*Melilotus officinalis*（L.）Desr.	俄罗斯

1.3　试验方法

1.3.1　幼苗的培育

取大田土壤，去掉石块、杂质后捣碎过筛。采取随机取样法，抽取少量土壤用于盐分测定（表2）。将过筛后的土壤装入无孔的塑料花盆中（盆高12.5cm，底径12cm，口径15.5cm），每盆装入干土1.5kg（按土壤含水量换算成干重）。

表2　试验土壤盐分组成及含量

组分	CO_3^{2-} (cmol/kg)	HCO_3^- (cmol/kg)	Cl^- (cmol/kg)	SO_4^{2-} (cmol/kg)	K^+ (cmol/kg)	Na^+ (cmol/kg)	Ca^{2+} (cmol/kg)	Mg^{2+} (cmol/kg)	全盐量 (g/kg)
含量	0	0.46	0.44	12.04	2.59	6.52	3.02	0.8	1.57

将参试材料种子根据发芽率选择 20～30 粒均匀地播撒在花盆中，于温室中培育，根据土壤水分蒸发量计算浇水量及浇水时间，每日观察记录，出苗后间苗，在幼苗长至三叶之前定苗，每盆保留生长良好、分布均匀的 10 棵苗。

1.3.2 盐处理

幼苗生长至三至四叶期时加盐处理。按每盆土壤干重的 0.3%、0.4%、0.5% 计算好所需加入的化学纯 NaCl 量，溶解到一定量的自来水中配制盐溶液。每个处理设 3 次重复，对照处理加入等量的自来水。

盐处理后及时补充蒸发的水分，使盆中土壤含水量维持在 70% 左右。盐处理 18d 后取样测定生理生化指标，25d 后测定形态学指标，30d 结束试验。

1.3.3 测定指标

1.3.3.1 株高

用直尺测定每株幼苗的垂直高度，以 3 盆幼苗株高的平均值作为株高。为了消除材料本身的误差，用相对株高作为衡量材料对盐耐受能力的指标。

$$相对株高 = \frac{盐处理植株的株高}{对照植株的株高} \times 100$$

1.3.3.2 存活率

观察每盆中存活植株的数目，记作存活苗数，根据材料叶心是否枯黄判断植株死亡与否。

$$存活率 = \frac{盐处理后存活苗数}{原幼苗总数} \times 100\%$$

1.3.3.3 地上生物量

用剪刀齐土壤表面剪取植株地上部分，自来水洗净后，用滤纸吸干水分，记取鲜重（精确到 0.01g），以 3 盆幼苗地上生物量的平均值作为地上生物量。

$$相对地上生物量 = \frac{盐处理植株的地上生物量}{对照植株地上生物量}$$

1.3.3.4 细胞膜相对透性

取幼苗叶片 0.2g，采用电导法（李合生，2002）测定细胞膜相对透性。

1.4 数据处理

利用 SAS 统计软件进行数据方差分析。

2 结果与分析

2.1 盐胁迫对草木樨属种质材料株高的影响

方差分析结果表明，盐胁迫下不同材料间的相对株高差异显著（表 3），随着盐浓度升高相对株高呈下降趋势。材料 C397 的相对株高变化范围 66.7～95.8，受害程度最轻；其次是 C348，相对株高变化范围 74.2～82.5；C29 受害程度最重，相对株高变化范围 44.7～63.1。说明不同材料间耐盐能力差异较大。

表 3 20 份材料在不同盐浓度下的幼苗株高

材料编号	CK（cm）	0.4%		0.5%		0.6%	
		H（cm）	RH	H（cm）	RH	H（cm）	RH
C11	11.5	8.6	74.7	6.5	56.6	6.4	55.7
C29	13.1	8.3	63.1	6.3	44.7	5.9	47.7
C58	12.9	9.0	69.7	6.3	48.7	6.2	48.3

（续）

材料编号	CK（cm）	0.4%		0.5%		0.6%	
		H（cm）	RH	H（cm）	RH	H（cm）	RH
C93	11.6	10.2	88.0	6.6	57.1	6.2	53.3
C111	11.8	7.1	59.7	6.6	55.6	5.2	44.1
C131	10.6	7.8	73.5	6.8	64.7	6.2	59.1
C182	14.5	12.4	66.2	9.6	86.0	7.5	51.7
C198	12.4	9.3	75.5	7.1	57.8	6.4	51.4
C217	12.0	8.8	73.4	7.7	63.9	6.4	52.8
C252	12.9	8.1	58.1	7.5	62.7	7.5	58.2
C316	13.5	8.1	60.3	8.1	60.1	7.3	54.5
C335	10.6	8.7	82.2	7.8	73.3	6.6	61.9
C348	13.3	11.0	76.1	10.1	82.5	9.9	74.2
C355	17.6	13.2	75.0	12.0	67.9	10.2	57.8
C365	13.1	10.3	78.8	10.3	78.4	9.3	71.2
C385	12.5	11.0	87.9	9.1	73.0	8.6	69.2
C397	11.5	11.0	95.8	9.0	78.2	7.7	66.7
C414	15.4	10.4	67.6	9.9	59.9	7.5	48.6
C430	15.5	9.8	62.9	9.1	58.4	7.5	48.6
C477	14.0	10.7	76.1	8.7	60.8	8.5	61.6
0.05水平差异显著性	*	*	*	*	*	*	*

注：H 为绝对株高，RH 为相对株高；表中数据同列比较，标有 * 的表示差异显著。

2.2 盐胁迫对草木樨属种质材料存活率的影响

在 0.4% 盐浓度下，材料存活率变化范围 55.6%～88.9%；在 0.5% 盐浓度下，存活率变化范围 35.6%～66.7%；在 0.6% 盐浓度下，存活率变化范围 17.8%～64.4%，材料 C348、C365 受害较轻，C131 受害最严重。说明草木樨在中低盐胁迫水平下，具有较好的抗性。从表 4 来看，不同材料间存活率差异显著，且随着盐浓度升高存活率逐渐下降。

表 4　20 份材料在不同盐浓度下的存活率（%）

材料编号	CK	0.4%	0.5%	0.6%	材料编号	CK	0.4%	0.5%	0.6%
C11	100.0	60.0	62.2	53.3	C335	100.0	73.3	66.7	37.8
C29	100.0	66.7	46.7	40.0	C348	100.0	73.3	66.7	64.4
C58	100.0	77.8	51.1	48.9	C355	100.0	77.8	66.7	62.2
C93	100.0	77.8	51.1	37.8	C365	100.0	75.6	66.7	64.4
C111	100.0	55.6	51.1	35.6	C385	100.0	73.3	62.2	62.2
C131	100.0	55.6	37.8	17.8	C397	100.0	75.6	53.3	35.6
C182	100.0	64.4	64.4	37.8	C414	100.0	57.8	51.1	28.9
C198	100.0	64.4	60.0	55.6	C430	100.0	62.2	55.6	51.1
C217	100.0	88.9	64.4	57.8	C477	100.0	55.6	35.6	35.6
C252	100.0	66.7	62.2	44.4	0.05水平差异显著		*	*	*
C316	100.0	73.3	66.7	62.2					

注：表中数据同列比较，标有 * 的表示差异显著。

2.3 盐胁迫对草木樨属种质材料地上生物量的影响

盐胁迫下，供试材料的地上生物量受到明显抑制，不同材料间的地上生物量差异显著（表5）。在0.4％盐浓度下，供试材料的相对地上生物量在0.35～0.71；在0.5％盐浓度下，材料的相对地上生物量在0.23～0.74；在0.6％盐浓度下，材料的相对地上生物量在0.17～0.57，说明盐胁迫对草木樨属牧草生物量的影响较大。

表5 20份材料在不同盐浓度下的地上生物量

材料编号	CK (g)	0.4％		0.5％		0.6％	
		W (g)	RW	W (g)	RW	W (g)	RW
C11	8.87	4.37	0.49	2.04	0.23	1.79	0.20
C29	3.96	1.85	0.47	1.12	0.28	1.10	0.28
C58	6.19	2.81	0.45	2.20	0.36	2.15	0.35
C93	3.61	2.47	0.68	1.33	0.37	1.13	0.31
C111	4.70	2.99	0.63	2.46	0.52	0.88	0.19
C131	2.96	1.04	0.35	1.58	0.54	0.89	0.30
C182	4.71	2.43	0.52	2.20	0.47	2.20	0.47
C198	4.91	3.28	0.67	2.32	0.47	1.49	0.30
C217	5.88	2.98	0.51	3.27	0.56	2.28	0.39
C252	6.15	3.65	0.59	3.07	0.50	3.39	0.55
C316	7.29	3.41	0.47	4.07	0.56	2.95	0.40
C335	4.59	2.83	0.62	3.01	0.66	1.11	0.24
C348	5.88	3.59	0.61	3.93	0.67	3.35	0.57
C355	6.41	4.00	0.62	4.72	0.74	3.39	0.53
C365	6.15	3.55	0.58	4.45	0.72	3.37	0.55
C385	5.08	3.38	0.67	2.88	0.57	2.80	0.55
C397	5.50	3.90	0.71	2.60	0.47	1.04	0.19
C414	6.47	2.41	0.37	2.42	0.37	1.11	0.17
C430	7.70	3.53	0.46	3.73	0.49	2.52	0.33
C477	5.34	3.33	0.62	1.34	0.25	2.32	0.43
0.05 水平差异显著性	*	*	*	*	*	*	*

注：W 为绝对地上生物量，RW 为相对地上生物量；表中数据同列比较，标有 * 的表示差异显著。

2.4 盐胁迫对草木樨属种质材料细胞膜相对透性的影响

随着盐浓度升高，草木樨种质材料的细胞膜相对透性出现不同程度的升高，不同材料间的细胞膜相对透性差异显著（表6）。盐胁迫对材料细胞膜相对透性的影响主要集中在 0.6％盐浓度下，其中材料 C316、C477 受害较重，细胞膜相对透性达到 55.9％，材料 C93、C348 受害较轻，细胞膜相对透性为 30.8％，35.8％。

表6 20份材料在不同盐浓度下的细胞膜相对透性（％）

材料编号	CK	0.4％	0.5％	0.6％	材料编号	CK	0.4％	0.5％	0.6％
C11	29.4	35.9	37.6	41.5	C58	24.3	28.1	48.7	55.5
C29	30.2	33.5	48.7	52.4	C93	26.2	29.7	29.4	30.8

（续）

材料编号	CK	0.4%	0.5%	0.6%	材料编号	CK	0.4%	0.5%	0.6%
C111	31.4	33.3	32.2	38.9	C355	28.1	31.0	34.8	37.9
C131	23.6	28.1	34.3	45.7	C365	23.4	26.1	44.7	47.2
C182	31.3	33.5	38.7	49.8	C385	24.5	29.3	31.0	39.7
C198	27.8	34.1	38.2	47.1	C397	26.0	34.2	37.4	39.9
C217	23.3	29.5	38.1	42.1	C414	36.6	27.0	45.1	50.1
C252	30.0	28.7	34.7	37.8	C430	30.8	32.5	37.4	41.1
C316	27.6	32.2	29.9	55.9	C477	46.4	46.5	50.3	55.9
C335	27.6	40.8	45.9	48.0	0.05 水平差异显著性	*	*	*	*
C348	37.1	49.2	47.8	35.8					

注：表中数据同列比较，标有 * 的表示差异显著。

2.5 苗期耐盐性综合评价

首先将表 7 中的数据根据公式（1）、（2）采用五级评分法换算成相对指标进行定量表示，这样即可消除因不同指标数值大小和变化幅度的不同而产生的差异，结果见表 8。

表 7 各耐盐评价指标均值

材料编号	相对株高	存活率	相对地上生物量	细胞膜相对透性	材料编号	相对株高	存活率	相对地上生物量	细胞膜相对透性
C11	71.7	68.9	0.48	36.1	C316	68.7	75.6	0.61	36.4
C29	63.9	63.3	0.51	41.2	C335	79.4	69.4	0.63	40.6
C58	66.7	69.4	0.54	39.2	C348	83.2	76.1	0.71	42.5
C93	74.6	66.7	0.59	29.0	C355	75.2	76.7	0.72	33.0
C111	64.9	60.6	0.59	34.0	C365	82.1	76.7	0.71	35.4
C131	74.3	52.8	0.55	32.9	C385	82.5	74.4	0.70	31.1
C182	76.0	66.7	0.61	38.3	C397	85.2	66.1	0.59	34.4
C198	71.2	70.0	0.61	36.8	C414	69.0	59.4	0.48	39.7
C217	72.5	77.8	0.61	33.3	C430	67.5	67.2	0.57	35.4
C252	69.7	68.3	0.66	32.8	C477	74.6	56.7	0.58	49.8

$$\lambda = \frac{X_{j\max} - X_{j\min}}{5} \tag{1}$$

$$Z_{ij} = \frac{X_{ij} - X_{j\min}}{\lambda} + 1 \tag{2}$$

式中：$X_{j\max}$——第 j 个指标测定的最大值；

$X_{j\min}$——第 j 个指标测定的最小值；

X_{ij}——第 i 份材料第 j 项指标测定的实际值；

λ——得分极差（每得 1 分之差）；

Z_{ij}——第 i 份材料第 j 项指标的得分（$1 \leqslant i \leqslant 20$，$1 \leqslant j \leqslant 4$）。

表 8　各耐盐评价指标得分及变异系数

材料编号	相对株高	相对存活率	相对地上生物量	细胞膜相对透性
C11	2.8310	4.2200	1.0000	2.7067
C29	1.0000	3.1000	1.6250	3.9327
C58	1.6573	4.3200	2.2500	3.4519
C93	3.5117	3.7800	3.2917	1.0000
C111	1.2347	2.5600	3.2917	2.2019
C131	3.4413	1.0000	2.4583	1.9375
C182	3.8404	3.7800	3.7083	3.2356
C198	2.7136	4.4400	3.7083	2.8750
C217	3.0188	6.0000	3.7083	2.0337
C252	2.3615	4.1000	4.7500	1.9135
C316	2.1268	5.5600	3.7083	2.7788
C335	4.6385	4.3200	4.1250	3.7885
C348	5.5305	5.6600	5.7917	4.2452
C355	3.6526	5.7800	6.0000	1.9615
C365	5.2723	5.7800	5.7917	2.5385
C385	5.3662	5.3200	5.5833	1.5048
C397	6.0000	3.6600	3.2917	2.2981
C414	2.1972	2.3200	1.0000	3.5721
C430	1.8451	3.8800	2.8750	2.5385
C477	3.5117	1.7800	3.0833	6.0000
变异系数	65.7512	81.3600	71.0417	56.5144

根据各指标的变异系数确定各指标参与综合评价的权重系数矩阵，其计算公式如下。

$$W_j = \frac{\delta_j}{\sum\limits_{j=1}^{n} \delta_j} \tag{3}$$

式中：W_j——第 j 项指标的权重系数；

δ_j——第 j 项指标的变异系数。

各耐盐指标权重系数矩阵 α＝（0.2394，0.2962，0.2586，0.2058），用 μ 表示材料得分矩阵，然后进行复合运算，得到供试草木樨种质材料的综合评价指数 β。

α＝（0.2394，0.2962，0.2586，0.2058）

$$\mu = \begin{vmatrix} 2.8 & 1.0 & 1.7 & 3.5 & 1.2 & 3.4 & 3.8 & 2.7 & 3.0 & 2.4 & 2.1 & 4.6 & 5.5 & 3.7 & 5.3 & 5.4 & 6.0 & 2.2 & 1.8 & 3.5 \\ 4.2 & 3.1 & 4.3 & 3.8 & 2.6 & 1.0 & 3.8 & 4.4 & 6.0 & 4.1 & 5.6 & 4.3 & 5.7 & 5.8 & 5.8 & 5.3 & 3.7 & 2.3 & 3.9 & 1.8 \\ 1.0 & 1.6 & 2.3 & 3.3 & 3.3 & 2.5 & 3.7 & 3.7 & 3.7 & 4.8 & 3.7 & 4.1 & 5.8 & 6.0 & 5.8 & 5.6 & 3.3 & 1.0 & 2.9 & 3.1 \\ 2.7 & 3.9 & 3.5 & 1.0 & 2.2 & 1.9 & 3.2 & 2.9 & 2.0 & 1.9 & 2.8 & 3.8 & 4.2 & 2.0 & 2.5 & 1.5 & 2.3 & 3.6 & 2.5 & 6.0 \end{vmatrix}$$

β＝α×μ＝（2.729，2.374，2.996，3.023，2.364，2.148，3.651，3.503，3.864，3.421，3.695，4.217，5.369，4.567，5.001，4.619，3.859，2.207，2.851，3.408）

矩阵 β 中的各个数值就是对应材料的综合评价指数。根据综合评价指数的大小可以对 20 份野生草木樨属种质材料苗期耐盐性强弱进行排序（表 9）。

表9 20份野生草木樨属种质材料苗期耐盐性综合评价

材料编号	综合评价指数	耐盐性排序	材料编号	综合评价指数	耐盐性排序
C11	2.729	16	C316	3.695	8
C29	2.374	17	C335	4.217	5
C58	2.996	14	C348	5.369	1
C93	3.023	13	C355	4.567	4
C111	2.364	18	C365	5.001	2
C131	2.148	20	C385	4.619	3
C182	3.651	9	C397	3.859	7
C198	3.503	10	C414	2.207	19
C217	3.864	6	C430	2.851	15
C252	3.421	11	C477	3.408	12

3 结论

（1）随着处理盐浓度增大，供试草木樨属种质材料的株高、存活率、地上生物量受到明显影响，呈现不同程度的降低趋势；叶片细胞膜相对透性逐渐升高，细胞膜受到了伤害。盐胁迫下，不同材料的株高、存活率、地上生物量、细胞膜相对透性受影响的差异显著（$P<0.05$）。

（2）在0.4%盐浓度下，材料存活率变化范围55.6%～88.9%；在0.5%盐浓度下，存活率变化范围35.6%～66.7%；在0.6%盐浓度下，存活率变化范围17.8%～64.4%。说明草木樨在中低盐胁迫水平下具有较好的抗性。

（3）通过权重分配法综合评价20份俄罗斯野生草木樨属牧草耐盐性，结果表明：材料C348综合评价指数最高，达到5.37189，在供试材料中耐盐性最强；其次是C365、C385，综合评价指数分别为4.99438、4.61398，是耐盐性较好的种质材料；C111、C414、C131综合评价指数最低，耐盐性最差；其余材料处于中间，属于中等耐盐的种质材料。其中白花草木樨的耐盐性强于黄花草木樨。

17份红豆草种质耐盐性评价

赵景峰　杨晓东　达　丽

（内蒙古自治区草原站）

摘要： 本文对17份红豆草材料种子萌发及幼苗耐盐性进行了研究，供试材料在种子萌发期都具有较强的耐盐性，耐盐的半致死浓度大致在1.2%左右。红豆草属植物种苗具有一定的耐盐性可以为该属植物在盐渍化地区的开发利用提供依据，并为引种、选育提供一定的依据。但是由于植物生长环境以及营养水平不同，再加上种子本身的活力影响，仅凭此研究还不能确定植株耐盐性的强弱。因此，红豆草属植物的植株耐盐性强弱有待进一步研究证明。

关键词： 红豆草；耐盐；评价

我国西北地区自然条件比较恶劣，干旱少雨，土壤沙化、盐渍化现象较为严重。近些年来，由于人们过度放牧、不合理开垦、滥采滥伐等原因，造成草地严重退化、沙化及盐渍化，极大地制约了畜牧业发展。因此，筛选出一批适合当地气候条件的抗性强的牧草，为耐盐新种质培育及盐渍化地区草地建植和补播提供适宜的牧草种质材料等具有重要意义。

红豆草属（Onobrychis）牧草适口性良好，不论青草、干草家畜都甚喜食，富含主要的营养物质，粗蛋白质含量较高，矿物质元素含量也很丰富，饲用价值较高，是优良的豆科牧草。目前关于红豆草属牧草的研究，主要集中在干旱、寒冷等逆境胁迫上，而对其耐盐性方面的研究还相对较少。本研究旨在对红豆草属牧草的耐盐性进行的评价鉴定，以期为耐盐红豆草的选育及其资源的开发利用提供试验依据。

1 材料与方法

1.1 试验材料

供试材料由中国农业科学院草原研究所提供，详见表 1。

表 1 试验材料

材料编号	原库编号	种质名称	拉丁名	产地	收种时间
1	00086	红豆草	O. viciae folia		1987 年
2	00087	红豆草	O. viciae folia	美国	1991 年
3	00088	红豆草	O. viciae folia	加拿大	1990 年
4	00090	红豆草	O. viciae folia	美国	1990 年
5	00091	红豆草	O. viciae folia	美国	1990 年
6	00092	蒙农红豆草	O. viciae folia cv.	中国内蒙古	1990 年
7	00094	红豆草	O. viciae folia	中国黄土高原	1990 年
8	00095	红豆草	O. viciae folia	美国	1990 年
9	00097	草原 233 红豆草	O. viciae folia		1990 年
10	00980	红豆草	O. viciae folia	中国内蒙古	1990 年
11	01410	麦罗斯红豆草	O. vicii folia cv. Melrosa	加拿大	1992 年
12	01953	红豆草	O. viciae folia	波兰华沙	1993 年
13	01955	红豆草	O. viciae folia	瑞士	1993 年
14	01956	红豆草	O. viciae folia	匈牙利	1993 年
15	01957	红豆草	O. viciae folia	美国	1993 年
16	01958	红豆草	O. viciae folia	美国	1993 年
17	01959	红豆草	O. viciae folia	中国青海	1993 年

1.2 试验方法

1.2.1 盐溶液的配制及胁迫方法

采用纸培法，在发芽皿中放置两层滤纸，分别注入不同浓度盐溶液。配制盐分组成为 NaCl（80%）、$CaCO_3$（10%）、$MgSO_4$（5%）、K_2SO_4（5%）的复盐溶液，浓度梯度为 0、0.3%、0.6%、0.9%、1.2%。种子经粒选之后用 0.1% 的 $HgCl_2$ 消毒，冲洗 3～5 次后，每皿放置种子 50 粒，3 次重复。在发芽箱内发芽，逐日记录发芽数。

1.2.2 耐盐指标测定

发芽期间，每日记载种子萌发情况及发芽粒数，第 5 天计算发芽势，第 11 天计算发芽率以及相对发芽率，然后将幼苗置于通风处，自然风干后称重。计算发芽指数（GI）、活力指数（VI）、相对活力指数。

发芽势＝(5d 内正常发芽的种子数/供试种子数)×100％

发芽率＝(11d 内正常发芽的种子数/供试种子数)×100％

相对发芽率＝(处理种子发芽率/对照种子发芽率)×100％

$GI = \sum (Gt/Dt)$ (式中 GI 为发芽指数，Gt 为在时间日的发芽种子数，Dt 为相应的发芽日数)

$VI = S \times GI$　　(式中 VI 为活力指数，S 为幼芽干重，GI 为发芽指数)

相对活力指数＝(VI 盐/VI 水)×100％　　(式中 VI 盐为盐胁迫下的活力指数，VI 水为对照活力指数)

1.2.3 耐盐性评价

（1）耐盐适宜浓度：以相对发芽率达 75％的盐分浓度作为植物种子耐盐适宜浓度。

（2）耐盐临界浓度：以相对发芽率达 50％的盐分浓度作为植物种子耐盐临界浓度。

（3）耐盐极限浓度：以相对发芽率达 10％的盐分浓度作为植物种子致死浓度。

2 结果与分析

2.1 种子发芽率

从图 1 可以看出，供试材料的种子在萌发过程中，随着盐浓度增大，种子的发芽率都呈下降趋势，在盐浓度达到 0.6％之后的下降趋势较为明显。

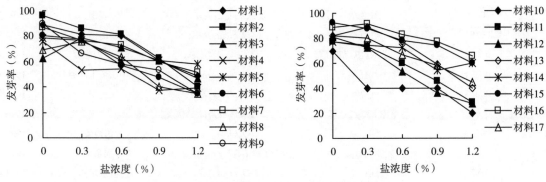

图 1 盐胁迫下红豆草种子发芽率变化曲线

2.2 种子相对发芽率

从图 2 可以看出，各材料种子的相对发芽率随盐浓度增大而降低。在 0.3％和 0.6％的浓度梯度上各材料与对照的相对发芽率趋势基本保持一致，无明显下降。浓度在 0.6％之后，尤其达到 0.9％时下降趋势较为明显。而在 0.3％的浓度盐胁迫下，部分材料的相对发芽率略高于对照，表现出增高的趋势，说明低浓度盐胁迫有促进牧草种子萌发的作用。

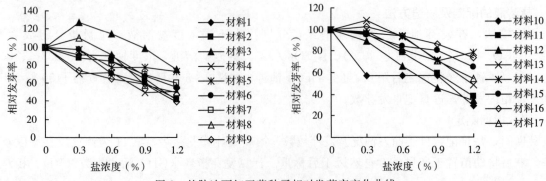

图 2 盐胁迫下红豆草种子相对发芽率变化曲线

2.3 种子活力指数

种子活力可以反映种子在田间条件下的萌发速度和幼苗的整齐度以及优质丰产的潜力，这些对于人工草地的建植及改良盐碱地等非常关键。因而活力指数也被作为耐盐鉴定的指标之一。从图3可以看出，各材料的活力指数随盐浓度增大呈显著下降的趋势，较发芽率曲线明显。说明活力指数受盐胁迫的影响较发芽率大。这与相对发芽率的方差结果表现一致。

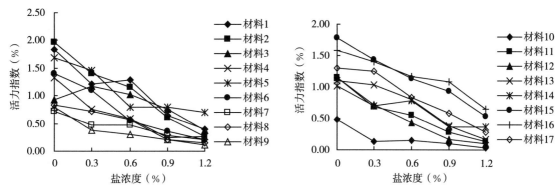

图 3 盐胁迫下红豆草种子活力指数变化曲线

2.4 耐盐力比较

在0.9%盐浓度下，比较17份材料种苗的耐盐性（表2）。结果表明，相对发芽率、相对发芽指数和相对活力指数反映出材料间差异性显著。

表 2 在 0.9%盐浓度下 17 份材料耐盐性比较（%）

材料名称	相对发芽率	相对发芽指数	相对活力指数	耐盐适宜范围	耐盐临界浓度
1	68.75[bcde]	46.67[cdef]	35.41[cdef]	≤0.6	1.2
2	64.37[bcde]	42.00[defg]	30.41[cdef]	≤0.6	0.9
3	98.22[a]	75.67[a]	82.48[a]	≤1.2	
4	50.00[dfe]	37.67[fg]	18.58[ef]	≤0.3	0.9
5	77.46[abc]	54.33[bcde]	46.66[bcd]	≤0.9	
6	59.72[cdef]	36.00[fg]	25.90[cdef]	≤0.3	0.9
7	69.23[bcd]	48.67[cdef]	38.73[cdef]	≤0.6	1.2
8	58.06[cdef]	42.33[defg]	25.37[cdef]	≤0.6	0.9
9	59.26[cdef]	41.33[defg]	27.14[cdef]	≤0.3	0.9
10	57.14[cdef]	39.00[efg]	21.59[def]	≤0	0.3
11	59.41[cdef]	43.00[cdefg]	24.16[cdef]	≤0.6	0.9
12	45.21[ef]	28.33[g]	13.97[f]	≤0.3	0.6
13	71.62[bcd]	44.67[cdef]	35.24[cdef]	≤0.6	0.9
14	71.01[bcd]	47.00[cdef]	36.46[cdef]	≤0.6	
15	80.73[abc]	58.33[bc]	51.89[bc]	≤0.9	1.2
16	86.25[ab]	66.00[ab]	68.08[ab]	≤0.9	
17	70.27[bcd]	56.00[bcd]	45.38[bcde]	≤0.6	1.2

注：表中同列不同字母表示差异显著（$P<0.05$）。

2.5 种子耐盐性综合评价

根据表 2 中数据对种质耐盐性综合评价进行打分，分析结果表明：红豆草的耐盐性较高。将供试材料各指标在 0.9% 盐浓度下进行综合分析得出总的耐盐性排序（由强到弱）为（表 3）：材料 3＞材料 16＞材料 15＞材料 5＞材料 17＞材料 7＝材料 14＞材料 1＝材料 13＞材料 2＞材料 4＝材料 8＝材料 11＞材料 6＝材料 9＞材料 12＞材料 10。

表 3　种子耐盐性综合评价

材料	0.9% 盐浓度下指标排序			耐盐临界浓度	耐盐适宜范围	合计	耐盐性排序
	相对发芽率	相对发芽指数	相对活力指数				
1	5	6	6	1	3	21	7
2	5	7	6	2	3	23	8
3	1	1	1	1	1	5	1
4	5	7	6	2	4	24	9
5	3	5	4	1	2	15	4
6	6	7	6	2	4	25	10
7	4	6	6	1	3	20	6
8	6	7	6	2	3	24	9
9	6	7	6	2	4	25	10
10	6	7	6	4	5	28	12
11	6	7	6	2	3	24	9
12	6	7	6	3	4	26	11
13	4	6	6	2	3	21	7
14	4	6	6	1	3	20	6
15	3	3	3	1	2	12	3
16	2	2	2	1	2	9	2
17	4	4	5	1	3	17	5

3　讨论

在盐胁迫下种子发芽率和活力指数与植物本身的生物学特性有关。试验中，种子发芽率和活力指数均随着盐浓度提高而显著下降。但在盐胁迫下，种子的活力指数受到的影响远比发芽率大，说明盐胁迫对牧草种子萌发速度、幼苗生长势的影响大于对种子萌发能力的影响。因此，将发芽指数或活力指数结合起来评价种子萌发期的耐盐性更为合理。

盐胁迫对种子萌发有显著的抑制作用，但关于低浓度促进种子萌发的现象也有报道。本试验中，在 0.3% 的盐浓度下材料 3、材料 8、材料 13、材料 16 都比对照盐浓度下的发芽率高，说明低盐浓度有促进种子发芽的作用。因此，部分材料播种时采用低盐浓度处理可以提高其发芽率。

对 17 份红豆草材料种子萌发及幼苗耐盐性研究结果表明，红豆草属植物种苗具有一定的耐盐性，研究结果可以为该属植物在盐渍化地区的开发利用提供依据，并为引种、选育提供一定的依据。但是由于植物生长环境以及营养水平不同，再加上种子本身的活力影响，仅凭此研究还不能确定植株耐盐性的强弱。因此，红豆草属植物的植株耐盐性强弱有待进一步研究证明。

本试验着重对 17 份红豆草材料种子之间萌发期耐盐性进行比较研究。在研究耐盐性临界值时，由于盐浓度设定不能预计到实际情况，因此出现部分材料的耐盐临界浓度超出本试验设计范围的情况。这充分说明红豆草属种子萌发期耐盐性较强，但红豆草属种子萌发期的实际耐盐程度有待进一步研究。

4 结论

17 份材料种子萌发期的耐盐性强弱为：材料 3＞材料 16＞材料 15＞材料 5＞材料 17＞材料 7＝材料 14＞材料 1＝材料 13＞材料 2＞材料 4＝材料 8＝材料 11＞材料 6＝材料 9＞材料 12＞材料 10。

供试材料都具有较强的耐盐性，耐盐的半致死浓度大致在 1.2% 左右。

15 份山蚂蟥种质资源苗期耐盐性研究

胡鹏[1]　虞道耿[2]　付玲玲[1]

（1. 海南大学农学院草业科学系　2. 中国热带农业科学院热带作物品种资源研究所）

摘要： 采用水培法，研究 15 份山蚂蟥种质在不同盐浓度梯度胁迫下的植株形态反应、叶绿素含量、细胞膜透性和游离脯氨酸含量，对 15 份山蚂蟥种质的苗期耐盐性进行了综合评价。结果表明：存活苗数随盐浓度升高而降低；游离脯氨酸含量、细胞膜透性随盐浓度的升高而升高；而叶绿素含量的变化表现出的规律不明显。综合评价 15 份山蚂蟥种质，幼苗的耐盐性强弱顺序为：050222175＞CIAT13120＞070303020＞CIAT13289＞070110005＞CIAT13649＞CIAT13089＞060327003＞CIAT13108＞070115045＞050307498＞070311008＞070108019＞CIAT13646＞CIAT13110。

关键词： 山蚂蟥；苗期；耐盐性

盐渍化土壤在世界上广泛分布，我国是世界盐碱地大国之一[1,2]，有各类盐碱地面积约 3 460 万 hm²。20 世纪 30 年代以来，美国、苏联、巴基斯坦、印度、埃及、以色列及澳大利亚就十分关注土壤的盐碱化和植物耐盐性研究[3]。我国于 20 世纪 80 年代以来开展了大量的耐盐性植物种质资源评价工作[4]。全世界约有 350 种山蚂蟥属植物，多分布于亚热带和热带地区，我国有 27 种 5 变种，大部分分布于西南部至东南部，仅 1 种产于陕甘西南部[5]。1980 年先后从澳大利亚和哥伦比亚等国引进绿叶山蚂蟥、银叶山蚂蟥和卵叶山蚂蟥等种质在海南、广东、云南等省份种植[6-8]，这些种质生产性能良好，是极具潜力的多用途豆科植物，可用作橡胶园覆盖作物、饲料作物、混播建植草地等，对热带和亚热带地区草地畜牧业和环境保护具有重要作用。本试验选用不同山蚂蟥种质为材料，通过观察植株形态反应、测定叶绿素含量、细胞膜相对透性和游离脯氨酸含量等指标，综合比较和分析各种质的耐盐能力，筛选出耐盐山蚂蟥种质，为生产实践提供理论依据。

1 材料与方法

1.1 试验材料

供试材料种质编号、经纬度、采集地等具体情况见表 1。

表 1　供试材料一览表

编号	种质号	种名	海拔（m）	纬度	经度	采集地
1	CIAT13120	卵叶山蚂蝗（*Desmodium ovalifolium* Wall.）	—	—	—	CIAT
2	050307498	长波叶山蚂蝗（*Desmodium sequax* Wall.）	539.1	24°41.801′N	105°42.944′E	广西田林县旧州镇
3	050222175	山蚂蝗［*Desmodium racemosum* (Thunb.) DC.］	862.9	24°25.577′N	98°32.521′E	云南德宏傣族景颇族自治州潞西市
4	070110005	南美山蚂蝗［*Desmodium tortuosum* (Sw.) DC.］	16	22°48.827′N	115°23.329′E	广东汕尾市
5	CIAT13089	卵叶山蚂蝗（*Desmodium ovalifolium* Wall.）	—	—	—	CIAT
6	CIAT13289	卵叶山蚂蝗（*Desmodium ovalifolium* Wall.）	—	—	—	CIAT
7	070108019	南美山蚂蝗［*Desmodium tortuosum* (Sw.) DC.］	—5	22°32.158′N	114°00.803′E	广东深圳皇岗区
8	CIAT13108	卵叶山蚂蝗（*Desmodium ovalifolium* Wall.）	—	—	—	CIAT
9	CIAT13110	卵叶山蚂蝗（*Desmodium ovalifolium* Wall.）	—	—	—	CIAT
10	070303020	赤山蚂蝗［*Desmodium rubrum* (Lour.) DC.］	1025	22°53.017′N	104°07.283′E	云南河口瑶族自治县
11	070311008	（大叶拿身草 *Desmodium laxiflorum* DC.）	745.7	24°58.558′N	105°46.111′E	贵州册亨县城郊
12	CIAT13646	卵叶山蚂蝗（*Desmodium ovalifolium* Wall.）	—	—	—	CIAT
13	070115045	假地豆［*Desmodium heterocarpon* (Linn.) DC.］	90.3	26°22.685′N	118°29.054′E	福建南平区樟湖镇
14	060327003	山蚂蝗［*Desmodium racemosum* (Thunb.) DC.］	1274	18°42.204′N	109°40.951′E	云南大寨
15	CIAT13649	卵叶山蚂蝗（*Desmodium ovalifolium* Wall.）	—	—	—	CIAT

注：CIAT 为澳大利亚国际热带农业研究中心。

1.2　试验方法

1.2.1　种子播种处理

采用 80℃热水处理 4min，晾干、置于培养皿中，放在人工光照气候箱中培养，在恒温 28℃的条件下催芽 2d。待种子露白后，播种于沙床上，待长到四五片叶后移植到水培箱。

1.2.2　营养液配制

（1）母液配制方法

A 液：Ca（NO_3）$_2$ · $4H_2O$（221.6g）＋KNO_3（101.2g）。

B 液：KH_2PO_4（27.2g）＋$MgSO_4$ · $7H_2O$（138.6g）。

C 液：$FeSO_4 \cdot 7H_2O$（13.9g）＋EDTA－2Na（18.6g）＋H_3BO_3（2.86g）＋$MnCl_2 \cdot 4H_2O$（1.81g）＋$ZnSO_4 \cdot 7H_2O$（0.22g）＋$CuSO_4 \cdot 5H_2O$（0.08g）＋$H_2MoO_4 \cdot H_2O$（0.02g）。

分别称取 A 液、B 液、C 液各所需化合物溶解，并分别定容至 1L，放入棕色瓶中保存。

（2）工作液配制方法

配 70L 工作液：首先，放 40％的水（28L），将 A 母液（175mL）倒入其中混匀；再慢慢倒入 B 母液（175mL），不断加水稀释，至达到总水量 80％；最后加入 C 母液（35mL），并加足水量不断搅拌。

1.2.3 试验处理

当幼苗具有 3～4 片真叶时，挑选生长一致的植株洗净根部基质后，移栽于塑料箱中。用塑料袋套在泡沫箱内壁上避免水分渗透，每箱盛 25L 营养液。用泡沫板固定植株，覆盖在塑料箱顶部，在泡沫塑料板上挖 21 个小孔（每箱 7 行，每行 3 孔），将幼苗植入塑料板的孔中，每箱种植 7 个种，每行 1 个种，每行 3 株。每个种设置 3 个重复，用 0.5％、1.0％、1.5％、2.0％这 4 种浓度梯度的盐溶液处理植株（NaCl 占培养液比例），并设对照 CK（0）。

1.2.4 盐胁迫方法

把幼苗移植到装有固定量培养液的培养箱中，每天观察水位并补充营养液，到稳定后，加盐处理，使所加盐量与培养箱里的培养液浓度为试验设定比值，一次加完所需盐量，记下刻度，每天观察水位并补充营养液。

1.3 测定项目及方法

1.3.1 NaCl 胁迫下的植株形态反应

盐处理后，每 2d 对植株及叶片萎蔫情况、死亡情况等进行观测和记录。

1.3.2 叶绿素含量的测定

采用丙酮提取比色法测定叶绿素含量，3 次重复。

1.3.3 细胞膜透性的测定

采用电导法测定细胞膜透性，3 次重复。

1.3.4 脯氨酸含量的测定

采用磺基水杨酸法测定脯氨酸含量，3 次重复。

1.4 评价方法

参考吐尔逊娜依等（1995）的综合评价方法进行综合评价。

1.5 数据处理方法

本文中所涉及的数据采用 SAS 9.0 软件以及 Excel 软件进行处理。

2 结果与分析

2.1 NaCl 胁迫下的植株形态反应

从表 2 可以看出，在 0.5％盐浓度下，CIAT13110 与 050307498 差异极显著，其余均不显著；050307498 枯萎程度最低，CIAT13110 枯萎程度最高。在 1.0％盐浓度下，CIAT13120、050307498 枯萎程度较低，CIAT13110、CIAT13108、070311008 枯萎程度很高。表明各山蚂蝗种质在受胁迫后，随着盐浓度升高叶片枯萎程度增大，其中 CIAT13120、070110005、050307498、070303020 受害程度较轻。供试山蚂蝗种质均能耐 0.5％和 1.0％NaCl 胁迫，少数种质能耐 1.5％NaCl 胁迫，但均不能耐 2.0％NaCl 胁迫。

表 2　不同浓度 NaCl 胁迫 20d 下各山蚂蝗种质的枯萎程度（%）

种质号	0（CK）	0.5%	1.0%	1.5%	2.0%
CIAT13120	0.0^{Bb}	23.3^{ABab}	30.0^{Cc}	90.0^{Bb}	/
050307498	0.0^{Bb}	20.0^{Bb}	30.0^{Cc}	/	/
050222175	6.7^{ABb}	23.3^{ABab}	51.7^{BCbc}	80.7^{Cc}	/
070110005	20.0^{Aa}	30.0^{ABab}	58.3^{BCabc}	/	/
CIAT13089	0.0^{Bb}	23.3^{ABab}	50.0^{BCbc}	91.7^{Aa}	/
CIAT13289	0.0^{Bb}	31.7^{ABab}	51.7^{BCbc}	/	/
070108019	20.0^{Aa}	33.3^{ABab}	58.3^{BCabc}	/	/
CIAT13108	0.0^{Bb}	35.0^{ABab}	80.7^{ABab}	/	/
CIAT13110	10.0^{ABab}	60.0^{Aa}	91.7^{Aa}	/	/
070303020	0.0^{Bb}	30.0^{ABab}	54.3^{BCabc}	80.7^{Cc}	/
070311008	0.0^{Bb}	30.0^{ABab}	80.7^{ABab}	/	/
CIAT13646	0.0^{Bb}	53.3^{ABab}	66.7^{BCbc}	/	/
070115045	0.0^{Bb}	30.0^{ABab}	66.7^{BCabc}	91.7^{Aa}	/
060327003	0.0^{Bb}	43.3^{ABab}	72.3^{ABab}	/	/
CIAT13649	0.0^{Bb}	31.7^{ABab}	66.7^{BCabc}	90.0^{Bb}	/

注：同行中不同的大写字母表示差异极显著（$P<0.01$），小写字母表示差异显著（$P<0.05$），"/"表示植株已死亡。

2.2　NaCl 胁迫下植株叶绿素含量

NaCl 胁迫可导致植株叶片的叶绿素含量降低，这主要是由于受 NaCl 胁迫，植株体内的叶绿素酶活性增强，从而促进了叶绿素 b 降解所致。从表 3 可见，CIAT13120、070303020、CIAT13646、070115045、CIAT13649 在 0.5%NaCl 胁迫下叶绿素相对含量高于对照，其他 10 种山蚂蝗种质叶绿素相对含量均低于对照。在 5 种叶绿素相对含量高于对照的种质中，CIAT13120、070303020、CIAT13649 在 1.0% NaCl 胁迫条件下叶绿素相对含量高于 0.5% NaCl 胁迫的叶绿素相对含量，CIAT13646、070115045 在 1.0% NaCl 胁迫条件下叶绿素相对含量低于 0.5% NaCl 胁迫的叶绿素相对含量，表明叶绿素相对含量的高低和耐盐性没有一致性的关系。在 0.5%、1.0%、1.5%NaCl 胁迫条件下，CIAT13120、050222175、CIAT13289、070303020、070115045 叶绿素含量相对稳定。说明 CIAT13120、050222175、CIAT13289、070303020、070115045 叶绿素含量受 NaCl 胁迫的影响较小。

表 3　不同浓度 NaCl 胁迫 20d 山蚂蝗种质叶绿素相对含量（%）的差异

种质号	0（CK）	0.5%	1.0%	1.5%	2.0%
CIAT13120	100.000^{Cc}	126.654^{Bb}	141.753^{Aa}	121.523^{Bb}	/
050307498	100.000^{A}	75.256^{B}	48.533^{C}	/	/
050222175	100.000^{Bb}	92.854^{Cc}	102.202^{Bb}	115.265^{Aa}	/
070110005	100.000^{Aa}	62.144^{Bb}	93.538^{Aa}	/	/
CIAT13089	100.000^{B}	63.523^{C}	105.563^{AB}	124.651^{A}	/
CIAT13289	100.000^{Aa}	95.745^{Bb}	101.535^{Aa}	/	/
070108019	100.000^{A}	86.463^{B}	53.233^{C}	/	/
CIAT13108	100.000^{A}	94.158^{B}	84.323^{C}	/	/
CIAT13110	100.000^{A}	51.625^{C}	85.215^{B}	/	/
070303020	100.000^{Bb}	102.210^{Bb}	135.548^{Aa}	129.658^{Aa}	/

（续）

种质号	0（CK）	0.5%	1.0%	1.5%	2.0%
070311008	100.000^A	76.512^B	45.659^C	/	/
CIAT13646	100.000^AB	121.542^A	98.465^B	/	/
070115045	100.000^C	112.587^B	105.488^BC	149.561^A	/
060327003	100.000^A	65.548^C	86.436^B	/	/
CIAT13649	100.000^Cc	103.122^Cc	125.659^Bb	155.632^Aa	/

注：同行中不同的大写字母表示差异极显著（$P<0.01$），小写字母表示差异显著（$P<0.05$），"/"表示植株已死亡。

2.3 NaCl 胁迫下细胞膜透性

调节植物体内盐分的运输和分配是植物耐盐的重要机制，而膜结构和功能的完整性是控制离子运转和分配的主导因素，因此膜系统是植物 NaCl 胁迫的主要作用部位，是逆境对植物产生伤害的原初位点。研究表明，细胞膜膜脂物理状态改变可能是植物感受渗透胁迫的原初响应，细胞膜受 NaCl 胁迫后直接影响膜脂和膜蛋白，造成脂膜透性增大和膜脂过氧化，从而影响细胞膜的正常生理功能。

通过表4可知，同一山蚂蝗种质随盐浓度升高电解质渗出率增大，表明各山蚂蝗种质在受到 NaCl 胁迫后，细胞膜透性增大，叶片内的相对电导率显著增加，其电解质外渗量随盐浓度的升高而增大，受胁迫强度不同，电解质外渗量各异。在2.0%浓度下，种质全部死亡。

表4 不同浓度 NaCl 胁迫 20d 各山蚂蝗叶片相对电解质渗出率（%）

种质号	0（CK）	0.5%	1.0%	1.5%	2.0%
CIAT13120	100.000^C	115.695^BC	152.857^B	196.325^A	/
050307498	100.000^C	160.542^B	236.651^A	/	/
050222175	100.000^C	121.655^BC	165.798^B	197.554^A	/
070110005	100.000^C	123.874^B	175.698^A	/	/
CIAT13089	100.000^C	152.547^B	186.258^B	258.685^A	/
CIAT13289	100.000^C	124.676^B	165.058^A	/	/
070108019	100.000^C	145.362^B	194.559^A	/	/
CIAT13108	100.000^C	166.796^B	196.528^A	/	/
CIAT13110	100.000^C	184.365^B	224.965^A	/	/
070303020	100.000^B	132.546^AB	161.453^AB	187.695^A	/
070311008	100.000^C	176.842^A	183.062^A	/	/
CIAT13646	100.000^B	183.561^A	205.368^A	/	/
070115045	100.000^C	146.885^B	169.452^AB	203.664^A	/
060327003	100.000^C	156.236^B	182.594^A	/	/
CIAT13649	100.000^D	148.969^C	196.584^B	253.512^A	/

注：同行中不同的大写字母表示差异极显著（$P<0.01$），"/"表示植株已死亡。

2.4 NaCl 胁迫下游离脯氨酸含量

植物在 NaCl 胁迫等逆境条件下，积累脯氨酸是一种较普遍的现象。脯氨酸具有保水作用，可以降低细胞水势，抵抗外界渗透胁迫，有利于抗盐。从表5可以看出，不同山蚂蝗种质叶片的脯氨酸含量受不同浓度盐胁迫变化很大。在0.5%盐浓度下070110005的游离脯氨酸含量急剧增加。在1.0%盐浓度下除了 CIAT13120、CIAT13089、070303020、CIAT13649 外，其余 11 个种质游离脯氨酸含量急剧增加。这说明不同山蚂蝗种质对不同浓度的 NaCl 反应不同。

表5　不同浓度 NaCl 胁迫 20d 各山蚂蝗种质叶片游离脯氨酸（μg/g）含量差异

种质号	0（CK）	0.5%	1.0%	1.5%	2.0%
CIAT13120	49.65[B]	196.57[C]	145.86[E]	435.85[C]	/
050307498	35.57[CD]	184.96[C]	322.45[C]	/	/
050222175	31.49[D]	104.79[E]	263.81[D]	232.42[D]	/
070110005	68.51[AB]	324.16[A]	768.56[A]	/	/
CIAT13089	45.99[C]	241.85[B]	278.48[D]	781.54[A]	/
CIAT13289	52.16[B]	168.53[D]	383.14[C]	/	/
070108019	65.54[AB]	72.57[F]	241.65[D]	/	/
CIAT13108	98.15[A]	196.65[C]	343.658[C]	/	/
CIAT13110	41.98[C]	163.521[D]	532.94[B]	/	/
070303020	51.26[B]	198.462[C]	202.87[DE]	582.64[BC]	/
070311008	58.60[B]	151.55[D]	398.58[C]	/	/
CIAT13646	70.25[AB]	211.59[C]	462.78[BC]	/	/
070115045	66.08[AB]	156.61[D]	247.19[D]	653.21[B]	/
060327003	79.64[A]	145.26[D]	354.2[C]	/	/
CIAT13649	63.93[AB]	198.65[C]	234.84[D]	641.5[B]	/

注：同行中不同的大写字母表示差异极显著（$P<0.01$），"/"表示植株已死亡。

2.5　耐盐综合评价

通过对 NaCl 胁迫 20d 枯萎程度、叶绿素含量、细胞膜透性、脯氨酸含量这 4 项指标的测定结果参考吐尔逊娜依在 8 种牧草耐盐性综合评价的方法进行分析和综合评价，得出 15 种山蚂蝗种质的耐盐性大小。由表 6 可以看出：050222175 的综合评价最高，为 32 分；CIAT13110 评价最低，为 13 分。其排序是：050222175＞CIAT13120＞070303020＞CIAT13289＞070110005＞CIAT13649＞CIAT13089＞060327003＞CIAT13108＞070115045＞050307498＞070311008＞070108019＞CIAT13646＞CIAT13110。

表6　15 种山蚂蝗种质的耐盐性评价

种质号	枯萎程度	叶绿素含量	细胞膜透性	游离脯氨酸含量	总分	排序
CIAT13120	9	8	8	6	31	2
050307498	10	3	3	4	20	11
050222175	8	9	10	5	32	1
070110005	8	3	7	10	28	5
CIAT13089	8	3	5	9	25	7
CIAT13289	8	10	7	4	29	4
070108019	5	6	3	2	16	13
CIAT13108	6	7	3	6	22	9
CIAT13110	2	4	3	4	13	15
070303020	7	9	8	6	30	3
070311008	5	4	3	5	17	12

（续）

种质号	枯萎程度	叶绿素含量	细胞膜透性	游离脯氨酸含量	总分	排序
CIAT13646	5	3	2	5	15	14
070115045	3	7	5	6	21	10
060327003	6	6	6	5	23	8
CIAT13649	6	8	7	6	27	6

3　讨论

3.1　NaCl 胁迫对植株枯萎程度的影响

在不同的盐浓度下，各山蚂蝗种质的枯萎程度随盐浓度增大而增大。这与李孔晨等（2008）的试验结果相符。本试验对照中 050222175、CIAT13110 出现少量枯萎现象，可能是病虫害所致。

3.2　NaCl 胁迫对叶片叶绿素含量的影响

在不同盐浓度下，叶绿素相对含量的变化因山蚂蝗种质不同而异，CIAT13120、070303020、CIAT13646、070115045、CIAT13649 在 0.5％NaCl 胁迫下叶绿素相对含量高于对照，其他 10 种山蚂蝗种质叶绿素相对含量均低于对照。在 5 种叶绿素相对含量高于对照的种质中，CIAT13120、070303020、CIAT13649 在 1.0％ NaCl 胁迫条件下叶绿素相对含量高于 0.5％ NaCl 胁迫的叶绿素相对含量，CIAT13646、070115045 在 1.0％ NaCl 胁迫条件下叶绿素相对含量低于 0.5％ NaCl 胁迫的叶绿素相对含量，表明叶绿素相对含量的高低和耐盐性没有一致性的关系。这与李孔晨等（2008）的试验结果不相符。这 5 种山蚂蝗在 NaCl 胁迫条件下相对叶绿素的含量高于对照，可能是 NaCl 刺激了叶绿素的合成，也可能是 NaCl 胁迫抑制了叶片的生长速度，而叶绿素合成未受到明显影响，于是导致单位面积叶绿素的含量增加。

3.3　NaCl 胁迫对叶片细胞膜透性和脯氨酸含量的影响

在不同的盐浓度下，不同山蚂蝗种质叶片的细胞膜透性和脯氨酸含量随盐浓度增加而增大。同一种质在不同盐浓度下，细胞膜透性和脯氨酸含量变化很大。这与李孔晨等（2008）的试验结果相符。很多研究者认为脯氨酸是主要的有机渗透调节物质，脯氨酸积累是植物为了对抗 NaCl 胁迫而采取的一种保护性措施。

4　结论

植物在胁迫下表现出耐盐性是一个比较复杂的过程，其耐盐能力的大小是多种指标的综合表现，如果用单一的指标来评价植物的耐盐性大小，不能客观地反应植物的耐盐性。因此为了能更客观、实际地衡量一种植物的耐盐性，要尽可能选取多个指标，与耐盐理论联系，按多个生物学指标进行综合评定。最终耐盐性大小顺序为：050222175＞CIAT13120＞070303020＞CIAT13289＞070110005＞CIAT13649＞CIAT13089＞060327003＞CIAT13108＞070115045＞050307498＞070311008＞070108019＞CIAT13646＞CIAT13110。

参 考 文 献

[1] 李志丹，干友民，泽柏. 牧草改良盐渍化土壤理化性质研究进展 [J]. 草业科学，2004，21（6）：17-20.

［2］刘克彪. 盐渍化沙地土壤旱化过程中植被的变化［J］. 草业科学，2005，22（10）：7-9.

［3］李瑞云，鲁纯养，凌礼章. 植物耐盐性研究现状与展望［J］. 盐碱地利用，1989（1）：38-41.

［4］武之新，徐宜男，刘凤泉. 植物耐盐性研究及耐盐牧草的筛选概况［J］. 河北农业大学学报，1993，16（4）：65-69.

［5］中国科学院中国植物志编辑委员会. 中国植物志［M］. 北京：科学出版社，1997：15-47.

［6］袁福锦，奎嘉祥，谢有标. 南亚热带湿热地区引进豆科牧草的适应性及评价［J］. 四川草原，2005，10：9-12.

［7］刘国道，周家锁，白昌军. 15种热带豆科牧草品比较试验［J］. 热带农业科学，1999（2）：9-14.

［8］何华玄，黄慧德，易克贤. 湿热带人工草地建植技术开发研究［J］. 热带农业科学，2001，21（1）：22-26.

山蚂蝗属种质材料苗期耐盐性研究

梁晓玲[1]　　白昌军[2]

（1. 海南大学农学院　　2. 中国热带农业科学院热带作物品种资源研究所）

摘要：对42份不同来源的山蚂蝗种质材料先进行发芽期耐盐性筛选，选出20份材料在0.3%、0.4%、0.5%、0.6%的盐浓度下进行胁迫，结果表明糙伏山蚂蝗、南01966银叶山蚂蝗、050223217大叶拿身草等材料耐盐性较强，070312008长波叶山蚂蝗等耐盐能力最差，其余材料对盐胁迫的耐受能力居中。

关键词：山蚂蝗；苗期；NaCl胁迫；隶属函数

土壤盐碱化已成为一个世界性的问题，全世界盐碱地面积近10亿hm^2，约占世界陆地面积的7.6%[1]。我国是世界盐碱地大国之一[2]有各类盐碱地面积约0.346亿hm^2，土壤盐碱化成为影响农业生产的最大障碍。盐土的改良利用是解决人口、粮食、资源和环境等问题的重要措施，培育抗盐作物种质以及提高作物本身的耐盐能力是改良利用盐碱地经济而有效的方法[3]。

目前，对山蚂蝗属耐盐性的研究比较少，缺乏山蚂蝗耐盐性的相关说明资料。不利于我们选择山蚂蝗属改良与利用盐碱地，进行作物耐盐碱育种，提高作物的耐盐性具有耗资少、见效快、成本低[4]等优越性。所以研究山蚂蝗耐盐性选育耐盐性较高的种质具有重要意义。种子萌芽期和出苗期是植物生长发育中对盐胁迫等逆境反应较为敏感的时期[5]，本文对苗期山蚂蝗属种质进行耐盐性研究，以期为生产实践提供理论依据。

1　材料与方法

1.1　试验地点

苗期盆栽试验在中国热带农业科学院牧草中心实验基地大棚进行。

1.2　试验材料

1.2.1　发芽期耐盐性初步评价的试验材料

42份试验材料由中国热带农业科学院热带作物品种资源研究所提供（表1）。

表1　供试材料

种质	拉丁名	来源
060127023 南美山蚂蝗	*Desmodium tortuosum*	海南乐乐尖峰岭天池
糙伏山蚂蝗	*Desmodium strigillosum*	CIAT引入

种质	拉丁名	来源
061002029 假地豆	*Desmodium heterocarpon*（Linn.）DC.	海南保亭七仙岭
01967 绿叶山蚂蝗	*Desmodium intortum* Urd.	CIAT 引入
040822027 卵叶山蚂蝗	*Desmodium ovalifolium* Wall.	海南白沙细水牧场
050219116 绒毛山蚂蝗	*Desmodium velutinum*（Willd.）	云南德宏盈江新城镇
南 01966 银叶山蚂蝗	*Desmodium uncinatum* DC.	CIAT 引入
050223217 大叶拿身草	*Desmodium laxiflorum* DC.	云南镇康怒江大桥
061128034 尖叶山蚂蝗	*Desmodium velutinum* var. *plukenetii* Schindl	海南东方天安乡
041001003 异果山绿豆	*Desmodium heterocarpon*（Linn.）DC.	广西
060424005 山蚂蝗	*Desmodium racemosum*（Thunb.）DC.	广西苍梧县沙头镇
041229009 绒毛山蚂蝗	*Desmodium velutinum*（Willd.）	海南两院 3 队
060130009 金钱草	*Desmodium styracifolium*	海南乐东尖峰岭
040822011 大叶山蚂蝗	*Desmodium gangeticum* DC.	海南尖峰岭天池
070310028 长波叶山蚂蝗	*Desmodium sequax* Wall.	贵州册亨县坡妹镇
050106036 异果山绿豆	*Desmodium heterocarpon*（Linn.）DC.	海南临高县
050222175 山蚂蝗	*Desmodium racemosum*（Thunb.）DC.	云南德宏潞西市
CPI 46561 山蚂蝗	*Desmodium cineria*	CIAT 引入
060131017 绒毛山蚂蝗	*Desmodium velutinum*（Willd.）DC.	海南三亚崖城
灰色山蚂蝗	*Desmodium rensonii*	CIAT 引入
050308531 灰色山蚂蝗	*Desmodium rensonii*	广西靖西县弄帕
050309550 大叶山蚂蝗	*Desmodium gangeticum* DC.	广西大新
041001010 大叶山蚂蝗	*Desmodium gangeticum* DC.	广西梧州市
02142 大叶山蚂蝗	*Desmodium gangeticum* DC.	CIAT 引入
紫花圆叶舞草	*Codariocalyx gyroides* Hassk.	CIAT 引入
CIAT13218 绒毛山蚂蝗	*Desmodium velutinum*	CIAT 引入
050225276 长波叶山蚂蝗	*Desmodium sequax* Wall.	云南沧源小黑江
度尼山蚂蝗	*Desmodium rensonii*	CIAT 引入
060329035 圆叶舞草	*Codariocalyx gyroides* Hassk.	云南思茅江城
050224256 舞草	*Codariocalyx motorius*	云南永德县勐永镇
070310025 假地豆	*Desmodium heterocarpon*（Linn.）DC.	贵州册亨县坡妹镇
070104014 异果山绿豆	*Desmodium heterocarpon*（Linn.）DC.	广东阳江市
050217048 舞草	*Codariocalyx motorius*	云南保山农科院热经所
071025002 绒毛山蚂蝗	*Desmodium sequax* Wall.	海南
050307498 绒毛山蚂蝗	*Desmodium sequax* Wall.	广西田林旧州镇
040822180 大叶山蚂蝗	*Desmodium gangeticum* DC.	海南白沙细水牧场
070115045 假地豆	*Desmodium heterocarpon*（Linn.）DC.	福建南平区樟湖
041104115 异果山绿豆	*Desmodium heterocarpon*（Linn.）DC.	海南琼中交叉农场
CIAT3787 圆叶舞草	*Codariocalyx gyroides*	CIAT 引入
060308011 圆叶舞草	*Codariocalyx gyroides* Hassk.	海南五指山市毛祥
060116021 异叶山蚂蝗	*Desmodium heterophyllum*	海南儋州市两院
070312008 长波叶山蚂蝗	*Desmodium sequax* Wall.	贵州兴义五镇

1.2.2　苗期耐盐性评价的试验材料

经筛选用于苗期耐盐性评价的20份试验材料见表2。

表2　筛选供试材料

编号	种质	编号	种质
1	060127023 南美山蚂蝗	11	060131017 圆叶绒毛山蚂蝗
2	糙伏山蚂蝗	12	灰色山蚂蝗
3	061002029 假地豆	13	CIAT13218 绒毛山蚂蝗
4	040822027 卵叶山蚂蝗	14	度尼山蚂蝗
5	南 01966 银叶山蚂蝗	15	050217048 舞草
6	050223217 大叶拿身草	16	050307498 绒毛山蚂蝗
7	061128034 尖叶山蚂蝗	17	040822180 大叶山蚂蝗
8	060130009 金钱草	18	CIAT3787 圆叶舞草
9	040822011 大叶山蚂蝗	19	060116021 异叶山蚂蝗
10	CPI 46561 山蚂蝗	20	070312008 长波叶山蚂蝗

1.3　试验设计

采用沙培盆栽试验，使用前将河沙用自来水冲洗数次，用蒸馏水浸泡冲洗2次，晒干后每盆装2.8kg，并在花盆底部垫尼龙网以防漏沙，在花盆底垫个小盘，将参试种子根据发芽率选择20～30粒均匀地播撒在已装好沙的花盆里，放置于温室中培养，待出苗后间苗，在幼苗长到三叶之前定苗，每盆保留生长、分布均匀的10株苗，待植株开始分蘖后进行盐胁迫处理。用纯NaCl配成0、0.3%、0.4%、0.5%、0.6%这5个梯度的盐溶液定量浇入花盆中，重复3次。盐处理18d取样测定生理指标，25d后测定生物学指标，30d结束试验。

1.4　指标测定

1.4.1　株高

用直尺测定每株幼苗的垂直高度，每盆测定3株，共测定3盆，以9个株高平均值作为株高。

1.4.2　叶绿素含量测定

称取新鲜叶片0.2g，放入研钵中，加入2～3mL体积分数为95%乙醇，研成匀浆，再加乙醇10mL，继续研磨至变白，静置3～5min，过滤到25mL棕色容量瓶中，用乙醇定容。以体积分数为95%的乙醇为空白，在波长665nm、649nm和470nm下测定吸光度。

1.4.3　叶片细胞膜透性测定

称取样品0.2g，采用电导法测定细胞膜相对透性。

1.4.4　游离脯氨酸含量测定

取新鲜叶片0.2g，放入试管中，加5mL质量分数为3%的磺基水杨酸溶液，沸水浴提取10min，冷却后以3000r/min离心10min，吸取上清液2mL，加2mL冰乙酸和3mL显色液，与沸水浴中加热1h，冷却后向各管加入5mL甲苯，充分震荡以萃取红色物质。静置待分层后吸取甲苯层，以甲苯为对照在波长520nm下比色。

1.4.5　丙二醛含量的测定

取新鲜叶片0.5g，加入2mL质量分数为10%的三氯乙酸（TCA）和少量石英砂研磨至匀浆，再加4mL TCA进一步研磨，匀浆在4000r/min离心10min。吸取离心的上清液（对照加2mL蒸馏水），加入2mL质量分数为0.6%的TBA溶液，混匀，将混合物于沸水浴上反应15min，迅速冷却后离心。取上清液测定450nm、532nm和600nm下的消光度。

1.5 山蚂蝗种质材料苗期耐盐性综合评价

1.5.1 隶属函数分析

用以下公式求得材料各指标隶属函数值。

$$\mu(X_j) = \frac{X_j - X_{\min}}{X_{\max} - X_{\min}} \quad (j = 1, 2, \cdots, n)$$

式中，X_j 表示第 j 个综合指标；$X_{\min}$ 表示第 j 个综合指标的最小值；$X_{\max}$ 表示第 j 个综合指标的最大值。

1.5.2 聚类分析

利用 SAS 程序对耐盐隶属函数值采用最小距离法进行聚类分析。

1.6 数据处理

运用 SAS 9.0 进行方差分析，用 Excel 运用隶属函数法计算出耐盐性综合评价值并用聚类分析进行综合评价。

2 结果与分析

2.1 42 份山蚂蝗属种质耐盐性的初步评价

42 份山蚂蝗属种质在发芽期选用 0.2%、0.6% 盐浓度胁迫（表 3），筛选出 0.2% 盐浓度胁迫下相对发芽率在 50% 以上的 20 份材料进行植物生理指标和形态学测定。

表 3 42 份山蚂蝗属种质芽期相对发芽率

种质	相对发芽率（%）			种质	相对发芽率（%）		
	CK	0.2% NaCl	0.6% NaCl		CK	0.2% NaCl	0.6% NaCl
060127023 南美山蚂蝗	100	69	36	050309550 大叶山蚂蝗	100	48	19
糙伏山蚂蝗	100	71	38	041001010 大叶山蚂蝗	100	33	10
061002029 假地豆	100	76	45	02142 大叶山蚂蝗	100	41	13
01967 绿叶山蚂蝗	100	28	16	紫花圆叶舞草	100	30	5
040822027 卵叶山蚂蝗	100	80	40	CIAT13218 绒毛山蚂蝗	100	97	49
050219116 绒毛山蚂蝗	100	43	18	050225276 长波叶山蚂蝗	100	29	17
南 01966 银叶山蚂蝗	100	63	33	度尼山蚂蝗	100	72	37
050223217 大叶拿身草	100	91	40	060329035 圆叶舞草	100	25	11
061128034 尖叶山蚂蝗	100	83	41	050224256 舞草	100	77	40
041001003 异果山绿豆	100	39	12	070310025 假地豆	100	19	9
060424005 山蚂蝗	100	45	26	070104014 异果山绿豆	100	34	11
041229009 绒毛山蚂蝗	100	11	0	050217048 舞草	100	28	18
060130009 金钱草	100	108	67	071025002 绒毛山蚂蝗	100	46	20
040822011 大叶山蚂蝗	100	88	33	050307498 绒毛山蚂蝗	100	83	58
070310028 长波叶山蚂蝗	100	48	35	040822180 大叶山蚂蝗	100	102	76
050106036 异果山绿豆	100	37	16	070115045 假地豆	100	48	19
050222175 山蚂蝗	100	45	22	041104115 异果山绿豆	100	39	17
CPI 46561 山蚂蝗	100	79	43	CIAT3787 圆叶舞草	100	72	48
060131017 圆叶绒毛山蚂蝗	100	69	28	060308011 圆叶舞草	100	43	20
灰色山蚂蝗	100	77	37	060116021 异果山蚂蝗	100	85	37
050308531 灰色山蚂蝗	100	49	20	070312008 长波叶山蚂蝗	100	68	29

注：各处理相对发芽率＝各处理发芽数/对照发芽数×100%。

2.2　20 份材料耐盐性的评价

2.2.1　盐胁迫对株高的影响

由表 4 可以看出，盐胁迫下山蚂蝗属幼苗的生长受到明显的抑制，随着盐浓度的增大株高呈下降趋势。盐处理后，山蚂蝗幼苗的株高极显著下降，但 040822011 大叶山蚂蝗、050307498 绒毛山蚂蝗的株高差异不显著，更有 040822027 卵叶山蚂蝗等在盐浓度为 0.4% 时株高高于对照，CPI 46561 山蚂蝗在盐浓度为 0.5% 时株高高于对照，后呈下降趋势。盐浓度 0.6% 时 040822011 大叶山蚂蝗变化幅度最小为 14.74%，度尼山蚂蝗变化幅度最大为 55.76%。

表 4　不同盐浓度下株高变化

编号	CK/cm	0.3%		0.4%		0.5%		0.6%	
		株高 (cm)	变幅 (%)	株高 (cm)	变幅 (%)	株高 (cm)	变幅 (%)	株高 (cm)	变幅 (%)
1	61.113A	56.000BA	8.37	52.777BA	13.64	50.667B	17.09	48.000B	21.46
2	26.000A	22.333BA	14.10	21.667BA	16.67	21.057B	19.01	18.333B	29.49
3	25.723A	25.500A	0.87	24.233BA	5.79	23.557BA	8.42	21.500B	16.42
4	14.557A	13.8333A	4.97	15.000A	−3.04	13.503A	7.24	11.163B	23.32
5	45.443A	37.667BA	17.11	32.333BC	28.85	31.110BC	31.54	22.553C	50.37
6	39.887A	33.557B	15.87	33.890BA	15.03	33.443B	16.16	29.997B	24.80
7	33.917A	24.973B	26.37	23.500A	30.71	20.447B	39.71	19.833B	41.52
8	12.330A	12.167A	1.32	10.890BA	11.68	9.667BA	21.60	9.110B	26.12
9	42.222A	40.111A	5.00	39.444A	6.58	37.111A	12.11	36.000A	14.74
10	33.000BA	38.223A	−15.83	35.887A	−8.75	33.777BA	−2.35	27.223B	17.51
11	17.777A	16.777A	5.63	15.053BA	15.32	14.557BA	18.11	11.887B	33.13
12	36.556A	32.778BA	10.33	31.444BC	13.98	27.000C	26.14	22.278D	39.06
13	21.556A	16.111B	25.26	12.889CB	40.21	11.944C	44.59	10.944C	49.23
14	40.556A	31.556B	22.19	26.667C	34.25	26.000C	35.89	17.944D	55.76
15	51.222A	42.778B	16.49	42.556B	16.92	31.389C	38.72	28.278C	44.79
16	17.667A	16.389A	7.23	15.778A	10.69	13.889A	21.38	14.111A	20.13
17	34.667A	25.667B	25.96	23.222B	33.01	21.444B	38.14	20.667B	40.38
18	52.444A	52.333A	0.21	51.222A	2.33	46.222A	11.86	39.556B	24.57
19	25.556A	29.000A	−13.48	30.111A	−17.82	18.278B	28.48	13.944B	45.44
20	20.557A	16.943BA	17.58	12.553BA	38.94	12.277BA	40.28	9.447C	54.04

注：数据以行做比较，无相同字母表示差异极显著（$P<0.01$）。

2.2.2　盐胁迫对叶绿素含量的影响

表 5 表明，随着盐浓度升高，山蚂蝗属幼苗的叶绿素含量出现不同程度的降低，降低程度大，差异极显著。盐浓度为 0.6% 时，材料的变化幅度在 13.20% ~ 77.96%，060131017 圆叶绒毛山蚂蝗变幅最小，灰色山蚂蝗的变幅最大。

表 5　不同盐浓度下叶绿素含量变化

编号	CK	0.30%		0.40%		0.50%		0.60%	
		叶绿素含量 (mg/g)	变幅 (%)	叶绿素含量 (mg/g)	变幅 (%)	叶绿素含量 (mg/g)	变幅 (%)	叶绿素含量 (mg/g)	变幅 (%)
1	2.2165A	1.9171BA	13.51	1.3315BA	39.93	1.2965BA	41.51	1.1324B	48.91
2	2.3880A	2.1619BA	9.47	1.8822BA	21.18	1.7215B	27.91	1.6116B	32.51

（续）

编号	CK	0.30%		0.40%		0.50%		0.60%	
		叶绿素含量 (mg/g)	变幅 (%)	叶绿素含量 (mg/g)	变幅 (%)	叶绿素含量 (mg/g)	变幅 (%)	叶绿素含量 (mg/g)	变幅 (%)
3	2.7843A	2.6340BA	5.40	2.5299BA	9.14	2.3953BA	13.97	2.3169B	16.79
4	2.3194A	1.6119B	30.50	1.5041B	35.15	1.5139B	34.73	1.4293B	38.38
5	2.6259A	2.4060A	8.37	2.3675A	9.84	1.4567B	44.53	1.4547B	44.60
6	3.1572A	2.0859B	33.93	1.9251B	39.03	1.9751B	37.44	1.7041B	46.02
7	1.7488A	1.4829BA	15.20	1.2515B	28.44	1.2411B	29.03	1.1538B	34.02
8	1.8197A	1.6011BA	12.01	1.5773BA	13.32	1.5173BA	16.62	1.2523B	31.18
9	3.1213A	2.2783B	27.01	1.7879CB	42.72	1.7249CB	44.74	1.4212C	54.47
10	3.5586A	2.2926B	35.58	2.1651B	39.16	1.2637C	64.49	1.1612C	67.37
11	1.7358A	1.6995BA	2.09	1.6576BA	4.51	1.5584BA	10.22	1.5067B	13.20
12	4.4376A	2.0201B	54.48	1.8466B	58.39	1.8363B	58.62	0.9781B	77.96
13	1.6776A	1.3204BA	21.29	1.2075BA	28.02	1.1877BA	29.20	0.9756B	41.85
14	3.1320A	1.9160B	38.83	1.4829CB	52.65	1.4289CB	54.38	0.9924C	68.31
15	3.3340A	2.2479B	32.58	1.7257B	48.24	1.4683B	55.96	1.3364B	59.92
16	1.7037A	1.3277BA	22.07	1.3077BA	23.24	1.2891BA	24.34	0.9306B	45.38
17	3.0730A	2.2652BA	26.29	1.9743B	35.75	1.7986B	41.47	1.7427B	43.29
18	3.2824A	2.1856B	33.41	2.1655B	34.03	1.6821BC	48.75	1.3771C	58.05
19	2.2572A	2.2497A	0.33	2.0686A	8.36	1.9182A	15.02	1.4076B	37.64
20	2.4178A	0.8658B	64.19	—	—	—	—	—	—

注：数据以行做比较，无相同字母表示差异极显著（$P<0.01$）；"—"表示植株已死亡。

2.2.3　盐胁迫对细胞膜透性的影响

表6表明，随着盐浓度升高，细胞膜透性极显著地升高，不同种质间变化幅度差异较大，当盐浓度达0.6%时，山蚂蝗幼苗细胞膜透性达到最高，CIAT3787圆叶舞草与对照相比，变幅达489.57%，变幅最小的040822027卵叶山蚂蝗为31.77%。

表6　不同盐浓度下细胞膜透性的变化

编号	CK	0.3%		0.4%		0.5%		0.6%	
		细胞膜透性	变幅 (%)	细胞膜透性	变幅 (%)	细胞膜透性	变幅 (%)	细胞膜透性	变幅 (%)
1	0.3871B	0.3982[B]	3.87	0.5044[B]	31.30	0.7291[A]	89.35	0.7884[A]	104.67
2	0.4990B	0.7252[A]	46.33	0.7449[A]	50.28	0.8018[A]	61.68	0.8773[A]	76.81
3	0.4191C	0.4279[C]	3.10	0.7059[B]	69.43	0.8745[A]	109.66	0.9206[A]	120.66
4	0.6220B	0.7522[A]	21.93	0.7728[A]	25.24	0.8051[A]	30.44	0.8134[A]	31.77
5	0.4483B	0.5859[BA]	31.69	0.6100[BA]	37.07	0.6678[BA]	49.96	0.8315[A]	86.48
6	0.3745B	0.4679[BA]	25.94	0.4596[BA]	23.72	0.4847[BA]	30.43	0.5252[A]	41.24
7	0.3118B	0.4622[B]	49.24	0.6869[A]	121.30	0.7287[A]	134.71	0.7645[A]	146.19
8	0.3114C	0.3690[CB]	19.50	0.3764[CB]	21.87	0.4303[B]	39.18	0.6011[A]	94.03
9	0.5310B	0.7069[BA]	34.13	0.8049[A]	52.58	0.8204[A]	55.50	0.8425[A]	59.66
10	0.3737B	0.4308[BA]	16.26	0.5171[BA]	39.35	0.5442[A]	46.60	0.5791[A]	55.93

（续）

编号	CK	0.3%		0.4%		0.5%		0.6%	
		细胞膜透性	变幅（%）	细胞膜透性	变幅（%）	细胞膜透性	变幅（%）	细胞膜透性	变幅（%）
11	0.3517B	0.5067^{BA}	45.04	0.5013^{BA}	43.51	0.5284^{BA}	51.21	0.5899^A	68.69
12	0.3339B	0.4969^{BA}	49.82	0.6366^{BA}	91.66	0.6937^A	108.76	0.7085^A	113.19
13	0.2205C	0.2685^C	22.77	0.3161^{BC}	44.36	0.4137^{BA}	88.62	0.4781^A	117.83
14	0.2299B	0.4718^A	106.22	0.4791^A	109.39	0.5047^A	120.53	0.5335^A	133.06
15	0.1747B	0.2266^B	30.71	0.2489^B	43.47	0.2867^B	65.11	0.6651^A	281.71
16	0.3388B	0.3685^A	9.77	0.4786^{BA}	42.26	0.7093^{BA}	110.36	0.8221^A	143.65
17	0.4272B	0.5630^{BA}	32.79	0.6392^{BA}	50.63	0.6801^A	60.20	0.7133^A	67.97
18	0.1653B	0.1918^B	17.03	0.4281^B	159.98	0.9343^A	466.21	0.9729^A	489.57
19	0.5560B	0.6132^{BA}	11.29	0.6661^{BA}	20.80	0.7322^A	32.69	0.7557^A	36.92
20	0.7829B	0.9660^A	24.39	—	—	—	—	—	—

注：数据以行做比较，无相同字母表示差异极显著（$P<0.01$）；"—"表示植株已死亡。

2.2.4 盐胁迫对游离脯氨酸含量的影响

表 7 表明，随着盐浓度增加，游离脯氨酸含量极显著的增加，但变幅不大，当盐浓度达到 0.6%时，变幅最大的 050217048 舞草为 34.59%，最小的仅达 2.26%，是 050223217 大叶拿身草。

表 7　不同浓度下游离脯氨酸含量的变化

编号	CK	0.3%		0.4%		0.5%		0.6%	
		游离脯氨酸含量（μg/g）	变幅（%）	游离脯氨酸含量（μg/g）	变幅（%）	游离脯氨酸含量（μg/g）	变幅（%）	游离脯氨酸含量（μg/g）	变幅（%）
1	4.4196B	4.5340^B	3.59	4.6089^{BA}	5.28	4.6008^{BA}	5.10	4.9211^A	12.35
2	4.6100B	4.6074^B	0.94	4.6167^B	1.15	4.6497^{BA}	1.86	4.7261^A	3.52
3	4.1140C	4.6290^C	13.52	4.6606^{BC}	14.29	4.7967^{BA}	17.59	4.9227^A	20.66
4	4.5879B	4.5854^B	0.95	4.5907^B	1.06	4.6057^B	1.39	4.7758^A	5.10
5	4.5610B	4.5625^B	1.03	4.5683^B	1.16	4.5844^B	1.51	4.6944^A	3.92
6	4.6199B	4.6576^{BA}	1.82	4.6640^{BA}	1.95	4.6696^A	2.08	4.6779^A	2.26
7	4.6276B	4.6578^B	1.65	4.6835^{BA}	2.21	4.6843^{BA}	2.23	4.7494^A	3.63
8	4.5967B	4.6179^B	1.46	4.6632^{BA}	2.45	4.6802^{BA}	2.82	4.7200^A	3.68
9	4.6379B	4.6506^B	1.27	4.6635^B	1.55	4.8920^B	6.48	4.8224^{BA}	4.98
10	4.5832B	4.6331^B	2.09	4.6327^B	2.08	4.6542^{BA}	2.55	4.7393^A	4.41
11	4.5803B	4.5964^B	1.35	4.6151^B	1.76	4.6234^B	1.94	4.6852^A	3.29
12	4.5873B	4.6189^B	1.69	4.6297^{BC}	1.92	4.6575^{BA}	2.53	4.7924^A	5.47
13	4.5702B	4.5888^{BA}	1.41	4.6466^{BA}	2.67	4.6903^B	3.63	4.6990^A	3.82
14	4.5916C	4.6484^{CB}	2.24	4.6513^{CB}	2.30	4.7724^B	4.94	4.9905^A	9.69
15	4.6537B	4.6314^B	0.52	4.6537^B	1.00	4.6749^B	1.46	6.2169^A	34.59
16	4.6186B	4.6329^B	1.31	4.7291^{BA}	3.39	4.7797^{BA}	4.49	4.8658^A	6.35
17	4.5637B	4.6033^B	1.87	4.6256^B	2.36	4.6928^B	3.83	4.9192^A	8.79
18	4.6909B	4.7472^B	2.20	4.8239^B	3.84	4.8446^B	4.28	5.3356^A	14.74
19	4.6056C	4.6265^{BC}	1.45	4.6281^{BA}	1.49	4.6372^{BA}	1.69	4.6641^A	2.27
20	4.5815B	4.6266^A	1.98	—	—	—	—	—	—

注：数据以行做比较，无相同字母表示差异极显著（$P<0.01$）；"—"表示植株已死亡。

2.2.5　盐胁迫对丙二醛含量的影响

表 8 表明，随着盐浓度的增加，丙二醛含量逐渐增大，不同处理间的差异达极显著，盐处理下山蚂蝗幼苗丙二醛含量显著的高于对照，当盐浓度为 0.6% 时，061002029 假地豆的变幅达 152.06%，糙伏山蚂蝗在盐浓度为 0.3% 时丙二醛含量下降后上升，但变幅不大，0.6% 时达 12.32%。

表 8　不同浓度下丙二醛含量的变化

| 编号 | CK | 0.3% | | 0.4% | | 0.5% | | 0.6% | |
		丙二醛含量 (μmol/g)	变幅 (%)	丙二醛含量 (μmol/g)	变幅 (%)	丙二醛含量 (μmol/g)	变幅 (%)	丙二醛含量 (μmol/g)	变幅 (%)
1	1.7317B	1.9874BA	15.77	2.4498BA	42.47	2.7285BA	58.56	3.3406A	93.91
2	1.3943BA	1.2413B	−9.97	1.4611BA	5.79	1.4885BA	7.76	1.5521A	12.32
3	0.6195B	0.6491B	5.78	0.6836B	11.35	1.2851A	108.44	1.5553A	152.06
4	0.6208B	0.8299BA	34.68	1.0038A	62.69	1.0900A	76.58	1.06775A	73.00
5	1.1313B	1.1729B	4.68	1.2450BA	11.05	1.7407A	54.87	1.7693A	57.40
6	1.0301B	1.0685B	4.73	1.1612B	13.73	1.18223A	15.77	1.4494BA	41.70
7	1.2749B	1.3684B	8.33	1.7549BA	38.65	1.8899A	49.24	2.0760A	63.84
8	0.6187B	1.0027BA	63.07	1.0453BA	69.95	1.1092A	80.28	1.1261A	83.01
9	1.1799C	1.2287C	5.14	1.3799BA	17.95	1.3059BA	11.68	1.4844A	26.81
10	0.7006B	1.4951A	114.40	1.5181A	117.69	1.4582A	109.14	1.6073A	130.42
11	1.3690B	1.6829BA	23.93	1.6618BA	22.39	1.7244BA	26.96	2.2868A	68.04
12	1.0826B	1.1177B	4.24	1.1710B	9.17	1.2595BA	17.34	1.5248A	41.85
13	1.1955B	1.2126B	2.43	1.3282B	12.10	1.4422B	21.64	1.8769A	58.00
14	0.7546B	0.8011B	7.15	0.7910B	5.82	1.0946A	46.06	1.1184A	49.21
15	1.2756B	1.5151B	19.78	1.6251B	28.40	2.2645BA	78.52	2.6951A	112.28
16	1.4218C	1.5694BA	11.38	1.7741BA	25.78	1.8262BA	29.44	1.9393A	37.40
17	0.9202B	1.1481BA	25.77	1.0838BA	18.78	1.2683BA	38.83	1.3523A	47.96
18	1.0598B	1.0886B	3.72	1.6923A	60.68	1.7935A	70.23	1.9606A	86.00
19	1.5854B	1.9311A	22.81	1.8204BA	15.82	2.0430A	29.86	2.0722A	31.71
20	0.8007A	1.0180A	28.14	—	—	—	—	—	—

注：数据以行做比较，无相同字母表示差异极显著（$P<0.01$）；"—"表示植株已死亡。

2.3　综合评价

2.3.1　隶属函数分析

各指标隶属函数值及综合评价见表 9。

表 9　各材料隶属函数值及综合评价

| 编号 | 隶属函数 | | | | | 综合评价 | |
	株高	叶绿素含量	细胞膜透性	游离脯氨酸含量	丙二醛含量	均值	耐盐性
1	0.414796	0.518794	0.876356	0.671725	0.572544	0.610843	中
2	0.52571	0.278256	0.870619	0.990369	1	0.732991	强
3	0.242552	0.069628	0.80491	0	0.425711	0.30856	弱
4	0.248402	0.495584	0.992544	0.973101	0.493009	0.640528	中

（续）

编号	隶属函数					综合评价	
	株高	叶绿素含量	细胞膜透性	游离脯氨酸含量	丙二醛含量	均值	耐盐性
5	0.813793	0.352404	0.899615	0.987627	0.754035	0.761495	强
6	0.481767	0.576081	0.98096	0.979664	0.868275	0.77735	强
7	0.875737	0.349459	0.660812	0.952346	0.683669	0.704405	强
8	0.415727	0.196502	0.929312	0.940701	0.384718	0.573392	中
9	0.283591	0.63309	0.902847	0.875183	0.899767	0.718896	强
10	0	0.804717	0.945263	0.92858	0	0.535712	中
11	0.483776	0	0.89646	0.975596	0.724788	0.616124	中
12	0.586454	1	0.746173	0.920286	0.875583	0.825699	强
13	1	0.411741	0.833312	0.921802	0.828257	0.799022	强
14	0.933594	0.839249	0.64358	0.792695	0.797369	0.801297	强
15	0.748856	0.759596	0.690328	0.481588	0.510504	0.638174	中
16	0.408168	0.387422	0.801824	0.853888	0.806673	0.651595	中
17	0.870874	0.53223	0.893428	0.831909	0.746704	0.775029	强
18	0.286909	0.657283	0	0.693076	0.550775	0.437609	弱
19	0.308458	0.142785	1	1	0.815019	0.653252	中
20	—	—	—	—	—	—	弱

注：数据以行做比较，无相同字母表示差异极显著（$P < 0.01$）；"—"表示植株已死亡。

2.3.2 各材料耐盐相似性分析

将不同山蚂蝗种质的隶属函数值用最短距离法进行聚类分析，结果见图 1。20 份山蚂蝗耐盐性相似程度聚为 3 类：耐盐性较强的是糙伏山蚂蝗、南 01966 银叶山蚂蝗、050223217 大叶拿身草、061128034 尖叶山蚂蝗、040822011 大叶山蚂蝗、灰色山蚂蝗、CIAT13218 绒毛山蚂蝗、度尼山蚂蝗、

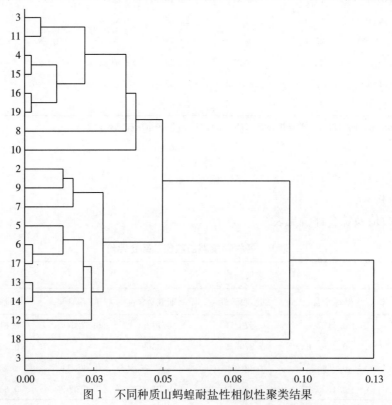

图 1　不同种质山蚂蝗耐盐性相似性聚类结果

040822180 大叶山蚂蝗；061002029 假地豆、CIAT3787 圆叶舞草、070312008 长波叶山蚂蝗耐盐性较弱，其中 070312008 长波叶山蚂蝗耐盐性最弱；060127023 南美山蚂蝗、040822027 卵叶山蚂蝗、060130009 金钱草、CPI 46561 山蚂蝗、060131017 圆叶绒毛山蚂蝗、050217048 舞草、050307498 绒毛山蚂蝗、060116021 异叶山蚂蝗耐盐性居中。

3　结论

3.1　盐胁迫下植物株高的变化

盐胁迫可使植物叶片伸展速率下降，随着盐浓度升高，最明显的影响就是植物生长受阻碍。本试验结果说明盐浓度对山蚂蝗幼苗株高有显著影响，不同材料对盐胁迫的耐受能力差异较大，随着盐胁迫浓度升高，株高明显下降。

3.2　盐胁迫下植物叶片叶绿素含量的变化

叶绿素是保证光合作用正常的进行的主要物质，耐盐性较强的植物比耐盐性较弱的植物具有较高的叶绿素含量，能够维持较高的光能转化效率，为植物生长提供充足的养分。盐胁迫下膜脂过氧化加剧，叶绿素降低，盐胁迫加速叶片老化的原因之一可能是活性氧破坏叶绿体[6,7]。本试验证明，盐胁迫下山蚂蝗幼苗叶片的叶绿素含量随着盐浓度升高而逐渐降低，在 0.6％盐浓度下叶绿素含量的下降幅度明显大于其他盐浓度。

3.3　盐胁迫下植物叶片细胞膜透性的变化

植物耐盐的重要机制是植物体内盐分的运输调节，膜系统是植物遭受盐害的主要部位，也是逆境伤害植物的原初位点[8]，而控制离子运转和分配的主导因素是膜结构和功能的完整性。细胞膜透性小，说明在盐胁迫下外渗物少，耐盐性强。本试验中测定的细胞膜透性变化表明，耐盐强的材料细胞膜受害较轻，细胞膜透性的变化幅度较小。

3.4　盐胁迫下植物叶片游离脯氨酸含量的变化

在盐胁迫下，游离脯氨酸含量会迅速提高，游离脯氨酸大量积累的原因可能是合成受激、蛋白质合成受阻。本试验结果表明在盐胁迫浓度逐渐升高的情况下，植物叶片积累的游离脯氨酸含量逐渐升高且变化极显著。

3.5　盐胁迫下植物叶片丙二醛含量的变化

丙二醛是膜脂过氧化的主要产物之一，一般认为丙二醛在植物体内产生是活性氧毒害的表现，含量越高越容易导致植物体的抗性减弱，甚至导致植物死亡。丙二醛的含量高低是判断膜脂过氧化程度的一个重要指标。本试验测定的丙二醛含量结果表明在山蚂蝗叶片内随着盐浓度升高丙二醛含量极显著升高，但不同种质变化幅度均不同。

盐胁迫对山蚂蝗属种质材料的影响是多方面的，不仅表现在形态方面，同时也表现在具体的生理生化过程中，由于供试材料基因型不同，对盐胁迫的适应方式也不同。因此在进行山蚂蝗属种质耐盐性强弱的综合鉴定时，不能用单一指标，应采用多个指标进行综合评价。综上所述，9 个山蚂蝗属种质耐盐性较强，分别是糙伏山蚂蝗、南 01966 银叶山蚂蝗、050223217 大叶拿身草、061128034 尖叶山蚂蝗、040822011 大叶山蚂蝗、灰色山蚂蝗、CIAT13218 绒毛山蚂蝗、度尼山蚂蝗、040822180 大叶山蚂蝗；3 个山蚂蝗属种质耐盐性较弱，分别是 061002029 假地豆、CIAT3787 圆叶舞草、070312008 长波叶山蚂蝗，其中长波叶山蚂蝗 070312008 在盐胁迫浓度达 0.4％时植株全部死亡，其余种质均存活，可见070312008 长波叶山蚂蝗耐盐能力最差。

参 考 文 献

[1] EPSTEIN E. Better Crops for Food [M]. London：Pit Man，1983：61.

[2] 张建锋，张旭东. 世界盐碱地资源及其改良利用的基本措施 [J]. 水土保持研究，2005，12（6）：28 - 30.

[3] 谢承陶. 盐渍土改良原理与作物抗性 [M]. 北京：中国农业科技出版社，1993：184 - 185.

[4] 吐尔逊娜依，高辉远，安沙舟，等. 8 种牧草耐盐性综合评价 [J]. 中国草地，1995（1）：30 - 32.

[5] 王晓东，杨晓东，李红，等. 豆科牧草耐盐性评价 [J]. 草种质资源抗性评价鉴定报告，2009：285.

[6] 刁丰秋. 盐胁迫对大麦叶片类囊体膜组成和功能的影响 [J]. 植物生理学报，1997，23（2）：105 - 110.

[7] 陈沁，刘友良. 外源 GSH 对盐胁迫下大麦幼苗生长的影响 [J]. Journal of Shanghai University，2000，（S1）：193 - 197.

[8] 阎秀峰，孙国荣. 星星草生理生态学研究 [M]. 北京：科学出版社，2000.

盐胁迫 10 份山蚂蝗属种质生理特性的研究

徐士乔[1]　　付玲玲[1]　　王文强[2]

（1. 华南热带农业大学农学院草业科学系　2. 中国热带农业科学院热带作物品种资源研究所）

摘要： 选择 10 份生长状况良好的山蚂蝗属种质，在苗期以 0、0.1%、0.2%、0.4%、0.6% 的 NaCl 盐溶液处理，测定叶绿素、游离脯氨酸、电导率等生理生化指标，并对比在 NaCl 渗透胁迫下的生理变化。试验表明，随着处理盐浓度增高，叶片细胞膜透性增加，叶绿素含量整体呈下降趋势，游离脯氨酸含量总体呈上升趋势。

关键词： 山蚂蝗属；NaCl 胁迫；耐盐性

目前，海南滩涂面积约有 864hm²，滨海盐土约有 209hm²，占海岛陆地面积的 10.4%，其中盐田有 31.4hm²，占海岛陆地面积的 1.6%（全国土壤普查办公室，1998），因此，开展热带牧草耐盐性研究，对当地的经济发展和生态环境建设具有重要的意义。

山蚂蝗属蝶形花科，约 350 种，分布于热带和亚热带地区，我国约 27 种，主产于西南部至东南部，有些种类可作为饲料，有些可作为绿肥。灌木、亚灌木或草本，有时近攀援状。我国海南、广东、广西、云南等省份有引种，常作为热带种植园的覆盖作物，也用作饲料。

本试验采用不同浓度的 NaCl 对山蚂蝗属种质进行苗期盐胁迫，研究山蚂蝗属种质在盐胁迫下的生理效应，为探讨山蚂蝗属种质的抗盐机理和山蚂蝗属种质的开发利用提供依据。

1　材料与方法

1.1　试验材料

10 份参试山蚂蝗属种质全部来源于中国热带农业科学院热带作物品种资源研究所（表 1）。

表 1　供试种质

种质名	样号	种质号	播种日期（月/日）	出苗日期（月/日）	盐处理日期（月/日）
异果山绿豆	1	41104057	5/22	5/25	7/17
异果山绿豆	2	41104107	5/22	5/25	7/17
异果山绿豆	3	41104044	5/22	5/25	7/17

（续）

种质名	样号	种质号	播种日期（月/日）	出苗日期（月/日）	盐处理日期（月/日）
大叶山蚂蝗	4	41104073	5/22	5/25	7/17
大叶山蚂蝗	5	50309535	5/22	5/25	7/17
卵叶山蚂蝗	6	CIAT13111	5/22	5/25	7/17
卵叶山蚂蝗	7	CIAT13646	5/22	5/25	7/17
赤山蚂蝗	8	50302445	5/22	5/25	7/17
糙伏山蚂蝗	9		5/22	5/25	7/17
绒毛山蚂蝗	10	50101004	5/22	5/25	7/17

1.2 试验方法

1.2.1 盆土准备

取大田土壤（非盐碱地）过筛，装入 150 盆无孔塑料花盆，每盆装大田土 5kg，装土时，取样测定含水率以确定实际装入干土重（4.9kg）。

1.2.2 播种定苗

在有遮雨条件的可透光棚架下播种，以防雨淋影响试验。根据种子发芽率每盆播种 10 粒种子，出苗后间苗，两叶期之前定苗，每盆留生长整齐一致、分布均匀的 5 棵苗。

1.2.3 加盐处理

每份种质设 5 个盐处理浓度，处理浓度分别为 0、0.1%、0.2%、0.4%、0.6%（占土壤干重）。

1.2.4 生理生化指标的测定

加盐处理 45d 后，从每个处理中随机抽取植株，在相同部位选取 3 片成熟叶，进行各项生理生化指标的测定。

（1）叶绿素含量测定　采用丙酮乙醇混合液法[1]测定叶绿素含量。剪取的测定叶片如黏附有尘土应先冲洗干净并吸干表面附着的水，准确称取 0.1g 左右，用剪刀剪成细条（1～2mm 宽）后，放入具塞三角瓶或刻度试管中，加丙酮乙醇混合提取液 10mL 盖塞，在室温暗处浸提直至材料变白。取材料变白后的上清液在 663nm 和 645nm 波长下测定光密度。按叶绿素含量＝$(8.04 \times A_{663} + 20.29 \times A_{645}) \times V/(1\,000 \times W)$ 计算叶绿素的含量。式中 A_{663} 和 A_{645} 分别为叶绿素提取液在 663nm 和 645nm 处的吸光率或光密度，V 为提取液体积（mL），W 为材料重（g）。

（2）游离脯氨酸测定　采用磺基水杨酸法[1]测定游离脯氨酸含量。取 0.2g 左右经过不同处理的叶片材料，剪碎后放入具塞试管中，加 5mL 3% 磺基水杨酸溶液，加塞后在沸水浴中提取 10min。取提取液 2mL 于具塞试管中，再加入 2mL 水、2mL 冰乙酸和 4mL 酸性茚三酮溶液，摇匀后在沸水浴中加热显色 1h，取出后冷却至室温，加入 4mL 甲苯萃取红色物质。静置待溶液分层后，吸取甲苯层测定 520nm 波长处的吸收值，并用浓度为 1～10μg/mL 的 10 个系列游离脯氨酸标准溶液同步制作标准曲线。

标准曲线的制作：配制浓度为 1～10μg/mL 的 10 个系列游离脯氨酸标准溶液。取标准溶液各 2mL，加入 2mL 3% 磺基水杨酸、2mL 冰乙酸（显色剂）和 4mL 酸性茚三酮溶液在沸水浴中加热显色 1h。冷却后，加入 4mL 甲苯萃取红色物质。静置后，取甲苯相测定 520nm 波长处的吸收值，依据游离脯氨酸含量和相应吸收值绘制标准曲线。

按游离脯氨酸含量＝$(V \times C)/(a \times W)$，计算游离脯氨酸含量。式中 C 为从标准曲线上查得的游离脯氨酸量（μg），V 为提取液总体积（mL），a 为测定时取用提取液的体积（mL），W 为样品重（g）。

（3）叶片细胞膜透性测定　采用电导法[1]测定叶片细胞膜透性。将新鲜的叶样用无离子水冲洗除去表面的污物，用滤纸吸干附着的水分，称 0.1g 并剪成切段，放入 50mL 三角瓶中，加 20mL 无离子水，自然浸泡 4～5h，各处理浸泡时间和测定温度要一致，一般在室温条件下进行，用 DDS - 11 型电导仪测其电导率，然后沸水浴20min，冷却至室温再测一次总电导率值。以相对电导率表示细胞膜透性大小。

相对电导率＝（浸泡液电导率值－本底电导率值）/（煮沸后电导率值－本底电导率值）×100%

2　结果与分析

2.1　NaCl胁迫对叶片中叶绿素含量的影响

叶绿素是光合作用的关键色素，直接反映光合效率及植物同化能力的大小。根据表2和图1所示，10份山蚂蝗属种质在高于0.2% NaCl浓度的盐胁迫下均易受到盐害。经过NaCl处理45d后，1号异果山绿豆、2号异果山绿豆、5号大叶山蚂蝗、7号卵叶山蚂蝗、8号赤山蚂蝗、9号糙伏山蚂蝗、10号绒毛山蚂蝗7份种质的叶绿素含量均随盐浓度升高而减少，种质不同减少的幅度也不同。0.2% NaCl浓度时，7份种质叶绿素含量分别减少为对照的23.10%、76.58%、70.69%、47.97%、45.61%、51.51%、45.65%。3号异果山绿豆、4号大叶山蚂蝗、6号卵叶山蚂蝗这3种质随着盐浓度升高叶绿素含量先减少后增加。4号大叶山蚂蝗、6号卵叶山蚂蝗在0.6% NaCl浓度时叶绿素含量有所增加，含量分别是对照的32.02%、23.61%；3号异果山绿豆在0.4% NaCl浓度时叶绿素含量有所增加，是对照的16.74%。而8号赤山蚂蝗在0.4% NaCl浓度和5号大叶山蚂蝗在0.6% NaCl浓度时均已受胁迫而死。从而可知，不同种质在盐胁迫下叶绿素含量的变化趋势不同，说明不同种质的耐盐机制不同，叶绿素含量的变化与耐盐性的关系还有待进一步研究。

表2　不同浓度NaCl处理45d时叶片中叶绿素含量（mg/g）

种质	CK	0.1%	0.2%	0.4%	0.6%
1号异果山绿豆	0.1675	0.0628	0.0387	0.0196	0.0157
2号异果山绿豆	0.0333	0.0311	0.0255	0.0206	0.0100
3号异果山绿豆	0.0729	0.0232	0.0090	0.0122	0.0091
4号大叶山蚂蝗	0.0356	0.0205	0.0167	0.0090	0.0114
5号大叶山蚂蝗	0.0290	0.0256	0.0205	0.0055	/
6号卵叶山蚂蝗	0.0449	0.0235	0.0155	0.0054	0.0106
7号卵叶山蚂蝗	0.0467	0.0312	0.0224	0.0163	0.0133
8号赤山蚂蝗	0.0239	0.0192	0.0109	/	/
9号糙伏山蚂蝗	0.4766	0.3656	0.2455	0.2449	0.2432
10号绒毛山蚂蝗	0.0276	0.0149	0.0126	0.0068	0.0065

注："/"表示植株已死亡。

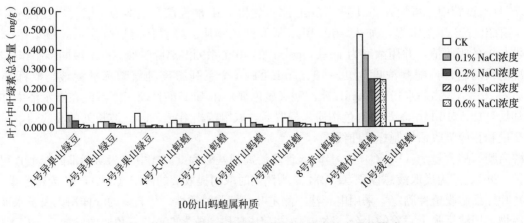

图1　盐胁迫对山蚂蝗属种质叶片叶绿素总含量的影响

2.2　盐胁迫对叶片中游离脯氨酸含量的影响

植物在盐胁迫等逆境条件下积累脯氨酸是一种较普遍的现象，但对于脯氨酸积累的生理意义还未达成一致的看法。目前把脯氨酸积累的作用大致归结为以下几个方面：一是可作为细胞的有效渗透调节物质[2]；二是保护酶和膜的结构[3]；三是可直接利用的无毒形式的氮源，作为能源和呼吸底物参与叶绿素的合成等[4]；四是从脯氨酸在逆境条件下积累的途径来看，既可能有适应性的意义，又可能是细胞结构和功能受损伤的表现，即是一种伤害反应[5]。

表3和图2为10份山蚂蝗属种质在不同盐胁迫情况下游离脯氨酸含量的变化结果。其中1号异果山绿豆、5号大叶山蚂蝗、8号赤山蚂蝗、9号糙伏山蚂蝗游离脯氨酸含量随盐胁迫强度增加而增加。只有2号异果山绿豆、3号异果山绿豆、4号大叶山蚂蝗、6号卵叶山蚂蝗、7号卵叶山蚂蝗、10号绒毛山蚂蝗不同。2号异果山绿豆、4号大叶山蚂蝗、6号卵叶山蚂蝗的游离脯氨酸含量先减少后增加，在0.4%盐浓度时，2号异果山绿豆、4号大叶山蚂蝗的游离脯氨酸含量急剧增加，6号卵叶山蚂蝗的游离脯氨酸含量缓慢增加；7号卵叶山蚂蝗、10号绒毛山蚂蝗的游离脯氨酸含量先增加后减少，在0.6%时，减少后的含量比对照增加了154.72%、58.86%，这可能与不同的胁变反应有关。

表3　不同浓度 NaCl 胁迫下叶片中游离脯氨酸含量（μg/g）

种质	CK	0.1%	0.2%	0.4%	0.6%
1号异果山绿豆	51.6715	73.4650	76.8923	82.7003	86.1200
2号异果山绿豆	138.7210	110.5796	72.8074	304.9184	310.3447
3号异果山绿豆	22.8290	152.5716	93.9772	214.5633	383.5715
4号大叶山蚂蝗	80.4575	75.5396	60.6439	122.6028	457.4314
5号大叶山蚂蝗	31.0053	50.6769	156.1385	165.2230	/
6号卵叶山蚂蝗	108.4867	97.2885	83.9281	104.5072	124.6535
7号卵叶山蚂蝗	105.8666	101.6318	194.7304	307.5005	269.6600
8号赤山蚂蝗	24.2864	67.6577	132.7435	/	/
9号糙伏山蚂蝗	74.4079	91.4229	118.8053	167.2632	422.1623
10号绒毛山蚂蝗	26.3552	64.0645	83.3263	74.0385	41.8689

注："/"表示植株已死亡。

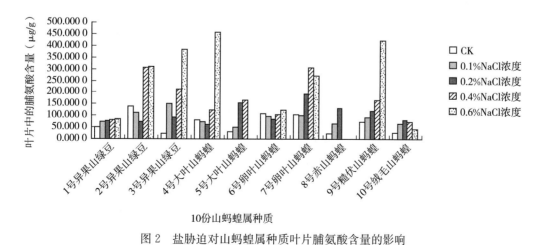

图2　盐胁迫对山蚂蝗属种质叶片脯氨酸含量的影响

2.3　NaCl 胁迫对叶片细胞膜透性的影响

细胞膜是外界盐分进入细胞的第一道屏障，最先接触到盐胁迫的植物有机体的活性部分就是细胞膜。细胞膜受到盐胁迫影响后将发生一系列协变，其透性将增大从而导致溶质渗漏，并进一步影响细胞代谢[6,7]。协变是指植物受到胁迫后所产生的反应，包括植物体内所有的物理变化和化学变化[8]。相对电导率便是其中之一，它反映了植物细胞膜透性的变化，因而常作为植物抗逆性研究中的重要生理指标。

由表 4 和图 3 可知，10 份种质的电导率均随着盐浓度增加而增大，而且随着胁迫时间延长，电导率也增大，盐胁迫对细胞膜的伤害亦加重。除 8 号赤山蚂蝗外，0.1% NaCl 浓度的相对电导率变化曲线与对照之间差距很小，这表明各种质在此盐浓度下，只是受到轻度伤害；而 0.2%～0.4% 盐浓度胁迫下的叶片电导率变化曲线呈明显上升趋势，但因种质不同上升的幅度有所不同，说明在相同的 NaCl 浓度下不同种质的相对电导率不同。

表 4 不同浓度 NaCl 胁迫下叶片中相对电导率（%）

种质	CK	0.1%	0.2%	0.4%	0.6%
1 号异果山绿豆	16.38	17.45	17.22	18.99	28.51
2 号异果山绿豆	12.08	10.55	13.67	20.31	28.23
3 号异果山绿豆	17.12	19.42	21.95	24.80	32.01
4 号大叶山蚂蝗	9.79	14.43	16.92	30.84	35.76
5 号大叶山蚂蝗	16.81	14.26	18.48	28.57	/
6 号卵叶山蚂蝗	12.83	15.56	20.13	27.00	30.55
7 号卵叶山蚂蝗	24.31	20.20	21.28	24.45	27.32
8 号赤山蚂蝗	13.62	14.78	18.13	/	/
9 号糙伏山蚂蝗	8.57	11.45	10.69	13.86	18.14
10 号绒毛山蚂蝗	15.53	11.24	11.53	17.55	31.52

注："/"表示植株已死亡。

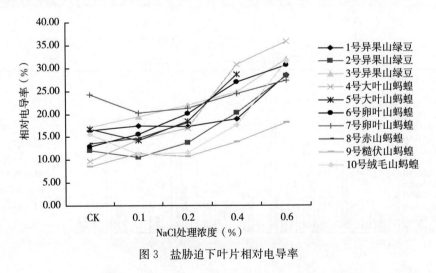

图 3 盐胁迫下叶片相对电导率

3 讨论与结论

在不同的盐浓度胁迫处理下，1 号异果山绿豆、2 号异果山绿豆、5 号大叶山蚂蝗、7 号卵叶山蚂蝗、8 号赤山蚂蝗、9 号糙伏山蚂蝗、10 号绒毛山蚂蝗的叶绿素含量均随盐浓度升高而减少，这与大多数研究相符。

脯氨酸是植物体内有效的渗透调节剂，在盐胁迫 45d 时，1 号异果山绿豆、5 号大叶山蚂蝗、8 号赤山蚂蟥、9号糙伏山蚂蟥脯氨酸含量随盐浓度的增加而增大，这与董晓霞等（1998）的研究结果一致。2号异果山绿豆、4号大叶山蚂蟥、6号卵叶山蚂蟥、7号卵叶山蚂蟥均在低浓度时脯氨酸含量低于对照，随盐浓度的升高又高于对照，这与纪淑梅（1999）的研究一致。脯氨酸含量与植物耐盐性的关系还没有明确的结论，有待于进一步深入研究，尽管众人对脯氨酸积累的原因及生理意义的认识仍存在着分歧，但游离脯氨酸作为一种渗透调节物质在植物遭受盐胁迫时，发挥了一定的作用。

在不同浓度的盐胁迫下，各种质幼苗的细胞膜透性都有不同程度增大，说明随着盐胁迫浓度升高细胞膜受到的伤害逐渐增大，二者呈正相关，这与张德罡等的研究相一致。细胞膜透性越大，遭受盐胁迫的伤害越大，种质越不耐盐，细胞膜透性的变化是反映种质所受胁迫伤害程度的一个很好的胁变指标。10份山蚂蟥属种质在0.1% NaCl浓度下的相对电导率变化曲线与对照之间差距很小，这表明各种质在此盐浓度下只是受到轻度伤害；而0.2%～0.4%盐浓度胁迫下的叶片电导率变化曲线呈明显上升趋势，说明随着盐胁迫浓度升高细胞膜受到的伤害迅速增大。

参 考 文 献

[1] 张宪政. 作物生理研究法 [M]. 北京：农业出版社，1992.

[2] STEWAR C R，LEE J A. Theroie of Proline Accumulation in Halophytes [J]. Planta，1974：120-279.

[3] WATAD A A，REINHOLD L，LERNER H R. Comparision Between As Table NaCl Selected Nicotianacell Lieand Wild Type [J]. Plant Physiol，1983，73：624-632.

[4] 汤章城. 逆境条件下植物脯氨酸累积及其可能的意义 [J]. 植物生理学通讯，1984（1）：15-21.

[5] HANSON A D，NELSEN C E，EVERSON E H. Evalution of Free Proline Accumulation As an Index of Drought Resistance Using Two Contrasting Barley Cultivars [J]. Crop Sci，1977，17：720-734.

[6] 翟凤林，曹鸣庆. 植物的耐盐性及其改良 [M]. 北京：农业出版社，1989.

[7] 赵可夫，王韵糖. 作物抗性生理 [M]. 北京：农业出版社，1990.

[8] LEVITT J. Responses of Plants to Environmental Stress [M]. Now York：Academic Press，1980.

胡枝子属植物种质耐盐性鉴定

张鹤山 刘 洋 田 宏 熊军波

（湖北省农业科学院畜牧兽医研究所）

摘要：以30份胡枝子属植物种质为研究材料，通过室内萌发试验，测定了与耐盐性有关的4个萌发特性指标，通过白三叶耐盐性综合评价方法对30份胡枝子属种质耐盐性进行综合评价，将种质耐盐性分为强、中、弱三个等级，其中耐旱性较强的材料有3份。

关键词：白三叶；耐旱性；指标筛选；综合评价

土壤盐渍化是一个世界性的生态问题，同时也是资源利用问题。迫于人口增长和环境压力，利用盐生植物开发盐渍土资源已成为人类解决资源短缺和环境恶化问题的有效途径。与传统的水利工程改良措施相比，挖掘耐盐植物的生物潜力对实现盐渍土的生物改良和经济利用具有投入低、环境可持续利用的优点。目前，尽管有关盐分对种子萌发影响的研究很多，但是由于植物种类不同，盐分影响的机制并不十分明确。对于大多数植物，无盐条件下种子的发芽情况最好，低浓度盐分延缓种子萌发，高浓度盐分抑制种子萌发。

胡枝子属隶属豆科蝶形花亚科，在全世界约有 60 余种，分布在亚洲、大洋洲、欧洲和北美洲的湿润、半湿润地区。《中国植物志》共记载我国产胡枝子属植物 26 种，2 变种，分布于全国除新疆外的各省份，集中分布在东北、黄河流域和安徽、浙江、湖北等省份，多生长在海拔 1 000～2 000m，生长的土壤从微碱性到微酸性。据《湖北植物志》记载，在湖北地区共有胡枝子属植物 9 种，其中截叶胡枝子、美丽胡枝子和二色胡枝子在全省各地广泛分布。鉴于胡枝子属植物在生产利用、生态保护和草地改良中应用广泛，本研究对胡枝子属的 30 份材料进行了耐盐性研究，旨在筛选耐盐种质，为耐盐机理的进一步研究提供依据。

1 材料与方法

1.1 试验材料

试验材料为全国各地收集的胡枝子属野生种质，其中湖北地区 21 份，其他地区 9 份。

1.2 试验方法

试验采用 NaCl 单盐胁迫。通过预试验，确定盐浓度为 0.15%。

选饱满、整齐一致的种子作为试验材料。种子用 75% 的酒精消毒 10s，然后用 1‰ 次氯酸钠溶液消毒 3～5min，再用蒸馏水冲洗多次，吸干种子表面水分，放在铺有滤纸的培养皿中，每皿 50 粒，3 次重复。每天记录发芽数，直至连续 4d 不再发芽为试验末期。在发芽结束后随机取 10 株正常生长的幼苗，用直尺分别测定胚芽长度和胚根长度。

1.3 指标测定

由于本试验中材料间存在种间差异，为消除这种差异，本文中所有指标均为相对值，即试验处理与对应材料对照处理的比值。

发芽率＝供试种子发芽数/供试种子总数×100%。

发芽指数：$GI = \sum Gt/Dt$，式中 GI 为发芽指数，Gt 为当日的发芽数，Dt 为发芽天数。

胚芽长度：随机取 10 个正常生长的幼苗，用直尺分别测幼苗长度（cm），取平均值作为胚芽长度。

胚根长度：随机取 10 个正常生长的幼苗，用直尺分别测幼苗的根长（cm），取平均值作为胚根长度。

1.4 评价方法

本研究采用五级指标法，即对所有测定指标进行标准化，消除不同指标所带来的差异，其换算公式如下。

$$\lambda = \frac{X_{j\max} - X_{j\min}}{5} \tag{1}$$

$$Z_{ij} = \frac{X_{ij} - X_{j\min}}{\lambda} \tag{2}$$

式中，$X_{j\max}$ 为第 j 个指标测定的最大值；$X_{j\min}$ 为第 j 个指标测定的最小值；X_{ij} 为第 i 份材料第 j 项指标测定的实测值；λ 为得分极差（每得 1 分之差）；Z_{ij} 为第 i 份材料第 j 项指标的级别值。

根据各指标的变异系数确定各指标参与综合评价的权重系数。其计算公式如下。

$$W_j = \frac{\delta_j}{\sum_{j=1}^{n} \delta_j} \tag{3}$$

$$V_i = \sum Z_{ij} \times W_j \tag{4}$$

式中，W_j 为第 j 项指标的权重系数，δ_j 为第 j 项指标的变异系数，V_i 为每一份材料的综合评价值（$i=1，2，\cdots，40，j=1，2，\cdots，4$）。

2　试验结果

2.1　发芽率

所有胡枝子属植物种子发芽情况见表 1。结果表明，所有种子在第 3 天开始发芽，发芽时间持续 11d；在开始几天，不同种质间的发芽率有很大差异，说明了种质种子活力不同。

表 1　胡枝子属植物发芽情况（%）

材料编号	第 3 天	第 4 天	第 5 天	第 6 天	第 7 天	第 8 天	第 9 天	第 10 天	第 11 天
k01	21.7	26.7	31.7	35.0	40.0	45.0	45.0	46.7	50.0
k02	15.0	28.3	38.3	41.7	45.0	45.0	45.0	45.0	50.0
k03	35.0	50.0	63.3	65.0	65.0	66.7	70.0	70.0	71.7
k04	5.0	11.7	20.0	20.0	20.0	26.7	28.3	28.3	31.7
k05	1.7	5.0	20.0	25.0	50.0	58.3	60.0	63.3	71.7
k06	23.3	30.0	41.7	41.7	45.0	46.7	50.0	51.7	51.7
k07	20.0	36.7	45.0	46.7	46.7	48.3	50.0	50.0	50.0
k08	13.3	23.3	33.3	35.0	35.0	35.0	35.0	35.0	36.7
k09	3.3	13.3	33.3	36.7	38.3	41.7	45.0	48.3	50.0
k10	10.0	23.3	41.7	41.7	41.7	41.7	43.3	46.7	50.0
k11	10.0	20.0	31.7	36.7	38.3	43.3	46.7	48.3	48.3
k12	15.0	31.7	40.0	40.0	43.3	43.3	45.0	45.0	46.7
k13	6.7	16.7	33.3	35.0	35.0	36.7	36.7	41.7	43.3
k14	13.3	26.7	50.0	50.0	53.3	53.3	53.3	55.0	58.3
k15	16.7	25.0	40.0	41.7	43.3	48.3	48.3	50.0	55.0
k16	31.7	56.7	58.3	58.3	58.3	61.7	61.7	66.7	70.0
k17	5.0	15.0	30.0	30.0	30.0	30.0	30.0	30.0	31.7
k18	15.0	28.3	41.7	46.7	56.7	60.0	61.7	70.0	75.0
k19	11.7	28.3	30.0	30.0	30.0	31.7	33.3	38.3	38.3
k20	26.7	35.0	40.0	38.3	40.0	40.0	41.7	41.7	43.3
k21	6.7	15.0	23.3	23.3	23.3	25.0	26.7	28.3	30.0
k22	1.7	6.7	26.7	31.7	38.3	40.0	45.0	48.3	48.3
k23	11.7	25.0	45.0	45.0	45.0	48.3	51.7	51.7	51.7
k24	13.3	25.0	36.7	41.7	41.7	46.7	46.7	51.7	51.7
k25	8.3	15.0	33.3	35.0	35.0	36.7	40.0	40.0	40.0
k26	6.7	10.0	20.0	28.3	35.0	48.3	48.3	61.7	66.7
k27	16.7	26.7	38.3	41.7	43.3	48.3	48.3	51.7	51.7
k28	15.0	26.7	36.7	38.3	38.3	41.7	41.7	45.0	45.0
k29	20.0	56.7	61.7	63.3	65.0	66.7	66.7	70.0	70.0
k30	5.0	13.3	26.7	28.3	31.7	33.3	33.3	33.3	36.7

2.2　各项指标测定

各种质各项指标的原始值和标准值见表 2。在盐胁迫下，不同种质的发芽率有很大差异，变化范围为30%～75%；发芽指数也有很大区别，变化范围为6.7～21.4；胚根长度变化范围为0.3～2.29cm，胚芽长度变化范围为0.38～2.37cm。可见，胡枝子属不同种质对盐胁迫的响应程度不同，种质间的耐盐能力具有差异性。

表2 各种质原始值和标准值

材料编号	原始值				标准值			
	发芽率(%)	发芽指数(%)	胚根长度(cm)	胚芽长度(cm)	发芽率(%)	发芽指数(%)	胚根长度(cm)	胚芽长度(cm)
k01	50.0	13.3	0.72	0.86	2.22	2.24	1.06	1.21
k02	50.0	12.8	1.31	1.38	2.22	2.09	2.54	2.51
k03	71.7	21.4	0.36	0.55	4.63	5.00	0.15	0.43
k04	31.7	6.7	1.87	1.88	0.19	0.00	3.94	3.77
k05	71.7	11.2	0.79	1.61	4.63	1.55	1.23	3.09
k06	51.7	14.6	1.24	0.62	2.41	2.67	2.36	0.60
k07	50.0	14.5	0.65	0.91	2.22	2.66	0.88	1.33
k08	36.7	10.3	2.29	0.38	0.74	1.22	5.00	0.00
k09	50.0	9.9	1.7	1.31	2.22	1.10	3.52	2.34
k10	50.0	11.8	0.32	1.28	2.22	1.75	0.05	2.26
k11	48.3	11.1	1.03	1.19	2.04	1.49	1.83	2.04
k12	46.7	12.6	1.76	1.46	1.85	2.03	3.67	2.71
k13	43.3	9.6	1.6	1.78	1.48	1.01	3.27	3.52
k14	58.3	14.3	1.48	2.37	3.15	2.58	2.96	5.00
k15	55.0	13.5	1.24	2.05	2.78	2.32	2.36	4.20
k16	70.0	20.5	1.73	2.11	4.44	4.68	3.59	4.35
k17	31.7	7.7	0.56	1.04	0.19	0.34	0.65	1.66
k18	75.0	16.2	1.12	1.75	5.00	3.21	2.06	3.44
k19	38.3	10.1	0.3	0.62	0.93	1.15	0.00	0.60
k20	43.3	14.3	1.59	1.68	1.48	2.60	3.24	3.27
k21	30.0	7.1	1.59	1.61	0.00	0.16	3.24	3.09
k22	48.3	8.8	0.42	0.77	2.04	0.73	0.30	0.98
k23	51.7	12.8	1.48	2.18	2.41	2.08	2.96	4.52
k24	51.7	12.5	1.13	1.84	2.41	1.99	2.09	3.67
k25	40.0	9.5	1.6	2.21	1.11	0.97	3.27	4.60
k26	66.7	11.3	0.77	1.2	4.07	1.57	1.18	2.06
k27	51.7	13.3	0.91	1.24	2.41	2.23	1.53	2.16
k28	45.0	11.9	0.38	0.65	1.67	1.79	0.20	0.68
k29	70.0	19.2	1.31	2.29	4.44	4.26	2.54	4.80
k30	36.7	8.0	1.28	1.7	0.74	0.46	2.46	3.32
权重值					0.176	0.249	0.393	0.345

2.3 综合评价

经公式（1）和（2）得出各材料标准值及各指标对应权重值见表2。经公式（3）和（4）计算出各材料耐盐性得分见表3。结果表明，所有材料中得分在0~1分的有2份，得分在1~2分的有5份，得分在2~3分的有12份，得分在3~4分的有8份，得分超过4分的有3份。

表3 各种质耐盐性综合评价结果

材料编号	评价得分	材料编号	评价得分	材料编号	评价得分
k01	1.78	k11	2.15	k21	2.38
k02	2.77	k12	3.21	k22	1.00
k03	2.26	k13	3.01	k23	3.66
k04	2.88	k14	4.09	k24	3.00
k05	2.75	k15	3.44	k25	3.31
k06	2.22	k16	4.86	k26	2.28
k07	1.86	k17	0.95	k27	2.33
k08	2.40	k18	3.68	k28	1.05
k09	2.85	k19	0.66	k29	4.49
k10	1.63	k20	3.31	k30	2.36

3 结论

（1）胡枝子属植物种子萌发时间长，在盐胁迫下具有不同的萌发特征，可以一次鉴别不同种质材料的耐盐性强弱。

（2）胡枝子属植物耐盐性等级多为中等，即得分在2~3分，有12份，占总材料的40%；强耐盐材料有3份，为k16、k29和k14，得分在4分以上。

达乌里胡枝子野生种子材料芽期耐盐性研究

王一飞 袁庆华

（中国农业科学院北京畜牧兽医研究所）

摘要：采用6个不同浓度梯度的盐溶液对20种野生达乌里胡枝子种子进行处理，测定种子的发芽势、发芽率、发芽指数、根长、芽长。结果表明：盐胁迫下的种子发芽情况受到严重抑制，且随着盐胁迫浓度增加抑制作用越来越明显，20种达乌里胡枝子耐盐能力的强弱顺序为：L7>L16>L19>L14>L15>L6>L10>L4>L8>L1>L20>L13>L2>L5>L11>L12>L17>L13>L9>L8。

关键词：野生达乌里胡枝子；盐胁迫；种子萌发

全世界盐土面积为9.543 8亿 hm^2，我国各类盐土总面积约0.99亿 hm^2[1]。盐碱化制约了地表植物生长，是土地荒漠化的一个主要原因，同时也加重了沙尘暴发生的频率。如何利用盐土资源是世界上最古老，最严重的农业问题[2]，其核心问题是如何对盐渍土进行改良和开发利用耐盐的植物。选择耐盐性强的牧草作为盐碱地开发利用的先锋植物，是一种简便易行的方法。我国耐盐牧草资源比较丰富，如灰绿碱蓬、盐爪爪、芨芨草、毛苕子、草木樨、碱茅草、赖草、披碱草等[3]，加强耐盐牧草的筛选和育种工作，对我国盐碱土地的开发利用和草业未来的发展具有深远的意义。

达乌里胡枝子（*Lespedez adavurica*）为豆科（*Leguminosae*）胡枝子属（*Lespedeza*）草本状半灌木，从我国东北经华北、西北一直到西南、华中都有分布，北部分布于阴山以南，荚果小而扁平，包于宿存萼内，倒卵形或长倒卵形，两面凸出，伏生白色柔毛，长约 4mm，宽约 2.15mm，光滑，绿黄色或具暗色斑点[4,5]。达乌里胡枝子具有广泛的应用价值，抗旱、耐寒、耐瘠薄，是优良的水土保持树种；其适口性好，粗蛋白质和粗脂肪含量高；返青早、枯黄晚、绿期长，是改良干旱、半干旱区退化草地和建植人工放牧地的优良饲用型灌木，也可作为山地、丘陵地及沙地的水土保持植物利用[6,7]。

对于大多数作物，种子萌发期对环境的胁迫最为敏感，此时的生长都是以胚的生长为基础的，而胚的生长则是种子内部所有生理生化系统协调作用的结果。因此，对作物的耐盐性研究大都在种子萌发期[8]。我国对达乌里胡枝子的研究报道还很少，而且大多数研究集中于植物学特征、水土保持和饲用价值、药用价值等方面。此次试验采集了内蒙古、山西、北京等地的 20 种野生达乌里胡枝子的种子，探讨不同浓度盐胁迫对种子萌发的影响。

1　材料与方法

1.1　实验材料

供试种子均为野生达乌里胡枝子种子（表 1），4℃冰箱中备用，2010 年 4 月进行试验。

表 1　材料来源

编号	采集地	采集时间	生境
L1	甘肃灵台县	2002 年 10 月	路边草丛中
L2	北京凤凰岭山门旁	2003 年 10 月	沙石荒地
L3	北京香山	2003 年 10 月	山坡路边林缘
L4	山西沁源	2003 年 10 月	灌木草丛
L5	北京百旺山沟底	2004 年 9 月	路边
L6	内蒙古鄂尔多斯市高家梁	2006 年 9 月	路边杂草
L7	内蒙古赤峰市翁牛特旗毛山东	2006 年 9 月	路边丘陵
L8	山西昔阳县北界都河	2006 年 9 月	河里
L9	山西平定县冶西镇	2006 年 8 月	河边草场
L10	山西沁县下曲谷	2006 年 9 月	山脚下
L11	北京延庆县郊区	2007 年 10 月	路边
L12	北京云蒙山	2007 年 10 月	山上
L13	辽宁抚顺清原大雷音寺	2007 年 9 月	山脚下
L14	北京雁栖湖	2007 年 10 月	湖边
L15	小龙门	2008 年 10 月	路边
L16	河北廊坊蒋福山南口	2009 年 10 月	河滩
L17	玉渡山脚底	2009 年 9 月	路边
L18	北京平谷熊儿寨	2009 年 10 月	小山坡
L19	龟峰谷	2009 年 10 月	路边
L20	玉渡山脚底	2009 年 9 月	路边

1.2　发芽试验

1.2.1　溶液配制

每种达乌里胡枝子分两组：对照组和处理组，对照组为蒸馏水，处理组为浓度为 0.2%、0.4%、0.6%、0.8%、1.0% 的 NaCl 溶液。

1.2.2 种子预处理

种子使用前用98％的浓硫酸处理10min破除硬实，清水反复冲洗干净后，0.1％ HgCl₂ 浸泡3min消毒，再用蒸馏水反复冲洗5～6遍，用滤纸吸干待用。在方形培养盒中放入海绵，倒入100mL NaCl溶液，铺一层经过灭菌的滤纸，每个处理重复3次，每个重复50粒种子。恒温箱25℃/20℃（12h/12h）变温光照培养，每天用称重法补充失去的水分以保持盐浓度和湿度不变。

1.2.3 观察与记载

从种子置床当日起开始记载，以胚芽顶出种皮2mm作为发芽标准。每天记录发芽数，第5天统计种子发芽势，第10天统计种子发芽率，萌发第10天随即取20粒萌发的种子测量芽长和根长。作图分析不同浓度盐胁迫下对达乌里胡枝子萌发的影响。

$$种子相对发芽势 = （第5天种子发芽数 / 供试种子数）\times 100\%$$
$$种子相对发芽率 = （第10天种子发芽数 / 供试种子数）\times 100\%$$
$$发芽指数 = \sum Gt/Dt（Gt 为在时间 t 日的发芽数，Dt 为相应的发芽日数）^{[9]}$$

1.3 数据处理方法

试验数据处理应用SAS分析软件和Excel 2003，多重比较选择Duncan法。采用模糊数学中隶属函数法[9]对20种达乌里胡枝子种子各项耐盐指标的隶属值进行累加，求取平均值，并进行种质间比较，以评定耐盐特性。

如果某一指标与耐盐性呈正相关，则 $X(u) = (X - X_{min})/(X_{max} - X_{min})$；如果某一指标与耐盐性呈负相关，则 $X(u) = 1 - (X - X_{min})/(X_{max} - X_{min})$。式中 X 为各种质某一指标的测定值，X_{max} 为所有种质某一指标测定值中的最大值，X_{min} 为该指标中的最小值。

把每个种质各耐盐性指标的隶属函数值进行累加，计算其平均值（Δ）。

2 结果与分析

2.1 不同盐浓度对种子相对发芽势的影响

种子是植物的重要繁殖材料，发芽阶段的耐盐状况在一定程度上反应了某一种质的耐盐程度。由表2可以看出，盐胁迫对胡枝子种子的发芽势有较大的影响，随着盐浓度增高，不同种质相对发芽势表现出的规律不统一，但在盐浓度≥0.4％时各种质相对发芽势都降低，具体分析如下。

在盐浓度为0.2％时，L1、L2、L9、L20相对发芽势降到50％～80％，耐盐性较差；L7、L11、L12、L14、L16、L17、L18相对发芽势降到80％～99％，耐盐性一般；L3、L4、L5、L6、L8、L10、L19相对发芽势在100％～120％，比CK相对发芽势高，说明0.2％的盐溶液对这些种质萌发有一定促进作用。L13相对发芽势超过CK，耐盐性较好，并且在0.05水平上差异显著，0.2％浓度盐溶液对其有明显促进作用。

在盐浓度为0.4％时，L1、L2、L3、L18、L20相对发芽势下降到了30％～70％，L5、L9、L11、L13、L14、L19下降到了70％～90％，但L4、L6、L7、L8、L10、L12、L15、L16、L17的相对发芽势仍然在90％以上，其中L6、L10相对发芽势显著高于其他种子，并且高于CK。

在盐浓度为0.6％时，各种质相对发芽势皆较CK和0.2％时相对发芽率下降，但L6的相对发芽势仍在90％以上。

在盐浓度为0.8％时，各种质相对发芽势皆较0.4％、0.6％降低，幼芽出现腐烂现象，只有L6、L16、L20相对发芽势≥50％。

在盐浓度为1.0％时，各个种质资源相对发芽势都低于50％，其中L10的相对发芽势最高，在0.05水平差异显著。

2.2 不同盐浓度对种子相对发芽率的影响

由表 2 可以看出，随盐浓度增加，相对发芽率基本呈下降趋势，但是低浓度盐胁迫对各种质的相对发芽率影响不是很大，具体分析如下。

在盐浓度为 0.2％时，L3、L9、L20 的相对发芽率降到了 90％以下，L1、L2、L5、L6、L10、L11、L16、L18 的相对发芽率都在 90％～100％，L4、L7、L12、L14、L15、L17、L19 相对发芽率都达到了 100％，与对照差异不显著，可见低浓度盐胁迫对各种质相对发芽率影响并不大。在盐浓度为 0.4％时，L1、L3、L20 的相对发芽率在 90％以下，L8、L13、L19 仍能达到 100％，其余种质的相对发芽率都在 90％～100％。在盐浓度为 0.6％时，各种质的相对发芽率显著下降，无一达到 100％。L1、L3、L5、L8、L9、L16、L17、L20 的相对发芽率都小于 80％，并且种质之间差异不显著。在盐浓度为 0.8％时，只有 L6、L7、L14 的相对发芽率高于 90％，L1 和 L3 的相对发芽率均低于 20％，此浓度对各种质的胁迫程度很大。在盐浓度为 1.0％时，只有 L4、L6、L7、L10、L13、L15、L16 相对发芽率大于 50％，其中 L6、L7 的相对发芽率最高，与其他种质相对发芽率差异显著。

表 2　不同盐浓度胁迫对各种质相对发芽势（％）和相对发芽率（％）的影响

编号	CK		0.2%		0.4%		0.6%		0.8%		1.0%	
	相对发芽势	相对发芽率	相对发芽势	相对发芽率	相对发芽势	相对发芽率	相对发芽势	相对发芽率	相对发芽势	相对发芽率	相对发芽势	相对发芽率
L1	100[a]	100[a]	75.3[f]	94.0[bcd]	31.5[f]	85.1[d]	36.0[hij]	52.5[f]	1.8[h]	17.0[i]	0.0[f]	2.8[i]
L2	100[a]	100[a]	75.0[f]	96.7[bc]	47.6[ef]	91.2[bcd]	19.8[j]	83.0[abcd]	9.5[fgh]	51.0[defg]	1.1[f]	10.2[hi]
L3	100[a]	100[a]	118.7[b]	86.3[bcd]	58.0[def]	86.4[cd]	24.7[ij]	55.1[ef]	2.5[gh]	19.0[i]	1.6[f]	10.9[hi]
L4	100[a]	100[a]	100.0[cde]	100.0[b]	96.7[ab]	99.3[b]	80.0[abc]	99.3[a]	12.0[fgh]	76.0[abc]	1.3[f]	64.0[ab]
L5	100[a]	100[a]	108.0[bc]	96.0[bc]	83.3[abcd]	90.0[bcd]	47.4[fgh]	74.7[bcde]	20.2[def]	48.7[efg]	5.3[f]	21.3[fgh]
L6	100[a]	100[a]	104.0[cd]	94.7[bcd]	102.8[a]	96.7[bc]	90.3[a]	96.7[a]	50.0[ab]	91.3[a]	20.8[bcd]	77.3[a]
L7	100[a]	100[a]	98.0[cde]	100.0[b]	97.9[ab]	98.7[b]	80.6[abc]	96.0[a]	24.3[def]	90.7[a]	7.6[ef]	78.0[a]
L8	100[a]	100[a]	101.3[cde]	101.3[b]	96.3[ab]	100.0[b]	42.2[ghi]	55.0[ef]	17.0[efgh]	26.8[hi]	7.4[ef]	17.4[hi]
L9	100[a]	100[a]	75.3[f]	84.3[cd]	76.2[abcde]	95.6[bcd]	20.6[j]	71.1[cdef]	17.5[efg]	23.0[i]	9.5[ef]	8.1[hi]
L10	100[a]	100[a]	102.0[cd]	93.7[bcd]	103.0[a]	90.1[bcd]	80.0[abc]	87.2[abcd]	34.0[cd]	56.7[cdef]	48.6[a]	60.3[b]
L11	100[a]	100[a]	95.3[cde]	96.0[bc]	77.8[abcde]	93.3[bcd]	40.3[ghi]	80.0[abcd]	10.4[fgh]	45.3[fgh]	3.5[f]	18.7[gh]
L12	100[a]	100[a]	97.3[cde]	100.0[b]	90.7[abc]	96.0[bc]	35.3[hij]	88.7[abcd]	23.3[def]	68.0[bcde]	8.7[ef]	43.3[cde]
L13	100[a]	100[a]	140.0[a]	142.0[a]	72.6[abcde]	114.7[a]	53.9[efgh]	92.2[abc]	33.3[d]	77.5[abc]	16.7[cde]	53.9[bcd]
L14	100[a]	100[a]	95.3[cde]	100.0[b]	88.7[abcd]	96.0[bc]	74.0[abc]	96.7[a]	34.7[cd]	90.7[a]	10.7[def]	40.0[de]
L15	100[a]	100[a]	99.3[cde]	100.0[b]	93.3[abc]	98.0[b]	0.88[a]	94.0[ab]	20.0[def]	60.7[bcdef]	26.0[bc]	56.0[cb]
L16	100[a]	100[a]	86.3[ef]	96.7[bc]	96.7[ab]	98.7[b]	77.3[abcd]	71.1[cdef]	53.3[ab]	82.0[ab]	25.3[bc]	63.3[ab]
L17	100[a]	100[a]	98.7[cde]	100.0[b]	90.7[abc]	92.7[bcd]	58.7[defg]	68.6[def]	21.3[def]	34.0[hig]	10.7[def]	21.3[fgh]
L18	100[a]	100[a]	92.7[de]	97.3[bc]	63.3[cde]	90.0[bcd]	67.3[bcde]	91.3[abc]	28.0[de]	72.0[abcd]	9.3[ef]	32.7[efg]
L19	100[a]	100[a]	100.0[cde]	100.0[b]	78.9[abcde]	100.0[b]	86.4[ab]	92.7[ab]	48.3[bc]	76.0[abc]	22.4[bc]	34.0[ef]
L20	100[a]	100[a]	73.0[f]	80.7[d]	66.7[bcde]	74.3[e]	65.3[dcef]	79.2[abcd]	63.9[a]	77.1[abc]	28.5[b]	45.1[cde]

注：表中同行不同小写字母表示数据达显著差异水平（$P<0.05$）。

2.3 不同盐浓度对种子发芽指数的影响

由表 3 可见，随着盐浓度增高各种质的发芽指数都呈下降趋势，其中 L16 在各个浓度下的发芽指数都较高，说明其耐盐能力相对较强。

表 3 不同盐浓度胁迫对各种质发芽指数（％）的影响

编号	CK	0.2%	0.4%	0.6%	0.8%	1.0%
L1	50.20	39.50	20.67	15.40	2.80	0.40
L2	54.87	40.67	28.73	19.87	9.90	1.70
L3	49.53	47.23	26.77	15.10	3.20	1.80
L4	91.67	90.33	57.23	43.90	15.00	10.00
L5	71.60	71.33	44.83	24.00	13.90	4.73
L6	80.90	69.67	75.77	54.50	33.43	20.27
L7	59.60	46.07	45.67	39.93	21.60	13.90
L8	83.37	80.27	69.13	26.33	9.30	4.40
L9	68.60	52.40	48.77	16.47	7.50	4.17
L10	77.67	69.80	55.50	45.90	20.87	27.50
L11	90.00	80.47	66.40	31.60	10.80	3.80
L12	94.00	88.40	60.60	28.90	20.87	10.77
L13	88.00	88.43	48.17	30.40	16.03	10.57
L14	93.00	87.20	63.33	47.37	27.67	10.20
L15	92.00	89.67	64.37	54.83	19.10	22.20
L16	94.33	82.63	80.47	60.80	34.30	20.77
L17	93.47	57.47	61.10	38.23	13.83	8.07
L18	93.33	75.53	39.83	42.57	21.53	8.70
L19	93.60	92.80	62.87	66.30	39.60	16.03
L20	89.33	63.60	52.90	49.53	44.17	18.03

2.4 不同盐浓度对种子根长和芽长的影响

根与芽的生长状况是研究盐胁迫对种子萌发影响的重要指标之一。现有研究证实胚根对盐胁迫的反应比较敏感，盐胁迫对胚根生长的不良影响大于胚芽生长。

由表 4 可以看出，CK 的根长范围为 25.40～51.06mm，芽长范围为 9.21～17.25mm；盐浓度为 0.2％时根长范围为 15.63～42.93mm，芽长范围为 8.53～15.13mm；盐浓度为 0.4％时根长范围为 8.13～23.75mm，芽长范围为 5.50～10.32mm；盐浓度为 0.6％时根长范围为 6.77～19.00mm 芽长范围为 3.54～7.75mm；盐浓度为 0.8％时根长范围为 3.50～11.19mm，芽长范围为 2.50～5.56mm；盐浓度为 1.0％时根长范围为 1.5～6.14mm，芽长范围为 1.00～5.07mm。可以看出随着盐浓度增加根长和芽长都呈现下降趋势，说明盐浓度增高抑制了胚根和胚芽生长。

表 4 不同 NaCl 浓度胁迫下各种质的根长和芽长（cm）

编号	CK		0.2%		0.4%		0.6%		0.8%		1.0%	
	根长	芽长	根长	芽长	根长	芽长	根长	芽长	根长	芽长	根长	芽长
L1	41.42	10.12	30.00	10.22	18.55	10.20	19.00	6.75	4.50	4.00	2.38	1.00
L2	42.72	11.25	31.54	12.43	20.50	8.41	9.90	6.45	5.08	5.08	4.00	4.20
L3	31.64	9.21	24.00	9.69	17.73	6.50	9.89	4.94	3.50	2.50	1.50	2.00
L4	37.39	12.37	33.63	11.58	14.71	6.04	7.17	5.38	4.30	3.70	3.90	3.30
L5	39.49	12.86	27.58	9.71	13.33	8.33	12.29	4.29	7.42	4.92	4.33	2.83

（续）

编号	CK		0.2%		0.4%		0.6%		0.8%		1.0%	
	根长	芽长	根长	芽长	根长	芽长	根长	芽长	根长	芽长	根长	芽长
L6	37.21	12.18	26.39	11.04	17.04	6.46	8.64	4.79	4.80	3.75	3.30	3.05
L7	36.18	9.30	25.80	9.90	22.65	9.00	11.70	6.10	11.19	5.56	6.10	4.40
L8	51.06	11.28	36.22	11.03	16.92	6.46	8.70	4.65	5.50	3.92	4.40	3.10
L9	48.33	9.63	30.40	8.53	18.29	6.11	9.44	4.72	4.71	3.00	4.60	2.50
L10	40.75	13.06	38.31	11.38	8.13	9.23	12.95	5.25	7.50	4.90	6.14	5.07
L11	37.83	13.89	25.93	12.68	15.93	6.13	10.50	5.00	4.80	4.00	3.40	2.00
L12	39.88	14.60	29.43	14.28	14.90	7.75	8.50	5.55	5.90	4.63	3.54	2.62
L13	33.73	17.25	27.70	12.15	20.21	10.32	10.04	6.21	5.85	3.90	4.05	2.86
L14	27.10	14.25	29.80	13.15	23.40	9.00	11.95	5.25	4.40	3.65	3.09	2.18
L15	44.93	12.90	42.93	15.13	23.75	8.03	12.80	5.90	3.56	2.56	3.31	3.19
L16	36.40	13.20	26.98	11.50	20.95	10.15	14.35	7.75	6.93	5.05	4.07	4.36
L17	25.40	13.35	15.63	10.63	10.33	5.50	6.77	3.54	4.67	2.58	3.08	1.83
L18	36.28	12.18	21.85	12.40	13.15	6.40	10.30	5.30	5.67	3.25	4.17	2.67
L19	33.50	11.85	20.18	9.64	11.00	5.83	9.43	5.29	4.40	3.00	3.00	2.18
L20	33.05	14.50	28.45	11.50	10.70	6.20	7.40	5.15	5.40	4.30	3.60	1.60

由表 5 可以看出，相对根长和相对芽长随着盐胁迫浓度升高而减小，说明盐胁迫下胚根和胚芽的生长受到不同程度抑制，但在 0.20% 浓度盐胁迫下，L14 的相对根长，L1、L2、L3、L7、L15、L18 的相对芽长大于 1，表明低盐浓度可以促进胚根生长。

表 5 不同 NaCl 浓度胁迫下各种质的相对根长和相对芽长

编号	0.2%		0.4%		0.6%		0.8%		1.0%	
	相对根长	相对芽长	相对根长	相对芽长	相对根长	相对芽长	相对根长	相对芽长	相对根长	相对芽长
L1	0.72	1.01	0.45	1.01	0.46	0.67	0.11	0.40	0.06	0.10
L2	0.74	1.11	0.48	0.75	0.23	0.57	0.12	0.45	0.09	0.37
L3	0.76	1.05	0.56	0.71	0.31	0.54	0.11	0.27	0.05	0.22
L4	0.90	0.94	0.39	0.49	0.19	0.43	0.12	0.30	0.10	0.27
L5	0.70	0.75	0.34	0.65	0.31	0.33	0.19	0.38	0.11	0.22
L6	0.71	0.91	0.46	0.53	0.23	0.39	0.13	0.31	0.09	0.25
L7	0.71	1.06	0.63	0.97	0.32	0.66	0.31	0.60	0.17	0.47
L8	0.71	0.98	0.33	0.57	0.17	0.41	0.11	0.35	0.09	0.27
L9	0.63	0.89	0.38	0.63	0.20	0.49	0.10	0.31	0.10	0.26
L10	0.94	0.87	0.20	0.71	0.32	0.40	0.18	0.38	0.15	0.39
L11	0.69	0.91	0.42	0.44	0.28	0.36	0.13	0.29	0.09	0.14
L12	0.74	0.98	0.37	0.53	0.21	0.38	0.15	0.32	0.09	0.18
L13	0.82	0.70	0.60	0.63	0.30	0.36	0.17	0.23	0.12	0.17
L14	1.10	0.92	0.86	0.63	0.44	0.37	0.16	0.26	0.11	0.15
L15	0.96	1.17	0.53	0.62	0.28	0.46	0.08	0.20	0.07	0.25
L16	0.74	0.87	0.58	0.77	0.39	0.59	0.19	0.38	0.11	0.33

（续）

编号	0.2%		0.4%		0.6%		0.8%		1.0%	
	相对根长	相对芽长	相对根长	相对芽长	相对根长	相对芽长	相对根长	相对芽长	相对根长	相对芽长
L17	0.62	0.80	0.41	0.41	0.27	0.27	0.18	0.19	0.12	0.14
L18	0.60	1.02	0.36	0.53	0.28	0.44	0.16	0.27	0.11	0.22
L19	0.60	0.81	0.33	0.49	0.28	0.45	0.13	0.25	0.09	0.18
L20	0.86	0.79	0.32	0.43	0.22	0.36	0.16	0.30	0.11	0.11

2.5　达乌里胡枝子芽期耐盐性大小的综合评价

根据以上分析发现，各个指标与种质耐盐性呈正相关，运用隶属函数法得到 20 种达乌里胡枝子各个指标的隶属度值上差异明显（表 6）。用最具有代表性的 0.6% 浓度下的各指标综合来看，L7 的隶属度平均值最大为 0.820；L16、L19、L14 次之，分别为 0.791、0.699 和 0.680，L9 和 L8 隶属度平均值最小。20 种达乌里胡枝子耐盐能力的强弱顺序为：L7＞L16＞L19＞L14＞L15＞L6＞L10＞L4＞L8＞L1＞L20＞L13＞L2＞L5＞L11＞L12＞L17＞L13＞L9＞L8。上述综合指标排序在一定程度上反映了耐盐性的强弱。

表 6　20 种达乌里胡枝子的耐盐性指标隶属度及综合评价

编号	相对发芽势	相对发芽率	相对根长	相对芽长	相对发芽指数	隶属度平均值	位次
L1	0.2291	0	0.9956	0.9933	0.124	0.468	10
L2	0	0.6392	0.2129	0.759	0.226	0.367	13
L3	0.0625	0.0372	0.4915	0.6671	0.120	0.276	18
L4	0.8571	1.0072	0.0748	0.4113	0.442	0.558	8
L5	0.3973	0.4710	0.4865	0.1579	0.176	0.338	14
L6	1.0040	0.9493	0.2146	0.3074	0.803	0.656	6
L7	0.8735	0.9348	0.5291	0.9648	0.796	0.820	1
L8	0.3222	0.0360	0.0014	0.3558	0.141	0.171	20
L9	0.0091	0.4058	0.0877	0.5516	0	0.211	19
L10	0.8571	0.7584	0.5096	0.3298	0.650	0.621	7
L11	0.2855	0.5870	0.3708	0.2250	0.206	0.335	15
L12	0.2190	0.7754	0.1488	0.2753	0.125	0.309	16
L13	0.4846	0.8512	0.4405	0.2248	0.195	0.439	12
L14	0.7714	0.9493	0.9343	0.2461	0.499	0.680	4
L15	0.9714	0.8913	0.3963	0.4684	0.659	0.677	5
L16	0.8190	0.8188	0.7732	0.7928	0.749	0.791	2
L17	0.5583	0.3406	0.3328	0.0124	0.313	0.306	17
L18	0.6762	0.8333	0.3929	0.4133	0.400	0.543	9
L19	0.9397	0.8623	0.3843	0.4401	0.867	0.699	3
L20	0.6537	0.5688	0.1859	0.2129	0.582	0.441	11

3　结论讨论

植物的耐盐性是一个受多种因素影响的较为复杂的综合性状，多种因素的综合作用才促使耐盐性形成。目前，关于植物耐盐性的评价还没有统一完善的指标评定体系，因此应选择尽可能多的指标来综合评价植物耐盐性，才能弥补或缓和单个指标对于评定植物耐盐性造成的片面性，从而正确反映达乌里胡枝子耐盐性的强弱[10]。

发芽率、发芽势和发芽指数是评价种子发芽情况常用的指标，与植物本身的生物学特性有关，并且与种子所处的外界环境的关系更为密切[11]。盐胁迫下达乌里胡枝子种子发芽率、发芽指数随着盐浓度提高而显著下降，并且胚根长与胚芽长也受到明显的抑制。

在盐胁迫下，对 20 种达乌里胡枝子种子萌发的发芽势、发芽率、发芽指数及其胚根长、胚芽长的研究表明，达乌里胡枝子属有一定的耐盐性，为该属植物用于开发盐渍化地区提供了依据[12]。

就供试的 20 种达乌里胡枝子而言，在 1.0％高盐浓度时 L4、L6、L7、L10、L13、L15、L16 相对发芽率大于 50％说明盐胁迫下这些种质萌发能力较强，并且盐胁迫对这些种质种子萌发速度、幼苗生长势的影响较小，对盐胁迫的抵御能力更强。通过 20 种种质生理生化方面的不同及变化比较为选育耐盐性新品种提供了依据。

参 考 文 献

[1] 遵亲. 中国盐渍土［M］. 北京：科学出版社，1993.

[2] MAYO A，READDY M P，JOLY R J. Leaf Gas Exchange and Solute Aeeumulationin the Halophyte Salvadom persiea Grown at Modeate Salinity［J］. Environnamtal and Experimental Botanany，2000，44：31-38.

[3] 董宽虎，张建强，王印魁. 山西草地饲用植物资源［M］. 北京：中国农业科技出版社，1998：224-225.

[4] 陈默君，李昌林，祁永. 胡枝子生物学特性和营养价值研究［J］. 资源科学，1997（2）：74-81.

[5] 李延安，贾黎明，杨丽. 胡枝子应用价值及丰产栽培技术研究进展［J］. 河北林果研究，2004，19（2）：186-187.

[6] 杨起简，周禾. 干旱胁迫对小麦苗期抗旱指标的影响［J］. 华北农学报，2003（增），1-4.

[7] 颜启传. 种子检验的原理和技术［M］. 北京：农业出版社，1992：207-235.

[8] 路贵和，安海润. 作物抗旱性鉴定方法与指标研究进展［J］. 山西农业科学，1999，27（4）：39-43.

[9] 郑光华，史忠礼，赵同芳. 实用种子生理学［M］. 北京：农业出版社，1990.

[10] 吴敏，曹帮华. 盐胁迫下盐碱地和非盐碱地绒毛白蜡种子的发芽和生理特性研究［J］. 种子，2006（4）：4-7.

[11] 沈振荣，杨万仁，徐秀梅. 不同盐分胁迫对苜蓿种子萌发的影响［J］. 种子，2006（4）：34-37.

[12] 张桂荣，刘艳芳，王瑞兵，等. 不同盐分对 3 种胡枝子萌发的影响［J］. 辽宁林业科技，2008（4）：30-32.

多花胡枝子野生种质材料芽期耐盐性研究

张学云　袁庆华

（中国农业科学院北京畜牧兽医研究所）

摘要：为加强耐盐性种质资源的研究，试验选 20 种不同生境下野生多花胡枝子作为材料，研究它们在不同盐浓度处理下的发芽势、发芽率、根长和芽长等变化。结果表明，盐胁迫下种子的发芽率、根芽长等形态指标降低；抗逆性指标也不同程度的改变。

关键词：多花胡枝子；发芽指标；耐盐性；酶活性

种子在萌发期间的盐害是农牧业生产上最主要的非生物逆境之一，据调查目前世界上约有 20％的耕地和将近一半的灌溉地，都受到盐胁迫的危害。在我国大约有 10％左右的耕地常年受到盐渍化和次生盐渍化的危害，受危害的土壤面积之巨大严重阻碍了我国畜牧业的长期健康发展。

多花胡枝子（*Lespedeza floribunda* Bunge）是暖性的旱生小灌木，为豆科胡枝子属。它是一种喜光、耐寒、耐干旱瘠薄且适应性强的优良牧草[1]，生于山坡丛林砾石质坡地和土层浅薄的沟岸阳坡中，在丘陵、沟坡及路边向阳的干燥地区常零散分布。它具有广泛的肥用价值、饲用价值和水土保持价值。多花胡枝子耐盐碱性较强，但不同野生种质耐盐性的相关研究仍属于空白，为了加速耐盐种质的选育，本试验针对20种多花胡枝子野生种质资源的耐盐性进行了初步研究，以促进盐碱地区农牧业进一步健康发展。龚明等（1994）曾经指出植物在萌发期和幼苗期的耐盐性最差，其次为生殖期，而其他发育阶段对盐胁迫相对不敏感[2]，因此在萌发期间对不同多花胡枝子种质进行耐盐性研究更为便捷。

1 材料与方法

1.1 材料

20份野生多花胡枝子种质材料（表1），中国农业科学院北京畜牧兽医研究所野生种质资源库提供。

表1 多花胡枝子野生种质资源芽期耐盐性研究种子来源

种质编号	采集地	采集时间	生境
L. f1	山西平定冠山	2006 年 10 月	路边
L. f2	北京百望山阳坡	2004 年 10 月	路边
L. f3	山西昔阳县北界都	2006 年 10 月	南山底
L. f4	中国北京担礼村	2007 年 10 月	河滩
L. f5	大西庄科	2001 年 9 月	灌木草丛
L. f6	北京金鼎度假村	2007 年 10 月	河边
L. f7	北京涧沟村	2007 年 10 月	沟底
L. f8	北京阳台山	2007 年 10 月	沟底
L. f9	北京凤凰岭	2003 年 1 月	砂石荒地
L. f10	北京金山寺	2007 年 10 月	路边
L. f11	北京幽谷神坛	2007 年 10 月	路边
L. f12	松山 012 县道	2007 年 10 月	路边山道边
L. f13	北京云蒙山	2007 年 10 月	路边山道边
L. f14	北京郊区雁翅镇	2008 年 10 月	路边
L. f15	北京平谷熊儿寨	2009 年 10 月	小山坡
L. f16	北京怀柔昌平交界处黑山寨	2009 年 10 月	小山坡
L. f17	北京玉渡山山顶	2009 年 9 月	小山坡
L. f18	长陵	2009 年 9 月	小山坡
L. f19	河北廊坊蒋福山南口	2009 年 10 月	河滩
L. f20	北京香山顶	2009 年 10 月	路边

1.2 试验方法

1.2.1 种子处理

选择颗粒饱满、大小均匀且无病虫害的种子进行发芽试验。选好种子后，先用少量浓硫酸浸泡5min 左右（以种子硬实度而定），用自来水冲洗之后，再用 0.1% 的 $HgCl_2$ 溶液消毒 2～3min。处理完毕的种子用蒸馏水冲洗干净，浸泡到蒸馏水中 4～5h，待到种子吸水膨胀后（勿膨胀过度）进行点种。点种使用 10cm×10cm 的透明塑料带盖盒，盒内放相应大小的海绵，海绵上铺一层滤纸（保持水分），将用蒸馏水配制的浓度梯度分别为 0.2%、0.4%、0.6%、0.8% 和 1.0% 的 NaCl 溶液，每盒中加入100mL 溶液使海绵及滤纸饱和。每盒中点 50 粒种子（为方便数数，种子点成 4 排），每个种质每个浓度梯度做 3 个重复，放入 25℃下培养（盒子要倾斜放置，使根向下生长），光照时间为 14h，黑暗时间为 8h，隔天用称重法补充蒸发的水分。第 3 天起数其发芽数，正常发芽种子为有正常的幼根且长度大于种子长度的一半，并至少有 1 片子叶或 2 片子叶保留 2/3 以上（不包括 2/3）。第 10 天时在每盒中分别随机取 6 株幼苗进行根长和芽长的测量。

1.2.2　计算

先对种子进行发芽试验，测量其第 5 天、第 10 天发芽势，第 10 天发芽率及第 10 天的芽长、根长，计算发芽指数、活力指数，综合各项指标，从而比较出各个种质的耐盐性。并选出耐盐性较高和较低的种质进行各种抗逆性酶如超氧化物歧化酶（SOD）、过氧化物（POD）活性及游离脯氨酸的含量检测，并分析其相关性。

$$发芽势 = 发芽初期（规定日期内）的正常发芽粒数 / 供试种子粒数 \times 100\%$$
$$发芽率 = 发芽终期（规定日期内）的全部正常发芽粒数 / 供试种子数 \times 100\%$$
$$发芽指数 = \sum (Gt/Dt)$$
$$活力指数 = 发芽指数 \times 苗长（取芽长）$$

相对发芽率为一定 NaCl 溶液下的发芽率与对照溶液下的发芽率的百分比，Gt 为 t 时间内的发芽数，Dt 为相应的发芽天数。

1.3　数据处理

试验数据通过 Excel 和 SAS 统计分析软件处理。采用模糊数学中的隶属函数法对 20 种野生种质材料各项耐盐指标的隶属值进行累加计算，求得平均值，并对材料进行比较以评定耐盐特性，计算方法如下。

求出各指标的隶属函数值，如果某一指标与耐盐性呈正相关，则：$X(u) = (X - X_{\min})/(X_{\max} - X_{\min})$；如果某一指标与耐盐性呈负相关，则：$X(u) = 1 - (X - X_{\min})/(X_{\max} - X_{\min})$。

式中 X 为各种质某一指标的测定值，$X_{\min}$ 为所有种质某一指标测定值中的最小值，$X_{\max}$ 为该指标中的最大值。

把每个种质各耐盐性指标的隶属函数值进行累加并计算其平均值（△）。

2　结果与分析

2.1　不同盐浓度对多花胡枝子野生种质发芽势（相对发芽势）的影响

研究胁迫环境中种子萌发期间耐盐性的过程中，发芽势和相对发芽势是衡量其耐盐性的重要指标，由表 2 可以看出，各个种质的相对发芽势在相同盐浓度下是有很大区别的，相对发芽势随盐浓度增加呈现出下降的趋势，L. f1、L. f3、L. f5、L. f6、L. f11、L. f13、L. f17、L. f20 在 0.2％和 0.4％浓度时下降不太明显，而在此浓度下 L. f2、L. f10、L. f12、L. f14、L. f16、L. f19 下降程度均高于 0.2 个百分点，总体来看，在盐浓度为 0.6％时相对发芽势的下降趋势最为明显（除 L. f19）。因此，0.6％的盐浓度是多数野生多花胡枝子耐盐的关键浓度。

表 2　不同盐浓度下相对发芽势统计结果

种质编号	0.2％	0.4％	0.6％	0.8％	1.0％
L. f1	0.885	0.791	0.655	0.453	0.302
L. f2	0.500	0.278	0.111	0.167	0.111
L. f3	0.786	0.714	0.357	0.000	0.000
L. f4	0.366	0.220	0.183	0.110	0.037
L. f5	0.629	0.629	0.200	0.086	0.000

（续）

种质编号	0.2%	0.4%	0.6%	0.8%	1.0%
L. f6	0.660	0.623	0.491	0.245	0.075
L. f7	0.750	0.589	0.375	0.125	0.071
L. f8	0.536	0.929	0.321	0.000	0.000
L. f9	0.917	0.760	0.573	0.417	0.198
L. f10	0.889	0.648	0.537	0.222	0.056
L. f11	0.300	0.300	0.050	0.100	0.050
L. f12	0.989	0.644	0.644	0.253	0.069
L. f13	0.348	0.319	0.101	0.101	0.043
L. f14	0.860	0.640	0.400	0.060	0.060
L. f15	0.766	0.638	0.142	0.142	0.050
L. f16	0.795	0.328	0.096	0.055	0.014
L. f17	0.930	0.906	0.478	0.403	0.227
L. f18	0.324	0.294	0.265	0.000	0.000
L. f19	0.770	0.527	0.635	0.392	0.216
L. f20	0.788	0.740	0.462	0.183	0.106

2.2 不同盐浓度对多花胡枝子野生种质发芽率（相对发芽率）的影响

由表3可以看出在不同盐浓度下，各品种的相对发芽率不同程度下降，在0.4%浓度下，L. f8、L. f9的相对发芽率高于0.2%浓度下的值，由此推断，0.4%的盐溶液可能对这两种种质的种子萌发起一定的促进作用，甚至可以抵消盐胁迫的部分危害。在0.4%下只有L. f4、L. f16和L. f18的相对发芽率在50%以下，其中L. f16的相对发芽率最低，说明三者耐盐性较差。而在0.6%浓度下，L. f3、L. f5、L. f11、L. f13、L. f14、L. f15、L. f16、L. f18的相对发芽率均下降到50%以下。而L. f1、L. f6、L. f7、L. f9、L. f17、L. f19、L. f20在0.8%浓度下相对发芽率仍高于50%，其中L. f9最高，说明这几个种质的耐盐性较高。

表3 不同盐浓度下相对发芽率统计结果

种质编号	0.2%	0.4%	0.6%	0.8%	1.0%
L. f1	0.972	0.945	0.862	0.752	0.669
L. f2	0.656	0.516	0.516	0.422	0.234
L. f3	0.784	0.686	0.431	0.098	0.020
L. f4	0.473	0.366	0.298	0.214	0.130
L. f5	0.860	0.698	0.442	0.163	0.000
L. f6	0.879	0.718	0.643	0.504	0.407
L. f7	0.889	0.861	0.611	0.667	0.306
L. f8	0.658	0.842	0.632	0.211	0.000
L. f9	0.907	0.981	0.785	0.794	0.449
L. f10	0.890	0.835	0.591	0.441	0.283
L. f11	0.692	0.538	0.385	0.308	0.077
L. f12	0.936	0.720	0.688	0.312	0.216
L. f13	0.766	0.703	0.352	0.344	0.117

（续）

种质编号	0.2%	0.4%	0.6%	0.8%	1.0%
L. f14	0.942	0.783	0.449	0.116	0.159
L. f15	0.958	0.811	0.168	0.182	0.070
L. f16	0.809	0.348	0.202	0.067	0.112
L. f17	0.981	0.931	0.667	0.730	0.516
L. f18	0.676	0.456	0.265	0.088	0.044
L. f19	0.920	0.716	0.841	0.568	0.477
L. f20	0.977	0.962	0.908	0.546	0.331

对不同浓度下的相对发芽率、相对发芽势数值进行了方差分析，以确定其中数值的差异显著性，由表 4 可以看出在 0.05 水平下，各品种间在不同浓度下的相对发芽率差异较为显著。

表 4　相对发芽率、相对发芽势的方差统计值

种质编号	0.2%		0.4%		0.6%		0.8%		1.0%	
	相对发芽率	相对发芽势	相对发芽率	相对发芽势	相对发芽率	相对发芽势	相对发芽率	相对发芽势	相对发芽率	相对发芽势
L. f1	0.987^a	0.891^{bcd}	0.932^{ab}	0.797^b	0.905^a	0.659^a	0.742^a	0.457^a	0.66^a	0.304^a
L. f2	0.438^g	0.5^g	0.344^h	0.278^{hg}	0.850^a	0.111^{ij}	0.281^{de}	0.167^c	0.156^{fg}	0.111^c
L. f3	0.784^{edf}	0.556^{fg}	0.686^f	0.444^e	0.344^{cd}	0.444^{cde}	0.098^{gh}	0^j	0.020^i	0^e
L. f4	0.860^{abcd}	0.629^f	0.698^f	0.629^{cd}	0.432^c	0.2^{ih}	0.163^{gf}	0.086^{ghi}	0^i	0^e
L. f5	0.47^g	0.37^h	0.364^h	0.222^h	0.442^c	0.185^{ih}	0.212^{ef}	0.111^{fghi}	0.129^{gh}	0.037^{ed}
L. f6	0.872^{abcd}	0.982^{ab}	0.709^{ef}	0.926^a	0.295^{de}	0.722^a	0.482^{bc}	0.37^b	0.397^c	0.111^c
L. f7	0.889^{abcd}	0.75^e	0.861^{bc}	0.595^{cd}	0.631^b	0.381^{ef}	0.667^a	0.119^{fgh}	0.306^d	0.071^{cd}
L. f8	0.658^f	0.536^{fg}	0.842^{bcd}	0.929^a	0.611^b	0.321^{fg}	0.053^h	0^j	0^i	0^e
L. f9	0.658^f	0.536^{fg}	0.842^{bcd}	0.929^a	0.632^b	0.321^{fg}	0.053^h	0^j	0^i	0^e
L. f10	0.886^{abcd}	0.889^{bcd}	0.832^{bcd}	0.648^c	0.632^b	0.537^{bc}	0.439^c	0.222^{cd}	0.282^{ed}	0.056^{de}
L. f11	0.692^{ef}	0.2^i	0.538^g	0.2^h	0.588^b	0.033^j	0.103^{gh}	0.067^{ih}	0.026^i	0.033^{de}
L. f12	0.940^{abc}	1.024^a	0.723^{ef}	0.667^c	0.385^{cd}	0.667^a	0.313^d	0.262^c	0.217^{ef}	0.071^{cd}
L. f13	0.769^{def}	0.348^h	0.706^{ef}	0.319^{fg}	0.691^b	0.101^{ij}	0.345^d	0.101^{ghi}	0.118^{gh}	0.043^{de}
L. f14	0.942^{abc}	0.843^{cde}	0.783^{efcd}	0.627^{cd}	0.353^{cd}	0.392^{def}	0.101^{gh}	0.059^{hij}	0.159^{fg}	0.059^{cd}
L. f15	0.961^{ab}	0.766^e	0.814^{cde}	0.638^{cd}	0.449^c	0.142^{ij}	0.182^{gf}	0.142^{efg}	0.07^{ih}	0.05^{ed}
L. f16	0.809^{bcde}	0.784^{ed}	0.352^h	0.423^{ef}	0.168^e	0.099^{ij}	0.067^h	0.054^{ij}	0.112^{gh}	0.018^{de}
L. f17	0.983^a	0.955^{abc}	0.936^{ab}	0.942^a	0.202^e	0.495^{cd}	0.734^a	0.419^{ab}	0.518^b	0.234^b
L. f18	0.807^{cde}	0.319^h	0.737^{def}	0.29^{gh}	0.673^b	0.261^{gh}	0.140^{fgh}	0^j	0.105^h	0^e
L. f19	0.915^{abcd}	0.76^e	0.712^{ef}	0.52^{de}	0.456^c	0.627^{ab}	0.565^b	0.387^b	0.475^b	0.213^b
L. f20	0.973^a	0.770^{ed}	0.958^a	0.676^c	0.836^a	0.451^{cde}	0.552^b	0.178^{de}	0.330^{cd}	0.104^c

注：表中不同小写字母表示具有 0.05 水平下的差异显著性。

2.3　不同盐浓度对多花胡枝子野生种质相对发芽指数的影响

相对发芽指数是衡量种子在盐胁迫下不同天数的发芽情况的重要指标。20 种不同野生多花胡枝子的相对发芽指数总体上随盐浓度增加而降低（L. f15 和 L. f15 除外），而下降幅度各不相同，其中 L. f1、

L. f3、L. f6、L. f7、L. f9、L. f10、L. f12、L. f14、L. f15、L. f16、L. f20 下降超过 0.5，其中 16 下降程度最大，达 0.77，说明 16 对盐浓度增加更加敏感。L. f1、L. f3、L. f6、L. f7、L. f9、L. f10、L. f12、L. f16、L. f20 在 0.2％浓度下水平很高（＞70％），说明这几个品种的种子材料对于低浓度的盐胁迫不敏感。

表 5　不同盐浓度下相对发芽指数统计结果

种质编号	0.2％	0.4％	0.6％	0.8％	1.0％
L. f1	0.83	0.74	0.54	0.37	0.29
L. f2	0.62	0.44	0.26	0.26	0.16
L. f3	0.77	0.66	0.46	0.08	0.02
L. f4	0.38	0.21	0.17	0.09	0.04
L. f5	0.29	0.27	0.12	0.03	0.00
L. f6	0.71	0.64	0.52	0.22	0.14
L. f7	0.74	0.59	0.38	0.25	0.12
L. f8	0.23	0.37	0.17	0.03	0.00
L. f9	0.71	0.57	0.42	0.34	0.16
L. f10	0.71	0.50	0.38	0.19	0.09
L. f11	0.43	0.37	0.17	0.16	0.05
L. f12	0.78	0.50	0.43	0.21	0.08
L. f13	0.45	0.40	0.18	0.17	0.06
L. f14	0.67	0.49	0.30	0.05	0.07
L. f15	0.61	0.66	0.14	0.13	0.03
L. f16	0.80	0.28	0.09	0.07	0.03
L. f17	0.48	0.42	0.22	0.20	0.11
L. f18	0.42	0.31	0.22	0.04	0.02
L. f19	0.65	0.42	0.46	0.29	0.20
L. f20	0.72	0.62	0.45	0.21	0.13

2.4　不同盐浓度对多花胡枝子野生种质相对活力指数的影响

不同材料在相同处理下的相对活力指数有差异，而相同材料在不同处理下的相对活力指数也不相同，总的趋势是随着盐浓度升高，相对活力指数下降，而不同材料的下降幅度也不尽相同（表 6），大部分材料的相对活力指数在 0.6％浓度下显著下降，L. f19 在 0.6％浓度下出现反常现象，略有升高，而 L. f2 在 0.8％浓度下较之 0.6％浓度下的值略有升高，其中原因尚待深入研究（可能是芽的生长受到促进）。

表 6　不同盐浓度下相对活力指数统计结果

种质编号	0.2％	0.4％	0.6％	0.8％	1.0％
L. f1	0.530	0.322	0.178	0.150	0.082
L. f2	0.306	0.145	0.081	0.118	0.000
L. f3	0.374	0.190	0.042	0.006	0.000
L. f4	0.233	0.075	0.026	0.016	0.000
L. f5	0.170	0.101	0.021	0.002	0.000
L. f6	0.276	0.278	0.113	0.018	0.000
L. f7	0.716	0.451	0.229	0.092	0.046

（续）

种质编号	0.2%	0.4%	0.6%	0.8%	1.0%
L. f8	0.095	0.207	0.031	0.002	0.000
L. f9	0.515	0.402	0.211	0.110	0.052
L. f10	0.729	0.447	0.301	0.050	0.007
L. f11	0.355	0.218	0.076	0.076	0.002
L. f12	0.444	0.215	0.139	0.045	0.011
L. f13	0.277	0.246	0.032	0.024	0.008
L. f14	0.487	0.275	0.124	0.007	0.004
L. f15	0.218	0.138	0.020	0.006	0.000
L. f16	0.544	0.063	0.029	0.009	0.004
L. f17	0.198	0.122	0.061	0.054	0.017
L. f18	0.232	0.139	0.068	0.003	0.001
L. f19	0.432	0.188	0.195	0.052	0.009
L. f20	0.498	0.364	0.198	0.062	0.024

2.5 相对平均根芽长统计数据

根芽长也是衡量种质材料耐盐性的重要指标[3]，从表7可以看到有些种质在0.2%盐浓度下的平均根长大于对照组的平均根长，说明低浓度的盐对植物根系的生长具有促进作用，而盐浓度进一步升高后，则促进作用显著降低甚至消失，并且相对平均根长在0.6%盐浓度下降低的幅度最大。从表8中可以看出，除 L. f2 外，芽长在胁迫环境下的平均值均小于对照值，说明芽长对盐胁迫更加敏感。另外 L. f5、L. f7、L. f20 在0.4%浓度下的芽长要高于0.2%浓度下的值，说明0.4%盐浓度对芽的伸长有一定的促进作用。总体看来根长芽长均随盐浓度增加呈下降趋势。

表7　不同盐浓度下相对平均根长统计数据（%）

种质编号	0.2%	0.4%	0.6%	0.8%	1.0%
L. f1	73.76	26.96	15.08	11.98	9.23
L. f2	132.03	128.84	58.88	31.27	7.38
L. f3	102.73	60.22	16.48	10.62	8.47
L. f4	59.91	18.76	12.77	5.47	0.00
L. f5	23.85	22.84	16.24	15.20	8.94
L. f6	85.76	36.05	26.05	25.09	28.95
L. f7	29.26	36.51	14.91	8.46	0.00
L. f8	22.85	16.14	12.70	9.33	8.61
L. f9	102.73	60.22	16.48	10.62	8.47
L. f10	81.40	62.17	33.22	28.79	23.26
L. f11	90.37	63.46	25.46	13.19	15.08
L. f12	73.60	28.75	15.66	11.69	11.97

（续）

种质编号	0.2%	0.4%	0.6%	0.8%	1.0%
L. f13	28.26	14.91	16.64	10.47	13.81
L. f14	110.39	91.83	29.01	14.14	11.64
L. f15	32.83	20.23	17.04	21.12	14.91
L. f16	72.80	14.48	15.42	12.80	12.34
L. f17	49.89	75.14	63.13	48.51	24.64
L. f18	38.69	23.34	20.48	17.52	10.72
L. f19	72.41	51.32	35.00	18.58	16.77
L. f20	35.85	36.93	19.73	16.09	14.17

表 8　不同盐浓度下相对芽长统计数据

种质编号	0.2%	0.4%	0.6%	0.8%	1.0%
L. f1	0.64	0.44	0.33	0.41	0.29
L. f2	1.02	0.90	0.80	0.26	0.08
L. f3	0.73	0.71	0.51	0.32	0.32
L. f4	0.61	0.35	0.15	0.18	0.00
L. f5	0.39	0.43	0.22	0.08	0.00
L. f6	0.96	0.76	0.60	0.36	0.37
L. f7	0.41	0.57	0.18	0.09	0.00
L. f8	0.49	0.29	0.09	0.08	0.00
L. f9	0.73	0.71	0.51	0.32	0.32
L. f10	0.58	0.38	0.18	0.06	0.04
L. f11	0.72	0.56	0.41	0.13	0.06
L. f12	0.66	0.45	0.42	0.18	0.05
L. f13	0.36	0.21	0.14	0.05	0.00
L. f14	0.69	0.59	0.44	0.29	0.18
L. f15	0.42	0.29	0.28	0.26	0.16
L. f16	0.68	0.22	0.31	0.14	0.13
L. f17	0.56	0.44	0.31	0.07	0.05
L. f18	0.83	0.59	0.44	0.47	0.05
L. f19	0.57	0.43	0.32	0.21	0.14
L. f20	0.61	0.62	0.18	0.14	0.13

2.6　综合评价

表 9 对种子萌发中与耐盐性相关的几项重要指标采用隶属方程进行了综合分析，从中可以看出各种野生多花胡枝子材料的综合耐盐性，其中 L. f6 列居第一位而 L. f16 为第二十位，即两种材料 L. f6 耐盐性较强，而 L. f16 虽然在对照处理下的发芽率较高，但由于在盐胁迫作用下，各项衡量耐盐性的指标下降均很明显，耐盐性较差。

表 9　0.6% 浓度下的各项指标

种质编号	相对发芽指数	相对活力指数	相对根长	相对芽长	相对发芽率	相对发芽势	综合评价值	排序
L. f1	0.47	0.21	0.09	0.12	0.64	0.60	0.36	13
L. f2	0.23	0.27	0.41	0.76	0.67	0.00	0.39	10
L. f3	0.59	0.11	0.29	0.19	0.54	0.45	0.36	11
L. f4	0.39	0.10	0.21	0.25	0.51	0.32	0.30	17
L. f5	0.38	0.14	0.17	0.26	0.49	0.44	0.31	15
L. f6	0.70	0.38	0.49	0.52	0.62	0.71	0.57	1
L. f7	0.41	0.27	0.02	0.40	0.52	0.45	0.35	14
L. f8	0.46	0.15	0.41	0.32	0.75	0.35	0.41	8
L. f9	0.46	0.34	0.09	0.46	0.63	0.52	0.42	7
L. f10	0.46	0.41	0.41	0.76	0.51	0.58	0.52	4
L. f11	0.32	0.21	0.35	0.50	0.53	0.44	0.39	9
L. f12	0.50	0.30	0.33	0.43	0.66	0.63	0.47	6
L. f13	0.29	0.09	0.24	0.10	0.36	0.19	0.21	19
L. f14	0.40	0.25	0.16	0.54	0.40	0.43	0.36	12
L. f15	0.17	0.09	0.35	0.40	0.25	0.13	0.23	18
L. f16	0.09	0.05	0.05	0.33	0.12	0.11	0.12	20
L. f17	0.29	0.24	0.12	0.48	0.32	0.36	0.30	16
L. f18	0.51	0.29	0.76	0.51	0.35	0.82	0.54	2
L. f19	0.49	0.42	0.06	0.61	0.82	0.76	0.53	3
L. f 20	0.54	0.37	0.18	0.50	0.89	0.52	0.50	5

3　讨论

盐分对种子萌发影响的研究一般可归结为两类：一是渗透效应，即盐分降低了溶液渗透势，二是离子效应，即盐离子对种子萌发有影响。

（1）不同盐浓度对野生多花胡枝子种子相对发芽率的影响表明，由于盐胁迫下种子的发芽率、发芽势降低，在种植野生多花胡枝子时，应当选择饱满的种子并适当增加播种量。

（2）不同盐浓度对不同野生多花胡枝子种子相对发芽率、相对发芽势、相对发芽指数、相对活力指数的影响表明，0.6% 盐浓度处理下的相对发芽率、相对发芽势、相对发芽指数、相对活力指数等可以用作鉴定种子耐盐性的重要指标。因此进行多花胡枝子种子耐盐性鉴别时，以 0.6% 盐浓度为宜。

参　考　文　献

[1] 杨明爽. 优良饲草资源：多花胡枝子 [J]. 草与畜杂志，1997 (2)：39.

[2] 马春平，崔国文. 10 个紫花苜蓿品种耐盐性的比较研究 [J]. 种子，2006 (7)：50 - 53.

[3] 翟登攀，薛勇，吴玉德. 紫花苜蓿种子盐胁迫下萌发特性的试验研究 [J]. 科技信息，2009 (13)：431 - 453.

白三叶芽期耐盐性指标筛选及综合评价

张鹤山[1]　张志飞[2]　刘　洋[1]　武建新[2]　田　宏[1]　熊军波[1]

（1. 湖北省农业科学院畜牧兽医研究所　2. 湖南农业大学）

摘要： 以 66 份白三叶种质为研究材料，通过室内萌发试验，测定了与耐盐性有关的 10 个萌发特性指标，通过相关性分析和主成分分析确定本研究中白三叶耐盐性综合评价指标为相对活力指数、相对发芽率。运用隶属函数法和聚类分析法对 66 份白三叶种质耐盐性进行综合评价，将种质耐旱性分为强、中、弱三个等级，其中耐盐性较强的材料有 ZXY06P - 2576、ZXY06P - 1798、ZXY06P - 2561、ZXY06P - 2598、惠亚（Huia）、ZXY06P - 2659、ZXY06P - 2614、ZXY06P - 1806、ZXY06P - 2233、ZXY06P - 1768。

关键词： 白三叶；耐盐性；指标筛选；综合评价

随着生态环境不断恶化和人类对资源不合理的开发利用，全世界盐碱地面积近 10 亿 hm^2[1]。我国是世界上盐碱地面积较大的几个国家之一，目前盐渍土面积约 667 万 hm^2[2]，土壤盐渍化严重影响我国农业生产和生态环境建设。在盐渍化条件下，植物生长受到盐离子和许多矿物质离子之间交互作用的影响，造成植物体内养分吸收、利用和分配不平衡。开发利用、改良这些盐渍土地，推广选用耐盐品种，挖掘耐盐牧草种质资源，强化牧草的耐盐性及培育耐盐品种，进而提高盐渍土地的利用，对解决我国巨大人口压力下的食物-资源-环境这一重大问题具有重要意义。

利用盐渍土资源生产牧草，将盐渍土改良和利用与畜牧业生产相结合，可以发挥巨大的生态效益和经济效益。选育耐盐牧草和提升牧草的耐盐能力是盐渍土种植牧草的关键。研究表明，白三叶在盐胁迫下种子萌发受到明显抑制[3-8]，通过根际微生物接种[9,10]或转基因技术[11]可以提高白三叶植株耐盐性。但白三叶耐盐性综合评价和耐盐白三叶材料筛选和培育的研究报道较少。

本研究通过对白三叶芽期萌发指标的筛选与研究，综合评价了 66 份白三叶种质的耐盐性强弱，为白三叶的耐盐育种和耐盐优良种质推广利用提供参考。

1 材料与方法

1.1 材料来源

本试验所用 66 份白三叶种质材料中有 57 份来源于俄罗斯，9 份是国内外育成的种质。供试材料编号、名称及原产地信息见表 1。

表 1　66 份白三叶种质资源基本信息

编号	材料名称	原产地	编号	材料名称	原产地
1	ZXY06P - 1616	俄罗斯	7	ZXY06P - 1754	俄罗斯
2	ZXY06P - 1636	俄罗斯	8	ZXY06P - 1768	俄罗斯
3	ZXY06P - 1686	俄罗斯	9	ZXY06P - 1798	俄罗斯
4	ZXY06P - 1693	俄罗斯	10	ZXY06P - 1806	俄罗斯
5	ZXY06P - 1711	俄罗斯	11	ZXY06P - 1819	俄罗斯
6	ZXY06P - 1735	俄罗斯	12	ZXY06P - 1827	俄罗斯

（续）

编号	材料名称	原产地	编号	材料名称	原产地
13	ZXY06P - 1864	俄罗斯	40	ZXY06P - 2392	俄罗斯
14	ZXY06P - 1879	俄罗斯	41	ZXY06P - 2405	俄罗斯
15	ZXY06P - 1918	俄罗斯	42	ZXY06P - 2444	俄罗斯
16	ZXY06P - 1924	俄罗斯	43	ZXY06P - 2475	俄罗斯
17	ZXY06P - 1927	俄罗斯	44	ZXY06P - 2488	俄罗斯
18	ZXY06P - 1972	俄罗斯	45	ZXY06P - 2496	俄罗斯
19	ZXY06P - 2007	俄罗斯	46	ZXY06P - 2508	俄罗斯
20	ZXY06P - 2017	俄罗斯	47	ZXY06P - 2528	俄罗斯
21	ZXY06P - 2029	俄罗斯	48	ZXY06P - 2552	俄罗斯
22	ZXY06P - 2046	俄罗斯	49	ZXY06P - 2557	俄罗斯
23	ZXY06P - 2128	俄罗斯	50	ZXY06P - 2561	俄罗斯
24	ZXY06P - 2139	俄罗斯	51	ZXY06P - 2576	俄罗斯
25	ZXY06P - 2180	俄罗斯	52	ZXY06P - 2598	俄罗斯
26	ZXY06P - 2188	俄罗斯	53	ZXY06P - 2606	俄罗斯
27	ZXY06P - 2201	俄罗斯	54	ZXY06P - 2614	俄罗斯
28	ZXY06P - 2206	俄罗斯	55	ZXY06P - 2621	俄罗斯
29	ZXY06P - 2233	俄罗斯	56	ZXY06P - 2654	俄罗斯
30	ZXY06P - 2245	俄罗斯	57	ZXY06P - 2659	俄罗斯
31	ZXY06P - 2277	俄罗斯	58	惠亚（Huia）	新西兰
32	ZXY06P - 2286	俄罗斯	59	超级惠亚（Super Huia）	澳大利亚
33	ZXY06P - 2304	俄罗斯	60	碧胜（Zapican）	阿根廷
34	ZXY06P - 2340	俄罗斯	61	鄂牧 1 号（Emu No. 1）	中国
35	ZXY06P - 2344	俄罗斯	62	克赛（Kersey）	英国
36	ZXY06P - 2348	俄罗斯	63	克劳（Crau）	法国
37	ZXY06P - 2358	俄罗斯	64	G18	新西兰
38	ZXY06P - 2360	俄罗斯	65	皮陶（Pitau）	新西兰
39	ZXY06P - 2387	俄罗斯	66	海发（Haifa）	澳大利亚

1.2 试验方法

1.2.1 预备试验

为确定参试白三叶材料萌发期抗逆性评价的适宜胁迫浓度，所有试验均提前进行预备试验来筛选出适宜的胁迫浓度。从参试材料中随机选取 4 份俄罗斯种质资源和鄂牧 1 号、海法共 6 份种质材料，采用发芽盒滤纸法于人工气候培养箱中进行发芽试验。

盐胁迫预备试验采用化学用 NaCl 配制胁迫溶液来模拟自然条件下盐胁迫环境，溶液浓度梯度设置为 0（CK）、50mmol/L、100mmol/L、150mmol/L、200mmol/L、250mmol/L。试验结果表明：在 NaCl 溶液浓度为 50mmol/L 时，6 份白三叶材料各指标间差异最显著，其他浓度下材料间各观测指标差异均不显著，因此最终选择浓度为 50mmol/L 的 NaCl 溶液用于评价 66 份白三叶材料萌发期的耐盐性。

1.2.2 试验方法

依照 GB/T 2930.4 牧草种子检验规程中白三叶发芽试验规程，采用发芽盒滤纸法于人工气候箱中进行发芽试验。选取大小均匀一致、饱满、无病虫害的种子，用 50% 的多菌灵可湿性粉剂 500 倍液浸泡种子 20min，蒸馏水清洗干净待用。将种子均匀置于发芽盒内，每重复 50 粒种子，设 4 次重复，处理组每个发芽盒分别施加 15mL 浓度为 50mmol/L 的 NaCl 溶液，对照组（CK）加 15mL 去离子水，试验过程中均不再加入任何溶液。于人工气候培养箱中进行恒温培养（20℃、16h、光照/20℃、8h、黑暗），10d 结束试验。

1.2.3 指标测定

每隔 24h 观察记录发芽种子数，以胚根或胚芽突破种皮长于种子长度为发芽标准，并计算种子发芽势（%）、发芽率（%），发芽指数和活力指数，计算公式如下。

$$发芽势 = [试验第 4 天的发芽种子数 / 总种子数] \times 100\%$$
$$发芽率 = [试验第 10 天的发芽种子数 / 总种子数] \times 100\%$$
$$发芽指数 = \sum (Gt/Dt)$$
$$活力指数 = 发芽指数 \times 根长$$

公式中 Gt 为第 t 日种子的发芽量，Dt 为相应的发芽试验天数。

试验结束时，每处理随机选取 10 株幼苗，用清水洗净，用 LA-S 系列植物根系分析系统软件进行扫描分析，获得幼苗的根长（mm）、苗长（mm）、根长/苗长、根系表面积（mm^2），根系体积（mm^3），根系平均直径（mm）这些性状指标数据。

1.2.4 数据处理

试验数据采用 Excel 2010 和 SPSS 22 分析软件进行处理与分析。

（1）隶属函数计算公式

正向隶属函数计算公式：$R(X_i) = (X_i - X_{min})/(X_{max} - X_{min})$

反向隶属函数计算公式：$R(X_i) = 1 - (X_i - X_{min})/(X_{max} - X_{min})$

公式中 $R(X_i)$ 为各指标隶属函数值，X_i 为指标测定值，X_{min}、X_{max} 为所有参试材料某一指标的最小值和最大值。

（2）变异系数赋权计算公式

$$V_j = \frac{\sqrt{\sum_{i=1}^{n}(X_{ij} - \overline{X}_j)^2}}{\overline{X}_j}$$

$$W_j = \frac{V_j}{\sum_{j=1}^{m} V_j}$$

公式中 $\overline{X}_j$ 表示各材料第 j 个指标的平均值，X_{ij} 表示 i 材料 j 性状的隶属函数值，V_j 表示第 j 个指标的标准差系数，W_j 表示第 j 个指标的权重。

（3）综合隶属函数值的计算公式

$$D = \sum_{j=1}^{n}[R(X_j) \times W_j]$$

式中 D 表示综合评价值，$R(X_j)$ 为 j 指标的隶属函数值，W_j 表示第 j 个指标的权重，各材料的抗逆性综合评价值越大，表明材料抗逆性越强。

2 结果与分析

2.1 盐胁迫对白三叶种子萌发与幼苗生长的影响

66 份白三叶材料萌发期 10 项观测指标盐胁迫组和对照组两组数据的基本统计结果见表 2。结果表明，盐胁迫组和对照组指标均值变化值除根系平均直径指标为正值外，其他指标均值变化值都为负值。这表明在遭受盐胁迫时，白三叶萌发和生长各项指标会受到普遍的抑制作用，但根系平均直径会增加，这可能是白三叶在应对盐胁迫时表现出的一种适应和调节机制。

对照组的 10 项观测指标变异系数范围在 8.94%～24.98%，且在根系体积、根长比苗长和活力指数等几个指标性状的材料间差异表现最明显。盐胁迫组各指标变异系数值相差较大，在 12.45%～111.05%，这说明 66 份参试白三叶材料遭受盐胁迫时各指标性状表现差异很大，在活力指数、根系表面积和根系体积等指标性状中差异表现最明显。

表 2　盐胁迫下 66 份白三叶材料 10 项观测指标的变化情况

观测指标	对照组			干旱胁迫组			对比变化值	
	均值	标准差	变异系数	均值	标准差	变异系数	均值变化	变异系数变化
发芽势（%）	83	9	11.03%	58	19	32.67%	−25	21.64%
发芽率（%）	87	8	8.94%	72	15	21.06%	−15	12.12%
发芽指数	114.59	15.92	13.89%	64.03	22.64	35.36%	−50.56	21.47%
活力指数	4777.39	861.07	18.02%	425.35	472.37	111.05%	−4352.04	93.03%
根长（mm）	41.68	4.70	11.27%	5.75	4.93	85.68%	−35.93	74.41%
苗长（mm）	7.46	1.19	15.96%	3.92	0.74	18.97%	−3.54	3.01%
根长比苗长	5.84	1.14	19.56%	1.39	0.97	70.12%	−4.45	50.56%
根系表面积（mm²）	37.58	6.06	16.12%	7.74	7.25	93.64%	−29.84	77.52%
根系体积（mm³）	2.82	0.71	24.98%	0.87	0.84	96.60%	−1.95	71.62%
根系平均直径（mm）	2.83	0.33	11.64%	4.08	0.51	12.45%	1.25	0.82%

2.2　观测指标相关性分析

对 66 份白三叶材料萌发期的相对发芽势、相对发芽率等 10 项测定指标相对值进行两两相关性分析（表 3），结果表明多数指标间均有极显著或显著相关性（$P<0.01$ 或 $P<0.05$），其中相对发芽势、相对发芽率、相对发芽指数三项萌发指标间两两相关系数都在 0.8 以上，且都有极显著相关性（$P<0.01$）；相对活力指数与其他各指标均有较高相关关系，都达到极显著相关性（$P<0.01$）。

表 3　盐胁迫下 66 份白三叶材料各指标间相关系数

观测指标	相对发芽势	相对发芽率	相对发芽指数	相对活力指数	相对根长	相对苗长	相对根长比苗长	相对根系表面积	相对根系体积
相对发芽率	0.912**								
相对发芽指数	0.927**	0.857**							
相对活力指数	0.593**	0.515**	0.692**						
相对根长	0.464**	0.392**	0.526**	0.953**					
相对苗长	0.284*	0.288*	0.24	0.505**	0.581**				
相对根长比苗长	0.453**	0.371**	0.547**	0.930**	0.942**	0.310*			
相对根系表面积	0.478**	0.401**	0.534**	0.936**	0.975**	0.602**	0.899**		
相对根系体积	0.481**	0.404**	0.537**	0.909**	0.940**	0.590**	0.868**	0.977**	
相对根系平均直径	0.365**	0.24	0.382**	0.426**	0.419**	0.291*	0.415**	0.501**	0.604**

注：** 表示具有极显著相关性（$P<0.01$），* 表示具有显著相关性（$P<0.05$）。

2.3 耐盐性评价指标筛选

对 66 份白三叶材料耐盐性评价试验的相对发芽势、相对发芽率等 10 项观测指标进行因子主成分分析（表 4）。由表可看出，前两个主成分的累积贡献率已达到 81.851%，且特征值都大于 1，表明前两个成分已经把材料 81.851% 的耐盐性信息反映了出来。根据主成分特征值大于 1 和累积方差贡献率大于 80% 的原则，选择前两个主成分作为 66 份白三叶材料耐盐性综合评价的主要因子。

结合因子载荷矩阵（表 5）可看出，第一主成分特征值为 6.484，贡献率为 64.843，对应特征向量中载荷较大的 4 个指标是相对活力指数、相对根长、相对根系表面积和相对根系体积，分别为 0.958、0.929、0.939、0.934，这些指标都与植株根系生长相关，因此可定义第一主成分为根系生长因子。根系生长因子中较大特征向量均为正值，说明白三叶的耐盐性与根系生长指标呈正相关，耐盐性越好的材料植株地下部越发达。

第二主成分特征值为 1.701，贡献率为 17.008，对应特征向量中载荷较大的 3 个指标为相对发芽率、相对发芽势和相对发芽指数，分别为 0.702、0.660、0.588，这些指标都与种子萌发特性相关，因此可定义第二主成分为萌发特性因子。萌发特性因子中较大的特征向量均为正值，说明白三叶的耐盐性与发芽指标呈正相关，耐盐性越好的材料萌发特性越好。

综合指标相关性分析和主成分分析结论，在第一主成分根系生长因子中选择与其他根系指标存在极显著相关且特征向量最大的指标——相对活力指数，在第二主成分萌发特性因子中选择与其他指标存在极显著相关且特征向量最大的指标——相对发芽率，用以上两个指标作为白三叶耐盐评价的指标来对 66 份白三叶材料进行隶属函数耐盐性综合评价。

表 4 两个主成分的特征值以及贡献率

主成分	特征值	贡献率 （%）	累积贡献率 （%）
I	6.484	64.843	64.843
II	1.701	17.008	81.851

表 5 各因子载荷矩阵

观测指标	主成分		观测指标	主成分	
	I	II		I	II
相对发芽势	0.723	0.660	相对苗长	0.575	−0.250
相对发芽率	0.648	0.702	相对根长比苗长	0.879	−0.249
相对发芽指数	0.768	0.588	相对根系表面积	0.939	−0.307
相对活力指数	0.958	−0.125	相对根系体积	0.934	−0.294
相对根长	0.929	−0.313	相对根系平均直径	0.560	−0.087

2.4 白三叶材料耐盐性综合评价

根据指标相关性分析和因子主成分分析结果，筛选出相对活力指数、相对发芽率两项指标，这两项指标均为正向指标，因此都用正向隶属函数公式计算各材料隶属函数值。再根据变异系数赋权公式计算两项指标的变异系数，确定两项指标权重，相对活力指数权重为 0.849、相对发芽率权重为 0.151。最后，利用综合隶属函数公式计算出 66 份白三叶材料萌发期的耐盐综合评价值，结果见表 6。

表 6　白三叶材料耐盐隶属函数值

种质	隶属函数值		综合评价值	排序	种质	隶属函数值		综合评价值	排序
	相对活力指数	相对发芽率				相对活力指数	相对发芽率		
1	0.039	0.728	0.143	55	34	0.070	0.694	0.165	50
2	0.094	0.732	0.190	37	35	0.008	0.417	0.070	64
3	0.030	0.478	0.098	63	36	0.083	0.556	0.154	53
4	0.097	0.837	0.209	30	37	0.064	0.831	0.180	40
5	0.122	0.889	0.238	25	38	0.021	0.270	0.058	65
6	0.066	0.800	0.177	41	39	0.027	0.497	0.098	62
7	0.135	0.812	0.238	26	40	0.000	0.000	0.000	66
8	0.618	0.906	0.662	10	41	0.366	0.743	0.423	16
9	0.917	0.895	0.913	2	42	0.426	0.760	0.477	12
10	0.643	0.912	0.684	8	43	0.242	0.793	0.326	20
11	0.101	0.640	0.182	38	44	0.145	0.776	0.240	24
12	0.069	0.643	0.156	52	45	0.149	0.895	0.262	22
13	0.080	0.867	0.200	33	46	0.077	0.712	0.173	43
14	0.054	0.797	0.167	48	47	0.117	0.668	0.201	32
15	0.079	0.912	0.205	31	48	0.127	0.804	0.229	27
16	0.040	0.668	0.135	58	49	0.394	0.808	0.456	14
17	0.092	0.629	0.174	42	50	0.901	0.931	0.906	3
18	0.089	0.703	0.182	39	51	1.000	0.926	0.989	1
19	0.048	0.682	0.144	54	52	0.809	0.938	0.829	4
20	0.049	0.631	0.137	57	53	0.038	0.439	0.099	61
21	0.068	0.727	0.167	47	54	0.723	0.861	0.744	7
22	0.034	0.529	0.109	59	55	0.332	0.561	0.367	18
23	0.076	0.679	0.168	46	56	0.088	0.617	0.168	45
24	0.086	0.898	0.209	29	57	0.701	1.000	0.746	6
25	0.073	0.893	0.197	35	58	0.771	0.829	0.780	5
26	0.065	0.732	0.166	49	59	0.120	0.754	0.216	28
27	0.076	0.836	0.191	36	60	0.089	0.627	0.171	44
28	0.394	0.819	0.458	13	61	0.293	0.749	0.362	19
29	0.650	0.869	0.683	9	62	0.400	0.650	0.437	15
30	0.469	0.774	0.515	11	63	0.052	0.640	0.141	56
31	0.356	0.743	0.414	17	64	0.067	0.688	0.161	51
32	0.207	0.691	0.280	21	65	0.030	0.500	0.101	60
33	0.080	0.860	0.198	34	66	0.146	0.810	0.246	23
权重	0.849	0.151			权重	0.849	0.151		

　　将 66 份白三叶材料的耐盐综合隶属函数值采用欧氏距离平均连锁法进行聚类分析（图 1），结合耐盐综合隶属函数值大小排序结果（表 6），在欧式距离 5 处可将参试材料分为三个类群：第一类群包括编号为 51、9、50、52 等的 10 个种质材料，占到参试材料总数的 15%，该类群耐盐综合隶属函数值最高，表明耐盐性在所有材料中是最强的；第二类群包括编号为 31、41、55、62 等的 10 个种质材料，占

所有参试材料的 15%，该类群耐盐综合隶属函数值在 66 份材料中排名居于中间，表明这些种质材料的耐盐性居中；第三类群包括编号为 40、38、35、3 等的 46 个种质材料，该类群的材料较多，占所有参试材料的 70%，该类群白三叶材料耐盐综合隶属函数值在 66 份材料中排名靠后，表明这些在 66 份白三叶材料中的耐盐性较差。

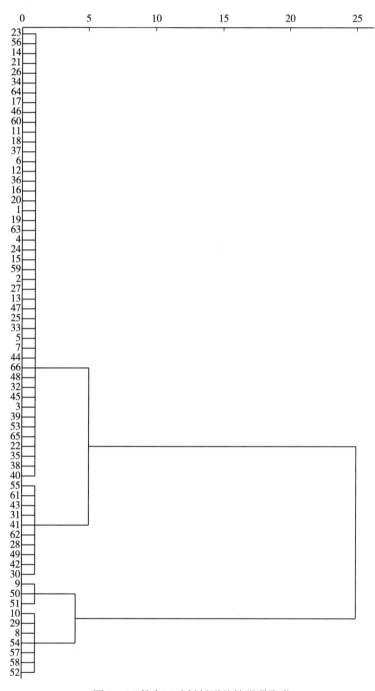

图 1 66 份白三叶材料耐盐性强弱聚类

3 讨论与结论

活力指数、根系体积和根系表面积这几项指标在不受胁迫时和受盐胁迫后都是参试材料间差异表现最明显的性状指标，可知白三叶材料本身性状的差异和盐胁迫后的抗性表现即材料的耐盐性差异也是有联系的。

本研究筛选出 10 个耐盐性较好的白三叶种质材料 ZXY06P－2576、ZXY06P－1798、ZXY06P－2561、ZXY06P－2598、惠亚（Huia）、ZXY06P－2659、ZXY06P－2614、ZXY06P－1806、ZXY06P－2233、ZXY06P－1768，除惠亚是新西兰育成种质外，其余 9 份材料都是来自于俄罗斯的种质资源，这说明野生资源中有大量的耐盐白三叶种质资源，未来应加大对野生白三叶种质资源的搜集和挖掘，为耐盐白三叶育种和耐盐种质推广提供材料。

（1）盐胁迫会对白三叶种子萌发和幼苗生长造成不利影响，种子萌发性能受胁迫影响大幅降低，幼苗根的伸长、根系表面积和根系体积受到明显抑制，耐盐性好的材料较不耐盐的材料受抑制影响较小，根系平均直径会有增加趋势。

（2）在受到盐胁迫后，66 份白三叶材料的耐盐能力表现差异较大，在活力指数、根系表面积和根系体积等指标性状中材料间差异表现最明显。

（3）根据指标相关性分析和因子主成分分析结果，筛选出两项指标——相对活力指数和相对发芽率，可用于对白三叶萌发期耐盐性强弱进行评价。

（4）参试的 66 份白三叶材料耐盐性可分为强、中、弱三个级别，耐盐性较强的有编号为 51、9、50、52 等的 10 个种质材料，耐盐性居中的有编号为 31、41、55、62 等的 10 个种质材料，耐盐性较弱的材料有编号为 40、38、35、3 等 46 个种质材料。因此，可初步筛选出 10 个耐盐性较好的种质材料，即 ZXY06P－2576、ZXY06P－1798、ZXY06P－2561、ZXY06P－2598、惠亚（Huia）、ZXY06P－2659、ZXY06P－2614、ZXY06P－1806、ZXY06P－2233、ZXY06P－1768。

参 考 文 献

[1] 于仁培，陈德明．我国盐碱土资源及其开发利用 [J]．土壤学报，1999，30（4）：158－159．

[2] 巴逢辰，赵羿．中国海涂土壤资源 [J]．土壤学报，1997，28（2）：48－51．

[3] 贾文庆，刘会超，何莉．盐分胁迫下白三叶种子的发芽特性研究 [J]．草业科学，2007，24（9）：55－57．

[4] 吴海涛，刘芳，赵丹，等．盐胁迫对三种白三叶种子萌发的影响 [J]．四川畜牧兽医，2008（8）：35－36，38．

[5] 高占军，张星亮，张颖，等．盐胁迫对白三叶种子萌发及幼苗生理特性的影响 [J]．草原与草坪，2015（2）：73－76．

[6] 卢艳敏，苏长青，李会芬．不同盐胁迫对白三叶种子萌发及幼苗生长的影响 [J]．草业学报，2013（4）：123－129．

[7] 徐威，袁庆华，王瑜，等．盐胁迫下白三叶幼苗离子分布规律的初步研究 [J]．中国草地学报，2011（5）：33－39．

[8] 徐威，王瑜，袁庆华．NaCl 胁迫对白三叶生长及保护酶的影响 [J]．草地学报，2011（3）：492－496．

[9] 杨海霞，李士美，李敏，等．丛枝菌根真菌对白三叶耐盐性的影响 [J]．青岛农业大学学报（自然科学版），2014（2）：85－90．

[10] 刘军，辛树权，赵骥民．氯化钠胁迫下植物根际促生菌对白三叶草生长的影响 [J]．北方园艺，2014（3）：65－69．

[11] 钱瑭璜，刘建华，雷江丽．转胡杨 PeDREB2b 基因白三叶株系耐盐性研究 [J]．西北林学院学报，2016，31（3）：109－113．

三叶草属 35 个种质耐盐性评价

徐 威 袁庆华

（中国农业科学院北京畜牧兽医研究所）

摘要：采用盆栽，对 35 个三叶草属种质设置 4 种（0、0.3%、0.4%、0.5%）浓度的

NaCl 溶液进行盐胁迫，测定存活率、株高、地上生物量三项生长指标和细胞膜透性、叶绿素含量两项生理指标，根据这些指标对 35 个种质进行综合评价，结果表明：2001 - 10、87 - 123、1992、79 - 207、1871 这 5 个种质耐盐性能最强，85 - 31、1790、87 - 30、85 - 4、80 - 66 这 5 个品种耐盐性能最差，国内野生种质中 - 30 的耐盐性排名第六。

关键词：三叶草；耐盐性；综合评价

三叶草属（*Trifolium* L.）是豆科（Leguminosae）草本植物，产草量高，品质优良，各种家畜均喜采食，在草地中兼有提供优质牧草和在土壤中固定氮素的双重作用，在农牧渔业生产中具有十分重要的地位，因此，在世界范围内被广泛种植。土壤盐碱化已成为农业生产的主要威胁之一，据统计，全世界约有 4 亿 hm² 土地已表现出不同程度的盐碱化[1]。而对三叶草的研究大多都是在耐旱和耐高温方面，在盐胁迫这方面研究甚少。本研究旨在利用形态指标和生理指标对三叶草属不同种质耐盐性评价，为开发利用三叶草属植物资源及改良盐碱地提供参考和依据。

1 材料与方法

1.1 试验材料与地点

选用 35 份三叶草属材料（表 1）进行盆栽试验，由中国农业科学院北京畜牧兽医研究所牧草资源室提供。试验地位于中国农业大学西校区温室。

表 1　试验材料及来源

编号	种类（种质名）	来源地	编号	种类（种质名）	来源地
1291	红三叶	德国	80 - 89	红三叶	加拿大
1415	红三叶（巴东）	比利时	81 - 49	红三叶（托马）	澳大利亚
1527	杂三叶	澳大利亚	81 - 51	草莓三叶	澳大利亚
1581	红三叶	瑞士	81 - 7	杂三叶	新西兰
1790	红三叶	日本	83 - 3	红三叶（哈米多利）	日本
1871	红三叶	英国	83 - 429	红三叶	美国
1916	红三叶	日本	85 - 14	杂三叶（普通）	新西兰
1992	红三叶	日本	85 - 31	杂三叶（伊索）	新西兰
2550	巩乃斯红三叶	中国新疆农学院	85 - 4	杂三叶	加拿大
2644	红三叶	中国四川巫溪县	86 - 337	杂三叶（迪特拉）	美国
0234	杂三叶	美国	86 - 339	红三叶（萨拉）	瑞典
0308	杂三叶	中国哈尔滨	86 - 362	红三叶（默维奥特）	英国
0997	杂三叶	日本	87 - 123	剑叶三叶草（尤切）	美国
2001 - 10	红三叶	新西兰	87 - 30	杂三叶	澳大利亚
72 - 12	红三叶（阿特韦）	加拿大	87 - 7	红三叶	澳大利亚
74 - 52	红三叶（阿林同）	美国	88 - 78	红三叶	英国
79 - 207	红三叶（特垂）	英国	中 - 30	杂三叶	中国新疆乌鲁木齐
80 - 66	白三叶（皮陶）	新西兰			

1.2 试验方法

蛭石、珍珠盐和草炭按照 6∶1∶3 的比例均匀混合后作为基质装入无孔花盆，每盆装 1kg，将三叶草种子播入，第一次浇水达到基质持水量最大值，以便种子萌发。种子萌发后含水量维持在 50％～70％，2010 年 3 月 2 日播种，出苗后间苗，二叶期前定苗，每盆留生长整齐一致、分布均匀的 20 棵苗，4 个重复，2010 年 4 月 17 日加盐，每盆按干土样重的 0（CK）、0.3％、0.4％和 0.5％，加入溶解在一定量的自来水中的化学纯 NaCl，2010 年 5 月 8～16 日进行各指标的测定。

1.3 测量指标

1.3.1 存活率

在加盐后 20d，观察每盆中存活植株的数目，记作存活苗数。存活率＝存活苗数/20。相对存活率＝盐处理存活率/对照存活率。

1.3.2 株高

加盐后 20d，用直尺测定每棵苗从土壤层到最长叶叶尖的长度，以每盆中 10 棵苗的平均值作为株高。相对株高＝盐处理植株的株高/对照植株的株高。

1.3.3 地上生物量

加盐后 20d，用刀片或剪刀沿土层割取地上部，将鲜草在 105℃下杀青，80℃下烘干过夜，在干燥器中冷却到室温后用天平称重（精确到 0.001）。相对生物量＝盐处理植株生物量/对照植株生物量。

1.3.4 细胞膜透性

细胞膜透性以电导率表示，电导率的测定采用电导仪法[2]。

1.3.5 叶绿素含量

叶绿素含量的测定采用丙酮提取法[3]。

1.4 数据处理与统计分析

应用 Excel 2003 进行数据处理与统计分析，综合比较分析采用模糊数学中的隶属函数法[4]，对 35份三叶草各项耐盐性指标的隶属值进行累加，求取平均值，并进行三叶草种质间的比较，以评定耐盐特性，计算方法如下。

（1）求出各指标的隶属函数值。

如果某一指标与耐盐性呈正相关，则：

$$X(u) = (X - X_{\min})/(X_{\max} - X_{\min})$$

如果某一指标与耐盐性呈负相关，则：

$$X(u) = 1 - (X - X_{\min})/(X_{\max} - X_{\min})$$

式中，X 为各三叶草种质某一指标的测定值，$X_{\max}$ 为所有三叶草种质某一指标测定值中的最大值，$X_{\min}$ 为该指标中的最小值。

（2）把每份三叶草材料各耐盐性指标的隶属函数值进行累加，计算其平均值（△）。

2 结果与分析

2.1 盐胁迫对存活率的影响

由表 2 可知，下三叶草存活率随着盐胁迫浓度增加而降低。0.3％NaCl 处理下相对存活率都在 0.9以上；0.4％NaCl 处理下相对存活率差异较大，在 0.70～0.96；0.5％NaCl 处理下相对存活率差异最大，在 0.20～0.86，其中白三叶 80-66 种质的相对存活率最低为 0.20，其他杂三叶或红三叶相对存活率都在 0.40 以上。

表2 不同浓度盐胁迫对三叶草相对存活率的影响

编号	0.3%	0.4%	0.5%	编号	0.3%	0.4%	0.5%
1291	0.98	0.90	0.65	80 - 89	1.00	0.96	0.68
1415	0.98	0.85	0.60	81 - 49	0.90	0.85	0.62
1527	0.96	0.84	0.62	81 - 51	0.96	0.90	0.72
1581	0.90	0.85	0.45	81 - 7	0.94	0.88	0.60
1790	0.98	0.90	0.72	83 - 3	0.94	0.86	0.42
1871	1.00	0.86	0.80	83 - 429	0.98	0.90	0.70
1916	0.98	0.84	0.76	85 - 14	0.96	0.88	0.64
1992	0.96	0.80	0.85	85 - 31	0.94	0.86	0.60
2550	0.98	0.90	0.65	85 - 4	0.96	0.90	0.46
2644	1.00	0.84	0.74	86 - 337	1.00	0.80	0.48
0234	0.94	0.80	0.80	86 - 339	1.00	0.96	0.60
0308	0.98	0.90	0.84	86 - 362	1.00	0.88	0.54
0997	0.98	0.94	0.72	87 - 123	0.96	0.90	0.44
2001 - 10	1.00	0.90	0.84	87 - 30	0.98	0.70	0.46
72 - 12	0.96	0.85	0.80	87 - 7	1.00	0.84	0.56
74 - 52	1.00	0.94	0.86	88 - 78	0.94	0.86	0.42
79 - 207	0.90	0.80	0.54	中 - 30	1.00	0.90	0.82
80 - 66	0.96	0.84	0.20				

2.2 盐胁迫对株高的影响

由表3可知，盐胁迫下三叶草生长明显受到抑制，随着盐浓度增大株高呈现下降趋势。从0.3%～0.5%浓度 NaCl 处理变化来看，80 - 89 相对株高变化最大，降低了0.573，其余种质变化都在0.2左右，其中81 - 51 和81 - 7 两个种质在0.5%浓度 NaCl 处理下大于0.8。

表3 不同浓度盐胁迫对三叶草相对株高的影响

编号	0.30%	0.40%	0.50%	编号	0.30%	0.40%	0.50%
1291	0.959	0.973	0.878	0997	0.944	0.843	0.764
1415	0.857	0.800	0.743	2001 - 10	0.899	0.876	0.719
1527	0.935	0.796	0.710	72 - 12	0.899	0.798	0.677
1581	0.949	0.897	0.718	74 - 52	0.857	0.800	0.667
1790	0.829	0.802	0.604	79 - 207	0.933	0.854	0.764
1871	0.864	0.825	0.699	80 - 66	1.065	0.946	0.772
1916	0.888	0.806	0.684	80 - 89	1.213	0.809	0.640
1992	0.958	0.865	0.813	81 - 49	1.000	0.916	0.737
2550	0.926	0.989	0.705	81 - 51	0.886	1.080	0.989
2644	0.939	0.867	0.796	81 - 7	0.806	0.972	0.815
0234	0.976	0.905	0.738	83 - 3	0.856	0.769	0.654
0308	0.966	0.897	0.747	83 - 429	0.876	0.743	0.648

（续）

编号	0.30%	0.40%	0.50%	编号	0.30%	0.40%	0.50%
85 - 14	0.968	0.937	0.779	87 - 123	0.972	0.806	0.815
85 - 31	0.913	0.808	0.740	87 - 30	0.901	0.838	0.721
85 - 4	1.005	0.896	0.750	87 - 7	0.973	0.779	0.699
86 - 337	0.986	0.942	0.652	88 - 78	0.991	0.833	0.737
86 - 339	0.943	0.810	0.705	中 - 30	0.971	0.957	0.829
86 - 362	1.045	0.831	0.764				

2.3 盐胁迫对地上生物量的影响

由表 4 可知，盐胁迫下地上生物量变化基本和存活率一致，但是由于不同种质耐盐程度不同，地上生物量和存活率的变化也不尽相同。0.5％NaCl 处理下，白三叶 80 - 66 种质的地上生物量最低只有对照的 31.16％，2001 - 10，72 - 12 等 4 个种质的相对地上生物量在 0.9 以上，其余种质的相对地上生物量都在 0.4～0.9。

表 4　不同浓度盐胁迫对三叶草相对地上生物量的影响

编号	0.30%	0.40%	0.50%	编号	0.30%	0.40%	0.50%
1291	0.7747	0.8007	0.6748	80 - 89	0.8097	0.6950	0.6017
1415	0.9512	0.9483	0.8085	81 - 49	0.8776	1.0337	0.9134
1527	0.9401	0.9107	0.8280	81 - 51	0.9300	0.9378	0.8559
1581	0.8248	0.6735	0.8145	81 - 7	0.6600	0.7288	0.5974
1790	1.0684	0.6319	0.5941	83 - 3	0.9483	1.0088	0.8720
1871	1.0298	0.9222	0.7995	83 - 429	0.8322	0.6708	0.7214
1916	1.0043	0.7150	0.6163	85 - 14	0.9381	0.9491	0.7885
1992	0.9637	0.8326	0.7999	85 - 31	0.8336	0.8702	0.4956
2550	0.8949	0.8811	0.5281	85 - 4	0.9800	0.9309	0.5187
2644	0.9948	1.0358	0.9298	86 - 337	0.9455	1.0541	0.8272
0234	0.8881	0.6609	0.7546	86 - 339	0.9009	0.8126	0.7138
0308	0.9027	0.9347	0.7404	86 - 362	0.9181	0.7454	0.6900
0997	1.0101	0.9484	0.7404	87 - 123	0.9741	0.8669	0.8915
2001 - 10	1.2711	1.2819	1.0039	87 - 30	0.9518	0.5984	0.6823
72 - 12	0.9506	1.0016	0.9777	87 - 7	0.8779	0.8829	0.7876
74 - 52	0.9798	0.9222	0.7412	88 - 78	0.9727	0.8438	0.7295
79 - 207	0.9938	0.9220	0.7933	中 - 30	1.0365	0.7804	0.7424
80 - 66	0.8847	0.7639	0.3116				

2.4 盐胁迫对细胞膜透性的影响

由表 5 可知，随着盐浓度增加植物细胞膜受损害程度随之增加，在 0.5％NaCl 处理下，35 个种质中 81 - 51 植物细胞膜受损害程度最大，其电导率是对照的 4.6 倍多，1291、0997 和 80 - 66 次之。相对电导率在 2.002～2.519 的有 1916、81 - 49、85 - 14 等 10 个种质，其余种质都在 1.004～2.002。

表5 不同浓度盐胁迫对三叶草相对电导率的影响

编号	0.30%	0.40%	0.50%	编号	0.30%	0.40%	0.50%
1291	1.542	2.942	3.546	80-89	1.364	1.848	1.491
1415	0.883	1.512	1.636	81-49	1.457	1.464	2.023
1527	1.557	1.826	2.301	81-51	1.769	1.553	4.625
1581	1.125	1.455	1.475	81-7	1.255	0.893	1.004
1790	1.383	1.513	1.419	83-3	1.180	1.555	1.693
1871	1.918	1.682	1.806	83-429	1.921	1.872	2.282
1916	1.568	1.854	2.002	85-14	1.470	1.826	2.031
1992	1.531	1.500	1.777	85-31	1.405	1.806	1.998
2550	1.492	1.566	1.523	85-4	0.946	1.911	2.107
2644	1.448	1.630	1.757	86-337	1.566	1.595	2.519
0234	1.030	1.321	1.660	86-339	0.936	1.267	1.184
0308	1.462	1.977	2.054	86-362	1.369	1.583	1.570
0997	1.396	2.546	3.518	87-123	1.679	1.963	1.952
2001-10	1.326	1.508	1.593	87-30	1.633	1.533	2.353
72-12	1.665	1.679	1.800	87-7	1.519	1.394	1.367
74-52	1.127	1.569	1.729	88-78	1.744	1.482	1.875
79-207	1.478	1.619	1.746	中-30	1.811	2.265	2.328
80-66	1.440	1.502	3.190				

2.5 盐胁迫对叶绿素含量的影响

由表6可知，同一种质不同盐浓度下、不同种质同一盐浓度下叶绿素相对含量差异都较大。在0.5%NaCl处理下，72-12叶绿素相对含量最低，为对照的24.6%，相对含量大于0.5的有86-337、79-207、87-123等13个种质，相对含量在0.4~0.5的有1527、中-30等12个品种，其余10个种质低于0.4。

表6 不同浓度盐胁迫对三叶草叶绿素相对含量的影响

编号	0.30%	0.40%	0.50%	编号	0.30%	0.40%	0.50%
1291	0.934	0.605	0.578	0997	0.816	0.678	0.447
1415	0.981	0.611	0.278	2001-10	0.742	0.731	0.703
1527	0.755	0.598	0.493	72-12	0.602	0.513	0.246
1581	0.621	0.501	0.509	74-52	0.628	0.430	0.300
1790	0.711	0.393	0.376	79-207	0.822	0.855	0.820
1871	0.844	0.751	0.617	80-66	0.492	0.315	0.270
1916	1.028	0.701	0.603	80-89	0.964	0.457	0.595
1992	1.047	0.626	0.433	81-49	0.707	0.662	0.446
2550	0.812	0.643	0.451	81-51	0.844	0.793	0.441
2644	0.775	0.662	0.271	81-7	0.611	0.368	0.323
0234	0.464	0.373	0.317	83-3	0.852	0.783	0.648
0308	0.955	0.521	0.435	83-429	0.631	0.568	0.488

（续）

编号	0.30%	0.40%	0.50%	编号	0.30%	0.40%	0.50%
85 - 14	0.619	0.530	0.311	87 - 30	0.579	0.450	0.444
85 - 31	0.657	0.610	0.471	87 - 7	1.100	0.526	0.649
85 - 4	0.678	0.655	0.366	88 - 78	0.843	0.509	0.449
86 - 337	0.913	0.899	0.910	中- 30	0.907	0.551	0.493
86 - 339	0.971	0.932	0.580				
86 - 362	0.647	0.634	0.562				
87 - 123	0.956	0.985	0.803				

2.6 综合比较

采用 0.5% 盐浓度下的各项指标隶属度平均值综合衡量早熟禾的耐盐性状。表 7 列出 35 份三叶草材料的耐盐性指标隶属度及综合评价排名，可知三叶草耐盐性排序为：2001 - 10＞87 - 123＞1992＞79 - 207＞1871＞中- 30＞2644＞87 - 7＞0308＞86 - 339＞86 - 337＞81 - 49＞81 - 51＞72 - 12＞0234＞86 - 362＞1916＞1291＞81 - 3＞81 - 7＞1581＝1527＞74 - 52＞80 - 89＞85 - 14＞1415＞83 - 429＞0997＞2550＞88 - 78＞85 - 31＞1790＞87 - 30＞85 - 4＞80 - 66。

表 7 各指标隶属函数综合比较

编号	存活率	株高	地上生物量	电导率	叶绿素	隶属度平均值	排名
1291	0.682	0.714	0.525	0.298	0.500	0.544	18
1415	0.606	0.362	0.718	0.825	0.049	0.512	26
1527	0.636	0.275	0.746	0.642	0.373	0.534	22
1581	0.379	0.297	0.726	0.870	0.395	0.534	21
1790	0.788	0.000	0.408	0.885	0.196	0.456	32
1871	0.909	0.248	0.705	0.778	0.558	0.640	5
1916	0.848	0.208	0.440	0.724	0.538	0.552	17
1992	0.985	0.543	0.705	0.787	0.282	0.660	3
2550	0.682	0.264	0.313	0.857	0.309	0.485	29
2644	0.818	0.499	0.893	0.792	0.038	0.608	7
0234	0.909	0.349	0.640	0.819	0.107	0.565	15
0308	0.970	0.373	0.619	0.710	0.284	0.591	9
0997	0.788	0.417	0.619	0.306	0.303	0.487	28
2001 - 10	0.970	0.300	1.000	0.837	0.689	0.759	1
72 - 12	0.909	0.190	0.962	0.780	0.000	0.568	14
74 - 52	1.000	0.164	0.621	0.800	0.081	0.533	23
79 - 207	0.515	0.417	0.696	0.795	0.865	0.658	4
80 - 66	0.000	0.437	0.000	0.396	0.036	0.174	35
80 - 89	0.727	0.096	0.419	0.866	0.526	0.527	24
81 - 49	0.636	0.346	0.869	0.719	0.301	0.574	12
81 - 51	0.788	1.000	0.786	0.000	0.293	0.573	13
81 - 7	0.606	0.549	0.413	1.000	0.115	0.537	20

（续）

编号	存活率	株高	地上生物量	电导率	叶绿素	隶属度平均值	排名
83-3	0.333	0.130	0.809	0.810	0.605	0.538	19
83-429	0.758	0.114	0.592	0.647	0.364	0.495	27
85-14	0.667	0.455	0.689	0.716	0.098	0.525	25
85-31	0.606	0.355	0.266	0.725	0.339	0.458	31
85-4	0.394	0.380	0.299	0.695	0.181	0.390	34
86-337	0.424	0.126	0.745	0.582	1.001	0.575	11
86-339	0.606	0.263	0.581	0.950	0.503	0.581	10
86-362	0.515	0.417	0.547	0.844	0.476	0.560	16
87-123	0.364	0.549	0.838	0.738	0.840	0.665	2
87-30	0.394	0.304	0.535	0.627	0.298	0.432	33
87-7	0.545	0.248	0.688	0.900	0.607	0.598	8
88-78	0.333	0.346	0.604	0.760	0.305	0.470	30
中-30	0.939	0.584	0.622	0.634	0.372	0.630	6

3 结论

（1）随着盐浓度增大，供试三叶草材料的存活率、株高、地上生物量、叶绿素含量受到明显的影响，呈现不同程度的降低，伤害率与盐浓度成正比。

（2）供试35份材料中仅80-66为白三叶，其余均为红三叶或杂三叶，其耐盐性明显低于其他种质。

（3）根据综合评价，耐盐性从强到弱排序为：2001-10＞87-123＞1992＞79-207＞1871＞中-30＞2644＞87-7＞0308＞86-339＞86-337＞81-49＞81-51＞72-12＞0234＞86-362＞1916＞1291＞81-3＞81-7＞1581＝1527＞74-52＞80-89＞85-14＞1415＞83-429＞0997＞2550＞88-78＞85-31＞1790＞87-30＞85-4＞80-66。

参 考 文 献

[1] YILDIRIM E, TAYLOR A G, SPITTLER T D. Ameliorative Effects of Biological Treatments on Growth of Squash Plants Under Salt Stress [J]. Scientia Horticulturae, 2006, 111: 1-6.

[2] 陈建勋, 王晓峰. 植物生理学实验指导 [M]. 2版. 广州: 华南理工大学出版社, 2006: 72-73.

[3] 李合生. 植物生理生化实验原理和技术 [M]. 北京: 高等教育出版社, 2002.

[4] 张华新, 宋丹, 刘正祥. 盐胁迫下11个树种生理特性及其耐盐性研究 [J]. 林业科学研究, 2008, 21 (2): 168-175.

43份柱花草属种质的耐盐性研究

唐燕琼　胡新文

（华南热带农业大学）

摘要：采用沙培苗期盆栽法，观测43份柱花草属种质在不同的盐分（0、0.5%、1.0%、

1.5%、2.0%、2.5%）胁迫下的存活苗数、相对株高、生物量等3个形态指标。结果表明：存活苗数、相对株高和生物量随盐浓度升高而降低，盐浓度为1.5%、2.0%和2.5%处理间的存活苗数、相对株高和生物量均差异极显著（$P<0.001$），且极显著低于盐浓度为0、0.5%和1.0%的处理。根据综合评分法对43份柱花草属种质的耐盐性强弱进行了排序。

关键词： 柱花草；耐盐性；综合评价

随着生态环境不断恶化和人们不合理的开发利用，导致盐碱化土壤面积不断扩大，土壤盐碱化已成为一个世界性的问题。据统计，全球各种盐碱地约占陆地面积的10%左右。我国的盐碱地约占可耕地面积的1/4。开发利用盐碱地资源，对扩大耕地面积、发展农业生产、发展国家经济有着重要的战略意义[1-3]，对提高人民生活水平具有重大的潜力，特别对人口众多、耕地资源缺乏的中国更有深远的意义[4]。

柱花草属（*Stylosanthes* spp.）是全球热带地区栽培面积最大、应用最广的优良多年生豆科牧草之一。柱花草具有适应性广、抗病性强、耐旱、耐酸瘠土、饲草产量及营养价值高等特点，在我国南方畜牧业中占有非常重要的地位[5,6]。对柱花草属牧草资源和种质进行耐盐性评价、鉴定和筛选研究，对我国盐碱地柱花草属牧草的推广、生产具有重要的意义。

本试验选用43种柱花草种质作为试验材料，研究其不同的耐盐性能，为扩大柱花草的种植面积，提高柱花草产量提供科学依据。

1 材料与方法

1.1 试验材料

43份柱花草种质材料及来源见表1，种子由中国热带农业科学院热带作物品种资源研究所热带牧草研究中心提供。

表1 试验材料及其来源

序号	种质名称	种名或亚种名	来源地
1	有钩柱花草（维拉诺）	*Stylosanthes hmamata*	澳大利亚
2	西卡柱花草	*Stylosanthes scabra*	澳大利亚
3	90139	*Stylosanthes guianensis*	中国三亚种子田
4	澳克雷	*Stylosanthes guianensis*	澳大利亚
5	E4（CIAT11369）	*Stylosanthes guianensis*	CIAT
6	格拉姆柱花草	*Stylosanthes guianensis*	澳大利亚
7	土黄 USF873015	*Stylosanthes guianensis*	美国
8	CIAT11362柱花草	*Stylosanthes guianensis*	CIAT
9	爱德华	*Stylosanthes guianensis*	澳大利亚
10	热研5号柱花草	*Stylosanthes guianensis*	中国热带农业科学院
11	黑种 USF873016	*Stylosanthes guianensis*	美国
12	黑种 USF873015	*Stylosanthes guianensis*	美国
13	90089	*Stylosanthes guianensis*	中国三亚种子田
14	R291	*Stylosanthes guianensis*	中国三亚种子田
15	土黄 USF873016	*Stylosanthes guianensis*	美国
16	热研10号柱花草	*Stylosanthes guianensis*	中国东方试验地
17	COOK柱花草	*Stylosanthes guianensis*	澳大利亚

（续）

序号	种质名称	种名或亚种名	来源地
18	TPRC90028 柱花草	*Stylosanthes guianensis*	中国三亚种子田
19	TPRC90037③柱花草	*Stylosanthes guianensis*	中国三亚种子田
20	TPRCR273 柱花草	*Stylosanthes guianensis*	中国三亚种子田
21	热研 7 号柱花草	*Stylosanthes guianensis*	中国三亚种子田
22	热研 13 柱花草 CIAT1044	*Stylosanthes sympodialis*	CIAT
23	Tardio 柱花草	*Stylosanthes guianensis*	CIAT
24	250 西卡柱花草	*Stylosanthes scabra* spp.	澳大利亚
25	CIAT11368（L8）	*Stylosanthes guianensis*	中国东方试验地
26	TPRC Y3（E9）	*Stylosanthes guianensis*	中国三亚种子田
27	TPRC R93	*Stylosanthes guianensis*	中国三亚种子田
28	GC1480（IRRI）	*Stylosanthes guianensis*	菲律宾
29	GC1463	*Stylosanthes guianensis*	菲律宾
30	GC1579（EMBRAPA）	*Stylosanthes guianensis*	菲律宾
31	热研 2 号柱花草	*Stylosanthes guianensis*	CIAT
32	Mineirao 柱花草	*Stylosanthes guianensis*	
33	GC1581	*Stylosanthes guianensis*	菲律宾
34	斯柯非柱花草	*Stylosanthes guianensis*	澳大利亚
35	格拉姆柱花草	*Stylosanthes guianensis*	澳大利亚
36	爱德华柱花草	*Stylosanthes guianensis*	澳大利亚
37	2323 柱花草	*Stylosanthes seabrana*	澳大利亚
38	907 柱花草	*Stylosanthes guianensis*	中国广西畜牧所
39	TPRC2000‐71 太空柱花草	*Stylosanthes guianensis*	CIAT
40	TPRC2001‐24 太空柱花草	*Stylosanthes guianensis*	CIAT
41	TPRC2001‐81 太空柱花草	*Stylosanthes guianensis*	CIAT
42	CPI18750A	*Stylosanthes guianensis*	澳大利亚
43	TPRC90037②柱花草	*Stylosanthes guianensis*	中国三亚种子田

注：CIAT 即国际热带农业研究中心。

1.2 试验设计

苗期盆栽试验在中国热带科学院环境与植物保护研究所创新实验基地防雨实验大棚中进行，生理生化指标的测定在华南热带农业大学农学院实验室完成。

利用 43 份柱花草属种质作为试验材料，采用沙培盆栽，随机区组设计，重复 3 次，每个材料 6 个盐处理（由砂培预备试验确定），即 0、0.5%、1.0%、1.5%、2.0%、2.5%的荷格伦特（Hongland）营养液，共需 774 套花盆。

在播种前对种子进行消毒处理，种子在 80℃热水中浸泡 3min 后再用多菌灵消毒。

幼苗培养以中沙做基质，使用前将河沙用自来水冲洗数次后，用蒸馏水浸泡冲洗 2 次，晾干后等量置于塑料花盆里并在盆底垫尼龙网以防漏沙，在花盆底垫个小盆，在小盆中加入荷格伦特（Hongland）营养液至沙表面湿润，每盆均匀播撒柱花草种子 12～15 粒，在试验大棚水泥槽架中培养，每天加一定量荷格伦特营养液，保证沙表面湿润。待种子出苗长至 5～6 片叶后疏苗，每盆均匀分布 10 株苗。疏苗后进行盐胁迫处理，在处理前 30d 左右进行耐盐害评分，在试验大棚中测定活体叶绿素荧光参数，然后每个处理采熟叶片在实验室测定细胞膜的外渗率、丙二醛（MDA）含量和叶绿素含量等生理指标，选取有代表性的植株测定生物产量相关指标。

1.3　耐盐性指标的测定

1.3.1　存活苗数

在加盐后30d，观察记载每盆中存活植株的数，记作存活苗数，根据材料叶心是否枯黄判断植株死亡与否。

1.3.2　株高

在加盐后30d，用直尺测定每棵苗从土壤层到最长叶叶尖的长度，以每盆中10棵苗的平均值作为株高。相对株高＝盐处理植株高度/对照植株的高度×100。

1.3.3　总生物量

地上生物量测定：加盐后30d，用剪刀齐地表将地上植株剪下，先放入80℃烘箱中杀青，然后在105℃烘箱中烘24h，在干燥器中冷却到室温后用天平称重（精确到0.001g），以每盆中所有植株地上部分的总干重作为各材料的地上生物量。

地下生物量测定：在地上生物量测定后取其地下根部，用纱布将盆中带根的土壤包住，在流水中不断冲洗，将冲洗干净的根，放入105℃烘箱中烘24h，然后称取烘干后的根重。

总生物量的计算公式：总生物量＝地上生物量＋地下生物量，相对总生物量＝盐处理植株总生物量/对照植株总生物量×100。

1.3.4　数据处理方法

利用SAS和Excel软件对数据进行处理。

2　结果与分析

2.1　盐胁迫对柱花草属种质材料存活率的影响

柱花草属种质材料随着盐浓度增加，幼苗的存活率呈明显下降趋势（表2）。对照与各处理间存在极显著（$P<0.001$）的差异，1.0%、1.5%、2.0%和2.5%盐浓度下植株的存活率极显著低于对照。0.5%与对照，0.5%与1%盐浓度之间存活率差异不显著（$P<0.05$），而1.0%、1.5%、2.0%和2.5%各盐处理之间存活率存在极显著的差异。谢振宇[7]、周丽霞[8]等人也做过类似的研究，在不同盐浓度胁迫下植株的存活率也会有不同程度的下降，在高盐浓度胁迫下存活率明显降低，研究结果与本试验结果一致。从表2中可以看出，未加盐处理的对照各材料的存活率均为100%，而在1.0%、1.5%、2.0%和2.5%浓度的盐处理后植株的平均存活率分别为95.51%、83.99%、43.84%和20.51%，说明各材料间耐盐性存很大的差异。在0.5%和1.0%浓度盐处理下各材料成活状态较好，平均存活率都在95%以上，大多数种质存活率为100%。盐浓度超过1.5%后各材料整体生长状态较差。2.0%浓度盐处理下，出现死亡，各材料平均存活率仅43.84%，有5份材料死亡，所有材料都出现严重盐害。在2.5%盐浓度下仅有5个种质存活率高于50%，15个种质死亡，其余种存活率也极低。在所有供试材料中，1号材料的耐盐性最强，所有处理的平均存活率达95.48%，29号次之，平均存活率为93.33%，紧接着是2号（91.31%）、30号（87.22%）、38号（86.11%）、40号（85.74%）；所有处理平均存活率最低的依次是28号（耐盐性最差）、23号、26号、21号和15号。

表2　43份柱花草属种质材料在不同盐浓度处理下的幼苗存活率（%）

序号	CK	0.5%	1.0%	1.5%	2.0%	2.5%
1	100.00	100.00	100.00	100.00	91.84	81.06
2	100.00	100.00	100.00	100.00	80.56	67.31
3	100.00	100.00	100.00	76.67	38.48	0
4	100.00	100.00	100.00	78.89	46.67	73.33

（续）

序号	CK	0.5%	1.0%	1.5%	2.0%	2.5%
5	100.00	100.00	100.00	93.64	6.67	0
6	100.00	95.00	87.50	81.82	38.89	0
7	100.00	100.00	90.91	75.15	35.76	10.00
8	100.00	100.00	100.00	90.91	57.58	25.00
9	100.00	100.00	100.00	93.94	18.18	10.00
10	100.00	100.00	100.00	80.00	30.00	20.00
11	100.00	100.00	100.00	96.67	46.67	28.52
12	100.00	100.00	100.00	68.89	0	0
13	100.00	95.00	95.00	65.66	0	0
14	100.00	100.00	95.46	87.88	3.03	0
15	100.00	91.67	75.00	75.56	0	0
16	100.00	90.91	95.46	93.64	63.64	17.22
17	100.00	95.00	86.11	73.33	27.62	10.32
18	100.00	96.20	80.36	91.90	58.33	33.33
19	100.00	100.00	90.00	100.00	71.48	35.55
20	100.00	100.00	100.00	90.91	66.67	26.67
21	100.00	100.00	95.00	23.33	21.48	0
22	100.00	100.00	95.00	93.33	36.67	0
23	100.00	100.00	95.00	7.41	0	0
24	100.00	100.00	100.00	100.00	33.33	0
25	100.00	95.45	81.82	78.48	27.27	0
26	100.00	95.00	89.44	36.67	13.33	0
27	100.00	100.00	95.00	100.00	70.00	30.00
28	100.00	100.00	65.00	27.04	3.33	0
29	100.00	100.00	100.00	93.33	91.67	75.00
30	100.00	100.00	100.00	100.00	80.00	43.33
31	100.00	100.00	100.00	100.00	16.67	13.33
32	100.00	100.00	100.00	100.00	0	0
33	100.00	100.00	100.00	86.67	13.33	13.33
34	100.00	100.00	100.00	80.00	70.95	55.56
35	100.00	100.00	100.00	93.33	56.67	10.00
36	100.00	100.00	100.00	100.00	50.00	6.67
37	100.00	100.00	100.00	93.33	33.33	20.00
38	100.00	100.00	100.00	100.00	80.00	36.67
39	100.00	100.00	100.00	100.00	76.67	26.67
40	100.00	100.00	100.00	93.33	93.33	27.78
41	100.00	100.00	100.00	93.33	93.33	6.67
42	100.00	95.00	95.00	96.67	81.82	38.79
43	100.00	100.00	100.00	100.00	60.00	40.00
平均值	100.00	98.82	95.51	83.99	43.84	20.51
$P=0.001$	A	AB	B	C	D	E

注：不同大写字母表示在 0.001 水平下差异极显著，下表同。

2.2 盐胁迫对柱花草属种质材料株高的影响

盐胁迫下柱花草属种质材料生长受到抑制，随着盐浓度增加，株高呈现下降趋势（表3），经方差分析得知盐处理对株高有极显著性的影响。从表3可知，对照、0.5%和1.0%盐处理下的相对株高差异不显著，1.0%、1.5%、2.0%和2.5%盐处理下的相对株高差异极显著（$P<0.001$），而且1.5%、2.0%和2.5%盐处理下各材料的相对株高显著低于对照、0.5%和1.0%盐处理下的相对株高。0.5%盐处理下各材料相对株高为75.40%（12号）～201.32%（36号），1.0%盐处理下各材料相对株高为48.26%（23号）～176.58%（36号），1.5%盐处理下各材料相对株高为47.30%（23号）～127.19%（36号）。根据2.0%盐处理下各材料的相对株高，36号柱花草生长最好，5号次之，接着是43号、28号、4号、40号和6号，生长最差的依次是23号（最差）、32号、13号、15号、12号和24号。

表3 43份材料在不同盐浓度处理下的幼苗株高

序号	CK (cm)	0.5% H (cm)	0.5% RH (%)	1.0% H (cm)	1.0% RH (%)	1.5% H (cm)	1.5% RH (%)	2.0% H (cm)	2.0% RH (%)	2.5% H (cm)	2.5% RH (%)
1	32.50	34.45	106.00	34.50	106.15	28.00	86.15	22.93	70.56	23.20	71.38
2	26.35	30.65	116.32	30.40	115.37	18.17	68.94	19.27	73.12	14.67	55.66
3	36.60	32.60	89.07	28.30	77.32	24.37	66.58	23.30	63.66	20.10	54.92
4	25.60	20.55	80.27	25.30	98.83	22.47	87.76	22.10	86.33	22.03	86.07
5	28.65	27.35	95.46	27.45	95.81	26.37	92.03	27.50	95.99	0.00	0
6	28.65	29.85	104.19	28.50	99.48	24.67	86.10	24.30	84.82	0.00	0
7	31.90	31.00	97.18	26.60	83.39	25.70	80.56	24.00	75.24	25.50	79.94
8	45.70	39.90	87.31	38.85	85.01	30.13	65.94	27.15	59.41	24.80	54.27
9	43.70	40.30	92.22	33.40	76.43	31.27	71.55	23.97	54.84	23.95	54.81
10	35.40	39.25	110.88	34.30	96.89	27.77	78.44	27.10	76.55	27.15	76.69
11	33.40	33.00	98.80	32.35	96.86	32.07	96.01	25.47	76.25	23.05	69.01
12	31.10	23.45	75.40	26.00	83.60	17.23	55.41	15.50	49.84	0.00	0
13	34.05	31.20	91.63	24.35	71.51	21.83	64.12	15.00	44.05	0.00	0
14	27.25	24.80	91.01	27.90	102.39	21.40	78.53	22.80	83.67	0.00	0
15	33.35	34.15	102.40	28.50	85.46	22.60	67.77	15.30	45.88	0.00	0
16	39.15	35.00	89.40	36.40	92.98	31.40	80.20	26.30	67.18	26.37	67.35
17	36.00	34.60	96.11	31.30	86.94	25.57	71.02	18.65	51.81	21.35	59.31
18	32.95	34.65	105.16	32.40	98.33	25.53	77.49	21.47	65.15	19.00	57.66
19	44.10	40.40	91.61	35.75	81.07	29.43	66.74	23.37	52.99	23.50	53.29
20	43.00	40.40	93.95	42.85	99.65	34.20	79.53	29.17	67.83	26.50	61.63
21	31.35	35.20	112.28	36.65	116.91	23.85	76.08	23.67	75.49	0.00	0
22	32.30	31.65	97.99	33.00	102.17	26.83	83.08	22.67	70.18	0.00	0
23	25.90	23.70	91.51	12.50	48.26	12.25	47.30	0.00	0.00	0.00	0
24	18.30	13.80	75.41	16.35	89.34	10.77	58.83	9.25	50.55	0.00	0
25	37.70	39.60	105.04	32.40	85.94	24.53	65.08	20.87	55.35	18.50	49.07
26	31.50	30.55	96.98	29.40	93.33	23.63	75.03	23.75	75.40	0.00	0
27	51.95	41.80	80.46	47.15	90.76	36.07	69.43	34.50	66.41	30.77	59.22
28	34.40	35.65	103.63	27.20	79.07	25.25	73.40	31.25	90.84	0.00	0
29	39.25	31.10	79.24	24.05	61.27	28.70	73.12	23.27	59.28	20.75	52.87

（续）

序号	CK (cm)	0.5%		1.0%		1.5%		2.0%		2.5%	
		H (cm)	RH (%)	H (cm)	RH (%)	H (cm)	RH (%)	H (cm)	RH (%)	H (cm)	RH (%)
30	39.25	38.75	98.73	33.80	86.11	38.47	98.00	28.90	73.63	24.53	62.51
31	41.65	39.55	94.96	36.20	86.91	41.63	99.96	30.83	74.03	24.67	59.22
32	41.75	36.90	88.38	39.00	93.41	42.20	101.08	0.00	0.00	0.00	0
33	40.15	40.30	100.37	43.85	109.22	25.60	63.76	30.25	75.34	25.33	63.1
34	35.70	34.25	95.94	33.90	94.96	27.87	78.06	24.50	68.63	20.77	58.17
35	30.10	29.00	96.35	28.85	95.85	23.17	76.97	21.37	70.99	20.00	66.45
36	19.00	38.25	201.32	33.55	176.58	24.17	127.19	18.57	97.72	16.00	84.21
37	42.30	39.55	93.50	35.50	83.92	28.70	67.85	26.00	61.47	26.00	61.47
38	45.35	42.70	94.16	43.90	96.80	38.53	84.97	35.87	79.09	34.80	76.74
39	41.05	39.15	95.37	41.05	100.00	34.07	82.99	27.30	66.50	26.65	64.92
40	33.60	34.75	103.42	39.40	117.26	31.73	94.44	28.83	85.81	24.43	72.72
41	37.00	35.65	96.35	33.95	91.76	27.10	73.24	28.03	75.77	28.00	75.68
42	32.25	30.20	93.64	30.75	95.35	27.37	84.86	22.33	69.25	20.60	63.88
43	27.60	32.20	116.67	37.10	134.42	32.07	116.18	25.37	91.91	24.70	89.49
平均值	34.86	33.76	98.28	32.44	94.49	27.32	78.88	23.07	66.95	16.46	45.62
P=0.001		A		A		B		C		D	

注：H 表示株高，RH 表示相对株高。

2.3 盐胁迫对柱花草种质材料生物量的影响

盐胁迫对植物的伤害主要表现在植物的生长受到抑制、光合作用减弱、地上生物量和地下生物量降低，最终导致植物的死亡。从表 4 可以看出，在 0.5% 和 1.0% 盐处理下相对总生物量（地上生物量＋地下生物量）与对照差异不明显。而 1.5%、2.0% 和 2.5% 盐处理下相对总生物量极显著（P＜0.001）低于对照、0.5% 和 1.0%，大部分材料死亡，部分成活材料的生物量非常低。0.5% 盐处理的全部材料的平均相对总生物量（106.89%）高于对照（100%），1.0% 盐处理（97.8%）略低于对照，这也说明适量的盐浓度有利于柱花草生长，盐浓度不能高于 1.0%。2.0% 盐处理下，11、34、6、4 和 40 号材料的相对总生物量较高。2.5% 盐处理下，仅 1 号材料有生物量。根据 1.5% 盐处理下各材料的总生物量，40 号柱花草生长最好，32 号次之，接着是 12 号、39 号、38 号、18 号和 17 号，生长最差的依次是 23 号（最差）、3 号、6 号、7 号和 10 号。

表 4 43 份材料在不同盐处理下的总生物量

序号	CK	0.5%		1.0%		1.5%		2.0%		2.5%	
		总生物量 (g)	相对总生物量 (%)	总生物量 (g)	相对总生物量 (%)	总生物量 (g)	相对总生物量 (%)	总生物量 (g)	相对总生物量 (%)	总生物量 (g)	相对总生物量 (%)
1	0.79	0.85	107.59	0.86	108.86	0.79	100	0.36	45.57	0.31	39.24
2	0.46	0.71	154.35	0.9	195.65	0.46	100	0.16	34.78	0	0
3	0.81	0.89	109.88	0.67	82.72	0.14	17.28	0.25	30.86	0	0
4	0.52	0.36	69.23	0.61	117.31	0.25	48.08	0.28	53.85	0	0
5	0.92	0.74	80.43	0.82	89.13	0.43	46.74	0	0	0	0
6	0.4	0.14	35	0.47	117.5	0.14	35	0.22	55	0	0

（续）

序号	CK	0.5%		1.0%		1.5%		2.0%		2.5%	
		总生物量（g）	相对总生物量（%）	总生物量（g）	相对总生物量（%）	总生物量（g）	相对总生物量（%）	总生物量（g）	相对总生物量（%）	总生物量（g）	相对总生物量（%）
7	0.55	0.75	136.36	0.81	147.27	0.17	30.91	0	0	0	0
8	0.75	0.74	98.67	0.51	68	0.73	97.33	0	0	0	0
9	1.21	0.64	52.89	0.51	42.15	0.27	22.31	0	0	0	0
10	0.52	0.9	173.08	0.31	59.62	0.17	32.69	0	0	0	0
11	0.76	1.6	210.53	0.87	114.47	0.67	88.16	0.42	55.26	0	0
12	0.84	0.71	84.52	0.83	98.81	1.01	120.24	0	0	0	0
13	0.68	0.55	80.88	0.63	92.65	0.9	132.35	0	0	0	0
14	0.69	0.98	142.03	0.71	102.9	0.45	65.22	0	0	0	0
15	1.49	1.55	104.03	0.91	61.07	0.39	26.17	0	0	0	0
16	1.2	1.2	100	0.86	71.67	0.66	55	0	0	0	0
17	1.42	1.16	81.69	0.78	54.93	0.92	64.79	0.11	7.75	0	0
18	0.74	0.99	133.78	1.69	228.38	0.92	124.32	0	0	0	0
19	2.2	1.39	63.18	1.06	48.18	0.82	37.27	0.33	15	0	0
20	1.34	0.82	61.19	0.41	30.6	0.72	53.73	0.27	20.15	0	0
21	0.71	0.78	109.86	0.42	59.15	0.59	83.1	0.31	43.66	0	0
22	0.76	0.76	100	0.9	118.42	0.47	61.84	0	0	0	0
23	1.56	0.9	57.69	1.06	67.95	0	0	0	0	0	0
24	0.34	0.41	120.59	0.47	138.24	0.31	91.18	0	0	0	0
25	1.62	1.46	90.12	1.06	65.43	0.68	41.98	0	0	0	0
26	0.78	0.38	48.72	0.67	85.9	0.35	44.87	0.34	43.59	0	0
27	1.03	1.3	126.21	0.85	82.52	0.83	80.58	0	0	0	0
28	0.77	1.11	144.16	0.64	83.12	0.8	103.9	0	0	0	0
29	1.38	1.7	123.19	0.65	47.1	0.55	39.86	0.65	47.1	0	0
30	1.63	1.09	66.87	0.64	39.26	0.63	38.65	0	0	0	0
31	0.76	0.97	127.63	0.76	100	0.79	103.95	0	0	0	0
32	0.96	1.09	113.54	1.06	110.42	1.06	110.42	0	0	0	0
33	1.09	0.47	43.12	1.08	99.08	0.73	66.97	0	0	0	0
34	0.87	0.9	103.45	1.15	132.18	0.67	77.01	0.48	55.17	0	0
35	0.83	1.44	173.49	0.63	75.9	0.29	34.94	0	0	0	0
36	0.41	0.98	239.02	0.81	197.56	0.54	131.71	0	0	0	0
37	0.8	0.59	73.75	0.49	61.25	0.42	52.5	0	0	0	0
38	1.72	1.68	97.67	0.74	43.02	0.95	55.23	0.52	30.23	0	0
39	1.1	1.57	142.73	1.91	173.64	0.96	87.27	0.39	35.45	0	0
40	0.83	1.06	127.71	0.93	112.05	1.15	138.55	0.41	49.4	0	0
41	0.9	0.7	77.78	1.85	205.56	0.61	67.78	0.4	44.44	0	0
42	1.02	0.9	88.24	0.72	70.59	0.72	70.59	0.39	38.24	0	0
43	0.99	1.2	121.21	1.04	105.05	0.64	64.65	0.34	34.34	0	0
平均值	0.96	0.96	106.89	0.83	97.8	0.6	68.49	0.15	17.21	0.01	0.91
P＝0.001	A	A		A		B		C		D	

2.4 柱花草属种质材料苗期耐盐性综合评价

牧草种质材料的耐盐性是一个较为复杂的性状，鉴定一个材料的耐盐性应采用若干性状的综合评价，但对各个指标不可能同等并论，必须根据各个指标和耐盐性的密切程度进行权重分配。首先将表5各项指标用五级评分法换算成相对指标进行定量表示，这样各性状因数值大小和变化幅度不同而产生的差异即可消除，其换算公式如下：

$$D = \frac{H_n - H_s}{5} \tag{1}$$

$$E = \frac{H - H_s}{D} + 1 \tag{2}$$

式中：H_n——各指标测定的最大值；

H_s——各指标测定的最小值；

H——各指标测定的任意值；

D——得分极差（每得1分之差）；

E——各种质材料在不同耐盐指标的得分。

先将各指标测定的最大值定为5分，最小值定为1分，求出D值后代入公式（2），再求出任一测定值的应得分（表6）。根据各指标的变异系数确定各指标参与综合评价的权重系数矩阵。其计算公式为：任一指标权重系数$=\dfrac{\text{任一指标变异系数}^{[9]}}{\text{各指标变异系数之和}}$。

表5 2.0%盐浓度下各耐盐指标的敏感指数

序号	存活率	相对株高	相对生物量	序号	存活率	相对株高	相对生物量
1	91.84	70.56	45.57	23	0	0	0
2	80.56	73.12	34.78	24	33.33	50.55	0
3	38.48	63.66	30.86	25	27.27	55.35	0
4	46.67	86.33	53.85	26	13.33	75.4	43.59
5	6.67	95.99	0	27	70	66.41	0
6	38.89	84.82	55	28	3.33	90.84	0
7	35.76	75.24	0	29	91.67	59.28	47.1
8	57.58	59.41	0	30	80	73.63	0
9	18.18	54.84	0	31	16.67	74.03	0
10	30	76.55	0	32	0	0	0
11	46.67	76.25	55.26	33	13.33	75.34	0
12	0	49.84	0	34	70.95	68.63	55.17
13	0	44.05	0	35	56.67	70.99	0
14	3.03	83.67	0	36	50	97.72	0
15	0	45.88	0	37	33.33	61.47	0
16	63.64	67.18	0	38	80	79.09	30.23
17	27.62	51.81	7.75	39	76.67	66.5	35.45
18	58.33	65.15	0	40	93.33	85.81	49.4
19	71.48	52.99	15	41	93.33	75.77	44.44
20	66.67	67.83	20.15	42	81.82	69.25	38.24
21	21.48	75.49	43.66	43	60	91.91	34.34
22	36.67	70.18	0				

表6　2.0%盐浓度下各种质材料不同耐盐指标的得分及变异系数

序号	相对存活率	相对株高	相对生物量	序号	相对存活率	相对株高	相对生物量
1	4.92	3.61	4.12	23	0	0	0
2	4.32	3.74	3.15	24	1.79	2.59	0
3	2.06	3.26	2.79	25	1.46	2.83	0
4	2.5	4.42	4.87	26	0.71	3.86	3.94
5	0.36	4.91	0	27	3.75	3.4	0
6	2.08	4.34	4.98	28	0.18	4.65	0
7	1.92	3.85	0	29	4.91	3.03	4.26
8	3.08	3.04	0	30	4.29	3.77	0
9	0.97	2.81	0	31	0.89	3.79	0
10	1.61	3.92	0	32	0	0	0
11	2.5	3.9	5	33	0.71	3.85	0
12	0	2.55	0	34	3.8	3.51	4.99
13	0	2.25	0	35	3.04	3.63	0
14	0.16	4.28	0	36	2.68	5	0
15	0	2.35	0	37	1.79	3.15	0
16	3.41	3.44	0	38	4.29	4.05	2.74
17	1.48	2.65	0.7	39	4.11	3.4	3.21
18	3.12	3.33	0	40	5	4.39	4.47
19	3.83	2.71	1.36	41	5	3.88	4.02
20	3.57	3.47	1.82	42	4.38	3.54	3.46
21	1.15	3.86	3.95	43	3.21	4.7	3.11
22	1.96	3.59	0	变异系数	69.6361	29.6436	125.1466

根据表6数据的计算，分别得到各项指标的权重系数矩阵 A 为（0.3103，0.1321，0.5576），用矩阵 A 表示权重系数矩阵，用 R 表示柱花草种质材料各个指标所达到的水平（应得分）的单项鉴评矩阵，然后进行复合运算，获得各材料的综合评价指数。$B = A \times R^{[10]} = $（4.3009，3.591，2.6256，4.0751，0.7603，3.9956，1.1044，1.3573，0.6722，1.0174，4.0789，0.3369，0.2972，0.615，0.3104，1.5125，1.1996，1.408，2.3048，2.581，3.0693，1.0824，0，0.8976，0.8269，2.9272，1.6128，0.6701，4.2992，1.8292，0.7768，0，0.7289，4.4252，1.4228，1.4921，0.9716，3.394，3.5144，4.6239，4.3056，3.756，3.3511）

R 为 E 的矩阵转置值，上述矩阵 B 中的各个元素就是对应材料的综合评价指数。根据综合评价值的大小可列出 43 份种质材料苗期耐盐性的排名（表7）。从表7可看 TPRC2001‑24 太空柱花草、斯柯非柱花草、TPRC2001‑81 太空柱花草、有钩柱花草（维拉诺）和 GC1463 综合评价最优，属于耐盐性最好的材料；Mineirao 柱花草、Tardio 柱花草、90089、土黄 USF873016、黑种 USF873015、R291、GC1480（IRRI）、爱德华、GC1581、E4（CIAT11369）、热研2号柱花草等柱花草综合评价最差，属极不耐盐材料。

表 7 高柱花草属种质材料苗期耐盐性综合评价

序号	种质编号	得分	排名	序号	种质编号	得分	排名
1	有钩柱花草（维拉诺）	4.3009	4	23	Tardio 柱花草	0	42
2	西卡柱花草	3.591	10	24	250 西卡柱花草	0.8976	31
3	90139	2.6256	16	25	CIAT11368（L8）	0.8269	32
4	澳克雷	4.0751	7	26	TPRC Y3（E9）	2.9272	15
5	E4（CIAT11369）	0.7603	34	27	TPRC R93	1.6128	20
6	格拉姆柱花草	3.9956	8	28	GC1480（IRRI）	0.6701	37
7	土黄 USF873015	1.1044	27	29	GC1463	4.2992	5
8	CIAT11362 柱花草	1.3573	25	30	GC1579（EMBRAPA）	1.8292	19
9	爱德华	0.6722	36	31	热研 2 号柱花草	0.7768	33
10	热研 5 号柱花草	1.0174	29	32	Mineirao 柱花草	0	43
11	黑种 USF873016	4.0789	6	33	GC1581	0.7289	35
12	黑种 USF873015	0.3369	39	34	斯柯非柱花草	4.4252	2
13	90089	0.2972	41	35	格拉姆柱花草	1.4228	23
14	R291	0.615	38	36	爱德华柱花草	1.4921	22
15	土黄 USF873016	0.3104	40	37	2323 柱花草	0.9716	30
16	热研 10 号柱花草	1.5125	21	38	907 柱花草	3.394	12
17	COOK 柱花草	1.1996	26	39	TPRC2000 - 71 太空柱花草	3.5144	11
18	TPRC90028 柱花草	1.408	24	40	TPRC2001 - 24 太空柱花草	4.6239	1
19	TPRC90037③柱花草	2.3048	18	41	TPRC2001 - 81 太空柱花草	4.3056	3
20	TPRCR273 柱花草	2.581	17	42	CPI18750A	3.756	9
21	热研 7 号柱花草	3.0693	14	43	TPRC90037②柱花草	3.3511	13
22	热研 13 柱花草 CIAT1044	1.0824	28				

3 结论

（1）柱花草属种质材料随着盐浓度增加，幼苗的存活率呈明显的下降趋势。对照与各处理间存在极显著的差异，在不同盐浓度的胁迫下植株的存活率也会有不同程度的下降，在高盐浓度胁迫下存活率明显降低。2.0%盐浓度下，各材料平均存活率仅 43.84%，有 5 份材料死亡，所有材料都出现严重盐害。在 2.5%盐浓度下仅有 5 个种质存活率高于 50%，15 个种质死亡，其余种存活率也极低。

（2）盐胁迫下柱花草属种质材料生长受到抑制，随着盐浓度增加，株高呈现下降趋势。对照、0.5%和 1.0%盐处理下的相对株高差异不显著，1.0%、1.5%、2.0%和 2.5%盐处理下的相对株高差异极显著，而且 1.5%、2.0%和 2.5%盐处理下各材料的相对株高显著低于对照、0.5%和 1.0%盐处理下的相对株高。

（3）盐胁迫对植物的伤害主要表现在植物的生长受到抑制、光合作用减弱、地上生物量和地下生物量降低、最终导致植物的死亡。1.5%、2.0%和 2.5%盐处理下相对总生物量极显著低于对照、0.5%

和 1.0%，大部分材料死亡，部分成活材料的生物量非常低。0.5% 盐处理的全部材料的平均相对总生物量（106.89%）高于对照（100%），1.0% 盐处理（97.8%）略低于对照，这也说明适量的盐浓度有利于柱花草生长，盐浓度不能高于 1.0%。

（4）根据综合评价指数，TPRC2001-24 太空柱花草、斯柯非柱花草、TPRC2001-81 太空柱花草、有钩柱花草（维拉诺）和 GC1463 综合评价最优，属于耐盐性最好的材料；Mineirao 柱花草、Tardio 柱花草、90089、土黄 USF873016、黑种 USF873015、R291、GC1480（IRRI）、爱德华、GC1581、E4（CIAT11369）、热研 2 号柱花草等柱花草综合评价最差，属极不耐盐材料。

因此，在以后的种植过程中应选用耐盐性好的种质，而要避开不耐盐的种质。

参 考 文 献

[1] 王志春，梁正伟. 植物耐盐研究概况与展望 [J]. 生态环境，2003，12（1）：106-109.
[2] 张耿，高洪文，王赞，等. 偃麦草属植物苗期耐盐性指标筛选及综合评价 [J]. 草业学报，2007，16（4）：55-61.
[3] 于仁培，陈德明. 我国盐碱土资源及其开发利用 [J]. 土壤学报，1999，30（4）：158-159.
[4] 翁森红，李维炯，刘玉新，等. 关于植物的耐盐性和抗盐性的研究 [J]. 内蒙古科技与经济，2005，10：15-18.
[5] 刘国道，白昌军，何华玄，等. 热研 5 号柱花草选育研究 [J]. 草地学报，2001，9（1）：1-7.
[6] 易克贤. 柱花草炭疽病及其抗病育种进展 [J]. 中国草地，2001，23（4）：59-65.
[7] 谢振宇，刘国道. NaCl 胁迫对柱花草幼苗生物学指标的影响 [J]. 热带作物学报，2007，28（2）：5-9.
[8] 周丽霞，王朝凌，卢欣石. 非秋眠苜宿的耐盐性研究 [J]. 四川草原，1999，1：14-17.
[9] 张金屯. 数量生态学 [M]. 北京：科学出版社，2004：190-196.
[10] 区靖祥，邱健德. 多元数据的统计分析方法 [M]. 中国农业科学技术出版社，2003：36-37.

海水胁迫对 7 个不同种质柱花草种子萌发的影响

赵丹恒[1]　虞道耿[2]　付玲玲[1]

（1. 海南大学农学院草业科学系
2. 中国热带农业科学院热带作物品种资源研究所）

摘要：采用室内控制试验的方法，在不同浓度海水胁迫下，对 7 个柱花草属（*Stylosanthes*）种质种子萌发期耐盐性进行了研究。测定其发芽率、发芽指数、萌发种子长、活力指数，分析与综合评价了海水胁迫对不同柱花草种子萌发的影响。结果表明，海水胁迫程度与柱花草种子萌发期的各项指标存在明显的相关性。低浓度的海水胁迫能促进柱花草种子的生长；但随着海水浓度升高，不同种质柱花草种子的各测定项目指标均呈下降趋势。其中，热研 18 号柱花草、有钩柱花草、西卡柱花草具有较强的耐盐性；热研 13 号柱花草、热研 10 号柱花草耐盐性较差。该研究为进一步研究海水胁迫下柱花草的生理生化机理奠定了基础。

关键词：柱花草；海水胁迫；萌发；耐盐性

海水灌溉农业是以海水资源、沿海滩涂资源和耐盐植物为劳动对象的特殊农业[1]，中国拥有 18 000km 海岸线和 20 779km² 沿海滩涂[2]，这些地区农业用水比例大，淡水相对不足，减轻对淡水资源的压力是一个十分迫切的任务；另一方面，滨海地区土壤不同程度次生盐渍化，如果选用的牧草品种耐盐性能不好或者抗盐水平不足，都会使得草种种植失败。

综合考虑以上两点因素对加快沿海地区农业经济可持续发展，拓展农业发展空间具有重要的战略意义[3]。种植比较耐盐的经济作物并以适宜浓度的海水灌溉可以获得比较满意的产量，同时取得显著的经济效益。

柱花草是多年生草本或亚灌木的热带豆科牧草，原产于南美洲，在热带、亚热带地区广泛种植。柱花草质地优良，产草量高，营养丰富，富含蛋白质及各类氨基酸，是我国热带及亚热带地区重要的蛋白质饲料[4]。柱花草耐旱、耐酸瘠土、抗病，但不耐荫和渍水，主要使用种子种植。柱花草可与禾本科牧草混播，建立人工草地；可种植于荒山荒地、椰园和果园；适作青饲料、晒制干草、制干草粉或放牧各种草食家畜、家禽，有很重要的推广价值。中国于 20 世纪 70 年代初引进，广东、广西、云南、福建、海南等省份均有栽培[5]。

我国海南地区沿海海岸线较长、海滩涂较多，其土壤氯化物盐的含量较高，给牧草的种植推广带来了一定的困难。这就要求在受海水盐碱化比较严重的地区引种时，需选出耐盐性较强的种质用于生产[6]。本试验以 7 个不同柱花草种质的种子作为试验材料，以海水浓度梯度为试验变量进行发芽试验，测其种子的发芽率、发芽指数、萌发种子长、活力指数[7]，综合评价比较不同柱花草品种种子的耐盐性，以期为生产实践提供理论依据。

1　材料与方法

1.1　试验材料

海水、供试草种由中国热带农业科学院热带作物品种资源研究所热带牧草研究中心提供（表1）。

表 1　供试柱花草品种

品种	拉丁学名	品种	拉丁学名
热研 7 号柱花草	*Stylosanthes guianensis*	Mineiro 柱花草	*Stylosanthes guianensis*
热研 10 号柱花草	*Stylosanthes guianensis*	西卡柱花草	*Stylosanthes scabra*
热研 13 号柱花草	*Stylosanthes guianensis*	有钩柱花草	*Stylosanthes hamata*
热研 18 号柱花草	*Stylosanthes guianensis*		

1.2　试验设计

采用纸上发芽法。选用直径 12cm 玻璃培养皿，每个培养皿放滤纸一张。设海水浓度 0（CK）、5％、8％、12％、20％、30％、40％、50％、60％共 9 个处理。对有钩柱花草、西卡柱花草种子进行机械研磨，其他种子用 80℃ 热水处理 3min，每处理 3 次重复，每重复为 100 粒种子。在 9 个处理的条件下，分别对 7 个种质进行发芽试验。在白天 30℃（12h）给予光照，晚上 20℃（12h）不给于光照的培养箱中培养。每天定时观察，统计种子发芽数量，第 15 天测定胚轴长、胚根长。发芽期间，以称重法补充去离子水，保持各处理海水浓度相对稳定。

1.3　试验测定项目

1.3.1　发芽率
发芽率 ＝（发芽终期萌发种子数 / 供试种子总数）×100％

1.3.2　发芽指数
发芽指数＝ $\sum (Gi/Di)$。式中 Gi 指第 i 天的发芽率，Di 指相应的发芽天数[8]。

1.3.3　萌发种子长
萌发种子长＝胚轴长＋胚根长；胚轴和胚根的测定在实验结束时用直尺进行测量。

1.3.4　活力指数

活力指数＝GI×萌发种子长。

1.4　数据统计分析方法

本文采用 Excel 进行数据处理及相关统计分析。

1.5　评价方法

综合评价柱花草各种质种子萌发期耐盐性时，参考吐尔逊娜依等[9]的综合评价法，根据每个柱花草种质在海水胁迫下各个指标下降率的大小进行打分。打分标准：把每一种指标的最大值与最小值之间的差值均分为 10 个等级，每个等级为 1 分。在各种指标中，以耐盐性最弱的种质得分最高，即 10 分，以耐盐性最强的种质得分最低，即 1 分。以此类推，最后把各个指标得分相加，根据总分高低排出各供试柱花草种质种子萌发期的耐盐性顺序。

2　结果与分析

2.1　不同浓度的海水胁迫对不同柱花草种质发芽率的影响

由表 2 可知，随着海水胁迫浓度增大，发芽率下降率总体呈升高趋势。在 5％～8％的低浓度海水胁迫下，热研 10 号柱花草、Mineirao 柱花草等种质的种子萌芽率下降率为负值，即说明在较低浓度下，海水胁迫对有些柱花草种质种子萌发有促进作用。而当海水浓度达 50％时，有些种质发芽率会急剧下降，各种质表现出显著差异，如热研 10 号柱花草种子的发芽率下降率为 71.43％，西卡柱花草仅为 22.53％。

2.2　不同浓度的海水胁迫对不同柱花草种质发芽指数的影响

由表 2 可知，各柱花草种质的发芽指数受海水胁迫的影响较大。随着海水胁迫浓度增大，发芽指数明显下降。海水浓度在 30％～40％时，各种质间发芽指数下降率差异显著。但在海水浓度达 50％时，由于抑制作用过大，多数种子死亡。

2.3　不同浓度的海水胁迫对不同柱花草种质萌发种子长的影响

由表 3 可知，低浓度海水胁迫对各柱花草种质的萌发种子长均有一定的促进作用。不同柱花草种质的萌发种子长随着海水胁迫浓度增大而逐渐减小；当海水浓度达 50％时，所有柱花草种质的萌发种子长下降率都高于 50％，说明高浓度海水胁迫对种子胚轴、胚根的生长起到了较大的抑制作用。

2.4　不同浓度的海水胁迫对不同柱花草种质活力指数的影响

由表 3 可知，同一海水浓度胁迫条件下，不同种质的敏感性不同，亦即不同种质受抑制的程度不同。在低浓度海水胁迫条件下，多数柱花草活力指数随着海水浓度升高而升高，低浓度海水胁迫对多数柱花草的活力指数同样表现出了促进作用。而随着海水浓度的继续增高至 30％，多数柱花草的活力指数开始降低。

2.5　不同柱花草种质种子萌发期耐盐性大小的综合评价

植物耐盐能力的大小是多种指标的综合表现，要尽可能选用多个指标与耐盐理论联系，对多个生物学指标进行综合评价才能科学客观地反映植物的耐盐能力。据此对试验中测定的各个指标进行了评分，并把各指标的分数进行了累加及排序（表 4）。

表 2　不同浓度海水胁迫对不同柱花草种质发芽率、发芽指数下降率的影响

种质	发芽率下降率（%）								发芽指数下降率（%）							
	5%	8%	12%	20%	30%	40%	50%	60%	5%	8%	12%	20%	30%	40%	50%	60%
热研7号柱花草	8.70	1.55	10.25	5.59	8.70	25.47	48.45	81.68	11.42	1.75	15.59	18.84	29.90	61.33	84.60	95.08
热研10号柱花草	−6.53	−1.22	2.86	8.16	24.08	47.76	71.43	88.98	0.01	8.71	9.32	15.31	41.27	59.69	83.14	96.10
热研13号柱花草	4.63	0.77	2.31	2.31	2.31	16.97	68.38	93.83	11.25	10.76	16.57	22.66	39.59	63.70	92.47	99.25
热研18号柱花草	0.26	0.78	0.52	−1.55	0.26	3.10	25.32	77.26	2.67	4.97	7.39	8.08	23.17	36.39	68.20	92.95
Mineirao柱花草	−0.76	−0.25	0.00	0.25	2.53	25.25	65.66	86.87	2.75	2.14	11.42	27.14	35.76	71.31	88.74	97.60
西卡柱花草	6.48	12.63	9.22	7.17	11.60	17.41	22.53	34.81	19.23	27.49	27.16	29.99	39.09	52.48	65.13	81.80
有钩柱花草	18.18	4.13	28.1	3.31	10.74	14.87	23.97	24.79	17.41	6.85	36.85	14.54	33.02	22.59	50.85	57.42

注：表内数值为 (CK−T) /CK×100%，其中 CK 为对照值，T 为盐处理的发芽指标值，下表同。

表 3　不同浓度海水胁迫对不同柱花草种质萌发种子长、活力指数的影响

种质	萌发种子长下降率（%）								活力指数下降率（%）							
	5%	8%	12%	20%	30%	40%	50%	60%	5%	8%	12%	20%	30%	40%	50%	60%
热研7号柱花草	−29.63	−49.74	−55.56	−37.57	−6.88	62.43	81.48	90.48	−14.82	−47.12	−31.30	−11.65	25.08	85.47	97.15	99.53
热研10号柱花草	−1.63	−10.57	−74.80	−73.98	−8.13	51.22	73.17	81.30	−1.64	−0.94	−58.50	−47.35	36.50	80.33	95.48	99.27
热研13号柱花草	−16.55	−75.86	−108.28	−67.59	−23.45	48.28	80.00	91.03	−3.44	−56.94	−73.77	−29.62	25.43	81.22	98.49	99.93
热研18号柱花草	−62.42	−60.51	−71.34	−85.99	−36.31	8.28	73.25	91.08	−58.09	−52.53	−58.67	−70.97	−4.73	41.66	91.49	99.37
Mineirao柱花草	−12.00	−10.67	−8.00	−19.11	−4.44	68.89	88.00	95.11	−8.92	−8.30	4.33	13.22	32.91	91.08	98.65	99.88
西卡柱花草	−6.42	−5.05	0.92	−7.80	1.38	43.12	69.72	84.40	14.04	23.84	27.83	24.53	39.93	72.97	89.44	97.16
有钩柱花草	−22.86	−35.71	−30.71	5.00	40.00	59.29	63.57	66.43	−1.46	−26.41	17.46	18.82	59.81	68.48	82.10	85.71

表 4　不同浓度海水胁迫下不同柱花草种质的得分及耐盐性综合评价

种质	发芽率下降率得分		发芽指数下降率得分		萌发种子长下降率得分	活力指数下降率得分		总分	名次
	50%	60%	30%	40%	40%	30%	40%		
热研 7 号柱花草	7	9	7	9	9	4	9	54	4
热研 10 号柱花草	10	9	10	8	7	6	9	59	6
热研 13 号柱花草	9	10	9	9	7	4	9	57	5
热研 18 号柱花草	4	8	6	5	1	1	5	30	1
Mineirao 柱花草	9	9	9	10	10	6	10	63	7
西卡柱花草	3	4	9	7	6	7	8	44	3
有钩柱花草	3	3	8	3	8	10	8	43	2

其中，发芽率、发芽指数与萌发种子长的排序基本相近，而与活力指数的排序不完全吻合，说明仅以单一指标分析种子的耐盐性会出现误差，而通过综合评价可以得到较为可靠的结果。

3　结论与讨论

不同浓度海水胁迫处理下得出的各种质柱花草种子的发芽率、发芽指数、萌发种子长、活力指数等指标可以反映柱花草种子在海水胁迫下发芽及幼苗早期长势的一些情况。海水的浓度与柱花草种子萌发期的各项指标存在明显的相关性。

（1）随着海水浓度升高，不同柱花草种质种子的各测试指标均呈下降趋势。低浓度的海水胁迫能促进部分柱花草种子萌发，这种现象可能与低盐促进细胞膜渗透调节有关，也可能是海水中微量的无机离子对呼吸酶有促进作用，这与对盐胁迫下多种植物种子萌发的研究相符。

（2）海水胁迫下，7 个柱花草种质萌发期耐盐性不同，经综合评定，得出供试 7 个柱花草种质的耐盐性依次为热研 18 号柱花草＞有钩柱花草＞西卡柱花草＞热研 7 号柱花草＞热研 13 号柱花草＞热研 10 号柱花草＞Mineirao 柱花草。

（3）影响种子萌发的因子很多，本试验仅对 7 种柱花草种子的部分萌发特性进行了研究，而要进一步探讨海水胁迫下柱花草种子萌发期耐盐性的生理生化机理，还需要进行深入研究。

参 考 文 献

[1] 寇伟锋，刘兆普，郑宏伟 . 海水胁迫对向日葵苗期生长及矿质营养吸收特性的影响 [J]. 生态学杂志，2006，25（5）：521-525.

[2] 中华人民共和国国家统计局 . 中国统计年鉴 [M]. 北京：中国统计出版社，2003，22：4-5.

[3] 徐质斌 . 山东海水灌溉农业的发展前景 [J]. 发展论坛，2000（1）：24-25.

[4] 刘国道 . 海南饲用植物志 [M]. 北京：中国农业大学出版社，2000：216-228.

[5] 李昀，沈禹颖，阎顺国 . NaCl 胁迫下 5 种牧草种子萌发的比较研究 [J]. 草业科学，1997，14（2）：50-53.

[6] 牛菊兰 . 早熟禾品种特性与耐盐性关系的研究 [J]. 草业科学，1998，15（1）：38-41.

[7] 刘宝玉，张文辉，刘新成 . 沙枣和柠条种子萌发期耐盐性研究 [J]. 植物研究，2007（6）：721-728.

[8] 鱼小军，王彦荣卜，曾彦军 . 温度和水分对无芒隐子草和条叶车前种子萌发的影响 [J]. 生态学报，2004，24（5）：883-887.

[9] 吐尔逊娜依，高辉远，安沙舟，等 . 8 种牧草耐盐性综合评价 [J]. 中国草地，1995（1）：30-32.

山羊豆种质资源苗期耐盐性综合评价分析

吴欣明[1] 王运琦[1] 刘建宁[1] 高洪文[2] 王赞[2] 石永红[1] 郭璞[1] 池惠武[1] 张冬玲[1]

(1. 山西省农业科学院畜牧兽医研究所 2. 中国农业科学院北京畜牧兽医研究所)

摘要：采用不同浓度的 NaCl 溶液对 44 份山羊豆苗期性状进行耐盐性评价。根据在不同浓度盐胁迫下测定的株高、存活率、生物量、细胞膜透性进行相关性分析、主成分分析和聚类分析，选出 7 个主成分，并将全部材料分为 6 类，通过遗传距离最终归纳为耐盐材料、中等耐盐材料及不耐盐材料。

关键词：山羊豆；耐盐性；评价

山羊豆属为豆科多年生植物，该属含有 8 个已知的种[1,2]。主要包括山羊豆（galega officinalis L.）和东方山羊豆（galega orientalis L.）2 个种。山羊豆是豆科山羊豆属中一种多年生草本植物，原产于欧洲南部和西南地区，在南美洲、新西兰和中欧地区主要用作观赏和药用植物。早在中世纪欧洲就将山羊豆用于治疗[3]，山羊豆含有多种生物碱，包括鸭嘴花碱（vasicine）和山羊豆碱（galegine）等，还含有黄酮类活性物质[4,5]。东方山羊豆又称饲用山羊豆，为多年生豆科牧草。原产于欧洲与亚洲的分界线高加索亚高山地带，在俄罗斯和哈萨克斯坦等地区均有栽培，并被引进到加拿大和中欧一些国家，东方山羊豆生于海拔为 305～1 820m 的森林草地带。因其具有蛋白含量高，抗逆性强，利用年限长等特点，被引进到东欧、中欧及加拿大等地区。据国外资料报道，东方山羊豆因含有刺激奶牛泌乳的生物活性物质，有增加奶牛的泌乳量和促进奶牛血液循环的功能，可使奶牛产奶量提高 10%～14%[6]。

近年来，国外学者主要集中研究山羊豆的药用价值，我国主要对东方山羊豆进行引种研究[7]。而对于山羊豆的耐盐性评价则鲜有报道。本研究主要针对引进的 10 份东方山羊豆和 34 份山羊豆种质资源通过株高、存活率、生物量、细胞膜透性 4 项指标进行聚类分析综合评价。为今后的山羊豆种质资源利用及分子遗传多样性分析提供基本参考依据。

1 材料与方法

1.1 试验材料

试验选用从俄罗斯引进的 10 份东方山羊豆和 34 份山羊豆共 44 份材料，编号及名称见表 1，所有种质均由中国农业科学院北京畜牧兽医研究所牧草资源室提供。

表 1 材料编号及名称

序号	原编号	名称	序号	原编号	名称	序号	原编号	名称	序号	原编号	名称
1	06p-1670	东方山羊豆	7	06p-2375	东方山羊豆	13	06p-1678	山羊豆	19	06p-1842	山羊豆
2	06p-1727	东方山羊豆	8	06p-2394	东方山羊豆	14	06p-1718	山羊豆	20	06p-1889	山羊豆
3	06p-1799	东方山羊豆	9	06p-2443	东方山羊豆	15	06p-1746	山羊豆	21	06p-1894	山羊豆
4	06p-1807	东方山羊豆	10	06p-2641	东方山羊豆	16	06p-1773	山羊豆	22	06p-1951	山羊豆
5	06p-2186	东方山羊豆	11	06p-1635	山羊豆	17	06p-1788	山羊豆	23	06p-1970	山羊豆
6	06p-2203	东方山羊豆	12	06p-1663	山羊豆	18	06p-1831	山羊豆	24	06p-2000	山羊豆

（续）

序号	原编号	名称	序号	原编号	名称	序号	原编号	名称	序号	原编号	名称
25	06p‑2009	山羊豆	30	06p‑2178	山羊豆	35	06p‑2314	山羊豆	40	06p‑2414	山羊豆
26	06p‑2053	山羊豆	31	06p‑2216	山羊豆	36	06p‑2320	山羊豆	41	06p‑2458	山羊豆
27	06p‑2061	山羊豆	32	06p‑2227	山羊豆	37	06p‑2361	山羊豆	42	06p‑2466	山羊豆
28	06p‑2121	山羊豆	33	06p‑2267	山羊豆	38	06p‑2367	山羊豆	43	36p‑2509	山羊豆
29	06p‑2168	山羊豆	34	06p‑2275	山羊豆	39	06p‑2407	山羊豆	44	06p‑2522	山羊豆

1.2　试验方法

本研究于 2007 年 11 月至 2008 年 1 月在山西省农业科学院畜牧兽医研究所绿原草业研究发展中心温室进行。选用试验田土壤，去掉杂质、捣碎过筛。随机取样法取少量土壤测定土壤水分和盐分。将过筛后的土壤装入无孔塑料花盆中（盆高 12.5cm，底径 12.0cm，口径 15.5cm），每盆装大田土 1.5kg（干土），装土时，根据实际测定的土壤含水量确定装入盆中土的重量。2007 年 11 月 15 日播种，出苗后间苗，两叶期定苗，每盆保留长势一致、均匀分布的苗 10 棵。2007 年 12 月 25 日苗生长到三叶期开始进行耐盐处理，按每盆土壤干重的 0（CK）、0.3％、0.4％、0.5％计算好所需加入的化学纯 NaCl量，溶解到一定量的自来水中配制盐溶液，对照加等量自来水，盐处理后及时补充蒸发的水分，使盐处理后的土壤含水量维持在 70％左右。试验共设 5 个处理，1 个空白对照。每处理 6 个重复，其中 3 盆用于形态指标测定，另外 3 盆用于生理指标测定，盐处理 30d 后开始测定指标。试验测得大田土壤全盐量为 0.052％，可忽略不计。

1.3　指标测定

1.3.1　株高

用直尺测定每株幼苗的垂直高度，每盆测定 3 株，共测定 3 盆，取其平均值。

1.3.2　存活率

观察每盆中存活植株的数目，记作存活苗数，根据材料叶心是否枯黄判断植株死亡与否。存活率＝盐处理后存活苗数/原幼苗总数×100％。

1.3.3　生物量

地上生物量采用盐处理后 30d，用剪刀齐土壤表面剪取植株地上部分，105℃杀青（0.5h），85℃下烘干（12h）至恒重，记取干重（精确到 0.001g），3 盆材料地上部分干重的平均值作为地上生物量干重；将花盆中的土壤用纱布过滤冲洗，收集地下部分，挑出杂质，105℃杀青（0.5h），85℃下烘干（12h）至恒重，记取干重（精确到 0.001g），3 盆材料地下部分干重的平均值作为地下生物量干重。

1.3.4　细胞膜透性

取幼苗叶片 0.2g，采用电导法[8]测定细胞膜透性。

1.4　统计分析

用 Excel 进行预处理，再用 SAS 软件进行不同浓度的 NaCl 溶液与不同性状之间的相关分析、主成分分析、聚类分析。

2　结果与分析

2.1　各性状的相关分析

如表 2 所示，对照生物量与 0.3％盐浓度下的生物量、0.4％盐浓度下的生物量极显著正相关，表明对照生物量在增加的同时，0.3％和 0.4％盐浓度下的生物量也在增加。这 2 种盐浓度对于山羊豆影

表2 各性状的相关系数表

	X1	X2	X3	X4	X5	X6	X7	X8	X9	X10	X11	X12	X13	X14	X15
X2	0.507	1													
X3	0.005	−0.346*	1												
X4	0.154	0.047	0.004	1											
X5	0.503**	0.183	0.283	0.296*	1										
X6	0.368**	0.312*	0.951	0.201	0.658**	1									
X7	0.286	0.003	0.221	−0.029	0.410**	0.455**	1								
X8	0.059	0.000	−0.082	0.495**	0.178*	0.111	0.177	1							
X9	0.418**	0.18	0.291	0.293*	0.805**	0.593**	0.400**	0.361*	1						
X10	0.248	0.054	0.280	0.226	0.597**	0.592**	0.384**	0.264	0.734**	1					
X11	0.266	0.05	0.445**	−0.01	0.517**	0.393**	0.489**	0.040	0.563**	0.508**	1				
X12	0.246	−0.035	−0.085	0.201	0.282	0.241	0.090	0.348*	0.254	0.045	−0.005	1			
X13	0.230	0.06	0.089	0.369*	0.735**	0.490**	0.168	0.263	0.786**	0.507**	0.347*	0.346*	1		
X14	0.335	0.288	0.014	0.307*	0.594**	0.470**	0.027	0.191	0.597**	0.513**	0.295	0.181*	0.758**	1	
X15	0.166	−0.093	0.067	0.061	0.128	0.114	0.112	0.202	0.097	0.120	0.226	0.131*	0.063	0.037	1
X16	−0.070	−0.084	0.07	0.302	0.041	−0.035	0.005	0.651**	0.305*	0.220	0.158	0.273	0.230	0.006	0.150

注：*、**分别表示差异达到显著（5%）、极显著（1%），X1为对照生物量，X2对照株高，X3为对照存活率，X4为对照细胞膜透性，X5为0.3%盐浓度下的株高，X6为0.3%盐浓度下的生物量，X7为0.3%盐浓度下的存活率，X8为0.3%盐浓度下的细胞膜透性，X9为0.4%盐浓度下的株高，X10为0.4%盐浓度下的存活率，X11为0.4%盐浓度下的株高，X12为0.4%盐浓度下的细胞膜透性，X13为0.5%盐浓度下的存活率，X14为0.5%盐浓度下的生物量，X15为0.5%盐浓度下的株高，X16为0.5%盐浓度下细胞膜透性。

响效果不明显。而对照生物量与 0.5％盐浓度下生物量不相关。对照生物量与 0.3％盐浓度下的株高呈极显著正相关。0.3％盐浓度下的生物量与 0.3％盐浓度下的株高、0.3％盐浓度下的存活率和 0.4％盐浓度下的细胞膜透性呈极显著正相关，同时也与 0.4％盐浓度下的生物量、0.4％盐浓度下的株高、0.4％盐浓度下的存活率和 0.5％盐浓度下的生物量、0.5％盐浓度下的株高呈极显著正相关。0.3％盐浓度下的株高与 0.3％盐浓度下的存活率、0.4％盐浓度下的生物量、0.4％盐浓度下的株高、0.4％盐浓度下的存活率、0.5％盐浓度下的生物量、0.5％盐浓度下的株高呈极显著相关。0.3％盐浓度下的生物量与 0.4％盐浓度下的、0.5％盐浓度下的 4 项指标相关性要大于对照生物量，由此可见山羊豆不仅能适应这种低盐浓度，而且低盐浓度对其生长具有一定的促进作用。

2.2 主成分分析

计算得出遗传相关矩阵的特征根 λ，特征根积累百分率及各特征相应的特征向量 A，为排除作用较小而干扰较大的综合指标，提高分析精度，从 16 个特征根中只选取 7 个较大的特征根 λ1、λ2、λ3、λ4、λ5、λ6、λ7 及相应的 7 个特征向量 A1、A2、A3、A4、A5、A6、A7。这 7 个特征向量（即主成分）占总遗传方差的 83.80％（表3），说明用这 7 个主成分能较好的代替 16 项耐盐特性指标来对山羊豆的耐盐性进行评价。这 7 个主成分与 16 项耐盐特性相关系数（因子载荷量）反映了它们之间的相关性，结果列于表 4。

表 3 主成分分析结果

特征向量	特征值	贡献率（％）	累计贡献率（％）	特征向量	特征值	贡献率（％）	累计贡献率（％）
A1	5.59	34.92	34.92	A5	0.98	6.14	74.63
A2	2.21	13.81	48.73	A6	0.75	4.66	79.29
A3	1.75	10.96	59.69	A7	0.72	4.51	83.80
A4	1.41	8.81	68.50				

表 4 各因子载荷矩阵

	成分 1	成分 2	成分 3	成分 4	成分 5	成分 6	成分 7
X1	0.217	−0.217	0.311	0.297	−0.012	0.341	0.435
X2	0.101	−0.177	0.537	0.202	0.423	−0.065	0.137
X3	0.107	−0.117	−0.583	0.0461	−0.014	0.426	0.188
X4	0.167	0.356	0.127	−0.025	0.088	0.714	−0.292
X5	0.377	−0.087	−0.005	−0.048	−0.121	0.126	0.055
X6	0.314	−0.156	0.093	0.126	−0.057	−0.123	−0.491
X7	0.175	−0.298	−0.107	0.453	−0.190	−0.076	−0.321
X8	0.135	0.552	0.025	0.154	0.194	−0.072	−0.051
X9	0.389	0.041	−0.082	0.012	0.074	−0.092	0.086
X10	0.320	−0.010	−0.184	0.031	0.268	−0.136	−0.315
X11	0.254	−0.174	−0.324	0.134	0.221	−0.130	0.318
X12	0.140	0.256	0.157	0.268	−0.708	−0.106	0.175
X13	0.348	0.123	0.019	−0.280	−0.212	−0.102	0.025
X14	0.311	0.0129	0.198	−0.344	0.053	−0.015	0.057
X15	0.218	−0.103	0.029	−0.521	−0.077	−0.112	0.134
X16	0.101	0.483	−0.163	0.248	0.193	−0.259	0.245

由表 3 结果可看出，第一主成分中以 0.3％盐浓度下的生物量、0.3％盐浓度下的株高、0.4％盐浓度下的生物量、0.4％盐浓度下的株高、0.5％盐浓度下的生物量及 0.5％盐浓度下的株高贡献率较大，贡献率为 34.92％，因此第一主成分为生物量株高因子。在第二主成分中以对照细胞膜透性、0.3％盐

浓度下的细胞膜透性、0.3%盐浓度下的存活率、0.4%盐浓度下的细胞膜透性、0.5%盐浓度下的细胞膜透性贡献较大，贡献率为13.81%。第三主成分以对照株高、对照存活率、0.4%盐浓度下的存活率贡献较大，贡献率为10.96%。第四主成分以对照生物量、0.3%盐浓度下的存活率、0.5%盐浓度下的株高、0.5%盐浓度下的存活率贡献较大，贡献率为8.81%。第五主成分以对照株高、0.4%盐浓度下的株高和0.4%盐浓度下的细胞膜透性贡献率较大，贡献率为6.14%。第六主成分以对照生物量、对照存活率、对照细胞膜透性贡献较大，贡献率为4.66%。第七主成分以对照生物量、0.3%盐浓度下的株高、0.3%盐浓度下的存活率、0.4%盐浓度下的株高、0.4%盐浓度下的存活率贡献率较高，贡献率为4.51%。

2.3 耐盐特性的聚类分析

利用系统聚类分析方法的类平均法，对44份供试材料进行聚类分析，按照相对遗传距离为18.06，将44份材料分为6类（图1）。

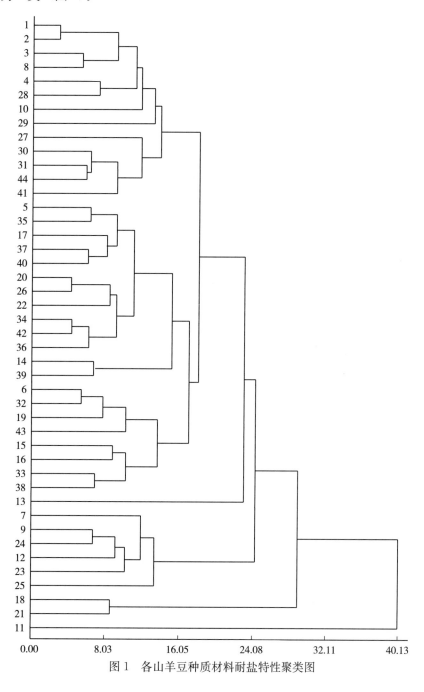

图1 各山羊豆种质材料耐盐特性聚类图

第一类群共包含 13 份材料，占供试材料的 29.55%。主要表现在生物量、株高在不同浓度梯度下变化幅度较大，在高浓度盐胁迫下存活率较低，在对照情况下生物量较大。为不耐盐材料。

第二类群共包括 21 份材料，占供试材料的 47.72%。相对于第一类群，生物量、株高变化幅度稍微小一些，可作为中等耐盐材料。

第三类群共包括为 1 份材料。此类群与第六类群相似，是最耐盐的材料。

第四类群包括 6 份材料。此类群和第五类群也是介于第一类群和第三类群之间，属中等耐盐材料。

第五类群包括 2 份材料。

第六类群包括 1 份材料。

3　结论

试验中所使用的盐胁迫浓度很重要，浓度太高可能使幼苗受到强烈抑制，无法表现出差异性；浓度太低，又可能对敏盐材料起不到胁迫作用。因此只有选用适宜的盐浓度，才能使耐盐材料的差异性有所表现，以利于综合评价。本试验所选用的 0.3%、0.4%、0.5% 盐浓度能较好地区分 44 份材料的耐盐性。从上述分析结果可看出，0.3% 盐浓度对部分山羊豆有促进生长的作用。

在相关分析当中，许多性状间存在显著相关性。对照生物量、株高与其他 3 种盐胁迫浓度生物量、株高呈显著相关。

通过对 16 个耐盐指标进行主成分分析，筛选出了生物量、株高、存活率这 3 项山羊豆属牧草苗期受显著影响的耐盐性指标。本试验入选的 7 个主成分，对耐盐性的累积贡献率 83.80%。说明这 7 个主成分能较好地代表上述 16 项指标用于山羊豆耐盐性评价。用系统聚类分析方法的类平均法进行聚类分析，将供试 44 份材料分为 6 类，其中可将第二、四、五类归纳为一个大类，属中等耐盐材料；第三和第六类归为一大类，属耐盐材料；第二类为不耐盐材料。按照遗传差距确定品种类群后，筛选出耐盐性较好的材料可用于以后的耐盐育种工作。聚类结果表明，大部分东方山羊豆被归为第一类，占 6 份材料，表明东方山羊豆为不耐盐材料，这可能是由植物本身的遗传特性以及地理区域所决定的。

参 考 文 献

[1] 刘法涛，杨志忠. 优良豆科牧草：东方山羊豆 [J]. 草食家畜，2002，2：42.

[2] DOROFEJUK M T, DOROFEJUK V F, ADDRUSEWITSCH V T. Cultivation of Eastern Goat's Rue (Galegaorientalis Lam) As Perennial Fodder Plant on Turf‐Podzol Soils in the Republic of Belarus [J]. M. Archires of Agronomy and Soil Science，1999，44（2）：131‐148.

[3] MORI A, COHEN B D, LOWENTHAL A, et al. Guanidines‐Historical, Biological, Biochemical and Clinical Aspects of Thenaturallly Occurring Guanidine Compound [M]. London：Plenun Press，1985.

[4] ATANAS T A, VASIL S. Inhibiting and Disaggregating Effect of Gel‐Filtered *Galega Officinalis* L. Herbal Extract on Platelet Aggregation [J]. Journal of Ethnoppharmacology，2000，69：235‐240.

[5] PUNDARIKAKSHUDU K, JAYVADAN K P, Munira s. Anti‐Bacterial Activity of *Galega Officinalis* L. (Goat's Rue) [J]. Journal of Ethnapharmacology，2001，77：111‐112.

[6] FERNANDO G A, PEDRO A R, RAQUEL P. Management of *Galega Officinalis* L. and Preliminary Results on Its Potential for Milk Production Improvement in Sheep [J]. New Zealand Journal of Agricultural Research，2004，47：233‐245.

[7] 何世炜，常生华，武德礼. 饲用山羊豆引种试验初报 [J]. 草业科学，2003（11）：28‐29.

[8] 李合生. 植物生理生化实验原理和技术 [M]. 北京：高等教育出版社，2002.

不同猪屎豆品系种子萌发耐盐能力评价

严琳玲 张 龙 白昌军

（中国热带农业科学院热带作物品种资源研究所）

摘要： 通过室内种子萌芽试验，研究不同盐分胁迫下不同猪屎豆种质的发芽率、根长、芽长长等的变化，结果表明，少部分品系受低盐浓度促进，大部分品系的发芽率随盐浓度增加而下降。通过对相对盐害率进行分级，耐盐指数1级品系有7份，3级品系有9份，5级品系有7份，7级品系有2份，9级品系1份。

关键词： 盐胁迫；猪屎豆；萌芽

土壤盐渍化是影响世界农业生产最主要的非生物胁迫因素之一[1]。盐分对种子发芽率、幼根和幼芽的长度等都有一定的影响[2]，高盐胁迫能够完全抑制种子的萌发，而低水平条件能诱导种子休眠[3]。种子萌发和幼苗生长阶段是一个植物种群在盐渍环境下定植的关键时期[4]。目前盐碱化土壤改良行之有效的方法是种植耐盐植物，这种生物改良方法可以突破经济和技术的限制，在传统开垦方法不能实现的区域开展种植活动是通过植被恢复改良盐碱地的重要措施之一[5]。因此，耐盐植物种质资源筛选、植物耐盐性以及土壤盐分与植物生长之间的关系研究一直是国内外非常活跃的研究领域。

1 材料与方法

1.1 试验材料

猪屎豆种子均由中国热带农业科学院热带作物种质资源研究所提供，各种质均为华南地区采集的种质，具体来源见表1。

表1 猪屎豆品系名称及来源

编号	名称	来源	编号	名称	来源
1	日本菁	哥伦比亚国际热带农业中心引入	14	三尖叶猪屎豆	海南儋州宝岛新村
2	猪屎豆	海南琼海市	15	猪屎豆	广东恩平市那吉镇
3	光萼猪屎豆	云南西双版纳傣族自治州勐仑镇	16	普通猪屎豆	广东雷州市
4	假地蓝	云南普洱市思茅区	17	猪屎豆	广东梅州市区
5	猪屎豆	海南陵水黎族自治县英州镇	18	三圆叶猪屎豆	中国农业科学院草原研究所
6	猪屎豆	海南儋州宝岛新村	19	凹叶猪屎豆	海南文昌市头苑镇
7	假地蓝	云南普洱市思茅区	20	猪屎豆	海南海口三江镇
8	猪屎豆	广东华南植物园	21	猪屎豆	广东惠州市镇隆镇
9	椭圆叶猪屎豆	海南东方市	22	猪屎豆	福建漳州市诏安县四都镇
10	猪屎豆	广东茂名市	23	猪屎豆	广东鹤山市址山镇
11	光萼猪屎豆	海南乐东黎族自治县	24	尖叶猪屎豆	海南文昌市迈号镇
12	光萼猪屎豆	海南五指山南圣镇	25	普通猪屎豆	海南儋州宝岛新村
13	光萼猪屎豆	海南定安县龙门镇	26	光萼猪屎豆	海南东方市江边

1.2 试验方法

试验采用培养皿发芽法，每皿放 30 粒种子，每个处理 3 次重复，共设 5 个处理，NaCl 溶液浓度分别为 50mmol/L、150mmol/L、250mmol/L、350mmol/L，对照为蒸馏水（以 0mmol/L NaCl 浓度表示），种子以 5×6 的形式摆放在 2 层滤纸上，加入 5mL 不同浓度的 NaCl 溶液，置于光照培养箱中。光照条件：光照 25℃（18h），黑暗 16℃（6h），定期补充蒸发的水分。从试验进行第 3 天起每日调查一次发芽率，萌芽时间为 8d，试验结束时记录根长和芽长。根据下列公式计算相对盐害率，并分级。

$$RS = \left[\sum (Gc - Gi)/Gc \right] \times 100\%$$

式中，RS 为相对盐害率（%），Gc 为对照发芽率（%），Gi 为盐处理发芽率（%）。根据相对盐害率划分耐盐性级别：1 为很强（$RS<20\%$），3 为强（$20\%<RS<40\%$），5 为中等（$40\%<RS<60\%$），7 为弱（$60\%<RS<80\%$），9 为很弱（$RS\leqslant80\%$）。

2 结果与分析

2.1 不同浓度 NaCl 对猪屎豆发芽率的影响

由图 1 可以看出，品系 1、19 在 NaCl 浓度为 0～50mmol/L 时，发芽率随 NaCl 浓度增加而增加，说明在一定的盐浓度下，适当增加盐溶液有利于发芽率的增加，但当浓度达到 150mmol/L 以上时，发芽率随之下降；剩余 24 个品系的发芽率均随着 NaCl 浓度增加而下降，因此在蒸馏水中的发芽率最高，以品系 12、14、23、3、18 的发芽率最高，分别为 85%、80%、78.35%、71.65%、66.65%。不同的猪屎豆品系在不同的 NaCl 浓度中下降速率也不同。

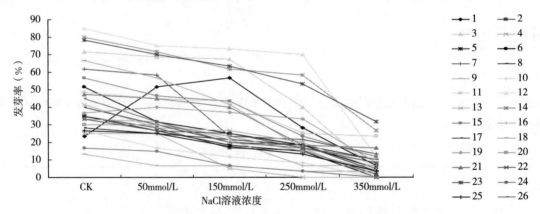

图 1 不同浓度 NaCl 对猪屎豆品系发芽率的影响

由表 2 可知，随着 NaCl 浓度增大，26 个猪屎豆品系间的发芽率差异均呈极显著（$P<0.01$），在各浓度 NaCl 溶液处理下，不同品系种子发芽率均值分别为 100.00%、88.55%、71.83%、50.75%、18.77%，当 NaCl 浓度增大时，发芽率出现了大幅下降，尤其是当盐浓度为 250mmol/L 时，发芽率已低于 50%，这表明，猪屎豆种子萌发的耐盐临界浓度可能在 250～350mmol/L。当盐浓度<250mmol/L 时，品系 12、14 表现出较强的耐盐性，当盐浓度>250mmol/L 时，品系 23 表现住较强的耐盐性。

表 2 不同猪屎豆种子在不同浓度 NaCl 下的发芽率（%）

品系	CK	50mmol/L	150mmol/L	250mmol/L	350mmol/L
1	23.35±7.58[ghi]	51.65±8.42[b]	56.65±5.04[bc]	28.35±2.74[bc]	6.65±0.47[cde]
2	35.00±2.36[de]	28.35±2.45[cd]	16.65±1.28[fg]	18.35±1.57[de]	1.65±0.12[g]
3	71.65±3.12[b]	68.65±5.67[ab]	67.35±4.91[b]	40.00±5.22[ab]	3.35±0.24[ef]

（续）

品系	CK	50mmol/L	150mmol/L	250mmol/L	350mmol/L
4	25.00±1.08^{gh}	25.00±1.25^{de}	5.00±0.52ⁱ	0.00±0.00ⁱ	0.00±0.00^h
5	35.00±4.18^{de}	26.65±4.52^d	18.35±2.47^f	15.00±0.78^{ef}	0.00±0.00^h
6	51.65±10.2^{bc}7	31.65±5.75^c	25.00±1.67^d	18.35±0.67^{cd}	5.00±0.37^{de}
7	61.65±7.33^b	58.35±3.54^{ab}	23.35±4.62^{de}	21.65±1.38^c	13.35±1.02^{ab}
8	28.35±2.54^{fgh}	25.00±5.24^{de}	21.65±3.47^{def}	18.35±0.94^{cd}	10.00±1.07^c
9	13.35±0.42^j	6.65±0.54^f	6.65±0.63^{gh}	3.35±0.37^{gh}	3.35±0.85^{ef}
10	26.65±2.47^{gh}	16.65±1.35^{def}	11.65±0.85^{fg}	8.35±1.03^{fg}	0.00±0.00^h
11	48.35±1.25^{bc}	45.00±2.57^{bc}	43.35±5.37^{bc}	25.00±1.37^{bc}	23.35±1.57^{ab}
12	85.00±12.94^a	75.00±10.25^a	73.35±10.25^a	70.00±4.78^a	11.65±0.57^{ab}
13	41.65±4.66^d	28.35±2.57^{cd}	26.65±0.64^d	20.00±1.37^c	5.00±0.42^{de}
14	80.00±12.75^a	71.65±8.24^{ab}	61.65±8.34^b	58.35±2.67^{ab}	26.65±1.75^{ab}
15	56.65±4.62^{bc}	46.65±3.75^{bc}	43.35±1.34^{bcd}	23.35±4.37^c	11.65±1.27^{ab}
16	33.35±3.18^{def}	31.65±2.57^c	21.65±0.67^{def}	6.65±0.39^{gh}	6.65±0.54^{cde}
17	40.00±4.22^d	30.00±6.72^c	20.00±0.58^{ef}	18.35±1.24^{cd}	3.35±0.64^{ef}
18	66.65±7.34^b	56.65±2.37^b	41.65±4.22^{bcd}	16.65±1.38^{cde}	0.00±0.00^h
19	36.65±1.29^d	40.00±10.59^c	37.00±1.97^{cd}	33.35±5.61^{bc}	8.35±1.24^{cd}
20	30.00±4.81^{fg}	30.00±23.72^c	23.35±5.34^{de}	15.00±0.35^{efg}	3.35±0.27^{ef}
21	47.35±6.13^{bcd}	45.00±7.93^{bc}	40.00±7.33^{cd}	18.35±1.26^{cd}	16.65±1.24^{ab}
22	33.35±1.49^{def}	26.65±0.25^d	25.00±2.89^{de}	16.65±1.57^{cde}	8.35±1.53^{cd}
23	78.35±10.64^{ab}	70.00±8.34^{ab}	63.35±4.37^b	53.35±8.64^{ab}	31.65±2.47^a
24	16.65±0.34^{hi}	15.00±2.45^{ef}	6.65±0.86^{gh}	3.35±0.06^{gh}	0.00±0.00^h
25	26.65±1.04^{gh}	25.00±1.25^{de}	17.65±2.78^f	13.35±4.26^{fg}	3.35±0.14^{ef}
26	45.00±3.73^d	31.65±0.57^c	20.00±6.44^{ef}	16.65±1.37^{cde}	10.00±2.47^c

注：表中同列中不同小写字母表示具有 0.05 水平下的差异显著性。

2.2 不同浓度 NaCl 对猪屎豆根长、芽长的影响

由表 3 可以看出，当 NaCl 浓度达到 150mmol/L 以上时，各猪屎豆品系的根长、芽长均呈下降趋势，但差异不显著。当 NaCl 浓度在 0～150mmol/L 时，出现个别猪屎豆品系的根长、芽长增加的现象。当 NaCl 浓度在 50mmol/L 时，品系 1、5、6、7、9、12、24 的根长大于对照，其中以品系 1 增加最多，比对照增长了 61.2%，剩余 19 个品系的根长均小于对照，其中以品系 8 下降速率最快，比对照下降了 60.77%；品系 1、2、5、6、7、9、19、21、22、24 的芽长大于对照，其中以品系 6 增长最多，比对照增加 100.55%，剩余 16 个品系的芽长均小于对照，其中以品系 3 下降速率最快，比对照下降了 65.58%。在 NaCl 浓度在 150mmol/L 时，品系 9、12 的根长大于对照，分别比对照增长 28.74%、10.01%，剩余 24 个品系的根长均小于对照，其中以品系 6、2、3 下降速率最快，分别比对照下降了 76.5%、73.75%、72.69%；品系 6、9 的芽长大于对照，剩余 24 个品系的芽长均小于对照，其中以品系 8、4、3、25 下降速率最快，分别比对照下降了 82.73%、76.98%、70.93%、70.35%。

表3 不同浓度 NaCl 胁迫对猪屎豆根长、芽长的影响

品系	CK		50mmol/L		150mmol/L		250mmol/L		350mmol/L	
	根长(cm)	芽长(cm)	根长(cm)	芽长(cm)	根长(cm)	芽长(cm)	根长(cm)	芽长(cm)	根长(cm)	芽长(cm)
1	0.415	0.622	0.669	0.841	0.308	0.336	0.226	0.297	0.178	0.221
2	1.425	1.498	1.277	1.554	0.374	0.612	0.564	0.667	0.146	0.106
3	1.322	2.016	0.531	0.694	0.361	0.586	0.559	0.816	0.187	0.224
4	0.601	1.451	0.334	0.521	0.213	0.334	0	0	0	0
5	0.882	1.009	1.201	1.612	0.468	0.625	0.512	0.627	0	0
6	2.345	0.721	2.467	1.446	0.551	0.735	0.347	0.339	0.339	0.521
7	1.591	1.243	1.607	1.574	0.559	0.814	0.113	0.168	0.267	0.336
8	1.583	2.467	0.621	0.882	0.254	0.426	0.331	0.591	0.342	0.387
9	0.348	0.425	0.521	0.624	0.448	0.547	0.243	0.543	0.275	0.426
10	0.664	0.846	0.378	0.522	0.442	0.645	0.428	0.496	0	0
11	0.687	0.719	0.582	0.641	0.419	0.573	0.582	0.664	0.344	0.512
12	0.919	1.969	1.024	1.956	1.011	1.289	1.006	1.019	0.345	0.622
13	1.614	1.825	0.884	1.034	0.647	0.837	0.714	0.882	0.341	0.701.
14	1.538	2.731	1.222	1.966	0.728	1.753	1.014	1.064	0.662	0.994
15	1.064	1.632	0.981	1.347	0.375	0.524	0.441	0.567	0.357	0.541
16	1.704	2.817	1.369	2.266	0.884	1.027	0.512	0.664	0.469	0.334
17	0.756	1.008	0.432	0.624	0.512	0.725	0.433	0.529	0.210	0.394
18	0.638	2.034	0.632	1.405	0.532	1.306	0.442	0.554	0	0
19	0.912	0.996	0.868	1.387	0.773	0.834	0.534	0.614	0.359	0.497
20	0.634	0.823	0.582	0.698	0.552	0.678	0.357	0.398	0.213	0.374
21	1.494	1.727	1.215	1.921	0.389	0.527	0.214	0.226	0.211	0.364
22	1.066	0.997	0.859	1.358	0.544	0.637	0.423	0.498	0.334	0.559
23	1.501	2.269	0.971	1.471	0.457	1.637	0.844	0.994	0.247	0.317
24	0.344	0.621	0.412	0.698	0.226	0.409	0.249	0.358	0	0
25	1.053	2.219	0.591	1.886	0.466	0.658	0.581	0.599	0.211	0.415
26	0.707	1.952	0.472	1.424	0.429	0.726	0.571	0.604	0.449	0.665

2.3 不同浓度 NaCl 对猪屎豆相对盐害率的影响

由表4可见，NaCl 浓度在 50mmol/L 时，有 18 个猪屎豆品系的相对盐害率低于 20%，品系 1、19 达到负值，说明添加少量盐浓度，不但不会使猪屎豆发芽受抑制，反而促进其生长；其他品系的相对盐害率均高于 20%，品系 9、6 分别达到 50.19%、38.72%。

用 150mmol/L 的 NaCl 浓度下的相对盐害率对 26 份猪屎豆材料进行了分级，耐盐指数 1 级品系有 7 份，3 级品系有 9 份，5 级品系有 7 份，7 级品系有 2 份，9 级品系 1 份，其中萌芽期耐盐性强（耐盐级别为 1 级、3 级）的猪屎豆品系 16 份，占供试材料的 61.54%。

当 NaCl 浓度达到 150mmol/L 以上时，只有 3 个品系的相对盐害率低于 20%。

表4 不同浓度 NaCl 胁迫对猪屎豆品系相对盐害率的影响

品系	50mmol/L	150mmol/L	250mmol/L	350mmol/L	耐盐指数
1	−121.20%	−142.61%	−21.41%	71.52%	1
2	19.00%	52.43%	47.57%	95.29%	5
3	4.19%	6.00%	44.17%	95.32%	1
4	0.00%	80.00%	100.00%	100.00%	9
5	23.86%	47.57%	57.14%	100.00%	5
6	38.72%	51.60%	64.47%	90.32%	5
7	5.35%	62.12%	64.88%	78.35%	7
8	11.82%	23.63%	35.27%	64.73%	3
9	50.19%	50.19%	74.91%	74.91%	5
10	37.52%	56.29%	68.67%	100.00%	5
11	6.93%	10.34%	48.29%	51.71%	1
12	11.76%	13.71%	17.65%	86.29%	1
13	31.93%	36.01%	51.98%	88.00%	3
14	10.44%	22.94%	27.06%	66.69%	3
15	17.65%	23.48%	58.78%	79.44%	3
16	5.10%	35.08%	80.06%	80.06%	3
17	25.00%	50.00%	54.13%	91.63%	5
18	15.00%	37.51%	75.02%	100.00%	3
19	−9.14%	−0.95%	9.00%	77.22%	1
20	0.00%	22.17%	50.00%	88.83%	3
21	4.96%	15.52%	61.25%	64.84%	1
22	20.09%	25.04%	50.07%	74.96%	3
23	10.66%	19.14%	31.91%	59.60%	1
24	9.91%	60.06%	79.88%	100.00%	7
25	6.19%	33.77%	49.91%	87.43%	3
26	29.67%	55.56%	63.00%	77.78%	5

3 结论与讨论

发芽率、根长、芽长是评价种子发芽常用的指标，反映了种子发芽速度及幼苗生长的潜在趋势。虽然大多数研究认为盐胁迫对种子萌发具有显著的抑制作用[6,7]，主要原因是渗透胁迫（引起水分的缺乏）、离子的毒害和离子吸收的不平衡，但近年来也有的研究证明，低浓度盐分对作物发芽、生长具有一定的促进作用[8]，可能与低盐促进细胞膜渗透调节作用有关，也可能是微量的无机离子（Na+）对呼吸酶具有激活作用[9]。本试验结果表明，品系1在 NaCl 浓度为0~150mmol/L 时，发芽率随着盐浓度增加而增加，在 NaCl 浓度为50mmol/L 时，发芽率比对照增加了121.20%，在 NaCl 浓度为150mmol/L 时，发芽率比对照增加了142.61%。大部分猪屎豆品系的发芽率均随着 NaCl 浓度增加而下降，但下降速率不同。这与前人研究结果一致。

从试验结果分析可知，猪屎豆种子萌发适宜的盐分浓度应小于或等于50mmol/L，而其耐盐的临界浓度可能在150~250mmol/L。同时，在试验的26个供试材料中，通过对150mmol/L 的盐浓度下各材料相对盐害率进行分级，耐盐指数 1 级品系有 7 份，3 级品系有 9 份，5 级品系有 7 份，7 级品系有 2 份，9 级品系 1 份，其中萌芽期耐盐性强（耐盐级别为 1 级、3 级）的猪屎豆品系 16 份，占供试材料的 61.54%。

参 考 文 献

[1] WEI W，BILSBORROW P E，HOOLEY P，et al. Salinity Induced Differences in Growth，Ion Distribution and Partitioning in Barley Between the Cultivar May Thorpe and Its Derived Mutant Golden Promise [J]. Plant and Soil，2003，250：183-191.

[2] KHALID M N，IQBAL H F，TAHIR A，et al. Germination Potential of Chickpeas Under Saline Conditions [J]. Pakistan Journal of Biological Sciences，2001（4）：395-396.

[3] GULZAR S，WKHAN M A. Seed Germination of a Halophytic Grass Aeluropus [J]. Annals of Botany，2001，87：319-324.

[4] TLIG T，GORAI M，NEFFATI M. Germination Responses of Diplotaxis Harm to Temperature and Salinity [J]. Flora，2008，203：421-428.

[5] ASHRAF M，OROOJ A. Salt Stress Effects on Growth，Ion Accumulation and Seed Oil Concentration in an Arid Zone Traditional Medicinal Palntajwain [J]. Journal of Arid Environments，2006，64：209-220.

[6] 吴红英. 盐胁迫对玉米种子萌发和幼苗生长的影响 [J]. 干旱区资源与环境，2000，14（4）：76-80.

[7] 孙振雷，叶柏军. 绿豆种子萌发及幼苗抗盐性的研究 [J]. 内蒙古民族大学学报，2001，16（1）：31-38.

[8] 陈丽珍，张振文，宋付平. NaCl 胁迫对不同玉米种子萌发特性的影响 [J]. 安徽农业科学，2009，37（25）：11917-11919.

[9] 郇树乾，刘国道，杨厚方. 盐分浓度对 7 种热带牧草种子萌发的影响 [J]. 热带农业科学，2004，24（3）：24-27.

10 份银合欢种质苗期耐盐性研究

曾令超　虞道耿

（中国热带农业科学院热带作物品种资源研究所）

摘要： 采用盆栽法研究不同盐浓度胁迫对银合欢幼苗生长的影响。测定叶片细胞膜透性、叶绿素含量、脯氨酸含量、丙二醛含量等生理指标，进行分析与综合评价。10 份银合欢种质最终耐盐性排序为：热研 1 号银合欢、哥伦比亚银合欢、菲 5 银合欢、菲 2 银合欢、CITA17481 银合欢、CIAT17502 银合欢、CIAT17478 银合欢、尖峰萨尔多瓦银合欢、萨 4 银合欢、CIAT9421。

关键词： 银合欢；盐胁迫；幼苗期；生理

银合欢为豆科（Leguminosae）含羞草亚科（Mimosoideae）银合欢属（*Leucaena*）多年生灌木或乔木，原产于美洲，现广泛分布于世界热带、亚热带地区[1]。银合欢喜温暖湿润的气候条件，生长最适温度为 25～30℃，低于 10℃停止生长，对土壤要求不严，在中性至微碱性土壤上生长最好，在酸性（pH 为 5～6.5）红壤土仍能生长。银合欢产量高营养丰富，是著名的高蛋白质饲料作物，有"蛋白质仓库"之称。银合欢还含有动物生长需要的多种氨基酸和矿物质，胡萝卜素及维生素的含量也很高[2]。银合欢可刈割作为青饲料，也可晒干后加工成叶粉与其他饲料混合饲喂各类家禽家畜。银合欢是造林、水土保持、绿化、木料等多种用途的木本豆科植物，适于用作烧制木炭，同时银合欢木材致密、纹理硬度适中，易于加工，是家具、建筑、枕木的理想用材，还可作为纸浆原料[3]。

盐碱土是地球陆地上分布广泛的一种土壤类型，据统计全世界有 9.55 亿 hm² 的盐碱地，我国有盐碱地 2 666 万 hm²，其中，盐碱耕地 666 万 hm²，盐渍化荒地和盐碱化土地 2000 万 hm²[4]。土壤盐渍化导致草地退化，生态环境恶化，可耕地面积减小，农业减产且产品品质变劣。土地盐碱化是人类共同面临的世界性问题[5]。随着工业污染加剧、灌溉地和保护地面积扩大及化肥使用不当等问题发生，土壤次生盐渍化日益严重。另外，世界干旱、半干旱地区面积达总面积的 1/3 以上，我国的干旱、半干旱面积已达 455 万 km²，这些地区淡水资源非常有限，而盐水资源丰富。因此，筛选适合本地条件和耐盐性较强的银合欢具有很重要的实际意义。

1　材料与方法

1.1　供试材料

试验材料由中国热带农业科学院热带作物品种资源研究所提供（表1）。

表 1　试验银合欢种源

编号	种名	学名	引进地点
1	萨 4 银合欢	*Leucaena leucocephala*	泰国
2	哥伦比亚银合欢	*Leucaena leucocephala*	国际热带农业中心
3	尖峰萨尔瓦多银合欢	*Leucaena leucocephala*	国际热带农业中心
4	热研 1 号银合欢	*Leucaena leucocephala*	墨西哥
5	菲 2 银合欢	*Leucaena leucocephala*	菲律宾
6	菲 5 银合欢	*Leucaena leucocephala*	菲律宾
7	CITA17478 银合欢	*Leucaena leucocephala*	国际热带农业中心
8	CITA17481 银合欢	*Leucaena leucocephala*	国际热带农业中心
9	CITA17502 银合欢	*Leucaena leucocephala*	国际热带农业中心
10	CITA9421 银合欢	*Leucaena leucocephala*	国际热带农业中心

1.2　试验设计

采用盆栽试验，在参考了相关作物的研究论文并进行筛选后，用分析纯 Nacl 配成浓度为 0、0.2%、0.4%、0.6%、0.8% 的盐溶液。选用高 12.5cm、底径 12cm、口径 15.5cm 的无孔塑料花盆盆栽种植，各银合欢种质选取颗粒大小一致的种子播种，10 个种质，3 次重复。盐处理后每天称重，补充蒸发的水分，使土壤含水率保持在最大持水量的 70%。

1.3　试验地点

本试验盆栽试验在中国热带农业科学院热带作物品种资源研究所热带牧草中心大棚内进行，室内分析试验在农学院草业科学系实验室进行。

1.4　测定项目

1.4.1　叶片细胞膜透性测定

称 0.5g 鲜叶片，用去离子水冲洗 2 次，并用洁净滤纸吸干。加 15mL 去离子水，用抽气机抽气 30min 后静置 20min，用 DDS‐ⅡD 型电导仪测定电导率 T_1，再用沸水煮 10min 杀死植物组织测定最终

电导值 T_2。细胞膜相对透性以电解质外渗率表示，电解质外渗率＝$T_1/T_2 \times 100\%$。

1.4.2 叶绿素含量的测定

采用丙酮乙醇混合液浸提法测定叶绿素的含量，与光合测定同步进行。取 0.1g 叶片，共 3 份，分别放入 3 支试管中，并加入 10mL 纯丙酮和无水乙醇，按 1：1 配成的混合液，封口并置于暗处浸提，叶片呈白色表明浸提完全。以混合液为对照，测定 665nm、649nm、470nm 下样品浸提液的吸光值。按下列公式计算各光合色素的含量（mg/g）。

$$Ca = 13.95 \times A_{665} - 6.88 \times A_{649}$$

$$Cb = 24.96 \times A_{649} - 7.32 \times A_{665}$$

$$Cc = (1\,000 \times A_{470} - 2.05 \times Ca - 114.8 \times Cb)/245$$

$$叶绿素总量 = (6.63 \times A_{665} + 22.08 \times A_{649}) \times V/(1\,000 \times W)$$

式中 Ca、Cb、Cc 分别表示叶绿素 a、叶绿素 b 和类胡萝卜素的浓度（μg/g）。

1.4.3 游离脯氨酸含量的测定

游离脯氨酸含量用酸性茚三酮法测定，取新鲜材料 0.3g，共 3 份，放入试管，加 3％的磺基水杨酸溶液 5mL，沸水浴提取 10min（提取过程中经常摇动），冷却后过滤，滤液即为游离脯氨酸的提取液。吸取 2mL 提取液于带塞试管中，加入冰醋酸和酸性茚三酮各 2mL，在沸水浴中加热 30min，溶液呈红色。溶液冷却后加入 4mL 甲苯，充分振荡后静止 30min，用吸管轻轻吸取上层红色游离脯氨酸甲苯溶液于比色杯中，以甲苯为空白对照，测定 520nm 的吸光值，查标准曲线得出测定液中游离脯氨酸的含量（μg），按下式计算样品游离脯氨酸含量（μg/g）。

$$脯氨酸含量 = C \times (5/2)/W$$

式中，C 表示测定液中游离脯氨酸的含量（μg/g），W 表示样品中鲜样重（g）。

1.4.4 丙二醛含量的测定

用 TBA（硫代巴比妥酸）法测定。取新鲜材料 0.5g，加入 5％的三氯乙酸（TCA）5mL 和少量石英沙研磨后所得匀浆在 3 000r/min 下离心 10min。取上清液 2mL，加 0.67％硫代巴比妥酸 2mL，混合后沸水浴 30min，冷却后再离心一次。测定在 450nm、532nm 和 600nm 处的吸光度值，并下式算出丙二醛（MDA）浓度，再算出单位鲜样组织中的 MDA 含量（μmol/g）。

$$C = 6.45 \times (A_{532} - A_{600})) - 0.56 \times A_{450}$$

$$MDA 含量 = C \times V/G$$

式中，C 表示 MDA 浓度（μmol/L），V 表示上清夜总体积（mL），G 表示样品重（g）。

1.5 数据处理分析

采用 Excel 进行数据处理和图表的制作。

2 结果与分析

2.1 NaCl 胁迫对叶片细胞膜透性的影响

植物细胞膜是物体生化反应场所与外界环境间的界面。既能接受和传递环境信息，又能对环境胁迫作出反应，在保持生物体正常生理生化过程稳定方面具有十分重要的作用。利用电导法通过测定植物叶片的电导率来表示细胞膜透性，并由此反映逆境对植物组织的伤害程度是目前日益受到重视的方法之一[6]，叶片细胞膜透性升高主要是由离子胁迫所致。从表 2 可以看出，随着盐胁迫浓度增加，细胞膜的相对透性基本变大。CITA17481 银合欢的和 CITA17502 银合欢细胞膜相对透性变化最小，萨 4 银合欢和尖峰萨尔瓦多银合欢的细胞膜相对透性大，其他银合欢受伤害程度介于上面两类之间。哥伦比亚银合欢随盐胁迫浓度增加，有升有降稍微区别与其他。

表 2 不同 NaCl 浓度下细胞膜相对透性

种质	0	0.2%	0.4%	0.6%	0.8%
萨 4 银合欢	13.66	11.83	11.97	24.36	43.63
哥伦比亚银合欢	10.21	9.15	14.67	37.49	28.50
尖峰萨尔瓦多银合欢	13.40	15.28	13.98	36.37	39.40
热研 1 号银合欢	12.24	13.70	18.27	17.53	27.91
菲 2 银合欢	10.17	11.00	10.52	15.86	28.46
菲 5 银合欢	8.57	9.09	7.90	18.05	24.68
CITA17478 银合欢	11.68	11.08	20.42	17.58	25.60
CITA17481 银合欢	3.38	5.38	6.11	7.21	15.87
CITA17502 银合欢	3.22	2.88	6.06	11.63	15.87
CITA9421 银合欢	9.00	9.93	10.39	25.96	36.56

2.2 NaCl 胁迫对叶片叶绿素含量的影响

叶绿素和叶绿体蛋白的结合程度取决于植物叶片细胞内离子的含量。在盐碱逆境下，由于植物叶片内离子含量高，使这种结合变得松弛，其结果使更多叶绿素被解离出来。在盐碱逆境下，叶绿素和叶绿体蛋白的解离必将使叶绿素酶活性下降，因而促使叶绿素分解，使叶片叶绿素含量下降。从表 3 可以看出，除菲 2 银合欢以外，其他银合欢在 0.2% 浓度下叶绿素含量均高于对照，可能是在某个较低的适当的浓度下叶绿素含量会有所增加。随着盐浓度增加，叶绿素含量均有不同程度的下降。萨 4 银合欢的叶绿素含量下降得最多，说明它受盐害最重。具有较强对耐盐能力的银合欢叶绿素下降的量相对要少。哥伦比亚银合欢、尖峰萨尔瓦多银合欢、菲 2 银合欢叶绿素下降的量相对其他银合欢较少。

表 3 不同 NaCl 浓度下叶绿素含量（mg/g）

种质	0	0.2%	0.4%	0.6%	0.8%
萨 4 银合欢	127.3	138.3	125.3	77.8	73.4
哥伦比亚银合欢	111.5	132.0	125.3	105.6	105.7
尖峰萨尔瓦多银合欢	108.8	147.0	147.9	101.9	89.9
热研 1 号银合欢	121.4	126.2	140.0	118.0	90.7
菲 2 银合欢	118.1	116.2	119.8	81.5	92.6
菲 5 银合欢	144.6	158.0	138.3	117.0	118.7
CITA17478 银合欢	127.5	160.0	126.8	118.8	94.6
CITA17481 银合欢	144.6	151.5	135.3	90.7	101.2
CITA17502 银合欢	134.2	138.0	89.7	94.3	89.4
CITA9421 银合欢	123.6	148.0	141.9	95.4	92.7

2.3 NaCl 胁迫对叶片脯氨酸含量的影响

脯氨酸是一种重要的有机渗透调节物质。早在 21 世纪初就发现脯氨酸是植物蛋白质的组分之一，并以游离的状态广泛存在于植物体内。脯氨酸可以作为细胞的有效调节物质，具有保护酶和膜的作用，是可以直接利用的无毒形式的氮源，作为呼吸底物参与叶绿素的合成等。植物在盐胁迫等逆境条件下积累游离脯氨酸是一种比较普遍的现象。从表 4 可以看出，随着盐胁迫浓度增加，游离脯氨酸的含量也增加。在 0.6% NaCl 浓度胁迫下，CITA17481 银合欢、哥伦比亚银合欢脯氨酸含量最高，比其他材料更能适应高盐浓度胁迫的环境，而菲 2 银合欢游离脯氨酸的含量最低。其他银合欢游离脯氨酸含量在这两类之间，但菲 5 银合欢随盐胁迫浓度的增加，游离脯氨酸含量有升有降，与其他材料不同。

表4　不同 NaCl 浓度下脯氨酸含量（$\mu g/g$）

种质	0	0.2%	0.4%	0.6%	0.8%
萨 4 银合欢	0.30	0.27	0.31	0.39	0.47
哥伦比亚银合欢	0.42	0.52	0.59	0.64	0.72
尖峰萨尔瓦多银合欢	0.38	0.19	0.38	0.63	0.77
热研 1 号银合欢	0.38	0.47	0.30	0.48	0.43
菲 2 银合欢	0.66	0.60	0.40	0.27	0.67
菲 5 银合欢	0.64	0.41	0.78	0.64	0.57
CITA17478 银合欢	0.29	0.40	0.68	0.42	0.41
CITA17481 银合欢	0.38	0.57	0.61	0.74	0.78
CITA17502 银合欢	0.54	0.44	0.48	0.59	0.67
CITA9421 银合欢	0.37	0.36	0.49	0.39	0.81

2.4　NaCl 胁迫对叶片丙二醛含量的影响

丙二醛（MDA）含量是反映膜脂过氧化作用强弱的重要指标。植物在逆境胁迫过程中，细胞内自由基代谢平衡被破坏，产生大量的自由基，过剩的自由基会引发或加剧膜脂过氧化作用，造成细胞膜系统损伤。MDA 是膜脂过氧化的产物，MDA 含量的高低代表膜脂过氧化的程度[7]。从表 5 可以看出，随着盐胁迫浓度增加，MDA 的含量显著提高。相同盐浓度下萨 4 银合欢 MDA 的含量及其随 NaCl 浓度增加而上升幅度均大于 CITA17481 银合欢，表明萨 4 银合欢细胞膜系统受到的伤害比 CITA17481 银合欢严重。

表5　不同 NaCl 浓度下丙二醛含量（$\mu mol/mg$）

种质	0	0.2%	0.4%	0.6%	0.8%
萨 4 银合欢	0.13	0.35	0.38	0.56	0.82
哥伦比亚银合欢	0.23	0.32	0.35	0.41	0.45
尖峰萨尔瓦多银合欢	0.24	0.46	0.31	0.48	0.58
热研 1 号银合欢	0.25	0.54	0.48	0.58	0.70
菲 2 银合欢	0.22	0.31	0.28	0.37	0.51
菲 5 银合欢	0.17	0.24	0.28	0.33	0.42
CITA17478 银合欢	0.18	0.29	0.40	0.47	0.74
CITA17481 银合欢	0.21	0.32	0.29	0.35	0.43
CITA17502 银合欢	0.24	0.38	0.37	0.41	0.47
CITA9421 银合欢	0.15	0.31	0.41	0.44	0.51

2.5　耐盐性综合性评价

通过测定叶片细胞膜透性、叶绿素含量、游离脯氨酸含量、丙二醛含量等生理指标综合评价牧草抗盐性，根据每种材料各个指标变化率的大小进行打分，打分标准为把每一种指标的最大变化率与最小变化率之间的差值均分为 10 个等级，每一个等级为 1 分。在各种指标中均以盐伤害症状最轻的材料得分最高，即 10 分；盐伤害症状最严重的牧草得分最低，即 1 分。以此类推，最后把各指标得分进行相加，根据总分高低排出各银合欢耐盐顺序，结果见表6。

表6　耐盐性综合评价

种质	细胞膜透性	细胞膜透性排名	叶绿素含量	叶绿素含量排名	游离脯氨酸含量	游离脯氨酸含量排名	丙二醛含量	丙二醛含量排名	总排名
萨4	232.80%	5	50.98%	2	66.67%	4	361.54%	1	10
哥伦比亚	277.57%	4	23.68%	10	47.62%	8	56.52%	10	1
尖峰萨尔瓦多	189.70%	6	53.31%	1	152.63%	1	112.50%	5	8
热研1号	116.09%	9	40.61%	6	47.37%	9	88.00%	8	1
菲2	171.68%	8	32.43%	8	60.61%	5	104.55%	7	4
菲5	195.80%	7	28.35%	9	57.81%	7	105.88%	6	3
CITA17478	124.32%	10	51.29%	3	96.55%	3	250.00%	2	7
CITA17481	307.40%	3	42.05%	5	60.53%	6	66.67%	9	5
CITA17502	403.42%	1	36.21%	7	42.59%	10	166.67%	3	6
CIAT9421	307.00%	2	44.74%	4	121.62%	2	133.33%	4	10

3　结论

综上所述，10份银合欢种质最终耐盐性排序为：热研1号银合欢、哥伦比亚银合欢、菲5银合欢、菲2银合欢、CITA17481银合欢、CIAT17502银合欢、CIAT17478银合欢、尖峰萨尔多瓦银合欢、萨4银合欢、CIAT9421。

参　考　文　献

[1] 黄维南，蔡克强. 银合欢华南地区农林牧生产上有希望的速生树种 [J]. 亚热带植物通报，1984 (2)：43-50.
[2] 刘国道. 热带牧草栽培学 [M]. 海口：华南热带农业大学，2003.
[3] 赖志强，钟坚. 银合欢及其开发利用 [J]. 广西林业科技，1991，20 (2)：82-86.
[4] 董晓霞，赵树慧. 苇状羊茅盐胁迫下生理效应的研究 [J]. 草业科学，1998，15 (5)：10-14.
[5] 赵可夫，李法曾. 中国盐生植物 [M]. 北京：科学出版社，1998：1-2.
[6] 刘祖祺，张石城. 植物抗性生理学 [M]. 北京：中国农业出版社，1994.
[7] 陈洁，林栖凤. 植物耐盐生理及机制研究进展 [J]. 海南大学学报，2003 (2)：177-182.

图书在版编目（CIP）数据

草种质资源抗性鉴定评价报告.耐盐篇.2007—2016
年/全国畜牧总站主编.—北京：中国农业出版社，
2021.2
（草种质资源保护利用系列丛书）
ISBN 978-7-109-27421-1

Ⅰ.①草… Ⅱ.①全… Ⅲ.①牧草－种质资源－评价
－鉴定－研究报告－2017—2016 Ⅳ.①S540.24

中国版本图书馆CIP数据核字（2020）第189379号

草种质资源抗性鉴定评价报告——耐盐篇（2007—2016年）
CAO ZHONGZHI ZIYUAN KANGXING JIANDING PINGJIA BAOGAO
——NAIYAN PIAN（2007—2016 NIAN）

中国农业出版社出版
地址：北京市朝阳区麦子店街18号楼
邮编：100125
责任编辑：汪子涵　　文字编辑：冯英华
版式设计：王　晨　　责任校对：吴丽婷
印刷：中农印务有限公司
版次：2021年2月第1版
印次：2021年2月北京第1次印刷
发行：新华书店北京发行所
开本：880mm×1230mm　1/16
印张：20.25
字数：520千字
定价：150.00元